信息技术应用基础项目化教程

丛国凤　主编

章硕　潘继姮　刘明国　副主编

清華大學出版社

北　京

内 容 简 介

本书整体以"项目教学、任务驱动、工作过程导向"为指导思想,以学生为主体,以技能型、应用型人才能力培养为核心编写。每个项目划分为多个任务,每个任务以"任务要点→任务要求→实施过程→知识链接→知识拓展→技能训练"的思路组织,将工作和生活中的典型计算机应用案例作为项目实例有机地组织在教材中。

全书共包括7个项目:信息技术及计算机基础、Windows 10操作系统的安装与维护、文字处理软件Word 2016、电子表格制作软件Excel 2016、演示文稿PowerPoint 2016、计算机网络设置、基于Python的程序设计基础。本书项目、任务实用,案例丰富,图文并茂,由浅入深,通俗易懂。每个任务后配有技能训练题,每个项目后配有综合练习。为了方便读者学习,本书为大部分任务配套了操作视频,读者只需扫描书中二维码即可实时学习。

本书可用作高职高专院校计算机公共基础课的教材,也可以用作计算机培训教材和个人自学教材。

图书在版编目(CIP)数据

信息技术应用基础项目化教程/丛国凤主编.—北京:清华大学出版社,2023.9
ISBN 978-7-302-64529-0

Ⅰ.①信… Ⅱ.①丛… Ⅲ.①电子计算机—高等职业教育—教材 Ⅳ.①TP3

中国国家版本馆CIP数据核字(2023)第167119号

责任编辑:孟毅新
封面设计:傅瑞学
责任校对:刘 静
责任印制:宋 林

出版发行:清华大学出版社
网 址:http://www.tup.com.cn, http://www.wqbook.com
地 址:北京清华大学学研大厦A座 **邮 编:**100084
社 总 机:010-83470000 **邮 购:**010-62786544
投稿与读者服务:010-62776969, c-service@tup.tsinghua.edu.cn
质量反馈:010-62772015, zhiliang@tup.tsinghua.edu.cn
课件下载:http://www.tup.com.cn,010-83470410
印 装 者:三河市君旺印务有限公司
经 销:全国新华书店
开 本:185mm×260mm **印 张:**19.5 **字 数:**496千字
版 次:2023年9月第1版 **印 次:**2023年9月第1次印刷
定 价:66.00元

产品编号:100304-01

前言

掌握计算机基础知识，熟练使用计算机解决实际问题，是21世纪人才必备的基本素养。目前，计算机应用已经渗透到人类社会生产、生活的各个方面，是现代社会的一种工具。

全书共分为7个项目：项目1是信息技术及计算机基础，主要内容包括信息技术的前沿应用、计算机的组成、发展、应用，数据在计算机中的表示及计算机安全方面的知识；项目2是Windows 10操作系统的安装与维护，通过具体任务的实施使读者具备对Windows 10操作系统的基本操作、文件的管理、软硬件管理及熟练使用系统中一些工具的能力；项目3是文字处理软件Word 2016，培养读者文字录入与编辑、文档格式化、图文混排、表格的编辑、邮件合并及生成目录等能力；项目4是电子表格制作软件Excel 2016，培养读者电子表格的创建、编排、格式化、使用公式和函数计算、数据分析与处理、建立各种图表等能力；项目5是演示文稿PowerPoint 2016，通过一个完整的案例使读者具备使用PowerPoint 2016制作精美幻灯片的能力；项目6是计算机网络设置，培养读者Internet接入、浏览器使用、局域网连接等能力；项目7是基于Python的程序设计基础，介绍程序设计的基础知识及Python的常见应用。

党的二十大报告指出"坚持教育优先发展、科技自立自强，人才引领驱动"，为我国科技创新和计算机技术应用的全面发展提出了新的要求和目标。本书紧扣国家战略和二十大精神，紧紧围绕职业育人理念，强化对技能型人才计算机应用能力的培养，具有内容安排合理、思路新颖、语言精练、项目任务实用、案例丰富、图文并茂、由浅入深、通俗易懂等特点。每个任务后配有技能训练题，每个项目后配有综合练习。本书可用作技能型、应用型人才培养的各类高等专科学院及高等职业技术学院计算机公共基础课教材，也可以用作计算机入门培训教材和个人自学教材。

本书由丛国凤担任主编，章硕、潘继姮、刘明国担任副主编。丛国凤负责对全书初稿进行修改、补充、统编工作，并编写项目1和项目4；章硕编写项目5和项目7；潘继姮编写项目2和项目3；刘明国编写项目6。

由于编者水平有限，书中难免有不足之处，敬请专家和广大读者批评、指正。

编　者

2023年5月

前言

目 录

项目 1

信息技术及计算机基础

任务 1.1　信息技术的前沿应用

近年来，物联网、大数据、云计算、人工智能、虚拟现实、增强现实和区块链等信息技术迅猛发展，其应用对人们的工作、学习、娱乐方式都产生了深刻的影响，同时对社会的发展也起到了重要的推动作用。

1.1.1　任务要点

（1）了解物联网的相关知识。

（2）了解大数据的相关知识。

（3）了解云计算的相关知识。

（4）了解人工智能的相关知识。

1.1.2　任务要求

（1）查找有关信息新技术资料。

（2）结合实际总结信息技术的前沿应用领域。

（3）了解信息新技术的发展趋势。

1.1.3　实施过程

现在生活中，网络终端设备的使用非常普遍，信息通信网络的全覆盖，使城市正在向着智慧化发展。信息技术的前沿应用领域有物联网、大数据、云计算、人工智能、虚拟现实、增强现实和区块链等，它们在人们的生活中发挥着重要的作用。

1.1.4　知识链接

物联网作为新一代信息技术的典型代表，其应用在全球范围内呈现出爆发式增长态势，不同行业和不同类型的物联网应用为人们开启了万物互联时代。

1. 物联网简介

物联网又称传感器网络，是利用射频识别（RFID）、传感器、全球定位系统、激光扫描器等信息传感设备，按约定的协议，把任何物体与互联网相连接，进行信息交换和通信，以实现对物体的智能化识别、定位、跟踪、监控和管理的一种网络。

物联网的定义包含两层意思：一是物联网的基础仍然是互联网，它是在互联网的基础上延伸和扩展的网络；二是其用户终端延伸和扩展到了任何物体与物体之间，使任何物体与物体之间都可以进行信息交换和通信。简而言之，物联网就是“物物相联的互联网”（见图 1-1）。

图 1-1 物联网

目前，物联网的应用正在迅速向各个领域蔓延，从家居、医疗、物流、交通、零售、金融、工业到农业，物联网的应用无处不在。如共享单车，只要拿出手机扫一扫即可打开智能锁开始骑行，其智能锁使用的就是物联网技术之一。

(1) 智能家居。物联网在智能家居中的应用包括设备控制、设施控制、防盗报警等。例如，可以利用物联网技术将家中的设备和设施连接在一起(需要为相关设备和设施安装传感器、智能插座并连接到互联网)，然后通过智能手机远程查看、关闭或开启这些设备和设施。

此外，还可以在设备之间、人和设备之间形成智能联动。例如，客厅门打开时，客厅灯自动开启；人离开客厅 10 分钟后，客厅灯自动关闭。

(2) 智能医疗。物联网在智能医疗中的应用包括病人监控、远程医疗、医疗管理、医院物资管理等。例如，通过在病人身上安装医疗传感设备，医生可以通过手机、平板电脑等实时掌握病人的各项生理指标数据，从而更科学、更合理地制订诊疗方案，或者进行远程诊疗。

此外，人们在医院看病时利用就诊卡挂号、分诊、付费、取化验单、取药等，也是利用物联网技术(就诊卡中内嵌有电子标签芯片)实现的。

(3) 智能物流。智能物流是先进的物联网技术通过信息处理和网络通信技术平台，广泛应用于物流业运输、仓储、配送、包装、装卸等基本活动环节，实现货物运输过程的自动化运作和高效率优化管理，提高物流行业的服务水平，降低成本，减少自然资源和社会资源消耗。

例如，利用 GPS、RFID、传感器等物联网技术和设备，在物流过程中实现实时对车辆定位、运输物品监控、配送跟踪、在线调度的可视化管理。

(4) 智能交通。物联网在智能交通中的应用包括车辆定位与调度、交通状况感知、交通智能化管控、停车管理等。

例如，可以通过检测设备(如摄像头)自动检测道路拥堵情况，并利用人工智能技术自动调配红绿灯，或者向车主预告拥堵路段、推荐行驶路线。

(5) 智能工业。物联网在智能工业中的应用包括生产过程控制、供应链跟踪、生产环境监测、产品质量检测等。

例如，钢铁企业利用传感器和通信网络，在生产过程中对产品的宽度、厚度、温度等进行实时监控，从而提高产品质量，优化生产流程。

(6) 智能农业。物联网在智能农业中的应用包括自动灌溉、自动施肥、自动喷药、异地监控、环境监测等。

例如，利用温度传感器、湿度传感器和光线传感器等，实时获得大棚内农作物的生长环境信息，然后通过手机等设备远程操控遮光板、通风口等设备的开启或关闭，让农作物始终处于最优的生长环境，从而提高农作物的产量和品质。

2. 大数据简介

大数据也称海量数据或巨量数据，是指数据量大到无法利用传统数据处理技术在合理的时间内获取、存储、管理和分析的数据集合。“大数据”一词除用来描述信息时代产生的海量数据外，也被用来命名与之相关的技术、创新与应用。

大数据被称为21世纪的石油和金矿，具有大量化、多样化、快速化、价值化和真实化5个特征。

（1）大量化。由于数据存储量巨大，GB、TB等常用单位已无法有效地描述大数据。一般情况下，大数据需以PB、EB、ZB、YB、NB为单位进行计量。由于数据增量大，例如，2004年全球数据总量为30EB，2005年达到50EB，2015年达到7900EB。根据国际数据资讯（IDC）公司监测，全球数据量大约每两年翻一番，到2020年，全球已拥有近35ZB的数据。

（2）多样化。与传统数据相比，大数据来源广、维度多、类型杂，包括结构化、半结构化和非结构化数据，如网络日志、音频、视频、图片、地理位置信息等。各种机器仪表在自动产生数据的同时，人类自身的生活行为也在不断创造数据，不仅有企业组织内部的业务数据，还有海量相关的外部数据。

（3）快速化。随着现代感测、互联网、计算机技术的发展，数据生成、存储、分析、处理的速度远远超出人们的想象，它能满足实时数据分析需求，这是大数据区别于传统数据或小数据的显著特征。

（4）价值化。大数据经过采集、清洗、深度挖掘、数据分析之后，具有巨大的商业价值。但同其呈几何指数爆发式增长相比，若某一对象或模块数据的价值密度较低，则会给开发海量数据增加难度和成本。

（5）真实化。大数据中的内容与真实世界中发生的事情息息相关，研究大数据就是从庞大的网络数据中提取能够解释和预测现实事件的过程。

大数据处理的数据源类型多种多样，在不同的场合通常需要使用不同的处理方法。在处理大数据的过程中，通常需要经过采集、导入、预处理、统计分析、数据挖掘和数据展现等步骤。大数据的处理流程可以定义为：在适合工具的辅助下，对广泛异构的数据源进行抽取和集成，将结果按照一定的标准统一存储，并利用合适的数据分析技术对存储的数据进行分析，从中提取有益的信息并选择合适的方式将结果展示给终端用户。

3. 云计算简介

云计算（cloud computing）既是一种计算机创新技术，也是一种IT服务模式。它将计算任务分布在互联网上大量计算机（通常是一些大型服务器集群）构成的资源池中，并将资源池中的资源（计算力、存储空间、带宽、软件等）虚拟成一个个可任意组合、可大可小的资源集合，然后以服务的形式提供给用户使用。

传统模式下，企业建立一套IT系统（如网站、信息管理系统）不仅需要购买各种软件和硬件（如服务器），还需要专门的人员进行部署和维护，当企业规模扩大时还要继续升级软件和硬件以满足需要。而利用云计算，企业无须专门购买和部署这些资源，只要按需购买云计算服务商提供的计算力、存储空间或应用软件即可，从而降低成本，提高效率。

云计算具备以下特点。

（1）超大规模。一般云计算都具有超大规模的计算机集群。例如，亚马逊AWS、微软

Azure、阿里云、谷歌云、百度云等均拥有几十万台以上的服务器。云计算通过整合这些数目庞大的计算机集群,赋予用户前所未有的计算和存储能力。

(2) 虚拟化。云计算对用户来说好像是一个虚拟的存在,没有具体的位置,看不到、摸不着,但在需要时,却可以在任何时间和地点,利用计算机或手机等终端设备,通过互联网按需获取其提供的各种服务。

(3) 高可靠性。云计算通过专业、先进的技术和管理手段,保障了服务的高可靠性。云计算提供的计算力、存储空间等资源,比企业自己部署服务器更安全、更稳定。

(4) 通用性。云计算不针对特定的应用,同一片"云"可以同时支撑不同的应用运行。

(5) 可伸缩性。云计算的规模和计算能力可以根据应用需要弹性地伸缩。

(6) 按需服务。云计算是一个庞大的资源池,用户可以按需购买并随时调整其提供的资源,并像自来水、电和煤气那样按使用量计费。

(7) 价格低。对云计算服务商,云计算的公用性和通用性使资源的使用率大幅提升,从而降低了成本,可以用较低的价格提供云计算服务。对使用云计算的企业,其不必再负担高昂的软硬件购买和管理成本,即可享受超额的云计算服务。

(8) 自动化。云计算不论是资源的部署、应用和服务,还是软件和硬件的管理,都主要通过自动化的方式来执行和管理。

大数据和云计算的关系从技术上看是密不可分的。由于大数据需要使用大量的计算机进行处理,而最好的措施就是依托云计算进行处理;反过来,如果没有大数据,云计算的用武之地也将大大减少。

云计算的应用领域有以下几种。

(1) 存储云。存储云又称云存储,是在云计算技术上发展起来的一种新的存储技术。云存储是一个以数据存储和管理为核心的云计算系统。用户可以将本地的资源上传至云端,可以在任何地方连入互联网来获取云端的资源。在国外,谷歌、微软等大型网络公司均有云存储的服务;在国内,百度云和腾讯微云则是市场占有量最大的存储云。存储云向用户提供了存储容器服务、备份服务、归档服务和记录管理服务等,大大方便了使用者对资源的管理。

(2) 医疗云。医疗云是指在云计算、移动技术、多媒体、4G/5G 通信、大数据以及物联网等技术基础上,结合医疗技术,使用云计算创建医疗健康服务云平台,以实现医疗资源的共享和医疗范围的扩大。因为云计算技术的运用与结合,医疗云提高了医疗机构的效率,方便居民就医。如医院的预约挂号、电子病历、电子医保等都是云计算与医疗领域结合的产物,医疗云还具有数据安全、信息共享、动态扩展、布局面广的优势。

(3) 金融云。金融云是指利用云计算的模型,将信息、金融和服务等功能分散到庞大分支机构构成的云中,旨在为银行、保险和基金等金融机构提供互联网处理和运行服务,同时共享互联网资源,从而解决现有问题并且达到高效、低成本的目标。在 2013 年 11 月 27 日,阿里云整合阿里巴巴旗下资源并推出阿里金融云服务。其实,这就是现在基本普及的快捷支付,由于金融与云计算的结合,现在只需要在手机上简单操作,就可以完成银行存款、购买保险和基金买卖等金融业务。目前,不仅阿里巴巴推出了金融云服务,苏宁、腾讯、京东等企业均推出了自己的金融云服务。

(4) 教育云。教育云实质上是指教育资源与云计算技术的一种结合。教育云可以将所需要的任何教育硬件资源虚拟化,然后将其传入互联网,以向教育机构和学生老师提供一个方便快捷的平台。现在流行的慕课 MOOC 就是教育云的一种应用。MOOC 是指大规模开放的在线课程。国外 MOOC 的三大优秀平台为 Coursera、edX 以及 Udacity;在国内,中国大学 MOOC 也是非常好的平台。在 2013 年 10 月,清华大学推出了 MOOC 平台——学堂在线,许多大学现已使用学堂在线开设一些在线课程。

目前,全球云计算市场正在快速平稳增长。2022 年,全球云计算市场应该已增长到 4740 亿美元,比 2021 年的 4080 亿美元增长 16%以上。

随着企业应用的逐渐普及,我国公有云的市场规模迅速扩大。根据中国信息通信研究院的云计算发展调查报告,2019 年,我国云计算市场规模达 1334 亿元,同比增长 38.6%。从运营模式来看,2019 年,我国公有云的市场规模已反超私有云市场规模,达 689.3 亿元。据中国信息通信研究院预测,至 2023 年,我国公有云、私有云的市场规模将分别达到 2307.4 亿元和 1446.8 亿元。可见,从全球范围来看,中国云计算行业发展较快,未来发展空间较大。

4. 人工智能简介

人工智能(artificial intelligence,AI)是研究、开发用于模拟、延伸和扩展人的智能的理论、方法、技术及应用系统的一门科学,其目标是生产出能以人类智能相似的方式做出反应的智能机器。具体来说,人工智能就是让机器像人类一样具有感知能力、学习能力、思考能力、沟通能力、判断能力等,从而更好地为人类服务。

人工智能的发展是以硬件与软件为基础的,经历了漫长的发展历程。特别是 20 世纪 30 年代和 40 年代,以维纳、弗雷治、罗素等为代表对发展数理逻辑学科的贡献,丘奇、图灵等关于计算本质的思想,为人工智能的形成与发展产生了重要影响。人工智能的发展可分为以下五个阶段。

第一阶段:20 世纪 50 年代,人工智能概念首次提出后,相继出现一批显著的成果,如机器定理证明、跳棋程序、通用问题求解、LISP 程序设计语言等。但由于消解法推理能力的有限,以及机器翻译等的失败,使人工智能走入了低谷。这一阶段的特点是:重视问题求解的方法,忽视知识的重要性。

第二阶段:20 世纪 60 年代末到 70 年代,专家系统出现使人工智能研究出现新高潮。DENDRAL 化学质谱分析系统、MYCIN 疾病诊断和治疗系统、PROSPECTIOR 探矿系统、Hearsay—Ⅱ语音理解系统等专家系统的研究和开发,将人工智能引向了实用化。并且,1969 年成立了国际人工智能联合会议(International Joint Conferences on Artificial Intelligence,IJCAI)。

第三阶段:20 世纪 80 年代,随着第五代计算机的研制,人工智能得到极大发展。日本 1982 年开始“第五代计算机研制计划”,即“知识信息处理计算机系统 KIPS”,其目的是使逻辑推理达到数值运算那么快。虽然此计划最终失败,但它的开展形成了一股研究人工智能的热潮。

第四阶段:20 世纪 80 年代末,神经网络飞速发展。1987 年,美国召开第一次神经网络国际会议,宣告了这一学科的诞生。此后,各国在神经网络方面的投资逐渐增加,神经网络迅速发展起来。

第五阶段:20 世纪 90 年代至今,人工智能出现新的研究高潮。由于网络技术特别是国际互联网的技术发展,人工智能开始由单个智能主体研究转向基于网络环境下的分布式人工智能研究。不仅研究基于同一目标的分布式问题求解,而且研究多个智能主体的多目标问题求解,使人工智能更面向实用。另外,由于 Hopfield 多层神经网络模型的提出,使人工神经网络研究与应用出现了欣欣向荣的景象。人工智能已深入社会生活的各个领域。

人工智能的应用已经非常广泛,包括现在常见的手机和 App,各种智能穿戴设备,还有医疗教育、金融行业、重工制造业等，给社会服务提供了极大的便捷性。

现在，人工智能的应用遍布在人们的生活中，主要有以下 7 个方面的应用。

(1) 人脸识别技术。人脸识别技术是基于人的脸部特征信息进行身份识别的一种生物识别技术。人脸识别系统通过提取身份证内的头像信息与现场拍摄到的持证人脸部信息进行对比，快速识别出证件与持证人是否一致，识别率高达 99%以上，主要应用于门禁、考勤等各种身份识别验证领域。日常生活中，人证合一刷脸验证系统已经广泛用于高铁站、机场等场所，极大地方便了人们出行。

(2) 无人驾驶技术。顾名思义，无人驾驶是指不需要人的操作，而是利用车载传感器来感知车辆周围环境，并根据感知所获得的道路、车辆位置和障碍物信息，控制车辆的转向和速度从而使车辆能够安全、可靠地在道路上行驶。另外，高铁、地铁、飞机等也可以采用无人驾驶技术，这些驾驶限定在铁路或是航道上。

(3) 机器人与智能家居。智能扫地机器人是一种常见的智能家用电器，它能自动在房间内完成地板的清理工作。一般来说，将完成清扫、吸尘、擦地工作的机器人，统一称为智能扫地机器人。智能扫地机器人的发展方向，将是采用更加高级的人工智能技术，实现更好的清扫效果、更高的清扫效率、更大的清扫面积。此外，家居系统中还有智能电视、智能门锁、智能空调等产品。

(4) 智能个人助理。华为手机的小艺、苹果手机的 Siri、三星手机的 Bixby、小米手机的小爱同学等，都是运用语音识别技术执行任务的“个人助理”。其中，小艺是华为推出的面向终端用户的智慧助手，既可实现语音启动应用及服务，也可实现多轮对话获取信息发布指令。2019 年，华为AI 能力再进化，EMUI 10 小艺从语音助手全面进化为智慧助手，配合智慧视觉 HiVision，将手机已有的视觉、听觉、触觉 AI 能力全面融合，带来全新的智慧交互体验，同时在语音、视觉等基础能力上也持续提升，给用户提供更好的升级体验。

(5) 打车服务。打车软件系统有智能检测功能，会自动评估和测距，将打车人的位置发送给车主，车主会在最短的时间赶到其位置。打车软件是一种智能手机应用，乘客可以便捷地通过手机发布打车信息，并立即和抢单司机直接沟通，大大提高了打车效率，对传统打车服务业产生了颠覆性的影响，成功地改变了人们的出行习惯和出行方式。

(6) 电子导航地图。电子导航地图，也称为数字地图，是一套用于 GPS 设备导航的软件，主要功能包括路径规划和导航。电子导航地图从组成形式上看，由道路、背景、注记和 POI 组成，当然还都可以有很多特色内容，如 3D 路口实景放大图、三维建筑物等，都可以算作电子导航地图的特色部分。从功能表现上来看，电子导航地图需要有定位显示、索引、路径计算、引导的功能。

(7) 智能仓储物流系统。智能仓储物流系统通常是由立体货架、有轨巷道堆垛机、出入库输送系统、信息识别系统、自动控制系统、计算机监控系统、计算机管理系统以及其他辅助设备组成的智能化系统。采用集成化物流理念设计，通过控制、总线、通信和信息技术应用，协调各类设备动作实现自动出入库作业。智能物流仓储系统是智能制造工业 4.0 快速发展的一个重要组成部分，它具有节约用地、减轻劳动强度、避免货物损坏致遗火、消除差错、提供仓储自动化水平及管理水平、提高管理和操作人员系质、降低储运损耗、有效地减少流动资金的积压、提供物流效率等诸多优点。京东智能物流仓储系统是其中的一个代表，在用户下单之后，系统能够自动分发货物，将货物分送给仓储中心相应的区域，大大提高了物流的速度。

未来，人工智能将成为新一轮产业变革的核心驱动力，将持续探索新一代人工智能应用场景，将重构生产、分配、交换、消费等经济活动各环节，也必将催生出更多的新技术、新产品、新产业。

实际上，物联网、大数据、云计算和人工智能都有密切联系。智能物联网的实现需要借助大数据、云计算和人工智能；物联网产生的数据是大数据的重要来源；云计算是处理大数据的主要手段；人工智能的算法依赖于大数据和云计算；人工智能的机器学习、视觉识别等是处理大数据的重要技术。因此，大部分云计算平台除了提供计算、存储、网络模块外，还同时提供大数据、人工智能模块。许多智能系统是结合上述几种技术设计而成。

1.1.5 知识拓展

1. 虚拟现实技术

虚拟现实(virtual reality，VR)是指利用计算机技术模拟出一个逼真的三维空间虚拟世界，使用户完全沉浸其中，并能与其进行自然交互，就像在真实世界中一样。

虚拟现实技术是一种融合仿真技术、计算机图形学、人机接口技术、图像处理与模式识别、多传感技术、人工智能等多项技术的交叉技术。虚拟现实技术的研究和开发诞生于20世纪60年代，进一步完善和应用是在20世纪90年代到21世纪初。

良好的虚拟现实系统应具有以下特点。

(1) 沉浸性：指虚拟环境的逼真程度。理想的虚拟现实环境应该使用户真假难辨，使用户获得与真实环境相同的视觉、听觉、触觉、嗅觉等感官体验。

(2) 交互性：指用户与虚拟环境之间可以进行沟通和交流，并得到与真实环境一样的响应，即用户在真实世界中的任何动作，均可以在虚拟环境中完整地体现。

(3) 自主性：指虚拟环境中物体按操作者的要求进行自主运动的程度。例如，当受到力的推动时，物体会向受力的方向移动或翻倒。

根据虚拟环境、使用目的和应用对象的不同，可以将虚拟现实系统分为以下3类。

(1) 桌面式虚拟现实系统。桌面式虚拟现实系统将计算机显示器(需使用3D眼镜)或投影仪投影作为用户观察虚拟现实世界的窗口，用户可以通过3D控制设备和虚拟现实世界进行交互。桌面式虚拟现实系统的优点是容易实现，缺点是参与者容易受到外界的影响，缺少完全的沉浸。

(2) 沉浸式虚拟现实系统。沉浸式虚拟现实系统通常利用头戴式3D显示器或其他设备，把用户的视觉、听觉等感觉封闭起来，提供一个完全虚拟的空间，并利用位置追踪器、数据手套、操纵杆等使用户产生一种身临其境和沉浸在虚拟空间的感觉。

(3) 分布式虚拟现实系统。分布式虚拟现实系统是基于网络的虚拟现实系统，即在沉浸式虚拟现实系统的基础上，将位于不同物理位置的多个虚拟环境通过网络相联，并共享信息。分布式虚拟现实系统主要应用于远程虚拟会议、虚拟医学会诊、军事模拟演习等领域。

除了虚拟现实系统以外，其他现实系统还包括以下几种。

(1) 增强现实。增强现实(augmented reality，AR)是把真实环境和虚拟环境结合起来的一种技术。与VR不同的是，AR是在现实的环境中叠加虚拟内容，实现了虚实结合。AR在用户端无需头戴式3D显示器和3D鼠标、数据手套等交互设备，只需要一个智能手机、平板电脑或AR眼镜即可(利用AR眼镜可同时看到现实环境和虚拟内容)。AR的虚拟内容可以是简单的数字或文字信息，也可以是三维图像等，用户可以对虚拟内容进行移动、旋转、缩放等操作。

(2) 混合现实。混合现实(mediated reality，MR)技术可以看作虚拟现实技术和增强现实技术的集合，是数字化现实加上虚拟数字画面，它结合了虚拟现实与增强现实的优势。利用混合现实技术，用户不仅可以看到真实世界，还可以看到虚拟物体，将虚拟物体置于真实世界中，用户可以与虚拟物体进行互动。

(3) 影像现实。影像现实(cinematic reality,CR)技术是 Magic Lean AP 技术公司提出的概念,通过光波传导棱镜设计,从多角度将画面直接投射于用户的视网膜,直接与视网膜交互,产生真是的影像和效果。影像现实技术与混合现实技术的理念类似,都是物理世界与虚拟世界的集合,所完成的任务、应用场景、提供的内容都与混合现实相似。

2. 区块链技术

区块链是分布式数据存储、点对点传输、共识机制、加密算法等计算机技术的新型应用模式。狭义来讲,区块链是一种按照时间顺序,将数据区块以顺序相连的方式组合成的一种链式数据结构,并以密码学方式保证其不可篡改和不可伪造的分布式账簿。广义来讲,区块链技术是利用块链式数据结构来验证与存储数据、利用分布式节点共识算法生成数据、利用密码学的方式保证数据传输和访问的安全、利用由自动化脚本代码组成的智能合约来编程和操作数据的一种全新的分布式基础架构与计算方式。

比特币是区块链的一个具体应用。区块链本质上是一个去中心化的数据库,同时作为比特币的底层抗术,是一串使用密码学方法相关联产生的数据块,每一个数据块中包含了一批比特币网络交易的信息,用于验证其信息的有效性(防伪)和生成下一个区块。

区块链技术的发展大致经历了三个阶段:一是支持比特币等数字货币的区块链 1.0 阶段;二是用智能合约实现对数字货币外多应用场景支持的区块链 2.0 阶段;三是“区块链+”的 3.0 阶段。区块链能够提高规模大、分散性强、敏感性高的数据的处理效率。因此,区块链技术得到政府、监管机关及市场机构的重视,并投入大量资源对区块链技术及其应用进行深入研究。2019 年 1 月 10 日,国家互联网信息办公室发布《区块链信息服务管理规定》,自 2019 年 2 月 15 日起施行。

区块链的典型应用领域主要有以下 3 个方面。

(1) 医疗保健行业。基于区块链的患者识别系统可以避免健康记录与患者错配的问题。医疗行业通常是数据泄露问题较多的行业,其数据包括患者、医生和医疗记录等敏感信息。去中心化系统可保护数据免受本地节点的攻击,基于区块链的系统还将使医院和患者之间的数据共享更安全更快捷。

(2) 保险行业。据调查,世界范围内有超过半数的保险公司高层,已经认识到了区块链技术对于保险行业的重要性。微软、IBM、甲骨文、阿里巴巴、腾讯等 IT 巨头企业已经开始在区块链领域布局,有些甚至已推出基于区块链技术的产品或服务。目前区块链在国内外保险行业中主要应用于航延险、失业保险、互助保险、航运保险等。

(3) 电信行业。由国内三大通信运营商中国电信、中国移动、中国联通联合主导发布的全球首个区块链电信行业应用白皮书《区块链电信行业应用白皮书(1.0 版)》,详细调研了区块链在电信行业的应用前景和发展现状,提出了典型应用场景,分别是电信设备管理、动态频谱管理与共享、数字身份验证、数据流通与共享、物联网应用、云网融合应用、多接入边缘计算(MEC)等,为通信行业发展区块链业务提供了指引,区块链的引入将给电信业带来新的增长机会,并使电信行业更加安全和透明。

1.1.6 技能训练

(1) 简述人工智能技术的应用领域。

(2) 简述云计算的主要特点。

（3）简述生活中的物联网应用有哪些。

任务1.2　计算机硬件配置

一个完整的计算机系统由硬件系统(Hardware)和软件系统(Software)两大部分组成,如图1-2所示。

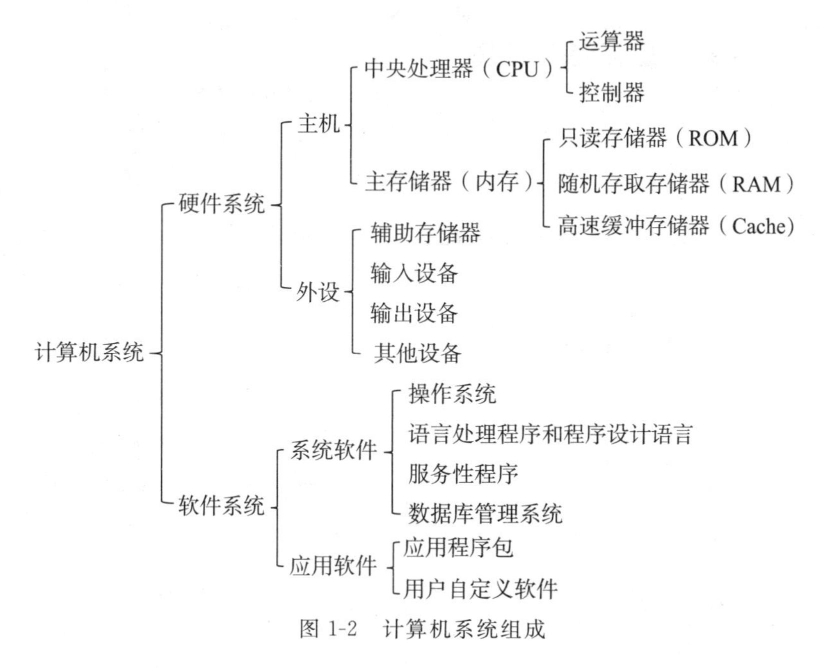

图1-2　计算机系统组成

硬件通常是指组成计算机的所有物理设备,简单地说就是看得见,摸得着的东西,包括计算机的输入设备、输出设备、存储器、CPU等。通常把不装备任何软件的计算机称为“裸机”。

软件系统是指在硬件设备上运行的程序、数据及相关文档的总称。软件以文件的形式存放在软盘、硬盘、光盘等存储器上,一般包括程序文件和数据文件两类。软件按照功能的不同,通常分为系统软件和应用软件两类。

1.2.1　任务要点

（1）计算机系统的硬件组成。

（2）主要配件功能及参数的含义。

（3）根据需求选配计算机。

（4）填写、阅读计算机配置清单,并能掌握市场价格。

1.2.2　任务要求

某公司行政部门因工作需配置一台能处理办公文档的台式机,并提供4000元专项经费,不能超出经费最大金额。要求经过市场价格调查,提供性价比高的配置清单。

1.2.3　实施过程

通过市场调查价格,根据客户要求,制作计算机组装硬件参数及配件价格清单,根据硬件参数指标及计算机总价选择一组性价比较高的组装计算机,如图1-3所示。

装机配置外观预览

先马商睿　飞利浦234E5QSB/93

装机配置单　打印配置单

配置清单　参数　兼容与接口

配置	品牌型号	数量	当时的单价	现在的单价	商家数量
CPU	AMD A10-5800K（盒）	1	￥650	￥650	120家商家
主板	华硕A88XM-E	1	￥569	￥569	158家商家
内存	金邦4GB DDR3 1600（千禧条/单条）	2	￥253	￥253	2家商家
硬盘	希捷Barracuda 1TB 7200转 64MB 单碟（ST1000DM003）	1	￥350	￥350	70家商家
固态硬盘	三星SSD 840 EVO（120GB）	1	￥480	￥480	52家商家
机箱	先马商睿	1	￥109	￥109	27家商家
电源	航嘉冷静王钻石Win8版	1	￥258	￥258	25家商家
显示器	飞利浦234E5QSB/93	1	￥989	￥989	78家商家
光驱	华硕DVD-E818A9T	1	￥79	￥79	2家商家

复制此表格　（可以粘贴到论坛、blog、淘宝等）　合计金额：4000元

图 1-3　配置价格清单

1.2.4　知识链接

1. 计算机的工作原理

1945 年，冯·诺依曼通过分析、总结发现，计算机主要是由运算器、控制器、存储器、输入设备和输出设备五大功能部件组成。

计算机根据编制好的程序，通过输入设备发出一系列指令到存储器中，再根据指令要求对数据进行分析和处理后，通过输出设备将处理结果进行输出，这一过程称为计算机的工作原理，也称为冯·诺依曼原理，如图 1-4 所示。

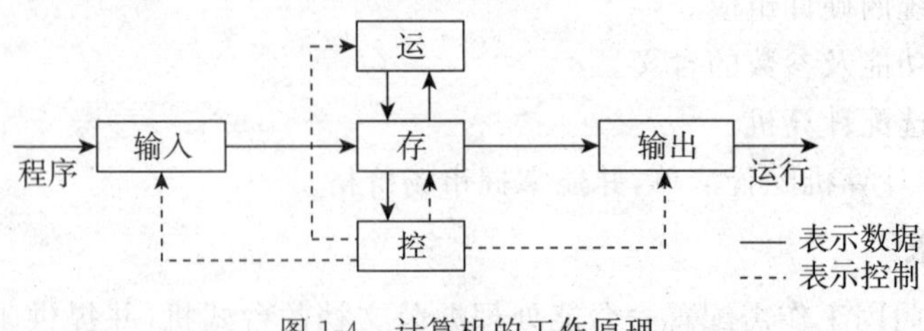

图 1-4　计算机的工作原理

2. 中央处理器

中央处理器(central processing unit，CPU)主要由运算器、控制器两大功能部件组成，它是计算机系统的核心。中央处理器和内存储器构成了计算机的主机。

CPU的主要功能是按照程序给出的指令序列分析指令、执行指令，完成对数据的加工处理。计算机的所有操作，如键盘的输入、显示器的显示、打印机的打印、结果的计算等都是在CPU的控制下进行的。CPU的外观如图1-5所示。

图1-5　CPU的外观

1）运算器

运算器主要完成各种算术运算和逻辑运算，是对信息进行加工和处理的部件，它主要由算术逻辑单元(arithmetical logic unit，ALU)和寄存器组成。算术逻辑单元主要完成二进制数的加、减、乘、除等算术运算，或、与、非等逻辑运算以及各种移位操作。寄存器一般包括累加器、数据寄存器等，主要用来保存参加运算的操作数和运算结果。状态寄存器用来记录每次运算结果的状态，如结果是零还是非零、是正还是负等。

2）控制器

控制器是整个计算机的控制中枢，用来协调和指挥整个计算机系统的操作，它本身不具有运算功能，而是通过读取各种指令，并对其进行翻译、分析，而后对各部件做出相应的控制。它主要由指令寄存器、译码器、程序计数器、时序电路等组成。

3. 存储器

存储器(memory)是计算机系统中的记忆设备，用来存放程序和数据。计算机中的全部信息(包括输入的原始数据、计算机程序、中间运行结果和最终运行结果等)都保存在存储器中，它根据控制器指定的位置存入和取出信息。有了存储器，计算机才有记忆功能，才能保证正常工作。按存储器在计算机中的作用，可以分为主存储器、辅助存储器、高速缓冲存储器。

1）主存储器

主存储器又称内存储器，简称主存或内存，用于存放当前正在执行的数据和程序。与外存储器相比，主存储器速度快、容量小、价格较高。主存储器与CPU直接连接，并与CPU直接进行数据交换。

按照存取方式，主存储器可分为随机存取存储器和只读存储器两类。

(1) 随机存取存储器(RAM)

RAM可随时读出和写入数据，用于存放当前运算所需的程序和数据以及作为各种程序运行所需的工作区等。工作区用于存放程序运行产生的中间结果、中间状态、最终结果等。断电后，RAM的内容自动消失，且不可恢复。

RAM又可分为动态RAM(DRAM)和静态RAM(SRAM)。DRAM的特点是集成度高，主要用于大容量内存储器；SRAM的特点是存取速度快，主要用于高速缓冲存储器。

人们通常购买或升级的内存条就是计算机的内存。内存条(SIMM)是将RAM集成块集中在一起的一小块电路板，它插在计算机中的内存插槽上，以减少RAM集成块占用的空间。目前市场上常见的内存条有1GB/条、2GB/条、4GB/条等。内存条的外观如图1-6所示。

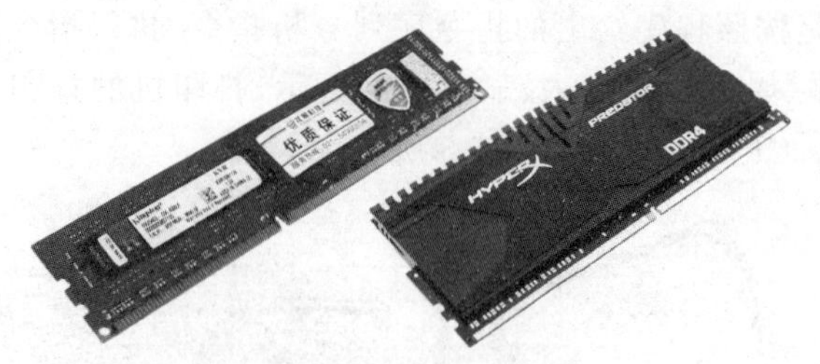

图 1-6　内存条的外观

(2) 只读存储器(ROM)

ROM 是一种只能读出不能写入的存储器,其信息通常是在脱机情况下写入的。ROM 最大的特点是在断电后它的内容不会消失,因此,在微型计算机中常用 ROM 来存放固定的程序和数据,如监控程序、操作系统专用模块等。

主存储器主要技术指标有存取时间、存储容量和数据传输速度。

① 存取时间:从存储器读出一个数据或将一个数据写入存储器的时间,通常用纳秒(ns)表示。

② 存储容量:存储器中可存储的数据总量,一般以字节(B)为单位。

③ 数据传输速度:单位时间内存取的数据总量,一般以 b/s 或 B/s 表示。

2) 辅助存储器

辅助存储器又称外存储器,简称外存。与主存储器相比,它的特点是存储容量大、成本低、速度慢、可以永久地脱机保存信息。它不直接与 CPU 交换数据,而是和主存成批交换数据,再由主存去和 CPU 通信处理这些数据。辅助存储器在断电的情况下可长期保存数据,因此又称为永久性存储器。

(1) 硬盘

硬盘是一种将可移动磁头、盘片组固定安装在驱动器中的磁盘存储器。具有存储容量大、数据传输率高、存储数据可长期保存等特点。在计算机系统中,常用于存放操作系统、各种程序和数据。硬盘的外观如图 1-7 所示。

图 1-7　硬盘的外观

当今硬盘有固态硬盘(SSD,新式硬盘)、机械硬盘(HDD,传统硬盘)、混合硬盘(HHD,基于传统机械硬盘诞生出来的新硬盘)。SSD 采用闪存颗粒来存储,HDD 采用磁性碟片来存储,混合硬盘(hybrid hard disk, HHD)是把磁性硬盘和闪存集成到一起的一种硬盘。绝大多数硬盘都是固定硬盘,被永久性地密封固定在硬盘驱动器中。

(2) 光盘

光盘是以光信息为载体存储数据的一种存储器,需要使用光盘驱动器来读/写。按功能可分为只读型光盘(CD-ROM)、一次性写入光盘(CD-R)、可擦写光盘(CD-RW)等。光盘的外观如图 1-8 所示。

光盘的最大特点是存储容量大、可靠性高，光盘的优势还在于它具有存取速度快、保存管理方便等特点。光盘主要分为 CD、DVD、蓝光光盘等几种类型。其中 CD 的存储容量可以达到 700MB 左右，DVD 可以达到 4.7GB，而蓝光光盘可以达到 25GB。

(3) U 盘

U 盘是一种新型存储器，全称 USB 闪存盘，英文名为 USB flash disk。它是一种使用 USB 接口的无需物理驱动器的微型高容量移动存储产品，通过 USB 接口与计算机连接，实现即插即用。U 盘的外观如图 1-9 所示。

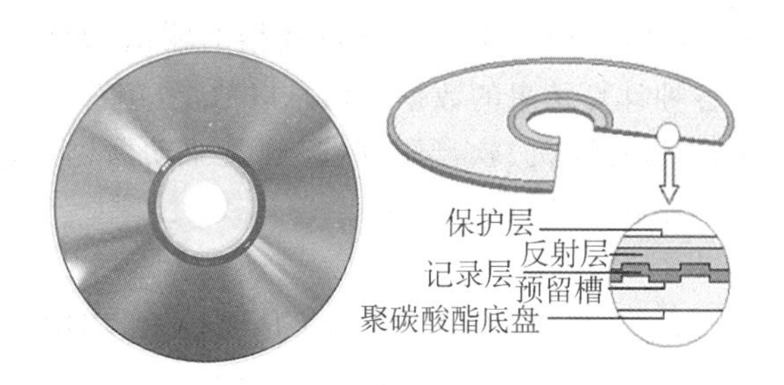

图 1-8　光盘的外观

图 1-9　U 盘的外观

U 盘的优点包括小巧、便于携带、存储容量大、价格便宜、性能可靠等。另外，U 盘还具有防潮防磁、耐高低温等特性，安全可靠性很好。U 盘可重复使用，性能稳定，可反复擦写达 100 万次，数据至少可保存 10 年。

3) 高速缓冲存储器

高速缓冲存储器(cache)是为了解决 CPU 和主存之间速度不匹配而采用的一项重要技术，是介于 CPU 和主存之间的小容量存储器，但存取速度比主存快。缓存能高速地向 CPU 提供指令和数据，从而加快了程序的执行速度。从功能上看，它是主存的缓冲存储器，由高速的 SRAM 组成。

4. 输入设备

输入设备(input device)是向计算机输入数据和信息的设备，是计算机与用户或其他设备之间通信的桥梁。输入设备是人与计算机进行交互的一种装置，用于把原始数据和处理这些数据的程序输入计算机。常用的输入设备有键盘、鼠标、软盘驱动器、硬盘驱动器、光盘驱动器、话筒、摄像头、扫描仪等。键盘和鼠标的外观如图 1-10 所示。

图 1-10　键盘和鼠标的外观

1）键盘

键盘(keyboard)是最常用也是最主要的输入设备，通过键盘，可以将英文字母、数字、标点符号等数据输入计算机，从而向计算机发出命令、输入数据等。键盘接口分为XT、AT、PS/2、USB等；PC系列机使用的键盘有83键、84键、101键、102键和104键等多种。

2）鼠标

鼠标(mouse)是将位移信号转换为电脉冲信号，再通过程序的处理和转换来控制屏幕上光标箭头移动的一种硬件设备。目前广泛使用的光电鼠标，是用光电传感器取代了传统的滚球。

5. 输出设备

输出设备(output device)是计算机的终端设备，用于接收计算机数据的输出，如显示、打印、播放声音、控制外围设备操作等，从而把各种计算结果的数据或信息以数字、字符、图像、声音等形式表示出来。常用的输出设备有显示器、打印机、软盘驱动器、硬盘驱动器、光盘驱动器、绘图仪、音箱、耳机等。下面详细介绍显示器和打印机。

1）显示器

显示器(monitor)是计算机必备的输出设备，常用的可以分为CRT、LCD、PDP、LED、OLED等多种。常用显示器的外观如图1-11所示。

图1-11　常用显示器的外观

CRT纯平显示器具有可视角度大、无坏点、色彩还原度高、色度均匀、可调节的多分辨率模式、响应时间极短等LCD显示器难以超越的优点，而且价格更便宜。

LCD显示器即液晶显示器，具有辐射小、耗电小、散热小、体积小、图像还原精确、字符显示锐利等特点。

PDP等离子显示器比LCD显示器体积更小、重量更轻，而且具有无X射线辐射、显示亮度高、色彩还原性好、灰度丰富、对迅速变化的画面响应速度快等优点。

LED显示器具有耗电少、使用寿命长、成本低、亮度高、故障少、视角大、可视距离远等特点。

OLED显示器的特点是主动发光、视角范围大、响应速度快、图像稳定、亮度高、色彩丰富、分辨率高等。

2）打印机

打印机(printer)是计算机的输出设备之一，用于将计算机处理结果打印在相关介质上。常用打印机的外观如图1-12所示。

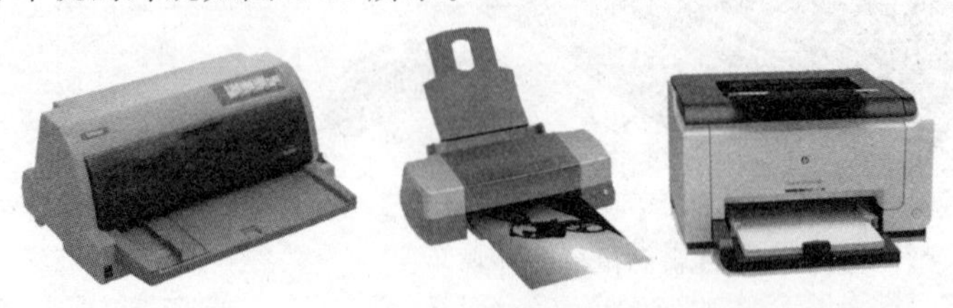

图1-12　常用打印机的外观

衡量打印机质量的指标有三项：打印分辨率、打印速度和噪声。打印机的种类很多，按打印元件对纸是否有击打动作，分击打式打印机和非击打式打印机。

打印机分辨率一般指最大分辨率，分辨率越大，打印质量越高。一般针式打印机的分辨率是 180dpi，高的可达到 360dpi；喷墨打印机的分辨率为 720dpi，稍高的为 1440dpi，而近期推出的喷墨打印机的分辨率最高可达 2880dpi；激光打印机的分辨率为 300dpi、600dpi，较高的为 1200dpi 甚至 2400dpi。

常见的打印机主要有以下 4 种。

(1) 喷墨打印机

喷墨打印机(inkjet printer)使用大量的喷嘴，将墨点喷射到纸张上。由于喷嘴的数量较多，且墨点细小，能够做出比针式打印机更细致，可混合更多种的色彩效果。喷墨打印机的价格居中，打印品质也较好，较低的一次性购买成本可获得彩色照片级输出的效果；使用耗材为墨盒，成本较高，长时间不用容易堵喷头。

(2) 激光打印机

激光打印机(laser printer)是利用碳粉附着在纸上而成像的一种打印机，其工作原理是：利用激光打印机内的一个控制激光束的磁鼓控制激光束的开启和关闭，当纸张在磁鼓间卷动时，上下起伏的激光束会在磁鼓产生带电核的图像区，此时打印机内部的碳粉会受到电荷的吸引而附着在纸上，形成文字或图形。由于碳粉属于固体，而激光束有不受环境影响的特性，所以激光打印机可以长年保持印刷效果清晰细致，打印在任何纸张上都可得到好的效果。激光打印机打印速度快，高端产品可以满足高负荷企业级输出以及图文输出；中低端产品的彩色打印效果不如喷墨打印机，可使用的打印介质较少。

(3) 针式打印机

针式打印机(dot matrix printer)也称撞击式打印机，其基本工作原理类似于人们用复写纸复写资料。针式打印机中的打印头由多支金属撞针组成，撞针排列成一行或多行。当指定的撞针到达某个位置时，便会弹射出来，在色带上打击一下，让色素印在纸上。配合多个撞针的排列样式，便能在纸上打印出文字或图形。针式打印机可以复写打印(如发票及多联单据打印)，可以超厚打印(如存折证书打印)，耗材为色带，耗材成本低；但工作噪声大、体积大、打印精度不如喷墨打印机和激光打印机。

(4) 3D 打印机(3D printer)

3D 打印又称增材制造。它是一种以数字模型文件为基础，运用粉末状金属或塑料等可黏合材料，通过逐层打印的方式来构造物体的技术。它无需机械加工或任何模具，就能直接从计算机图形数据中生成任何形状的零件，从而极大地缩短产品的研制周期，提高生产率和降低生产成本。因此，它也是快速成形技术中的一种。

6. 其他设备

其他设备(other device)主要包括组成计算机系统的扩展接口设备及其他必备部件。

1) 主板

主板(motherboard)在整个 PC 系统里扮演着非常重要的角色，所有的配件和外设必须通过主板进行数据交换等工作。可以说主板是整个计算机的中枢，所有部件及外设只有通过它才能与处理器通信，从而执行相应的操作。因此主板是把 CPU、存储器、输入/输出设备连接起来的纽带。

主板的种类非常多，有正方形的、长方形的；有 ATX 主板、BTX 主板等多种，但主板的组成形式基本相同。主板上包含CPU插座、内存插槽、芯片组、BIOS芯片、供电电路、各种接口插座、各种散热器等部件,它们决定了主板的性能和类型。常用主板的外观如图1-13所示。

图1-13 常用主板的外观

2)机箱

机箱作为计算机配件中的一部分,它起主要作用是放置和固定各计算机配件,起到一个承托和保护作用。此外,计算机机箱具有屏蔽电磁辐射的重要作用。

机箱的外部有外壳、各种开关、USB扩展接口、指示灯等;机箱的内部有各种支架等。常用机箱的外观如图1-14所示。

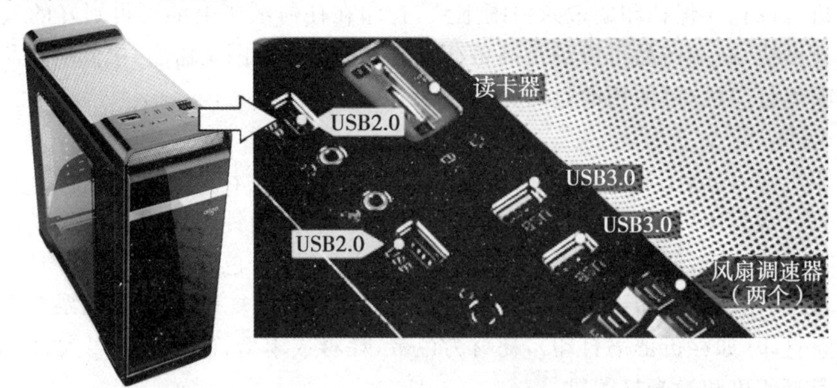

图1-14 常用机箱的外观

机箱的主要作用有:①提供空间给电源、主机板、各种扩展板卡、软盘驱动器、光盘驱动器、硬盘驱动器等存储设备,并通过机箱内部的支撑、支架、各种螺丝或卡子等连接件将这些零配件牢固地固定在机箱内部,形成一个集约型的整体;②保护板卡、电源及存储设备,能防压、防冲击、防尘,以及防电磁干扰和辐射。

机箱的品牌较多,常见的品牌主要有:爱国者、MSI(微星)、DELUX(多彩)、Tt、Foxconn(富士康)、金河田、世纪之星、HuntKey(航嘉)、百盛、新战线、麦蓝、技展等。

3)电源

电源是把220V交流电转换成直流电,并专门为计算机配件如主板、驱动器、显卡等供电的设备。常用电源的外观如图1-15所示。电源是计算机各部件供电的枢纽,是计算机的重要组成部分,目前PC电源大都是开关型电源。

电源的品牌比较多,常见的品牌有:航嘉、长城、多彩、金河田、技展、Tt、鑫符、冷酷至尊、HKC、新战线等。

4）显卡

显卡全称为显示接口卡，是计算机的基本配置之一。常用显卡的外观如图1-16所示。显卡作为计算机主机的一个重要组成部分，承担输出显示图形的任务，对于从事专业图形设计的人来说非常重要。显卡图形芯片供应商主要有AMD（超微半导体）和NVIDIA（英伟达）。

图1-15 常用电源的外观

图1-16 常用显卡的外观

显卡按其安装方式可分为集成显卡和独立显卡。

（1）集成显卡

集成显卡是指将显示芯片、显存及其相关电路都集成在主板上。集成显卡的显示芯片有独立的，但大部分集成在主板的北桥芯片中；一些主板上单独安装了显存，但其容量较小。集成显卡的显示效果与处理性能相对较弱，不能对显卡进行硬件升级，但可以通过CMOS调节频率或刷入新BIOS文件实现软件升级来挖掘显示芯片的潜能。

集成显卡的优点是功耗低、发热量小，部分集成显卡的性能已经可以媲美入门级的独立显卡，所以不用花费额外的资金购买独立显卡。

集成显卡的缺点是性能相对略低，且固化在主板或CPU上，本身无法更换，如果必须换，就只能换主板。

（2）独立显卡

独立显卡是指将显示芯片、显存及其相关电路单独做在一块电路板上，自成一体而作为一块独立的板卡存在，它需占用主板的扩展插槽（ISA、PCI、AGP或PCI-E）。

独立显卡的优点是单独安装有显存，一般不占用系统内存，在技术上也较集成显卡先进得多，容易进行显卡的硬件升级。

独立显卡的缺点是系统功耗大，发热量较大，需额外花费购买显卡的资金，同时（特别是对笔记本电脑）占用更多空间。

常见显卡品牌有蓝宝石、华硕、迪兰恒进、丽台、索泰、讯景、技嘉、映众、微星、映泰、耕升、旌宇、影驰、铭瑄、翔升、盈通、北影、七彩虹、斯巴达克、昂达、小影霸等。

提示：对于大多数普通用户来说，可以从以下几个指标来大体评价计算机的性能。

① 主频。主频是衡量计算机性能的一项重要指标。微型计算机一般采用主频来描述运算速度，例如Pentium Ⅲ/800的主频为800MHz，Intel Core i7-4790K 4.0GHz的主频为4.0GHz。一般说来，主频越高，运算速度就越快。

② 字长。一般来说，计算机在同一时间内处理的一组二进制数称为一个“字”，而这组二进制数的位数就是“字长”。在其他指标相同时，字长越大，计算机处理数据的速度就越快。现在的计算机字长多数是64位。

③ 内存的容量。内存是 CPU 可以直接访问的物理存储器，需要执行的程序与需要处理的数据就是存放在内存中的，内存容量的大小反映了计算机即时存储信息的能力。随着操作系统的升级，应用软件的不断丰富及其功能的不断扩展，人们对计算机内存容量的需求也在不断提高。目前，常见的内存容量都在 4GB 以上。内存容量越大，系统功能就越强大，能处理的数据量就越庞大。

④ 外存储器的容量。外存储器容量通常是指硬盘容量(包括内置硬盘和移动硬盘)。外存储器容量越大，可存储的信息就越多，可安装的应用软件就越丰富。目前，硬盘容量一般为 300GB 至 1TB，以后存储容量还会更大。

除了上述主要性能指标外，计算机还有其他一些性能指标。例如，所配置外围设备的性能指标以及所配置系统软件的情况等。另外，各项指标之间也不是相互独立的，在实际应用时，应该把它们综合起来考虑，而且要遵循“性能价格比”的原则。

1.2.5 知识拓展

1. 计算机的诞生和发展

1) 计算机的诞生

1946 年 2 月，世界上第一台电子数字计算机 ENIAC(electronic numerical integrator and calculator)在美国诞生，它是在美国陆军部赞助下，由美国国防部和宾夕法尼亚大学共同研制的。ENIAC 使用了约 18 000 只电子管，约 10 000 只电容，约 7 000 只电阻，体积约 3 000 立方英尺，占地约 170 平方米，重量约 30 吨，耗电 140～150 千瓦，是一个名副其实的“庞然大物”，如图 1-17 所示。

图 1-17 第一台计算机 ENIAC

ENIAC 诞生后的短短几十年间，计算机的发展突飞猛进。主要是电子元器件相继使用了真空电子管，晶体管，中、小规模集成电路和大规模、超大规模集成电路，实现了计算机的几次更新换代。目前，计算机的应用已扩展到社会的各个领域。

2) 计算机的发展历程

(1) 第一代计算机(1946—1957 年)：电子管计算机

硬件方面，逻辑元件采用真空电子管；主存储器采用汞延迟线、阴极射线示波管静电存储器、磁鼓、磁芯；外存储器采用磁带。软件方面，采用机器语言、汇编语言。应用领域以军事和科学计算为主。特点是体积大、功耗高、可靠性差、速度慢(一般为每秒数千次至数万次)、价格昂贵。第一代计算机为计算机发展奠定了基础。

(2) 第二代计算机(1958—1964年)：晶体管计算机

硬件方面，逻辑元件采用晶体管，主存储器采用磁芯，外存储器采用磁盘。软件方面，出现了以批处理为主的操作系统、高级语言及其编译程序。应用领域以科学计算和事务处理为主，并开始进入工业控制领域。特点是体积缩小、能耗降低、可靠性提高、运算速度提高(一般为每秒数十万次，可高达300万次)，性能相比第一代计算机有很大的提高。

(3) 第三代计算机(1965—1970年)：中小规模集成电路计算机

硬件方面，逻辑元件采用中、小规模集成电路(MSI、SSI)，主存储器仍采用磁芯。软件方面，出现了分时操作系统以及结构化、规模化程序设计方法。应用领域开始进入文字处理和图形图像处理领域。特点是速度更快(一般为每秒数百万次至数千万次)、可靠性显著提高、价格进一步下降，产品走向了通用化、系列化和标准化。

(4) 第四代计算机(1971年至今)：大规模、超大规模集成电路计算机

硬件方面，逻辑元件采用大规模和超大规模集成电路(LSI和VLSI)。软件方面，出现了数据库管理系统、网络管理系统和面向对象程序设计语言等。1971年世界上第一台微处理器在美国硅谷诞生，开创了微型计算机的新时代。应用领域从科学计算、事务管理、过程控制逐步走向家庭。

3) 计算机的发展趋势

(1) 巨型化。巨型化是指研制速度更快、存储量更大、功能更强大的巨型计算机。其运算能力一般在每秒100亿次以上，主要应用于天文、气象、地质、核技术、航天飞机和卫星轨道计算等尖端科学技术领域。巨型计算机的技术水平是衡量一个国家技术和工业发展水平的重要标志。

(2) 微型化。微型化是指利用微电子技术和超大规模集成电路技术，把计算机的体积进一步缩小，价格进一步降低。计算机的微型化已成为计算机发展的重要方向，各种笔记本电脑和PDA的大量面世就是计算微型化的一个标志。

(3) 网络化。利用网络技术可以更好地管理网上的资源，它把整个互联网虚拟为功能强大的一体化系统，犹如一台巨型机。在这个动态变化的网络环境中，实现计算资源、存储资源、数据资源、信息资源、知识资源、专家资源的全面共享，从而让用户享受可灵活控制的、智能的、协作式的信息服务，并获得前所未有的使用方便性。

(4) 智能化。计算机智能化是指计算机具有模拟人的感觉和思维过程的能力。智能化的研究包括模式识别、自然语言的生成和理解、博弈、定理自动证明、自动程序设计、专家系统、学习系统以及智能机器人等。目前已研制出多种具有人的部分智能的机器人，可以代替人在一些危险的工作岗位上工作。

(5) 多媒体化。多媒体计算机是当前计算机领域中最引人注目的技术之一。多媒体计算机就是利用计算机技术、通信技术和大众传播技术，来综合处理多种媒体信息的计算机。这些信息包括文本、视频、图像、图形、声音、文字等。多媒体技术使多种信息建立了有机联系，并集成为一个具有人机交互性的系统。多媒体计算机将真正改善人机界面，使计算机朝着人类接受和处理信息的最自然的方式发展。

2. 计算机的分类和特点

1）计算机的分类

(1) 按照性能指标分类

巨型机：高速度、大容量。

大型机：速度快、应用于军事技术科研领域。

小型机：结构简单、造价低、性能价格比突出。

微型机：体积小、重量轻、价格低。

(2) 按照用途分类

专用机：针对性强、特定服务、专门设计。

通用机：通过科学计算、数据处理、过程控制解决各类问题。

(3) 按照原理分类

数字机：速度快、精度高、自动化、通用性强。

模拟机：用模拟量作为运算量，速度快、精度差。

混合机：集中前两者优点、避免其缺点，处于发展阶段。

2）计算机的特点

计算机作为一种通用的信息处理工具，它具有极高的处理速度、很强的存储能力、精确的计算逻辑判断能力，其主要特点如下。

(1) 运算速度快。当今计算机系统的运算速度已经达到每秒万亿次，微型计算机也可以高达每秒亿次以上，使大量复杂的科学计算问题得以解决。

(2) 计算精确度高。科学技术的发展尤其是尖端科学技术的发展，需要高度精确地计算。计算机的计算精度从千分之几到百万分之几，令其他任何计算工具都望尘莫及。

(3) 具有记忆和逻辑判断能力。随着计算机存储容量的不断增大，可存储记忆的信息越来越多。计算机不仅能进行计算，而且能把参加运算的数据、程序以及计算结果保存起来，以供用户随时调用。还可以对各种信息通过编码进行算术运算和逻辑运算，甚至进行推理和证明。

(4) 具有自动控制能力。计算机内部操作是根据人们事先编好的程序自动控制进行的。用户根据实际应用需要，事先设计好运行步骤与程序，计算机会十分严格地按设定的步骤操作，整个过程无须人工干预。

(5) 可靠性高。计算机的运行不会受外力、情绪的影响，只要内部元器件不损坏就可以连续工作。

3. 计算机的应用领域

计算机的应用已渗透到社会的各个领域，正在改变着传统的工作、学习和生活方式，推动着社会的发展。计算机的主要应用领域主要有以下几个方面。

1）科学计算

科学计算也称为数值计算，是计算机最基本的功能之一。计算机最开始是为了解决科学研究和工程设计中遇到的大量数学问题中的数值计算而研制的计算工具。随着现代科学技术的进一步发展，数值计算在现代科学研究中的地位不断提高，在尖端科学领域中，显得尤为重要。例如，卫星运行轨迹、水坝应力、气象预报、油田布局、潮汐规律等，这些无法用人工解决的复杂的数值计算，都可以使用计算机快速而准确地解决。

2）数据处理

数据处理也称信息处理，是计算机应用最广泛的领域。电子计算机早期主要用于数值计算，但不久就突破了这个局限，除能进行数值计算外，还能对字母、符号、表格、图形、图像等信息进行处理。计算机系统也发展了非数值算法和相应的数据结构，现代计算机可对数据进行采集、分类、排序、统计、制表、计算等方面的加工，并对处理的数据进行存储和传输。与科学计算相比，数据处理的特点是数据输入/输出量大，而计算则相对简单得多。

计算机的应用从数值计算发展到非数值计算，大大拓宽了计算机应用的领域。目前，计算机的信息处理已经应用得非常普遍，如人事管理、库存管理、财务管理、图书资料管理、商业数据交流、情报检索和经济管理等。信息处理已成为当代计算机的主要任务，是现代化管理的基础。

3）自动控制

自动控制是利用计算机对某一过程进行自动操作的行为，它不需要人工干预，能够按人预定的目标和预定的状态进行过程控制。过程控制是指对操作数据进行实时采集、检测、处理和判断，按最佳值进行调节。

计算机加上感应检测设备及模/数转换器，就构成了自动控制系统。使用计算机进行自动控制可大大提高控制的实时性和准确性，提高劳动效率和产品质量，降低成本，缩短生产周期，目前被广泛用于操作复杂的钢铁工业、石油化工业和医药工业等生产过程中。计算机自动控制还在国防和航空航天领域中起着决定性作用，例如，无人驾驶飞机、导弹、人造卫星和宇宙飞船等飞行器的控制都是靠计算机来实现的。可以说计算机在现代国防和航空航天领域是必不可少的。

4）辅助设计和辅助教学

计算机辅助设计（computer aided design，CAD）是指借助计算机自动或半自动地完成各类工程设计工作。目前CAD技术已应用于飞机设计、船舶设计、建筑设计、机械设计和大规模集成电路设计等。采用计算机辅助设计，可以缩短设计时间，提高工作效率，节省人力、物力和财力，更重要的是提高了设计质量。CAD已经得到各国工程技术人员的高度重视，有些国家甚至把CAD和计算机辅助制造（computer aided manufacturing）、计算机辅助测试（computer aided test）及计算机辅助工程（computer aided engineering）组成一个集成系统，使设计、制造、测试和管理有机地组成为一体，形成高度的自动化系统，因此产生了自动化生产线和“无人工厂”。

计算机辅助教学（computer aided instruction，CAI）是指用计算机来辅助完成教学计划或模拟某个实验过程。计算机可按不同要求，分别提供所需的教材内容，还可以个别教学，及时指出学生在学习中出现的错误，根据计算机对学生的测试成绩决定学生的学习从一个阶段进入另一个阶段。CAI不仅能够减轻教师的负担，还能激发学生的学习兴趣，提高教学质量，为培养现代化高质量人才提供有效的方法。

5）人工智能

人工智能（artificial intelligence，AI）是指计算机模拟人类某些智力行为的理论、技术和应用。人工智能是计算机应用的一个重要领域，这方面的研究和应用正处于发展阶段，在医疗诊断、定理证明、语言翻译、机器人等方面已有显著的成效。例如，用计算机模拟人脑的部分功能进行思维学习、推理、联想和决策，使计算机具有一定的“思维能力”。

机器人是计算机人工智能的典型例子，其核心就是计算机。第一代机器人是机械手；第二代机器人对外界信息能够反馈，有一定的触觉、视觉、听觉；第三代机器人是智能机器人，具有感知和理解周围环境，使用语言、推理、规划和操纵工具的技能，可以模仿人完成某些动作。机器人不怕疲劳，精确度高，适应力强，现已开始用于搬运、喷漆、焊接、装配等工作。机器人还能代替人在危险工作中进行繁重的劳动，如在有放射线、污染有毒、高温、低温、高压、水下等环境中工作。

6）多媒体技术应用

随着电子技术特别是通信和计算机技术的发展，人们已经有能力把文本、动画、图形、图像、音频、视频等各种媒体综合起来，构成一种全新的概念——多媒体（multimedia）。在医疗、教育、商业、银行、保险、行政管理、军事、工业、广播和出版等领域中，多媒体的应用发展很快。

7）计算机网络

计算机网络是现代计算机技术与通信技术高度发展和密切结合的产物，它利用通信设备和线路将地理位置不同、功能独立的多个计算机系统互联起来，以功能完善的网络软件实现网络中资源共享和信息传递的系统。

人类已经进入信息社会，处理信息的计算机和传输信息的计算机网络组成了信息社会的基础。目前，各种各样的计算机局域网在学校、政府机关甚至家庭中起着举足轻重的作用，全世界最大的计算机网络 Internet（因特网）把整个地球变成了一个小小的村落，人们通过计算机网络实现数据与信息的查询、高速通信服务（电子邮件、电视电话、电视会议、文档传输）、电子教育、电子娱乐、电子商务、远程医疗和会诊、交通信息管理等。

1.2.6 技能训练

（1）根据个人的功能要求，填写一份个人计算机配置清单。

（2）按照完成的配置清单进行市场价格调研，完善清单，使其性价比更高。

任务 1.3 计算机软件配置

1.3.1 任务要点

（1）计算机软件系统组成。

（2）计算机系统软件组成。

（3）计算机应用软件组成。

1.3.2 任务要求

在某公司采购计算机后，根据公司实际要求，填写安装软件清单，包括装机必需的操作系统等系统软件和日常工作所需的应用软件。

1.3.3 实施过程

根据公司提出的实际工作要求，分类填写软件清单，首先讨论并填写适用的操作系统和数据库管理系统，然后综合工作需求和员工使用习惯，填写需要安装的应用软件。

1.3.4 知识链接

软件是用户与硬件之间的接口，是计算机系统必不可少的组成部分，用户主要通过软件与计算机进行交流。微型计算机的软件系统分为系统软件和应用软件两类。

1. 系统软件

系统软件是指控制和协调计算机及外部设备，支持应用软件开发和运行的软件，是无须用户干预的各种程序的集合。应用软件是利用计算机解决某类问题而设计的程序的集合,供多用户使用,如文字处理软件、表格处理软件、绘图软件、财务软件、过程控制软件等。

1) 操作系统

操作系统(operating system,OS)是最基本、最重要的系统软件。它负责管理计算机系统的全部软件资源和硬件资源,合理地组织计算机各部分协调工作,为用户提供操作和编程界面。随着用户对操作系统的功能、应用环境、使用方式不断提出新的要求,逐步形成了不同类型的操作系统。操作系统按功能分为以下几类。

(1) 单用户操作系统

计算机系统在单用户单任务操作系统的控制下,只能串行地执行用户程序,个人独占计算机的全部资源,CPU运行效率低。DOS操作系统即属于单用户单任务操作系统。

现在大多数的个人计算机操作系统是单用户多任务操作系统,允许多个程序或多个作业同时存在和运行。常用的操作系统中,Windows 3.x是基于图形界面的16位单用户多任务操作系统;Windows 95或Windows 98是32位单用户多任务操作系统;而目前使用较多的Windows 7、Windows 10则是多用户多任务操作系统。

(2) 批处理操作系统

批处理操作系统是以作业为处理对象,连续处理在计算机系统中运行的作业流。这类操作系统的特点是:作业的运行完全由系统自动控制,系统的吞吐量大,资源的利用率高。

(3) 分时操作系统

分时操作系统使多个用户同时在各自的终端上联机使用同一台计算机,CPU按优先级分配各个终端的时间片,轮流为各个终端服务,对用户而言,有“独占”这一台计算机的感觉。分时操作系统侧重于及时性和交互性,使用户的请求尽量能在较短的时间内得到响应。常用的分时操作系统有UNIX、VMS等。

(4) 实时操作系统

实时操作系统是对随机发生的外部事件在限定时间范围内做出响应并对其进行处理的系统。外部事件一般指来自计算机系统相关联的设备服务和OS数据采集。实时操作系统广泛用于工业生产过程的控制和事务数据处理中,常用的实时操作系统有RDOS等。

(5) 网络操作系统

为计算机网络配置的操作系统称为网络操作系统。它负责网络管理、网络通信、资源共享和系统安全等工作。常见的网络操作系统主要有Windows Server系列、Linux系列及UNIX系列等。

(6) 分布式操作系统

分布式操作系统是用于分布式计算机系统的操作系统。分布式计算机系统是由多个并行工作的处理机组成的系统,提供高度的并行性和有效的同步算法与通信机制,自动实行全系统范围的任务分配并自动调节各处理机的工作负载,如MDS、CDCS等。

2) 语言编译程序

人和计算机交流信息使用的语言称为计算机语言或程序设计语言。计算机语言通常分为机器语言、汇编语言和高级语言三类。

(1) 机器语言

机器语言是用二进制代码表示的计算机能直接识别和执行的一种机器指令的集合。它是计算机的设计者通过计算机的硬件结构赋予计算机的操作功能。机器语言具有灵活、直接执行和速度快等特点。

(2) 汇编语言

汇编语言是由一组与机器语言指令一一对应的符号指令和一些简单语法组成的,比机器语言更加直观,也易于书写和修改,可读性较好。用汇编语言编写的程序,计算机不能直接识别和执行。只有通过汇编程序翻译成机器语言(称为"目标程序"),然后计算机才能执行。

(3) 高级语言

高级语言比较接近自然语言,便于记忆和掌握,如Basic语言、C++语言、Java语言等。但用高级语言编写的程序,计算机也不能直接执行,只有通过编译或解释程序翻译成目标程序,然后才能执行。这种翻译过程一般有解释和编译两种方式。解释程序是将高级语言编写的源程序翻译成机器指令,翻译一条执行一条;而编译程序是将源程序整段地翻译成目标程序,然后执行。

3) 数据库管理系统

数据库管理系统(database management system,DBMS)是一种为管理数据库而设计的大型计算机软件系统。数据库管理系统是有效地进行存储、共享和处理数据的工具。具有代表性的数据管理系统有Oracle、SQL Server、Access、MySQL及PostgreSQL等。

2. 应用软件

应用软件(application software)是用户可以使用的用各种程序设计语言编制的应用程序的集合,分为应用软件包和用户程序,如文字处理软件、表格处理软件等。

1.3.5 知识拓展

计算机要处理的信息是多种多样的,如日常的十进制数、文字、符号、图形、图像和语音等。但是计算机无法直接"理解"这些信息,所以计算机需要采用数字化编码的形式对信息进行存储、加工和传送。

1. 数据的表示

1) 二进制数

计算机的电子元件只能识别两种状态,如电流的通断、电平的高低,磁性材料的正反向磁化、晶体管的导通与截止等,这两种状态由0和1表示,形成了二进制数。计算机中所有的数据或指令都用二进制数来表示。但二进制数不便于阅读、书写和记忆,通常用十六进制和八进制来简化二进制数的表达。

2) 数据单位

计算机中表示数据的单位有位和字节等。

(1) 位(bit)。位是计算机处理数据的最小单位,用0或1来表示,如二进制数10011101是由8个位组成的,位常用b来表示。

(2) 字节(byte)。字节是计算机中数据的最小存储单元,常用B表示。计算机中由8个二进制位组成一个字节,一个字节可存放一个半角英文字符的编码,两个字节可存放一个汉字编码。

计算机中的计量单位关系如下。

$$1B=8b$$

$$1KB=2^{10}B=1024B$$

$$1MB=2^{10}KB=1024KB$$

$$1GB=2^{10}MB=1024MB$$
$$1TB=2^{10}GB=1024GB$$
$$1PB=2^{10}TB=1024TB$$

2. 数制的转换

1）进位记数制

在日常生活和计算机中采用的是进位记数制，每一种进位记数制都包含一组数码符号和4个基本因素。

（1）数码。数码是一组用来表示某种数制的符号。例如，十进制的数码是0、1、2、3、4、5、6、7、8、9，二进制的数码是0、1。

（2）基数。基数是某数制可以使用的数码个数。例如，十进制的基数是10，二进制的基数是2。

（3）数位。数位是数码在一个数中所处的位置。

（4）权。权是基数的幂，表示数码在不同位置上的数值。

2）常用的进位记数制

（1）二进制

二进制数是用0和1两个数码来表示的数。它的基数为2，进位规则是“逢二进一”，借位规则是“借一当二”。当前的计算机系统使用的是二进制系统。

（2）八进制

八进制数采用0、1、2、3、4、5、6、7八个数码，逢八进一。八进制的数较二进制的数书写方便，常应用在电子计算机的计算中。

（3）十进制

十进制记数法是相对二进制计数法而言的，是人们日常使用最多的记数方法，每一个数码根据它在这个数中所处的位置（数位），按“逢十进一”的规则来决定其实际数值，即各数位的位权是以10为底的幂。例如：

$$(123.456)_{10}=1\times10^{2}+2\times10^{1}+3\times10^{0}+4\times10^{-1}+5\times10^{-2}+6\times10^{-3}$$

（4）十六进制

十六进制是计算机中数据的一种表示方法。同人们日常中的十进制表示法不一样，它的数码由0～9，A～F组成。与十进制的对应关系是：0～9对应0～9；A～F对应10～15。

3. 进制的转换

不同进位记数制之间的转换，实质上是基数间的转换。一般转换的原则是：如果两个有理数相等，则两数的整数部分和小数部分一定分别相等。因此，各数制之间进行转换时，通常对整数部分和小数部分分别进行转换，然后将其转换结果合并。

1）非十进制数转换成十进制数

非十进制数转换成十进制数的方法是把各个非十进制数按以下求和公式展开并求和。即把二进制数（或八进制数，或十六进制数）写成2（或8或16）的各次幂之和的形式，然后计算其结果。

例1：把二进制数$(110101)_2$和$(1101.101)_2$分别转换成十进制数。

解：
$$(110101)_2=1\times2^{5}+1\times2^{4}+0\times2^{3}+1\times2^{2}+0\times2^{1}+1\times2^{0}$$
$$=32+16+0+4+0+1=(53)_{10}$$

$$(1101.101)_2=1\times2^3+1\times2^2+0\times2^1+1\times2^0+1\times2^{-1}+0\times2^{-2}+1\times2^{-3}$$
$$=8+4+0+1+0.5+0+0.125=(13.625)_{10}$$

例 2：把八进制数$(305)_8$和$(456.124)_8$分别转换成十进制数。

解：
$$(305)_8=3\times8^2+0\times8^1+5\times8^0$$
$$=192+5=(197)_{10}$$
$$(456.124)_8=4\times8^2+5\times8^1+6\times8^0+1\times8^{-1}+2\times8^{-2}+4\times8^{-3}$$
$$=256+40+6+0.125+0.03125+0.0078125$$
$$=(302.1640625)_{10}$$

例 3：把十六进制数$(2A4E)_{16}$和$(32CF.48)_{16}$分别转换成十进制数。

解：
$$(2A4E)_{16}=2\times16^3+A\times16^2+4\times16^1+E\times16^0$$
$$=8192+2560+64+14$$
$$=(10830)_{10}$$
$$(32CF.48)_{16}=3\times16^3+2\times16^2+C\times16^1+F\times16^0+4\times16^{-1}+8\times16^{-2}$$
$$=12288+512+192+15+0.25+0.03125$$
$$=(13007.28125)_{10}$$

2) 十进制数转换成非十进制数(R)

把十进制数转换为二、八、十六进制数的方法是：整数部分转换采用“除 *R* 取余法”；小数部分转换采用“乘 *R* 取整法”，然后再拼接起来。

十进制整数转换成 *R* 进制的整数，可用十进制数连续地除以 *R*，其余数即为 *R* 进制的各位系数。

十进制小数转换成 *R* 进制数时，可连续的乘以 *R*，直到小数部分为零，或达到所要求的精度为止。

例 4：将十进制数$(22.45)_{10}$转换为二进制数。

(1) 整数除以 2，商继续除以 2，得到 0 为止，将余数逆序排列。

22/2　　商 11 余 0

11/2　　商 5 余 1

5/2　　商 2 余 1

2/2　　商 1 余 0

1/2　　商 0 余 1

即$(22)_{10}=(10110)_2$。

(2) 小数部分乘以 2，取整，小数部分继续乘以 2，取整，得到小数部分 0 为止，将整数顺序排列。

0.8125×2=1.625　　取整 1　小数部分是 0.625

0.625×2=1.25　　取整 1　小数部分是 0.25

0.25×2=0.5　　取整 0　小数部分是 0.5

0.5×2=1.0　　取整 1　小数部分是 0，结束

即$(0.8125)_{10}=(0.1101)_2$，拼接起来是$(22.8125)_{10}=(10110.1101)_2$。

3) 二、八、十六进制数之间的相互转换

由于一位八(十六)进制数相当于三(四)位二进制数，因此，要将八(十六)进制数转换成二进制数时，只需以小数点为界，向左或向右每一位八(十六)进制数用相应的三(四)位二进制数

取代即可。如果不足三(四)位,可用零补足。反之,二进制数转换成相应的八(十六)进制数,只是上述方法的逆过程,即以小数点为界,向左或向右每三(四)位二进制数用相应的一位八(十六)进制数取代即可。

例 5:将八进制数$(714.431)_8$转换成二进制数。

$$\begin{array}{ccccccc} 7 & 1 & 4 & . & 4 & 3 & 1 \\ 111 & 001 & 100 & . & 100 & 011 & 001 \end{array}$$

即$(714.431)_8=(111001100.100011001)_2$。

例 6:将二进制数$(11101110.00101011)_2$转换成八进制数。

$$\begin{array}{ccccccc} 011 & 101 & 110 & . & 001 & 010 & 110 \\ 3 & 5 & 6 & . & 1 & 2 & 6 \end{array}$$

即$(11101110.00101011)_2=(356.126)_8$。

例 7:将十六进制数$(1AC0.6D)_{16}$转换成相应的二进制数。

$$\begin{array}{ccccccc} 1 & A & C & 0 & . & 6 & D \\ 0001 & 1010 & 1100 & 0000 & . & 0110 & 1101 \end{array}$$

即$(1AC0.6D)_{16}=(1101011000000.01101101)_2$。

例 8:将二进制数$(10111100101.00011001101)_2$转换成相应的十六进制数。

$$\begin{array}{ccccccc} 0101 & 1110 & 0101 & . & 0001 & 1001 & 1010 \\ 5 & E & 5 & . & 1 & 9 & A \end{array}$$

即$(10111100101.00011001101)_2=(5E5.19A)_{16}$。

1.3.6 技能训练

(1) 根据个人要求及学习需要,填写个人需要安装的操作系统和日常学习生活所需的应用软件清单。

(2) 将$(11101011.1101)_2$转换成十进制数。

(3) 将$(258)_{10}$转换成二进制数。

任务 1.4 计算机安全防范

1.4.1 任务要点

(1) 计算机病毒的预防和清除。

(2) 杀毒软件的安装。

(3) 查杀病毒。

(4) 计算机病毒的传播途径。

1.4.2 任务要求

某公司行政部门配置的台式计算机忘记安装杀毒软件,使用一段时间后,运行速度比原来慢,同时U盘里的文件出现莫名丢失的状况,根据这些情况,为这台计算机安装杀毒软件,并进行病毒的查杀。

1.4.3 实施过程

计算机系统安装完毕,为了给计算机加一道安全屏障,通常要为计算机安装杀毒软件,保证计算机系统不被计算机病毒侵犯,防止数据信息泄露或损坏。

1.4.4 知识链接

计算机病毒的产生是计算机技术和以计算机为核心的社会信息化进程发展到一定阶段的必然产物。随着 Internet 的普及,越来越多的计算机连接到 Internet 上,计算机病毒制造者开始将 Internet 作为计算机病毒的主要传播载体。

我国于 1994 年 2 月 18 日正式颁布实施了《中华人民共和国计算机信息系统安全保护条例》,在第二十八条中明确指出:“计算机病毒是指编制或者在计算机程序内插入的、破坏计算机功能或者破坏数据影响计算机使用的、能够自我复制的一组计算机指令或者程序代码。”

1. 计算机病毒的特征

1) 传染性

传染性是计算机病毒的基本特征。病毒程序一旦侵入计算机系统就开始搜索可以传染的程序或磁盘介质,通过各种渠道(磁盘、共享目录、邮件等)从已被感染的计算机扩散到其他计算机上,然后通过自我复制迅速传播,其速度之快令人难以预防。因此,是否具有传染性,是判别一个程序是否为计算机病毒的最重要条件。

2) 破坏性

计算机病毒具有破坏文件或数据、扰乱系统正常工作的特性。计算机病毒是一段可执行程序,所以对系统来讲,计算机病毒都存在一个共同的危害,即降低计算机系统的工作效率,占用系统资源,具体取决于入侵系统的病毒程序。计算机病毒的破坏性主要取决于计算机病毒设计者的目的,如果病毒设计者的目的是彻底破坏系统的正常运行,那么这种病毒对于计算机系统进行攻击造成的后果是难以设想的,它可以破坏全部数据并使之无法恢复。

3) 潜伏性

计算机病毒往往有一种机制,就是它不会马上发作,它的发作一般需要一个触发条件,可以是日期、时间、特定程序的运行或程序的运行次数等。不满足发作条件时,计算机病毒除了传染外不做任何破坏。发作条件一旦得到满足,有的在屏幕上显示信息、图形或特殊标识,有的则执行破坏系统的操作,如格式化磁盘、删除磁盘文件、对数据文件加密、封锁键盘以及使系统锁死等。

4) 隐蔽性

计算机病毒的存在、传染和对数据的破坏过程不易被计算机操作人员发现。如果不用专用检测程序,病毒程序与正常程序是不容易区分的,因此病毒可以静静地躲在文件里待上几天甚至几年。受感染的计算机系统仍能正常运行,用户不会感到任何异常。一旦条件满足,得到运行机会,就又要四处繁殖、扩散。大部分计算机病毒代码之所以设计得非常短小,也是为了隐藏,早期的计算机病毒一般只有几百或一千多字节。

5) 寄生性

计算机病毒不是一个通常意义上的完整的计算机程序,通常是依附于其他文件(一般是可执行程序)而存在的,它能享有宿主程序所能得到的一切权力。

6) 不可预见性

计算机病毒在发展、演变过程中可以产生变种,有些病毒能产生几十种变种。有变形能力的病毒能在传播过程中隐藏自己,使之不易被反病毒程序发现及清除。因此,计算机病毒相对于防毒软件永远是超前的,理论上讲,没有任何杀毒软件能将所有病毒杀掉。

7) 非授权性

计算机病毒未经授权而执行。一般正常的程序是由用户调用,再由系统分配资源,完成用户交给的任务，其目的对用户是可见的、透明的。而计算机病毒具有正常程序的一切特性，它隐藏在正常程序中，当用户调用正常程序时窃取系统的控制权，先于正常程序执行，计算机病毒的动作、目的对用户是未知的，是未经用户允许的。

2. 计算机病毒的分类

根据计算机病毒的特点及特性，从不同的角度，可以对计算机病毒进行不同的分类。下面是几种常见的分类方法。

(1) 按照计算机病毒的破坏情况，计算机病毒可分为良性计算机病毒、恶性计算机病毒。

(2) 按照计算机病毒的传播方式和感染方式，计算机病毒可分为引导型病毒、分区表病毒、宏病毒、文件型病毒、复合型病毒。

(3) 按照计算机病毒的连接方式，计算机病毒可分为源码型病毒、嵌入型病毒、外壳型病毒、操作系统型病毒。

(4) 按照计算机病毒的寄生部位或传染对象，计算机病毒可分为磁盘引导区传染的计算机病毒、操作系统传染的计算机病毒、可执行程序传染的计算机病毒。

3. 计算机病毒的传播途径

计算机病毒的传播主要通过文件复制、文件传送、文件执行等方式进行。主要的传播途径有以下几种。

(1) 通过不可移动的计算机硬件设备进行传播，这些设备通常有计算机的专用 ASIC 芯片和硬盘等。这种病毒虽然极少，但破坏力却极强，目前尚没有较好的检测手段对付。

(2) 通过移动存储设备来传播，这些设备包括软盘、U 盘等。在移动存储设备中，U 盘是使用最广泛、移动最频繁的存储介质，因此也成了计算机病毒寄生的"温床"。目前，大多数计算机都是从这类途径感染病毒的。

(3) 通过计算机网络进行传播。现代信息技术的巨大进步已使空间距离不再遥远，但也为计算机病毒的传播提供了新的"高速公路"。计算机病毒可以附着在正常文件中通过网络进入一个又一个系统，国内计算机感染"进口"病毒已不再是大惊小怪的事了。在信息国际化的同时，计算机病毒也在国际化。

(4) 通过点对点通信系统和无线通道传播。目前，这种传播途径还不是十分广泛，但这种途径很可能与网络传播途径一起成为病毒扩散的两大"时尚渠道"。

4. 计算机病毒的危害

在计算机病毒出现的初期，说到计算机病毒的危害，往往注重于病毒对信息系统的直接破坏，如格式化硬盘、删除文件等，并以此来区分恶性病毒和良性病毒。其实这些只是病毒劣迹的一部分，随着计算机应用的发展，人们深刻地认识到凡是病毒都可能对计算机信息系统造成严重的破坏，常见的表现如下。

1) 对计算机数据的直接破坏作用

大部分病毒在激发的时候直接破坏计算机的重要数据，利用的手段有格式化磁盘、改写文件分配表和目录区、删除重要文件或者用无意义的"垃圾"数据改写文件、破坏 CMOS 设置等。

2) 占用磁盘空间

寄生在磁盘上的病毒总要非法占用一部分磁盘空间。

3) 抢占系统资源

除 VIENNA、CASPER 等少数病毒外，其他大多数病毒在动态下都是常驻内存的，这就必然抢占一部分系统资源。病毒占用的基本内存长度大致与病毒本身长度相当。病毒抢占内存,导致内存减少,一部分软件不能运行。

4) 影响计算机运行速度

病毒进驻内存后不仅干扰系统运行,还影响计算机速度。

5) 计算机病毒的兼容性对系统运行的影响

兼容性是计算机软件的一项重要指标,兼容性好的软件可以在各种计算机环境下运行,反之兼容性差的软件则对运行条件"挑肥拣瘦",要求机型和操作系统版本等,而计算机病毒会在一定程度上影响系统的兼容性。

6) 给用户造成严重的心理压力

计算机病毒给人们造成巨大的心理压力,极大地影响了现代计算机的使用效率,由此带来的无形损失是难以估量的。

5. 计算机病毒的预防

防止病毒的侵入要比病毒入侵后再去发现和消除它更重要。为了将病毒拒之门外,就要做好以下预防措施。

(1) 树立病毒防范意识,从思想上重视计算机病毒可能会给计算机安全运行带来的危害。对于计算机病毒,有病毒防护意识的人和没有病毒防护意识的人态度完全不同。

(2) 安装正版的杀毒软件和防火墙,并及时升级到最新版本(如瑞星、金山毒霸、江民、卡巴斯基、诺顿等)。另外还要及时升级杀毒软件病毒库,这样才能防范新病毒,为系统提供真正安全的环境。

(3) 及时对系统和应用程序进行升级,及时更新操作系统,安装相应补丁程序,从根源上杜绝黑客利用系统漏洞攻击用户的计算机。可以利用系统自带的自动更新功能或者开启有些软件的"系统漏洞检查"功能(如 360 安全卫士),全面扫描操作系统漏洞,要尽量使用正版软件,并及时将计算机中所安装的各种应用软件升级到最新版本,其中包括各种即时通信工具、下载工具、播放器软件、搜索工具等,避免病毒利用应用软件的漏洞进行木马病毒传播。

(4) 把好入口关。很多病毒都是因为使用了含有病毒的盗版光盘、复制了隐藏病毒的U 盘资料等而感染的,所以必须把好计算机的"入口"关。在使用这些光盘、U 盘以及从网络上下载的程序之前必须使用杀毒工具进行扫描,查看是否带有病毒,确认无病毒后再使用。

(5) 不要随便登录不明网站、黑客网站或色情网站,不要随便单击打开 QQ、MSN 等聊天工具中发来的链接,不要随便打开或运行陌生、可疑文件和程序,如邮件中的陌生附件、外挂程序等,这样可以避免网络上的恶意软件插件进入计算机。

(6) 养成经常备份重要数据的习惯。要定期与不定期地对磁盘文件进行备份,特别是一些比较重要的数据资料,以便在感染病毒导致系统崩溃时可以最大限度地恢复数据,尽量减少可能造成的损失。

(7) 养成使用计算机的良好习惯。在日常使用计算机的过程中,应该养成定期查毒、杀毒的习惯。因为很多病毒在感染后会在后台运行,用肉眼是无法看到的,而有的病毒会存在潜伏期,在特定的时间会自动发作,所以要定期对自己的计算机进行检查,一旦发现感染了病毒,要及时清除。

(8) 要学习和掌握一些必备的相关知识。无论你是只使用家用计算机的发烧友,还是每天上班都要面对屏幕工作的计算机族,都将无一例外地、毫无疑问地会受到病毒的攻击和感染,只是或早或晚而已。因此,一定要学习和掌握一些必备的相关知识,这样才能及时发现新病毒并采取相应措施，在关键时刻减少病毒对自己计算机造成的危害。

1.4.5 知识拓展

随着计算机科学技术的日益发展，尤其是中央处理器的处理能力的提高，计算机不仅可以处理数值型数据和字符型数据，还可以处理声音、图形、图像和视频等多种形式的数据。

多媒体技术(multimedia technology)是一种将文本、图形、图像、动画、视频和音频等形式的信息，通过计算及处理，使多种媒体建立逻辑连接，集成为一个具有实时性和交互性的系统化表现信息的技术。简而言之，多媒体技术就是综合处理图、文、声、像信息，并使之具有集成性和交互性的计算机技术。

1. 媒体

根据表现形式，可以将媒体分为下面几类。

1）感觉媒体

感觉媒体(perception medium)是指能够直接作用于人的器官，使人直接产生感觉的一类媒体，如作用于听觉器官的声音媒体、作用于视觉器官的图形媒体和图像媒体、作用于嗅觉器官的气味媒体、作用于触觉器官的温度媒体以及同时作用于听觉器官和视觉器官的视频媒体。

2）表示媒体

表示媒体(representation medium)是为了能够有效地加工、处理和传输感觉媒体而构造出来的一类媒体，通常是计算机中对各种感觉媒体的编码，如各种字符的ASCII编码、图形图像编码、音频编码、视频编码等。

3）显示媒体

显示媒体(presentation medium)是一种用于感觉媒体和通信电信号之间转换的媒体，包括输入显示媒体和输出显示媒体。其中，输入显示媒体包括键盘、摄像机、话筒、扫描仪、鼠标等，输出显示媒体包括显示器、打印机、绘图仪等。

4）存储媒体

存储媒体(storage medium)是指用于存放各种数字媒体的存储介质。常见的存储媒体包括磁盘、光盘、U盘、磁带等。

5）传输媒体

传输媒体(transmission medium)是指将各种数字媒体从一个位置传递到另一个位置的传输介质，常见的传输媒体包括同轴电缆、双绞线、光纤、无线电波等。

2. 多媒体技术的特点

多媒体技术是融合两种以上媒体的人机交互式信息交流和传播媒体，具有以下几个主要特点。

(1) 集成性。利用多媒体技术能够对信息进行多通道统一获取、存储、组织与合成。

(2) 控制性。多媒体技术是以计算机为中心综合处理和控制多媒体信息，并按人的要求以多种媒体形式表现出来，同时作用于人的多种感官。

(3) 交互性。交互性是多媒体有别于传统信息交流媒体的主要特点之一。传统信息交流媒体只能单向地、被动地传播信息，而多媒体技术则可以实现人对信息的主动选择和控制。

(4) 非线性。以往人们读写方式大都采用章、节、页的框架，循序渐进地获取知识，而多媒体技术将借助超文本链接(hyper text link)的方法，把内容以一种更灵活、更具变化的方式呈现给读者。多媒体技术的非线性特点将改变人们传统循序性的读写模式。

(5) 实时性。当用户给出操作命令时，相应的多媒体信息都能够得到实时控制。

(6) 互动性。它可以形成人与机器、人与人及机器间的互动、交流的操作环境及身临其境的场景,人们根据需要进行控制。人机相互交流是多媒体最大的特点。

(7) 信息使用的方便性。用户可以按照自己的需要、兴趣、任务要求、偏爱和认知特点来使用信息,任取图、文、声等信息表现形式。

(8) 信息结构的动态性。“多媒体是一部永远读不完的书”,用户可以按照自己的目的和认知特征重新组织信息,增加、删除或修改节点,重新建立信息链。

3. 多媒体技术的应用领域

多媒体技术的应用领域十分广泛,它不仅覆盖了计算机的绝大部分应用领域,还开拓了新的应用领域。目前应用多媒体技术的主要领域如下。

1) 游戏和娱乐

游戏和娱乐是多媒体技术应用的极为成功的一个领域。人们用计算机既能听音乐、看影视节目,又能参与游戏,与其中的角色联合或者对抗,从而使家庭文化生活更加美妙。

2) 教育与培训

多媒体技术为丰富多彩的教学方式又添了一种新的手段,它可以将课文、图表、声音、动画和视频等组合在一起构成辅助教学产品。这种图、文、声、像并茂的产品将大大提高学生的学习兴趣和接受能力,并且可以方便地进行交互式的指导和因材施教。

用于军事、体育、医学和驾驶等各方面培训的多媒体计算机,不仅可以使受训者在生动、直观、逼真的场景中完成训练过程,而且能够设置各种复杂环境,提高受训人员对困难和突发事件的应付能力,还能极大地节约成本。

3) 商业

多媒体技术在商业领域的应用十分广泛,例如利用多媒体技术的商品广告、产品展示和商业演讲等会使人有一种身临其境的感觉。

4) 信息

利用 CD-ROM 和 DVD 等大容量的存储空间,与多媒体声像功能结合,可以提供大量的信息产品,如百科全书、地理系统、旅游指南等电子工具。除此之外,电子出版物、多媒体电子邮件、多媒体会议等都是多媒体在信息领域中的应用。

5) 工程模拟

利用多媒体技术可以模拟机构的装配过程、建筑物的室内外效果等,这样,人们就可以在计算机上观察到不存在或者不容易观察到的工程效果。

6) 服务

多媒体计算机可以为家庭提供全方位的服务,例如家庭教师、家庭医生和家庭商场等。

多媒体正在迅速地以意想不到的方式进入生活的各个方面,正朝着智能化、网络化、立体化方向发展。

4. 多媒体技术的发展趋势

1) 流媒体技术

流媒体技术极大地促进了多媒体技术在网络上的应用。网络的多媒体化趋势是不可逆转的,相信在很短的时间里,多媒体技术一定能在网络这片新天地里找到更大的发挥空间。

2) 智能多媒体技术

多媒体技术充分利用了计算机的快速运算能力,综合处理声、文、图信息,用交互式弥补计算机智能的不足。把人工智能领域某些研究课题和多媒体计算机技术很好地结合，就是多媒体计算机长远的发展方向。

3）虚拟现实技术

虚拟现实技术是一项与多媒体密切相关的边缘技术，它通过综合应用计算机图像处理、模拟与仿真、传感、显示系统等技术和设备，以模拟仿真的方式，给用户提供一个真实反映操作对象变化与相互作用的三维图像环境，从而构成一个虚拟世界，并通过特殊的输入/输出设备（如数据手套、头盔式三维显示装置等）提供给用户一个与该虚拟世界相互作用的三维交互式用户界面。虚拟现实技术结合了人工智能、计算机图形技术、人机接口技术、传感技术计算机动画等多种技术，它的应用领域包括模拟训练、军事演习、航天仿真、娱乐、设计与规划、教育与培训、商业等，发展潜力不可估量。

1.4.6 技能训练

（1）为个人计算机安装适用的杀毒软件。

（2）使用已安装的杀毒软件进行病毒的查杀。

综合练习1

小张是某公司采购部的A组组长，现在公司需要采购一批办公计算机，部门经理安排小张带领A组完成此项目，共有两项任务。

1. 填写采购配置清单

任务要求：

（1）根据价格预期，初步填写配置清单。

（2）根据使用要求，修改配置清单。

（3）进行市场价格调研，完善配置清单。

（4）组内讨论，最终确定采购配置清单。

2. 填写需要安装的常用软件清单

任务要求：

（1）讨论公司办公所需的常用办公软件并记录。

（2）比较不同杀毒软件，确定需要安装的杀毒软件。

（3）组内讨论，最终确定并填写软件清单。

习题1

一、选择题

1. 计算机染上病毒后可能出现的现象有（　　）。（二级真题）

   A. 系统出现异常启动或经常死机　　B. 程序或数据突然丢失

   C. 磁盘空间突然变小　　D. 以上都是

2. 手写板或鼠标属于（　　）。（二级真题）

   A. 输入设备　　B. 输出设备

   C. 中央处理器　　D. 存储器

3. 世界上公认的第一台电子计算机诞生的年代是(　　)。(二级真题)

A. 20 世纪 30 年代　　B. 20 世纪 40 年代

C. 20 世纪 80 年代　　D. 20 世纪 90 年代

4. 计算机能直接识别和执行的语言是(　　)。(二级真题)

A. 机器语言　　B. 高级语言　　C. 汇编语言　　D. 数据库语言

5. 下列设备中,可以作为微机输入设备的是(　　)。(二级真题)

A. 打印机　　B. 显示器　　C. 鼠标器　　D. 绘图仪

6. CPU 的参数中,2800MHz 指的是(　　)。(二级真题)

A. CPU 的速度　　B. CPU 的大小

C. CPU 的时钟主频　　D. CPU 的字长

7. 下列英文缩写和中文名字的对照中,错误的是(　　)。(二级真题)

A. CPU——控制程序部件　　B. ALU——算数逻辑部件

C. CU——控制部件　　D. OS——操作系统

8. 计算机中组织和存储信息的基本单位是(　　)。(二级真题)

A. 字长　　B. 字节　　C. 位　　D. 编码

9. 计算机病毒是指能够侵入计算机系统并在计算机系统中潜伏、传播,破坏系统正常工作的一种具有繁殖能力的(　　)。(二级真题)

A. 特殊程序　　B. 源程序

C. 特殊微生物　　D. 流行性感冒病毒

10. 根据数制的基本概念,下列各进制的整数中,值最小的是(　　)。(二级真题)

A. 十进制数 10　　B. 八进制数 10

C. 十六进制数 10　　D. 二进制数 10

11. 下列叙述中,错误的是(　　)。(二级真题)

A. 把数据从内存传输到硬盘叫写盘

B. WPS Office 2003 属于系统软件

C. 把源程序转换为机器语言的目标程序的过程叫编译

D. 在计算机内部,数据的传输、存储和处理都使用二进制编码

12. 执行二进制算术加运算 001001+00100111,其运算结果是(　　)。(二级真题)

A. 11101111　　B. 11110000　　C. 1　　D. 10100010

13. 经典的 Pentium 4 CPU 的字长是(　　)。(二级真题)

A. 8bit　　B. 16bit　　C. 32bit　　D. 64bit

14. 下面四条常用术语的叙述中,有错误的是(　　)。(二级真题)

A. 光标是显示屏上指示位置的标志

B. 汇编语言是一种面向机器的低级程序设计语言,用汇编语言编写的程序计算机能直接执行

C. 总线是计算机系统中各部件之间传输信息的公共通路

D. 读写磁头是既能从磁表面存储器读出信息又能把信息写入磁表面存储器的装置

15. 执行二进制逻辑乘运算(即逻辑与运算)01011001^10100111,其运算结果是(　　)。(二级真题)

A. 0　　B. 1111111　　C. 1　　D. 1111110

16. 在数字信道中,表示信道传输能力的指标是(　　)。(二级真题)
A. 带宽　　B. 频率　　C. 比特率　　D. 误码率
17. 可以直接与CPU交换信息的存储器是(　　)。(二级真题)
A. 硬盘存储器　　B. CD-ROM　　C. 内存储器　　D. U盘存储器
18. 造成计算机中存储数据丢失的原因主要是(　　)。(二级真题)
A. 病毒侵蚀、人为窃取　　B. 计算机电磁辐射
C. 计算机存储器硬件损坏　　D. 以上全部
19. 下列有关计算机系统的叙述中,错误的是(　　)。(二级真题)
A. 计算机系统由硬件系统和软件系统组成
B. 计算机软件由各类应用软件组成
C. CPU主要由运算器和控制器组成
D. 计算机主机由CPU和内存储器组成
20. 下列不属于计算机人工智能应用领域的是(　　)。(二级真题)
A. 在线订票　　B. 医疗诊断　　C. 智能机器人　　D. 机器翻译
21. 下列不属于云计算特点的是(　　)。
A. 高扩展性　　B. 按需服务　　C. 高可靠性　　D. 非网络化
22. 云存储是一种(　　)技术。
A. 网络存储　　B. 网络安全　　C. 网络杀毒　　D. 网络传输
23. 云计算主要应用在(　　)领域。
A. 医药医疗　　B. 金融能源　　C. 教育科研　　D. 以上都是
24. 在物联网应用中,基本不涉及(　　)技术。
A. 传感器技术　　B. 全息影像　　C. RFID标签　　D. 嵌入式系统
25. 下列属于大数据典型应用案例的是(　　)。
A. 高性能物理　　B. 推荐系统　　C. 搜索引擎　　D. 商品营销

二、填空题

1. 1GB等于______MB。
2. 在同一台计算机中,内存存取速度比外存______。
3. 计算机断电后______中的信息将会丢失。
4. 在计算机硬件设备中,______、______合在一起称为中央处理器(CPU)。
5. 在计算机内部,用来传送、存储、加工处理的数据或指令都是以______形式进行的。
6. 要把一张照片输入计算机,必须用到______输入设备。
7. 计算机病毒主要是通过______传播的。
8. 物联网应用的发展趋势三大特征是______、______和______。
9. 云计算拥有______、______、______的特点。
10. 云计算三种主流的商业模式是______、______和______。

项目 2

Windows 10 操作系统的安装与维护

公司采购完计算机硬件并将相应的硬件安装完成后，现在需要各小组来管理和维护计算机以保证各台计算机的使用，所以说以下的任务是对相应系统安装与维护。

任务 2.1　操作系统安装及相关驱动的安装

2.1.1　任务要点

（1）选择 Windows 10 操作系统的版本。

（2）安装 Windows 10 操作系统。

（3）获取和安装驱动程序。

（4）Windows 10 的桌面组成。

（5）窗口的组成及管理。

2.1.2　任务要求

（1）选择适当的 Windows 10 操作系统的版本。

（2）安装 Windows 10 操作系统。

（3）安装驱动程序。

（4）完善系统安装补丁。

（5）按照“大小”排列桌面图标。

（6）打开“此电脑”“网络”“回收站”3 个窗口，并使这三个窗口并排显示在桌面上。

2.1.3　实施过程

1. 选择版本

对 Windows 10 操作系统不同版本的优缺点进行比较，选择合适的版本，例如选择 Windows 10 专业版。

2. 设置主板启动项

步骤一：启动计算机，出现开机画面后按 F2 键，进入主板的 BIOS 设置界面，如图 2-1 所示。

步骤二：更改启动项，设成从光盘启动，如图 2-2 所示。

注意：不同版本 BIOS 设置方式有所不同。

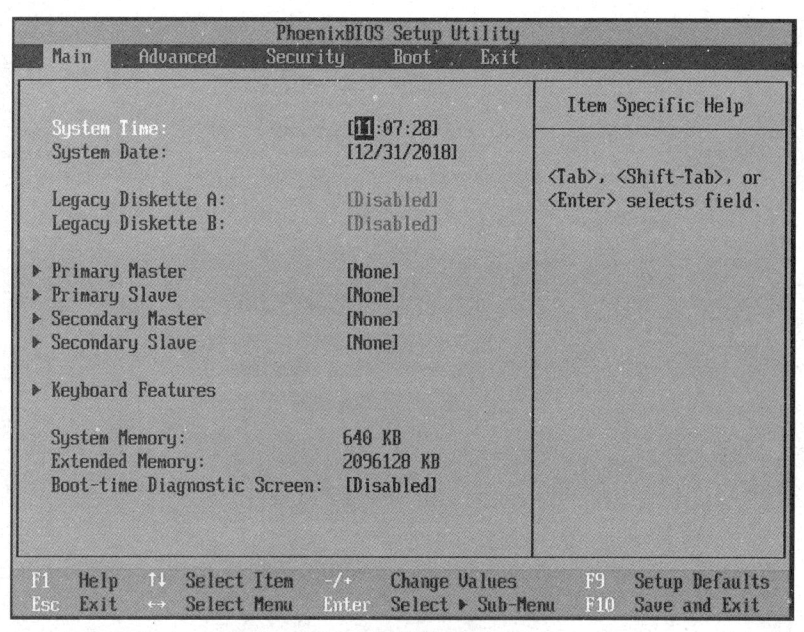

图 2-1　主板的 BIOS 设置界面

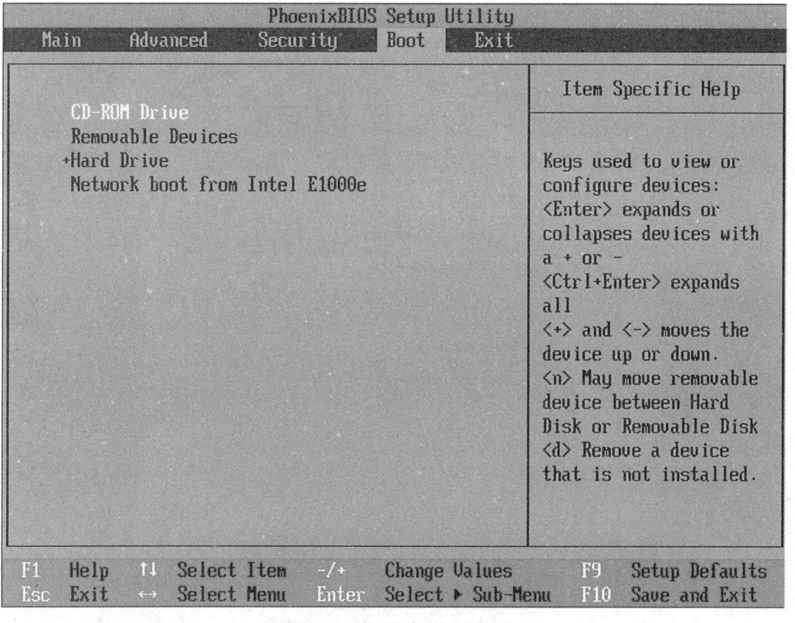

图 2-2　设置从光盘启动

3. 安装操作系统

步骤一：重启计算机，将购买的 Windows 10 系统盘放进计算机光驱中，进入安装程度的初始界面，如图 2-3 所示。

步骤二：单击“下一步”按钮，进入 Windows 10 操作系统安装界面。单击“现在安装”按钮，进入“许可条款”界面，如图 2-4 所示。

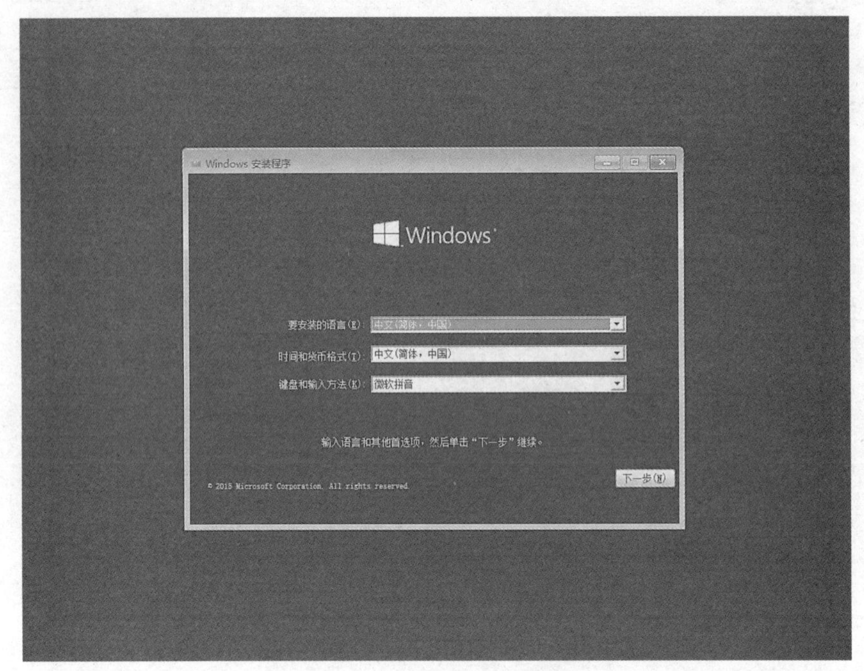

图 2-3　安装程序的初始界面

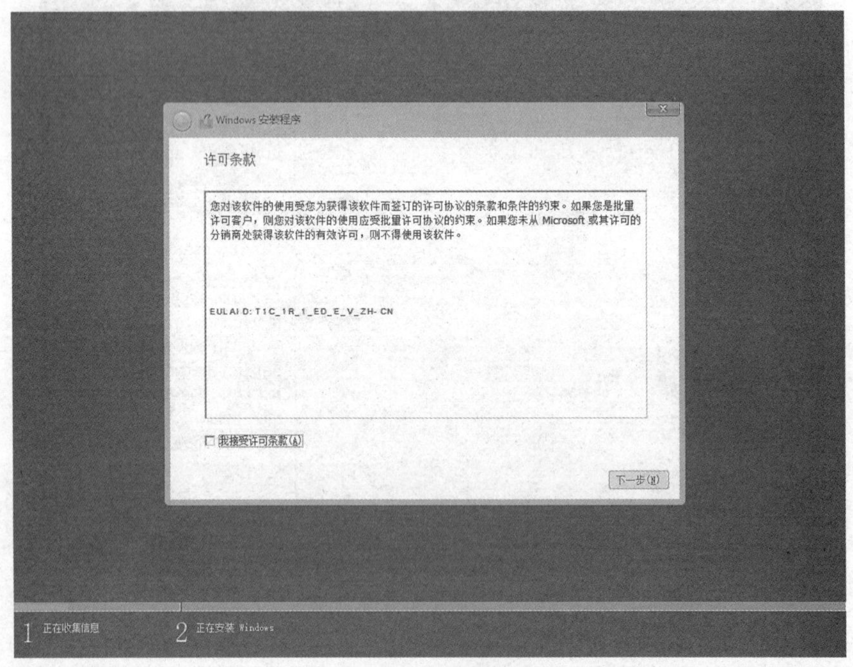

图 2-4　“许可条款”界面

步骤三：选中“我接受许可条款”复选框后单击“下一步”按钮，进入选择安装类型界面，如图 2-5 所示。

步骤四：单击“自定义：仅安装 Windows(高级)”选项，进入选择磁盘分区界面，如图 2-6 所示。

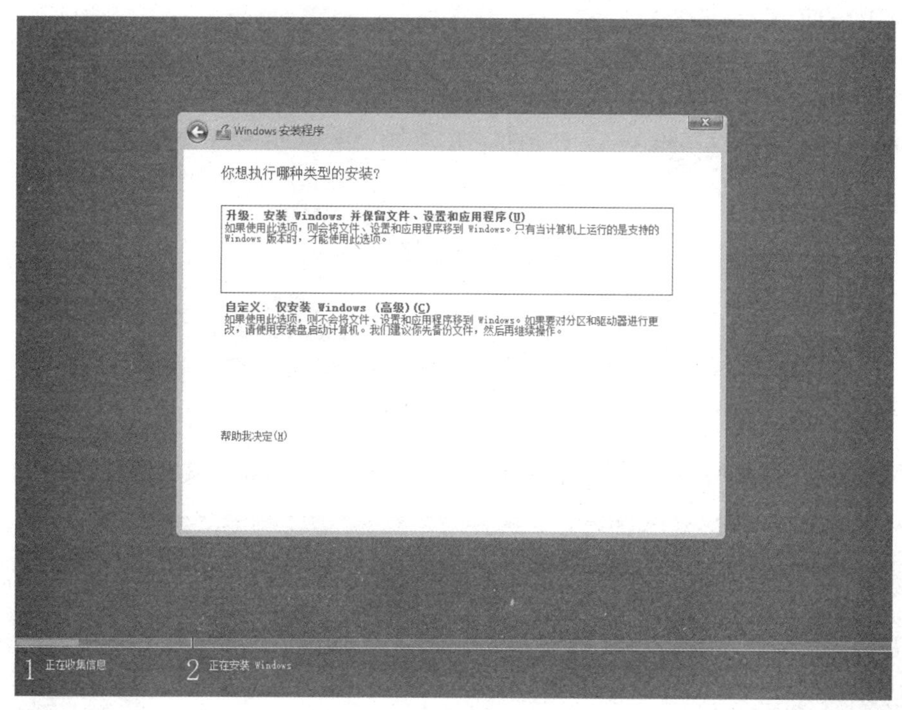

图 2-5　选择安装类型界面

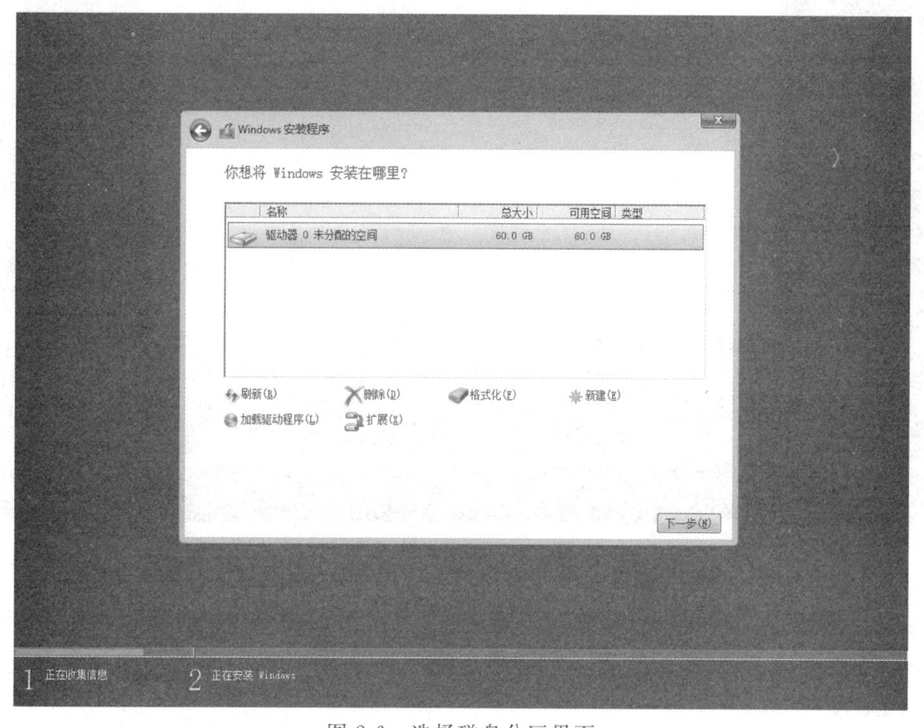

图 2-6　选择磁盘分区界面

步骤五：磁盘分区。单击“新建”按钮，在“大小”文本框输入分区大小然后单击“应用”按钮，出现提示窗口后单击“确定”按钮，如图 2-7 所示。(建议为 Windows 10 操作系统 C 盘最少分 100GB 空间。)

图 2-7 提示窗口

步骤六：选中“驱动器 0 分区 2”后单击“下一步”按钮，进入正式安装界面，如图 2-8 所示。

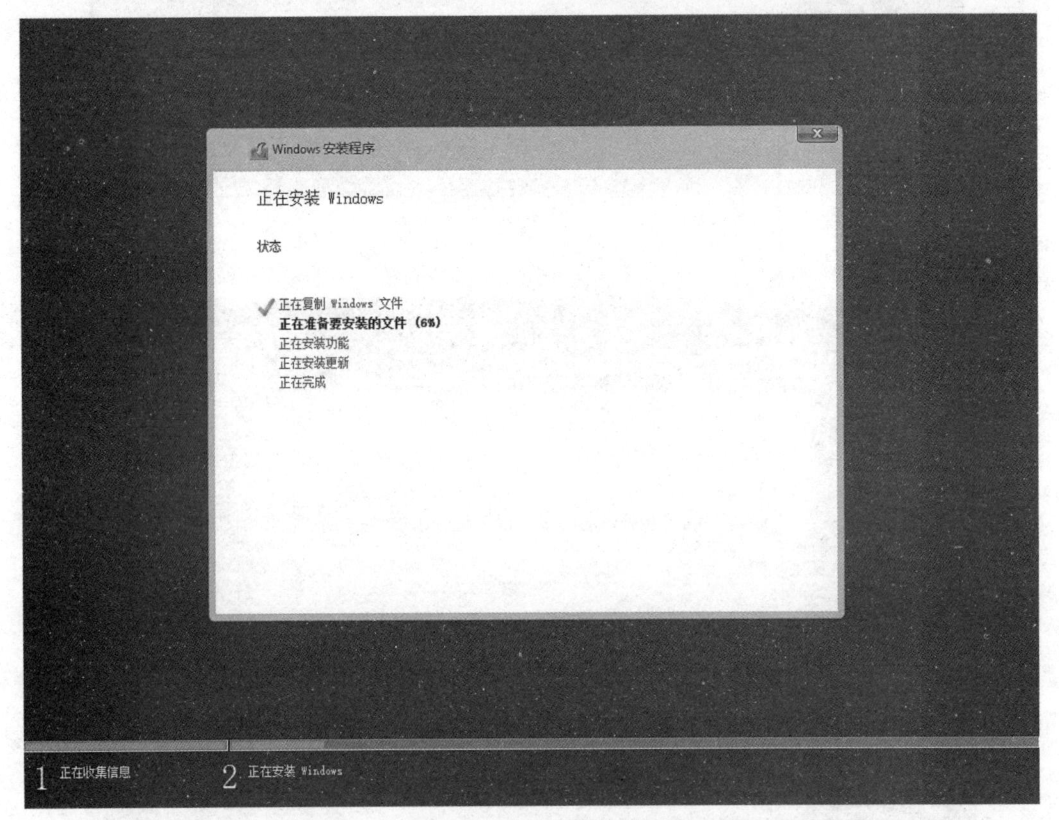

图 2-8 正式安装界面

步骤七：等候 10 分钟左右，完成系统安装，进入操作系统。如果计算机重启后仍然进入 Windows 10 安装界面，可根据步骤一中更改光盘启动方式的方法，将第一启动设备更改为硬盘(Hard Drive)。

步骤八：系统安装完成后，重启计算机，第一次进入操作系统时，需要进行简单系统设置，如图 2-9 所示。

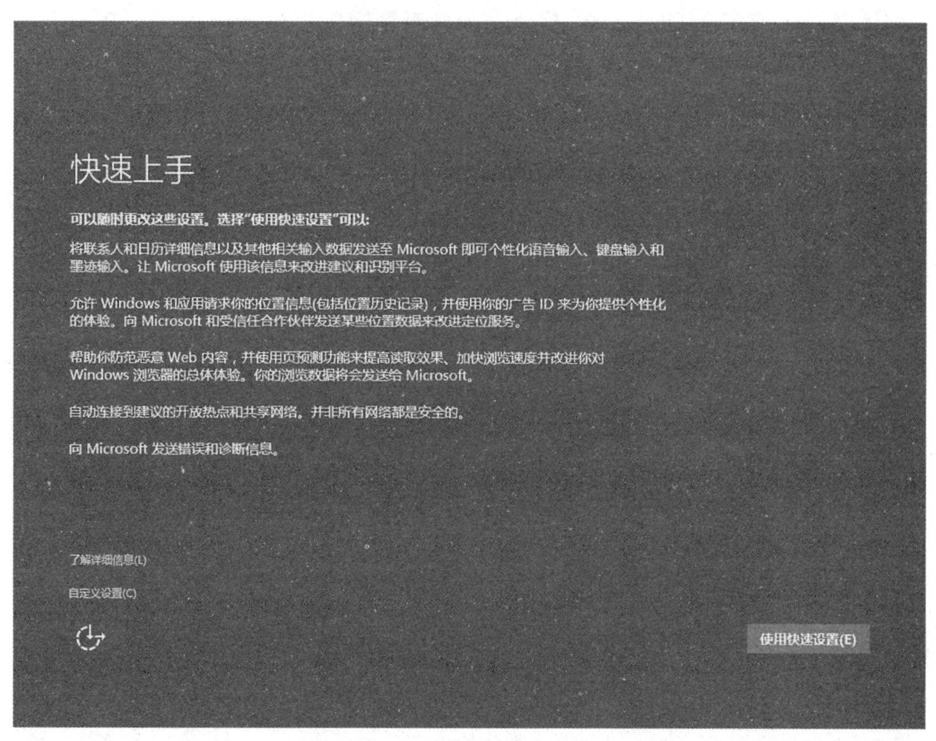

图 2-9　第一次进入系统

步骤九：单击"使用快速设置"按钮，计算机将重启，等待大约 5 分钟，进入系统选择连接方式界面，其中有 2 个选项，如图 2-10 所示。

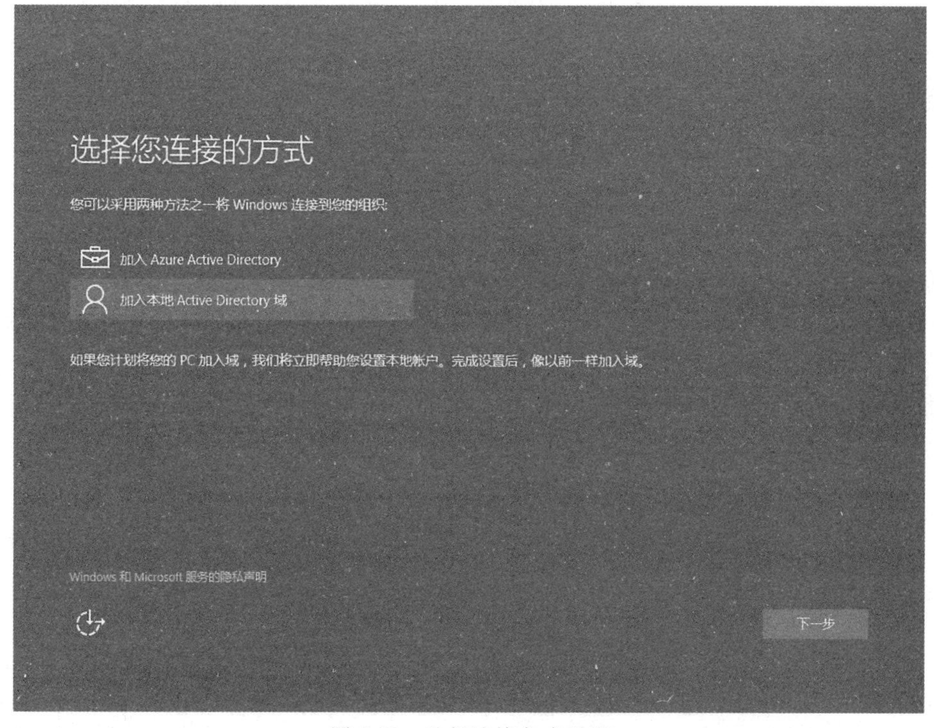

图 2-10　选择连接方式界面

(1) 加入 Azure Active Directory，这个选项针对联网用户。

(2) 加入本地 Active Directory 域，这个选项针对本地用户。

注意：推荐选用第二个选项，本书使用的设置方式也是第二个选项。

单击“下一步”按钮进入创建账户界面，如图 2-11 所示。

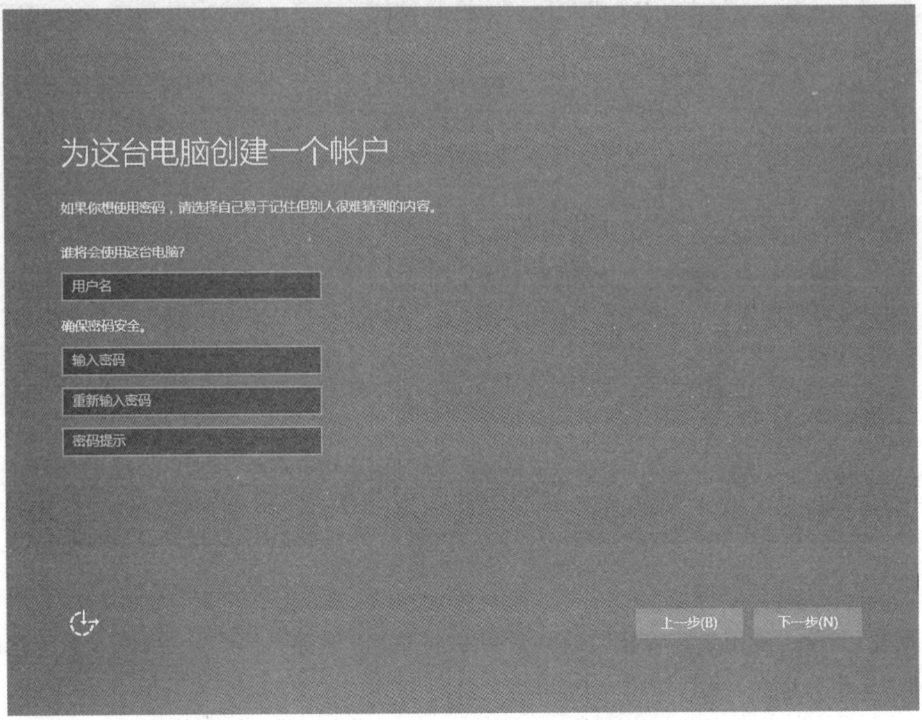

图 2-11 创建账户界面

步骤十：输入用户名，如果需要可为该用户设置密码。设置完成后单击“下一步”按钮。

步骤十一：进入系统设置过程。

步骤十二：所有设置过程完成后，系统会自动进入系统。

4. 驱动程序安装

安装驱动程序的方式有 3 种：①使用硬件厂商提供的驱动盘安装；②使用第三方软件安装；③使用 Windows 10 自带的系统更新安装。本书主要介绍使用第三方软件来安装硬件驱动。

步骤一：下载驱动精灵。打开浏览器，进入“驱动精灵”官网，如图 2-12 所示，单击“立即下载”按钮。然后选择安装文件的存储位置，进行下载。

图 2-12 “驱动精灵”官网

步骤二：安装驱动精灵。双击下载完成的安装文件，根据操作提示进行安装。

步骤三：检测驱动。打开驱动精灵主界面，如图 2-13 所示，在主界面中单击“立即检测”按钮。

图 2-13　驱动精灵主界面

步骤四：安装驱动。检测完成后，出现如图 2-14 所示的界面，根据提示，对各种驱动问题进行修复与安装。

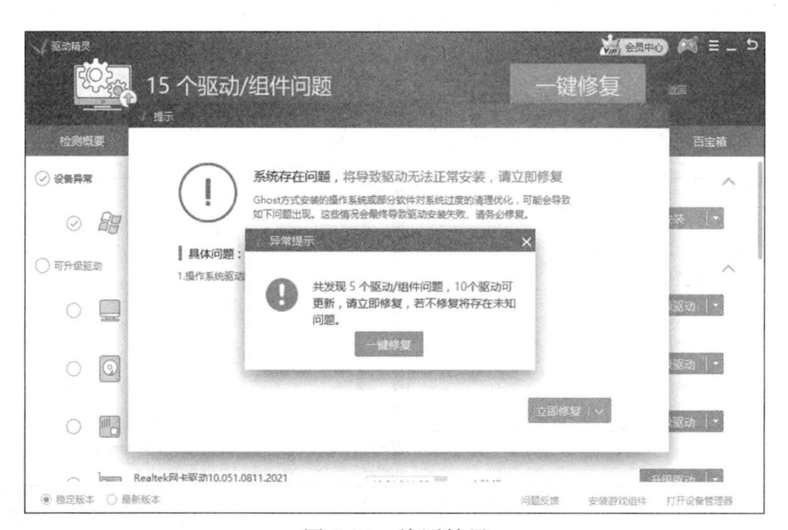

图 2-14　检测结界

5. 完善系统，安装补丁

安装系统补丁的方式主要有两种：①使用系统升级方式；②使用第三方软件方式。本书介绍使用系统升级方式。

步骤一：进入“开始”菜单，然后单击“设置”按钮。

步骤二：弹出 Windows 10“设置”窗口，单击“更新和安全”按钮。

步骤三：单击左侧窗格中的“Windows 更新”，再单击右侧窗格中的“检查更新”按钮，如图 2-15 所示。

图 2-15 单击“检查更新”按钮

步骤四：等待大约 20 分钟，系统会自动下载相应补丁并安装。

6. 窗口排列

步骤一：按照“大小”排列桌面图标。在桌面空白处右击，在弹出的快捷菜单中选择“排序方式”→“大小”命令。

步骤二：打开窗口并平铺。将光标指向桌面上的“此电脑”图标，双击打开“此电脑”窗口。用同样方法打开“网络”“回收站”窗口。在三个窗口都已打开的情况下，在任务栏中右击，选择“并排显示窗口”命令，即可将三个窗口并排显示在桌面中，如图 2-16 所示。

图 2-16 “并排显示窗口”效果

2.1.4 知识链接

1. Windows 10 简介

Windows 10 是美国微软公司研发的跨平台及设备应用的操作系统。Windows 10 共有 7

个发行版本，分别面向不同用户和设备。

2014 年 10 月 1 日，微软在旧金山召开新品发布会，对外展示了新一代 Windows 操作系统，将它命名为 Windows 10，新系统的名称跳过了数字 9。

2015 年 1 月 21 日，微软在华盛顿发布新一代 Windows 系统，并表示向运行 Windows 7、Windows 8.1 以及 Windows Phone 8.1 的所有设备提供，用户可以在 Windows 10 发布后的第一年享受免费升级服务。2015 年 2 月 13 日，微软正式开启 Windows 10 手机预览版更新推送计划。2015 年 3 月 18 日，微软中国官网正式推出了 Windows 10 中文介绍页面。2015 年 4 月 22 日，微软推出了 Windows Hello 和微软 Passport 用户认证系统，微软又公布了名为 Device Guard（设备卫士）的安全功能。2015 年 4 月 29 日，微软宣布 Windows 10 将采用同一个应用商店，可供所有使用 Windows 10 的设备使用，同时支持 Android 和 iOS 程序。2015 年 7 月 29 日，微软发布 Windows 10 正式版。

2018 年 8 月 9 日，微软推送了 Windows 10 RS5 快速预览版。

2018 年 9 月，微软宣布为 Windows 10 系统提供 ROS 支持，所谓 ROS 就是机器人操作系统。此前这一操作系统只支持 Linux 平台，现在微软正在打造 ROS for Windows。

2018 年 10 月 9 日，微软负责 Windows 10 操作系统交付的高管凯博（John Cable）表示，微软已经获得了用户文件被删除的报告，目前已经解决了秋季更新包中存在的所有问题。公司已经开始向测试用户重新提供 1809 版本的下载。

Windows 10 共有家庭版、专业版、企业版、教育版、移动版、移动企业版和物联网核心版 7 个版本，见表 2-1。

表 2-1　Windows 10 各种版本的名称及特点

版　　本	特　　点
家庭版（Home）	Cortana 语音助手（选定市场），Edge 浏览器，面向触控屏设备的 Continuum 平板电脑模式，Windows Hello（脸部识别、虹膜、指纹登录），串流 Xbox One 游戏的能力，微软开发的通用 Windows 应用（Photos、Maps、Mail、Calendar、Groove Music 和 Video）、3D Builder
专业版（Professional）	以家庭版为基础，增添了设备和应用管理，保护敏感的企业数据，支持远程和移动办公，使用云计算技术。另外，它还带有 Windows Update for Business，微软承诺该功能可以降低管理成本、控制更新部署，让用户更快地获得安全补丁软件
企业版（Enterprise）	以专业版为基础，增添了大中型企业用来防范针对设备、身份、应用和敏感企业信息的现代安全威胁的先进功能，供微软的批量许可（volume licensing）客户使用。用户能选择部署新技术的步骤，其中包括使用 Windows Update for Business 的选项。作为部署选项，Windows 10 企业版将提供长期服务分支（long term servicing branch）
教育版（Education）	以企业版为基础，面向学校职员、管理人员、教师和学生。它将通过面向教育机构的批量许可计划提供给客户，学校将能够升级 Windows 10 家庭版和 Windows 10 专业版设备
移动版（Mobile）	面向尺寸较小、配置触控屏的移动设备，如智能手机和小尺寸平板电脑，集成有与 Windows 10 家庭版相同的通用 Windows 应用和针对触控操作优化的 Office。部分新设备可以使用 Continuum 功能，因此连接外置大尺寸显示屏时，用户可以把智能手机用作 PC

续表

版　本	特　点
移动企业版(Mobile Enterprise)	以 Windows 10 移动版为基础,面向企业用户。它将提供给批量许可客户使用,增添了企业管理更新,以及及时获得更新和安全补丁软件的方式
物联网核心版(Windows 10 IoT Core)	面向小型低价设备,主要针对物联网设备。目前已支持树莓派 2 代/3 代,Dragonboard 410c(基于骁龙 410 处理器的开发板),MinnowBoard MAX 及 Intel Joule

2. 最低硬件要求

处理器:1GHz 的处理器或 SoC。

RAM:1GB(32 位)或 2GB(64 位)。

硬盘空间:16GB(32 位)或 20GB(64 位)。

显卡:支持 DirectX 9(包含 WDDM 1.0 驱动程序)。

分辨率:800 像素×600 像素。

3. Windows 10 桌面

登录 Windows 10 操作系统后,首先展现在用户视线面前的整个屏幕界面,称为“桌面”。桌面是认识操作系统、掌握基本操作、进行个性化设置的地方。桌面由桌面背景、桌面图标、任务栏、“开始”菜单等基本内容组成,如图 2-17 所示。

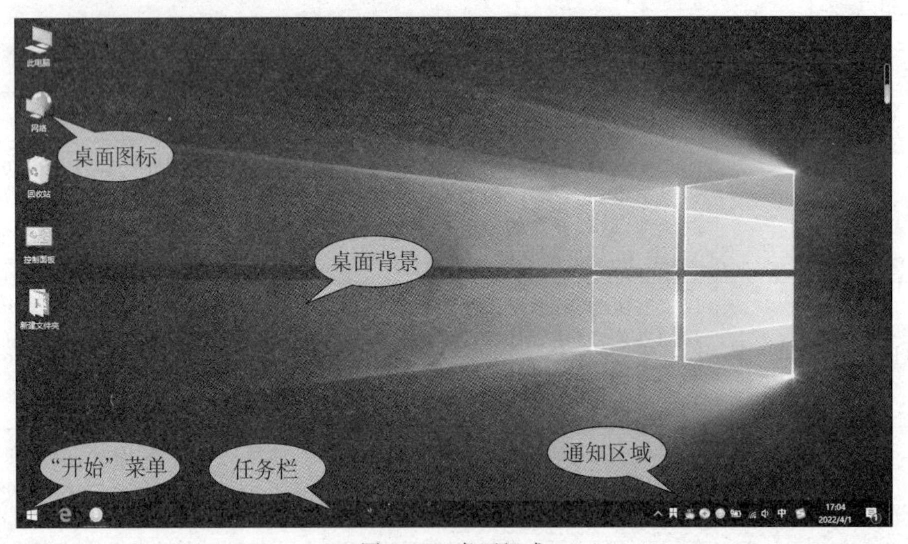

图 2-17　桌面组成

(1) 桌面背景。桌面背景是指 Windows 桌面的背景图案,又称为桌面或者墙纸,用户可以根据自己的喜好更改桌面的背景图案。

(2) 桌面图标。桌面图标是由一个形象的小图片和说明文字组成的,图片是它的标识,文字则表示它的名称或功能。

在 Windows 10 中,所有的文件、文件夹以及应用程序都用图标来形象地表示,双击这些图标就可以快速地打开文件、文件夹或者应用程序。例如,双击“此电脑”图标即可以打开“此电脑”窗口。

(3) 任务栏。任务栏是位于屏幕底部的水平长条。与桌面不同的是，桌面可以被打开的窗口覆盖，而任务栏几乎始终可见，主要有程序按钮区和通知区。

在 Windows10 中，任务栏已经是全新的设计，它拥有了新的外观，除了依旧在不同窗口之间切换外，Windows 10 的任务栏看起来更加方便，功能更加强大和灵活。

① 程序按钮区。程序按钮区主要放置已打开的窗口的最小化按钮，单击这些按钮就可以在窗口间切换。在任何一个程序上右击，即可弹出一个快捷菜单。用户可以将常用的程序固定在任务栏上，以方便访问，还可以根据需要通过单击和拖曳操作重新排列任务栏上的图标。

② 通知区。通知区位于任务栏的右侧，除了系统时钟、音量、网络和操作中心等一组系统图标之外，还包括一些正在运行的程序图标，或提供访问特定设置的途径。用户看到的图标集取决于已安装的程序或服务，以及计算机制造商设置计算机的方式。将鼠标指针移向特定的图标，会看到该图标的名称或某个设置的状态。有时通知区中的图标会显示小的弹出窗口(称为通知)，向用户通知某些信息。同时，用户也可以根据自己的需要设置通知区的显示内容。

(4) "开始"菜单。"开始"菜单位于桌面任务栏的最左边，主要用于启动应用程序、打开文档、进行系统设置、关闭系统等。

4. Windows 10 窗口的组成及管理

窗口是 Windows 10 系统最重要的对象，当用户打开程序、文件或者文件夹时，都会在屏幕上出现一个窗口。在 Windows 10 中，几乎所有的操作都是通过窗口来实现的。因此，了解窗口的基本知识和操作方法非常重要。

1) 窗口的组成

在 Windows 10 中，虽然各个窗口的内容各不相同，但所有的窗口都有一些共同点。一方面，窗口始终在桌面上；另一方面，大多数窗口都具有相同的基本组成部分。下面以"计算机"窗口为例，介绍 Windows 10 窗口的组成。

双击桌面上的"计算机"图标，弹出"计算机"窗口。可以看到窗口一般由控制按钮区、搜索栏、地址栏、功能区、导航窗格、状态栏、细节窗格和工作区 8 个部分组成，如图 2-18 所示。

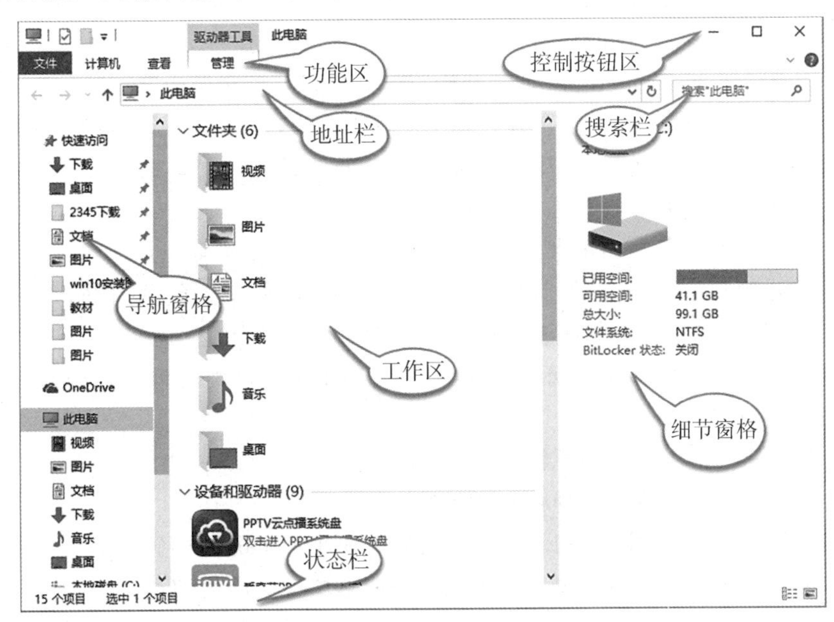

图 2-18　窗口的组成

(1) 控制按钮区。在控制按钮区有3个窗口控制按钮,分别为“最小化”“最大化”和“关闭”,每个按钮都有其特殊的功能和作用。

(2) 地址栏。显示文件和文件夹所在的路径,通过它还可以访问因特网中的资源。

(3) 搜索栏。将要查找的目标名称输入“搜索栏”文本框,然后按Enter键即可。窗口中“搜索栏”的功能和开始菜单中的“搜索”框的功能相似,只不过在此处只能搜索当前窗口范围的目标。还可以添加搜索筛选器,以便更精确、更快速地搜索到所需要的内容。

(4) 功能区。一般来说,在功能区单击后会出现功能区工具栏。

(5) 导航窗格。导航窗格位于工作区的左边。导航窗格一般包括收藏夹、库、计算机和网络4个部分。单击前面的箭头状按钮既可以打开列表,还可以打开相应的窗口,方便用户随时准确地查找相应的内容。

(6) 工作区。工作区位于窗口的中部,是整个窗口中最大的矩形区域,用于显示窗口中的操作对象和操作结果。当窗口中显示的内容太多而无法在一个屏幕内显示出来时,可以单击窗口右侧的垂直滚动条两端的上箭头按钮和下箭头按钮,或者拖动滚动条,都可以使窗口中的内容垂直滚动。

(7) 细节窗格。细节窗格位于窗口右下方,用来显示选中对象的详细信息。例如,要显示“本地磁盘(C:)”的详细信息,只需单击一下“本地磁盘(C:)”,就会在窗口右方显示它的详细信息。当用户不需要显示详细信息时,可以将细节窗格隐藏进来。单击“工具栏”上的组织按钮,在弹出的下拉菜单中选择“布局”,然后单击“细节窗格”选项即可。

(8) 状态栏。状态栏位于窗口的最下方,其中显示了当前窗口的相关信息和被选中对象的状态信息。

2) 窗口的操作

窗口是Windows 10环境中的基本对象,同时对窗口的操作也是最基本的操作。

(1) 打开窗口。这里以打开“控制面板”窗口为例进行介绍。用户可以通过以下3种方法之一将其打开。

方法1:双击桌面上的“此电脑”图标。

方法2:右击图标,从弹出的快捷菜单中选择“打开”命令。

方法3:单击“开始”按钮,在弹出的“开始”菜单中选择“控制面板”命令。

(2) 关闭窗口。当某个窗口不再使用时,可将其关闭,以释放系统资源。下面以打开的“控制面板”窗口为例进行介绍,用户可以通过以下4种方法之一将其关闭。

方法1:单击“控制面板”窗口右上角的“关闭”按钮。

方法2:在“控制面板”窗口的菜单栏中选择“文件”→“关闭”命令。

方法3:右击窗口上的“标题栏”,然后在弹出的快捷菜单中选择“关闭”命令。

方法4:在当前窗口为“控制面板”窗口时,按Alt+F4组合键。

(3) 调整窗口大小。窗口在显示器中显示的大小是可以随意控制的,这样可以方便用户对多个窗口进行操作。

① 双击标题栏可最大化和还原窗口。

② 单击“最小化”按钮将窗口隐藏到任务栏。

③ 单击“还原”和“最大化”按钮将窗口进行原始大小和全屏切换显示。

④ 在非全屏状态下可以拖动窗口4个边框来调整窗口的高度和宽度。

(4) 排列窗口。当桌面上打开的窗口过多时,就会显得杂乱无章,这时用户可以通过设置窗口的显示形式对窗口进行排列。在任务栏的空白处右击，弹出的快捷菜单中包含了显示窗口的3种形式，即层叠窗口、堆叠窗口和并排显示窗口，用户可以根据需要选择一种窗口的排列方式，对桌面上的窗口进行排列。

如果要对窗口进行平铺，可以按 Ctrl＋Alt＋Delete 组合键开启任务管理器，在其中按住 Ctrl 键单击选取需要平铺的窗口，然后右击，在弹出的快捷菜单中选择“纵向平铺”或“横向平铺”命令。

(5) 切换窗口。在 Windows 系统环境下可以同时打开多个窗口，但是当前活动窗口只能有一个。因此用户在操作的过程中经常需要在不同的窗口间切换。具体操作步骤如下：①按 Alt＋Tab 组合键，弹出窗口缩略图图标方块；②按住 Alt 键不放，按 Tab 键逐一选择窗口图标，当方框移动到需要使用的窗口图标时释放，即可打开相应的窗口。

2.1.5 知识拓展

1. 操作系统介绍

(1) 定义：操作系统(operating system，OS)是一种系统软件，它管理计算机系统的硬件与软件资源，控制程序的运行，改善人机操作界面，为其他应用软件提供支持等，而能够使计算机系统所有资源最大限度地得到发挥应用，并为用户提供方便的、有效的、友善的服务界面。

操作系统是一个庞大的管理控制程序，它直接运行在计算机硬件上，是最基本的系统软件，也是计算机系统软件的核心，同时还是靠近计算机硬件的第一层软件。

(2) 作用：操作系统位于底层硬件与用户之间，是两者沟通的桥梁。用户可以通过操作系统的用户界面，输入命令。

(3) 功能：操作系统对命令进行解释，驱动硬件设备，实现用户要求。以现代标准而言，一个标准 PC 的操作系统应该提供以下的功能。

① 进程管理。进程管理又称处理器管理，其主要任务是对处理器的时间进行合理分配、对处理器的运行实施有效的管理。

② 存储管理。由于多道程序共享内存资源，所以存储器管理的主要任务是对存储器进行分配、保护和扩充。

③ 设备管理。操作系统能够根据确定的设备分配原则对设备进行分配，使设备与主机能够并行工作，为用户提供良好的设备使用界面。

④ 文件管理。操作系统能够有效地管理文件的存储空间，合理地组织和管理文件系统，为文件访问和文件保护提供更有效的方法及手段。

⑤ 用户界面。用户操作计算机的界面称为用户界面。通过用户界面，用户只须进行简单操作，就能实现复杂的应用处理。

(4) 分类：操作系统的分类主要有以下3种方式。

① 从用户角度分类，操作系统可分为3种：单用户、单任务(如 DOS 操作系统)；单用户、多任务(如 Windows 9x 操作系统)；多用户、多任务(如 Windows 7 操作系统)。

② 从硬件的规模角度分类，操作系统可分为微型机操作系统、中小型机操作系统和大型机操作系统3种。

③ 从系统操作方式的角度分类，操作系统可分为批处理操作系统、分时操作系统、实时操作系统、PC 操作系统、网络操作系统和分布式操作系统6种。

2. 驱动精灵简介

驱动精灵是一款集驱动管理和硬件检测于一体的、专业级的驱动管理和维护工具软件。

驱动精灵为用户提供驱动备份、恢复、安装、删除、在线更新等实用功能。除驱动备份、恢复功能外，还提供了 Outlook 地址簿、邮件和 IE 收藏夹的备份与恢复，并且有多国语言供用户选择。

利用驱动精灵的驱动程序备份功能，在计算机重装前，将计算机中的最新版本驱动程序进行备份，待重装完成时，再使用它的驱动程序还原功能安装驱动程序，这样可以节省许多驱动程序的安装时间，并且再也不怕找不到驱动程序了。驱动精灵对于手头上没有驱动程序安装盘的用户十分实用。

2.1.6 技能训练

(1) 为一台笔记本电脑安装 Windows 10 系统，并进行系统分区、创建账户等操作。

(2) 使用驱动精灵安装驱动和常用软件。

(3) 使用驱动精灵进行驱动备份。

(4) 任意打开四个窗口，然后将其堆叠显示。

任务 2.2 系统管理和文件的使用

安装系统后，为了保证系统流畅运行，需要对系统进行一些简单的优化；接着还需要对文件进行简单操作。

2.2.1 任务要点

(1) 磁盘分区。

(2) 格式化磁盘。

(3) 文件和文件夹的选择、创建、重命名、复制、移动、删除、恢复和搜索。

(4) 使用文件资源管理器管理文件和文件夹。

2.2.2 任务要求

(1) 对硬盘剩余空间进行分区。

(2) 格式化分区。

(3) 在 D 盘的根目录下新建“文档”“表格”和“图片”3 个文件夹。

(4) 在 D 盘的根目录下创建 Word 文档，更名为“工作.docx”；创建 Excel 表格，命名为“娱乐.xlsx”。

(5) 将“工作.docx”文件复制到“文档”文件夹中。

(6) 将“娱乐.xlsx”文件移动到“表格”文件夹中。

(7) 在 D 盘的根目录下创建文本文档，命名为“学习.txt”，并将此文件设置为“只读”和“隐藏”。

(8) 搜索 C 盘中所有扩展名为.jpg 的文件，并任选 3 个复制到“图片”文件夹中。

(9) 删除“文档”文件夹，将其放入回收站。

2.2.3 实施过程

1. 对硬盘剩余空间进行分区

步骤一：打开控制面板。单击“开始”菜单，在“Windows 系统”下拉菜单中找到“控制面板”，如图 2-19 所示，单击将其打开。

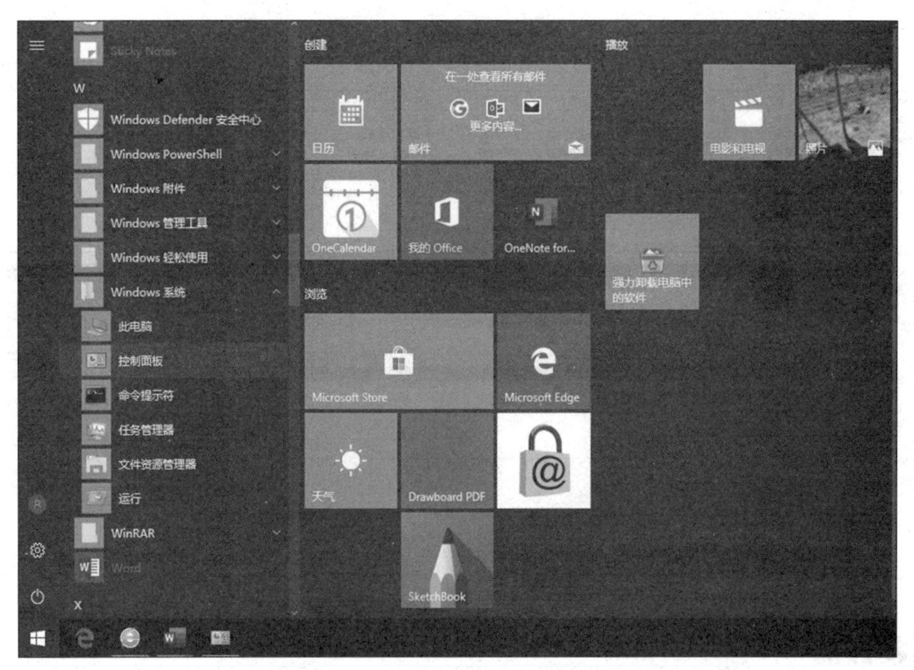

图 2-19　启动控制面板

步骤二：在“系统和安全”下的“管理工具”中选择“创建并格式化硬盘分区”，如图 2-20 所示。

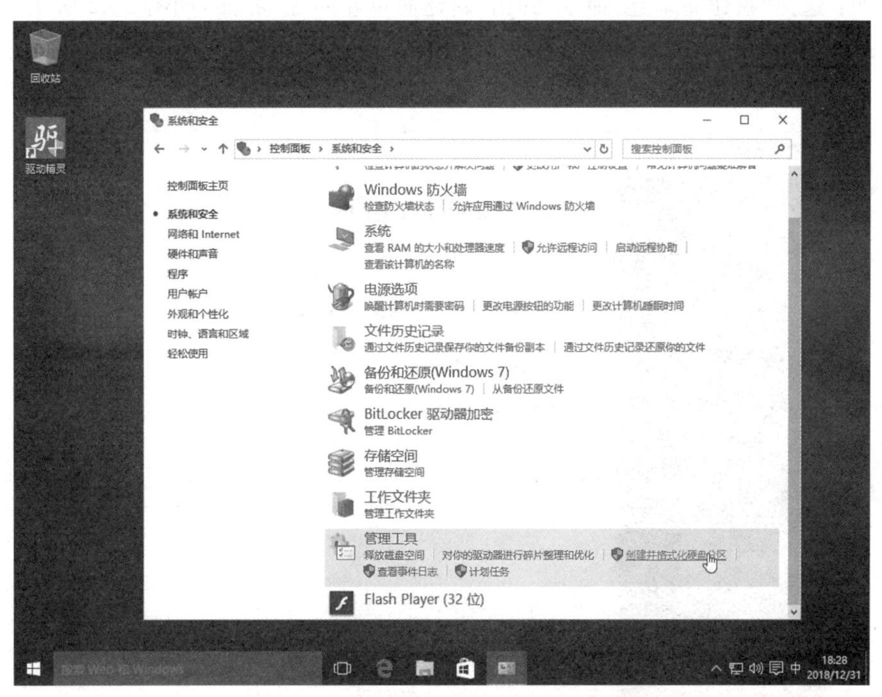

图 2-20　选择“创建并格式化硬盘分区”

步骤三：右击“磁盘 0”中的“未分配”分区，如图 2-21 所示。

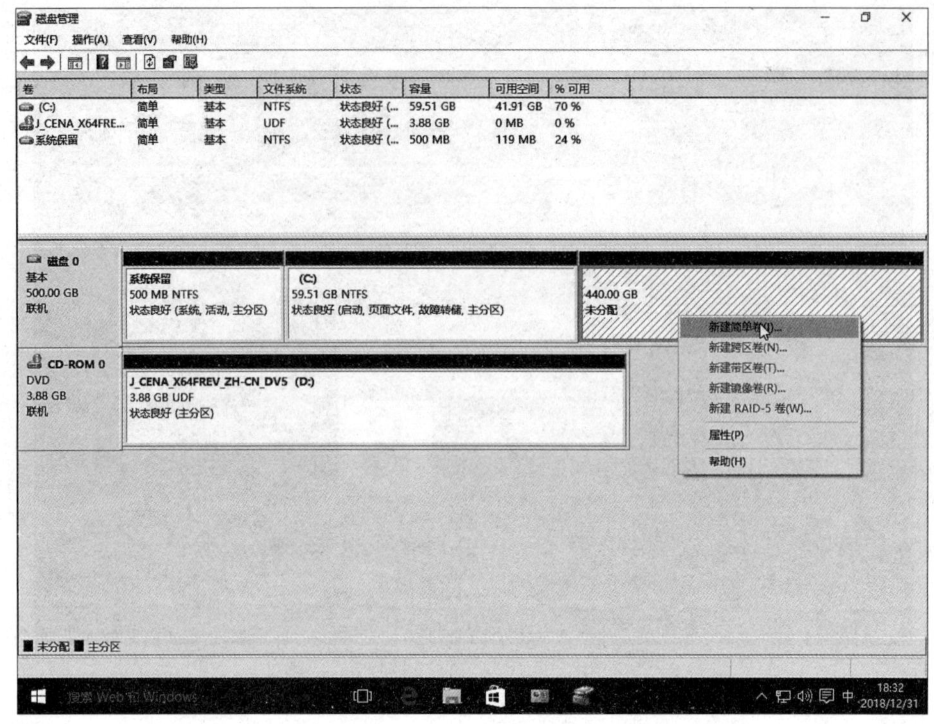

图 2-21 右击“未分配”分区

步骤四：选择“新建简单卷”命令，弹出“新建简单卷向导”界面，如图 2-22 所示。单击“下一步”按钮，在“简单卷大小”对话框中输入分区大小，然后单击“下一步”按钮。继续单击“下一步”按钮，直到出现“正在完成新建简单卷向导”界面，如图 2-23 所示，单击“完成”按钮。

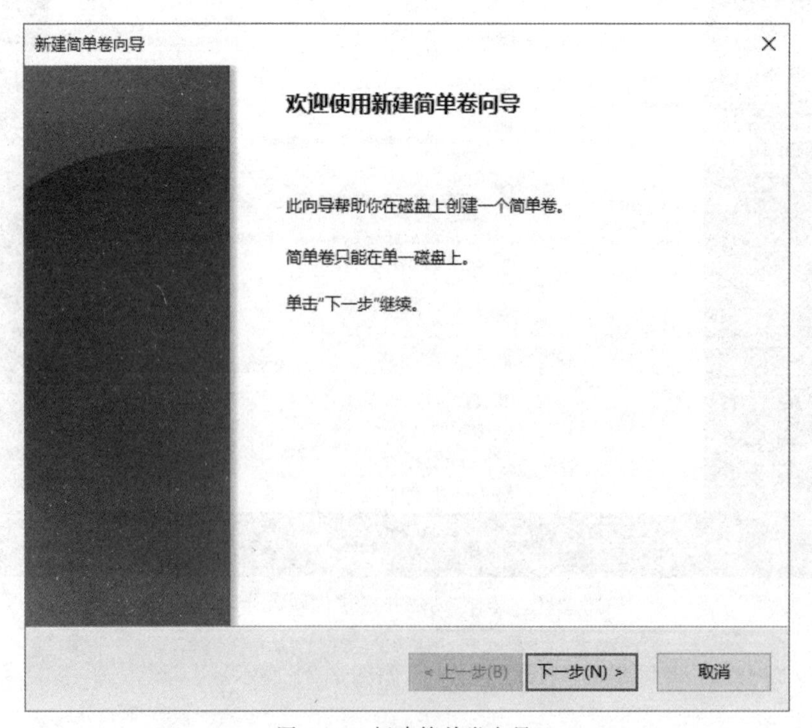

图 2-22 新建简单卷向导

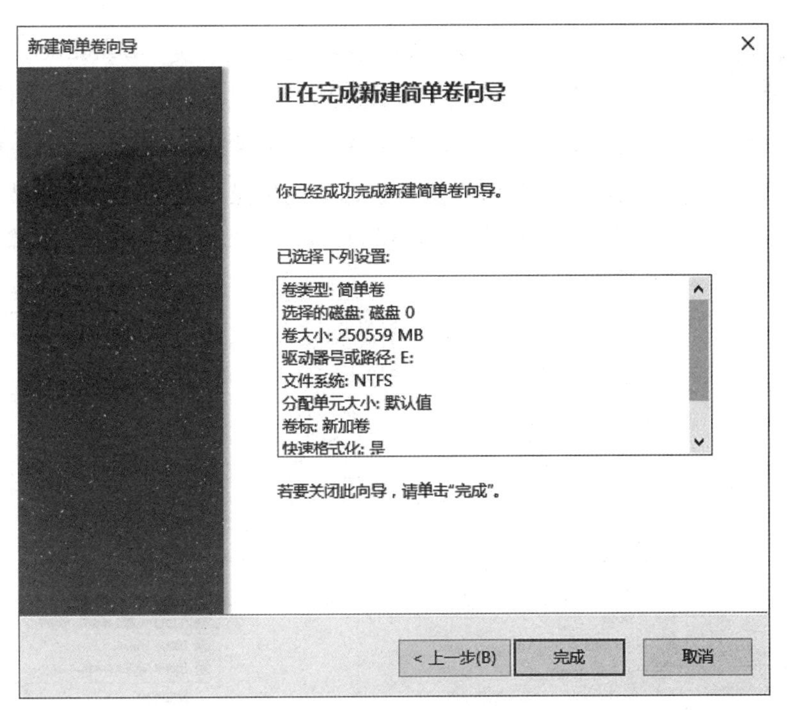

图 2-23　完成新建简单卷向导

步骤五：根据步骤四的方法为剩余的其他空间创建分区。

2. 格式化分区

步骤一：在桌面上的"此电脑"中选中 D 盘，右击，弹出如图 2-24 所示的快捷菜单。选择"格式化"命令进入格式化对话框，如图 2-25 所示。单击"开始"按钮执行对 D 盘的格式化。

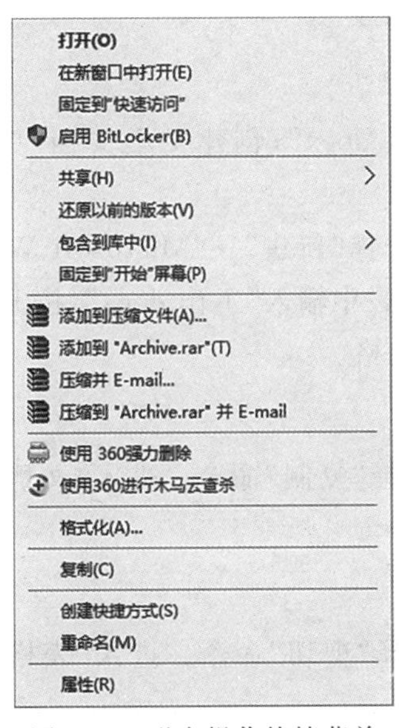

图 2-24　磁盘操作快捷菜单

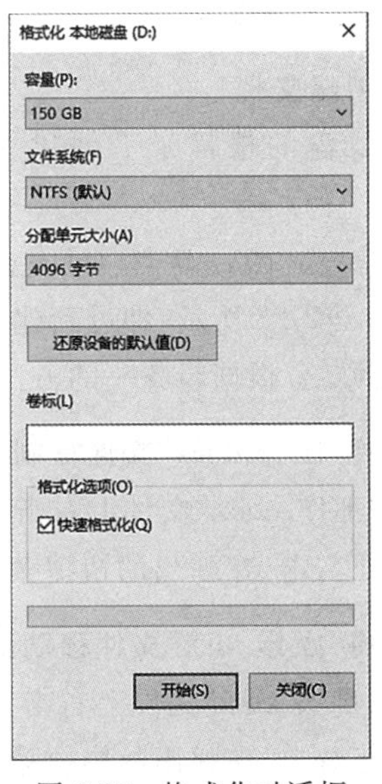

图 2-25　格式化对话框

步骤二：根据步骤一方法，格式化其他分区。

3. 在 D 盘的根目录下新建“文档”“表格”和“图片”三个文件夹

步骤一：打开 D 盘，在空白处右击，在弹出的快捷菜单中选择“新建”→“文件夹”命令，如图 2-26 所示。此时出现“新建文件夹”文件夹，文件夹名为蓝色选中状态，可以直接输入“文档”为文件夹命名。如果这时执行了其他鼠标操作使文件夹名称被确定为“新建文件夹”，这时再次右击“新建文件夹”图标，在弹出的快捷菜单中选择“重命名”命令(见图 2-27)，输入“工作”将文件夹命名为“工作”。

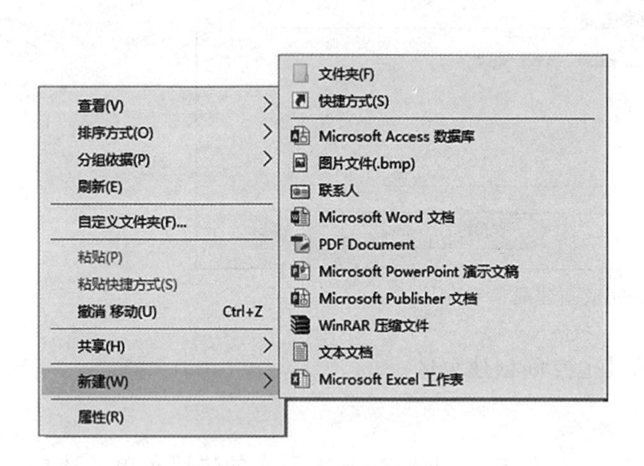

图 2-26 新建文件夹

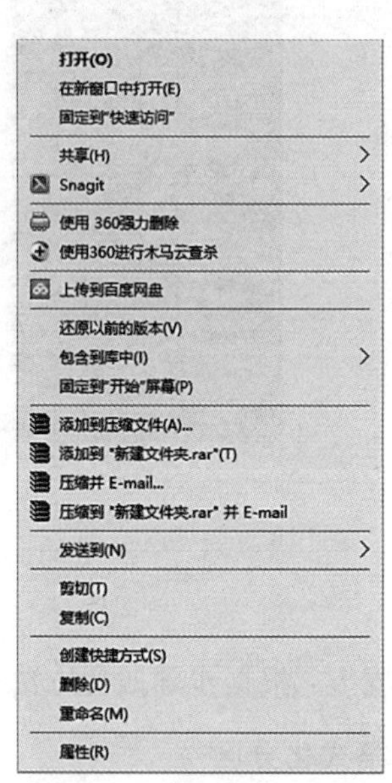

图 2-27 文件夹操作快捷菜单

步骤二：根据步骤一的方法创建“表格”和“图片”文件夹。

4. 创建文档

在 D 盘的根目录下创建 Word 文档，更名为“工作.docx”；创建文本文档，更名为“娱乐.txt”。

步骤一：在 D 盘空白处右击，在弹出的快捷菜单中选择“新建”→“Microsoft Word 文档”命令，如图 2-28 所示，即可新建 Word 文档。在文件名称栏中输入“工作.docx”，按 Enter 键。

步骤二：根据步骤一的方法创建“娱乐.xlsx”Excel 表格。

5. 将“工作.docx”文件复制到“文档”文件夹中

在“工作.docx”文件上右击，在弹出的快捷菜单中选择“复制”命令。进入“文档”文件夹，在空白处右击，在弹出的快捷菜单中选择“粘贴”命令。

6. 将“娱乐.xlsx”文件移动到“表格”文件夹中

在“娱乐.xlsx”文件上右击，在弹出的快捷菜单中选择“剪切”命令。进入“表格”文件夹，在空白处右击，在弹出的快捷菜单中选择“粘贴”命令。

7. 创建、重命名 Excel 文档并设置文档属性

在 D 盘的根目录下创建文本，命名为“学习.txt”，并将此文件设置为“只读”和“隐藏”属性。

图 2-28　新建 Word 文档

在 D 盘空白处右击，在弹出的快捷菜单中选择“新建”→“文本文档”命令，即可新建文本文档。在文件名称栏中输入“学习.txt”。在此文件上右击，在弹出的快捷菜单中选择“属性”命令，在弹出的对话框中选中“只读”和“隐藏”复选框，单击“确定”按钮。

2.2.4　知识链接

1. 磁盘分区

(1) 定义：计算机中存放信息的主要的存储设备就是硬盘，但是硬盘不能直接使用，必须对硬盘进行分割，分割成的一块一块的硬盘区域就是磁盘分区。在传统的磁盘管理中，将一个硬盘分为两大类分区：主分区和扩展分区。主分区是能够安装操作系统、进行计算机启动的分区，这样的分区可以直接格式化，然后安装系统；扩展分区可以用来存放文件。

(2) 操作方法：打开控制面板，单击“系统和安全”，在打开的窗口中单击“创建并格式化硬盘分区”，然后在打开的“磁盘管理”窗口中进行操作。

2. 格式化分区

分区建立后，必须经过格式化才能使用。以 D 盘为例，右击“本地磁盘(D:)”图标，在弹出的快捷菜单中选择“格式化”按钮，在打开的“格式化本地磁盘(D:)”对话框中，单击“开始”按钮，即可对 D 盘进行格式化。

3. 文件资源管理器

文件资源管理器是 Windows 10 系统提供的资源管理工具，用户可以用它查看本地计算机的所有资源，特别是通过它提供的树状文件系统结构，能清楚、直观地了解计算机中的文件和文件夹。在文件资源管理器中还可以很方便地对文件进行各种操作，如打开、复制、移动等。

1) 启动文件资源管理器

在 Windows 10 中启动资源管理器有以下 3 种常用方法。

方法 1：打开“开始”菜单，单击 按钮，即可启动文件资源管理器。

方法 2：依次单击“开始”→“Windows 系统”→“文件资源管理器”，如图 2-29 所示，即可启动文件资源管理器。

方法 3：直接按 Win+E 组合键。

图 2-29 启动文件资源管理器

文件资源管理器启动后的窗口如图 2-30 所示。在左侧窗格中会以树状结构显示计算机中的资源(包括网络)，单击某一个文件夹会显示更详细的信息，同时文件夹中的内容会显示在中间的主窗格中。

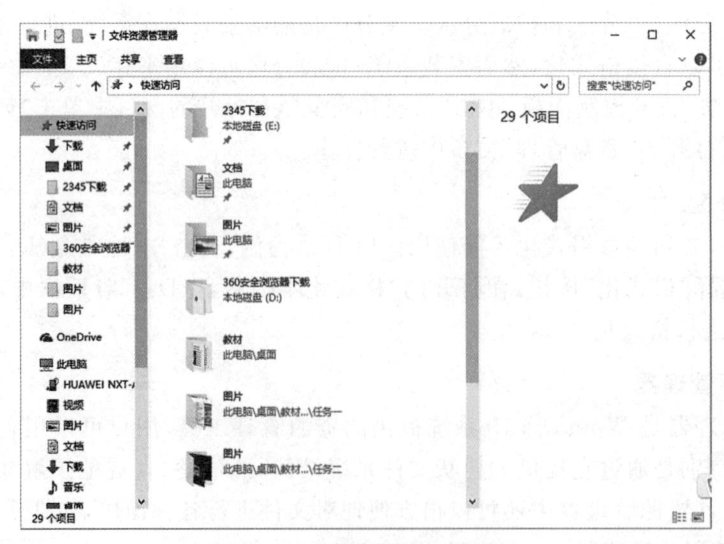

图 2-30 “文件资源管理器”窗口

2）搜索框

计算机中的资源种类繁多、数目庞大，而文件资源管理器窗口的右上角内置了搜索框。此搜索框具有动态搜索功能，如果用户找不到文件的准确位置，可以利用搜索框进行搜索。当输入关键字的一部分时，搜索就已经开始了。随着输入关键字的增多，搜索的结果会被反复筛选，直到搜索出所需要的内容。无论是什么窗口，如文件资源管理器、Windows 10 自带的很多程序中都有搜索框存在。在搜索框中输入想要搜索的关键字，系统就会将需要的内容显示出来。

3）地址栏

地址栏是 Windows 的“文件资源管理器”窗口中的一个保留项目。通过地址栏，不仅可以知道当前打开的文件夹名称，而且可以在地址栏中输入本地硬盘的地址或者网络地址，直接打开相应的内容。

4. 文件或文件夹的排序方式

文件与文件夹在窗口中的排列顺序影响用户查找文件与文件夹的效率。Windows 10 提供文件名称、修改日期、类型、大小等排序方式，当一个窗口中包含大量文件与文件夹时，用户可以选择一种适合自己的排序方式。

具体操作方法为：在窗口空白处右击，在弹出的快捷菜单中打开“排序方式”子菜单，然后选择自己所需的排序方式。

5. 文件和文件夹的基本操作

1）选择文件或文件夹

Windows 10 在选择文件和文件夹方面相较于前期的操作系统有所简化，每个文件或文件夹前面都有一个复选框，只要在复选框中打钩（√）就选中了这个文件或文件夹，同样取消了√就表示放弃了选择。

2）创建文件或文件夹

首先定位到需要创建文件或文件夹的目标位置，在空白处右击，在弹出的快捷菜单中打开“新建”子菜单，选择需要创建的文件类型，输入文件或文件夹的名称后，按 Enter 键或单击空白处即可。

3）重命名文件或文件夹

右击要重命名的文件或文件夹，在弹出的快捷菜单中选择“重命名”命令，文件或文件夹的名称即处于编辑状态（蓝色反白显示），输入新的名称，按 Enter 键或单击空白处即可。

4）复制文件或文件夹

复制文件或文件夹是指将文件或文件夹复制一份，原位置和目标位置均有该文件或文件夹（可以同时复制多个文件）。

方法 1：选定要复制的文件或文件夹，单击 “主页”选项卡，在弹出的工具栏中单击“复制”按钮，打开目标窗口，单击“主页”选项卡，在弹出的工具栏中单击“粘贴”按钮。

方法 2：右击要复制的文件或文件夹，在弹出的快捷菜单中选择 “复制”命令，打开目标窗口，在空白处右击，在弹出的快捷菜单中选择“粘贴”命令。

5）移动文件或文件夹

移动文件或文件夹是指将文件或文件夹转移到其他地方，原位置的文件或文件夹消失（可以同时移动多个文件）。

方法 1：选择要移动的文件或文件夹，单击“主页”选项卡，在弹出的工具栏中单击“剪切”按钮，打开目标窗口，单击“主页”选项卡，在弹出的工具栏中单击“粘贴”按钮即可。

方法 2：右击要移动的文件或文件夹，在弹出的快捷菜单中选择“剪切”命令，打开目标窗口，在空白处右击，在弹出的快捷菜单中选择“粘贴”命令。

6）设置文件或文件夹的属性

文件或文件夹常见的属性有两种：只读和隐藏。只读表示该文件或文件夹只能读取和运行，而不能更改和删除；隐藏表示该文件或文件夹被系统隐藏了，不能正常地显示出来。

右击要设置属性的文件或文件夹，在弹出的快捷菜单中选择“属性”命令，打开文件属性对话框。选择“常规”选项卡，在“属性”选项组中选定相应的复选框，单击“确定”按钮，如图 2-31 所示。

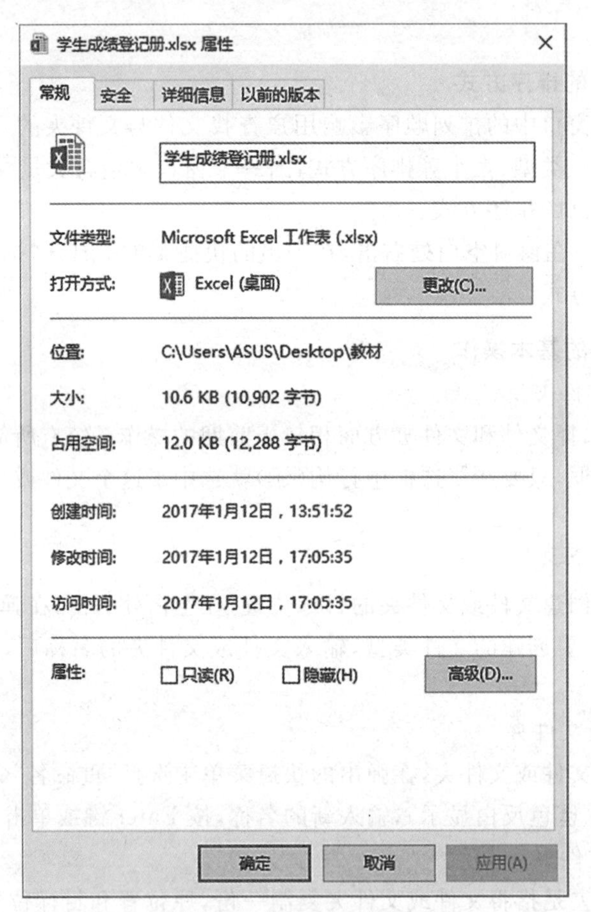

图 2-31　文件属性对话框

7）文件或文件夹的删除与恢复

删除文件或文件夹是指将计算机中不需要的文件或文件夹删除，以节省磁盘空间。

(1) 删除文件或文件夹

要将文件或文件夹删除，需要用文件资源管理器找到要删除文件所在的文件夹。选定需要删除的文件，单击“主页”→“删除”按钮或按 Delete 键，将文件移动到回收站中。删除文件时会弹出如图 2-32 所示的确认对话框，单击“是”按钮执行删除操作；单击“否”按钮取消删除操作。

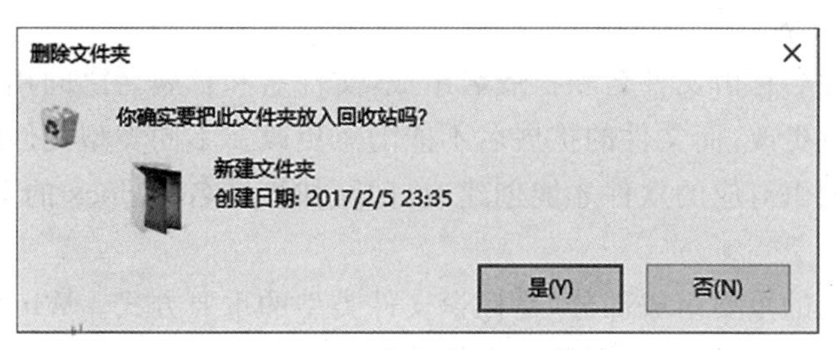

图 2-32　删除确认对话框

(2) 恢复被删除的文件或文件夹

文件或文件夹的删除并不是真正意义上的删除，而是将删除的文件暂时保存在“回收站”中，以便对误删除的操作进行还原。

在桌面上双击“回收站”图标，打开“回收站”窗口，可以发现被删除的文件，如果需要恢复被删除的文件，可以在选择文件后，右击，在弹出的快捷菜单中选择“还原”命令，即可将文件还原到删除前的位置，如图 2-33 所示。

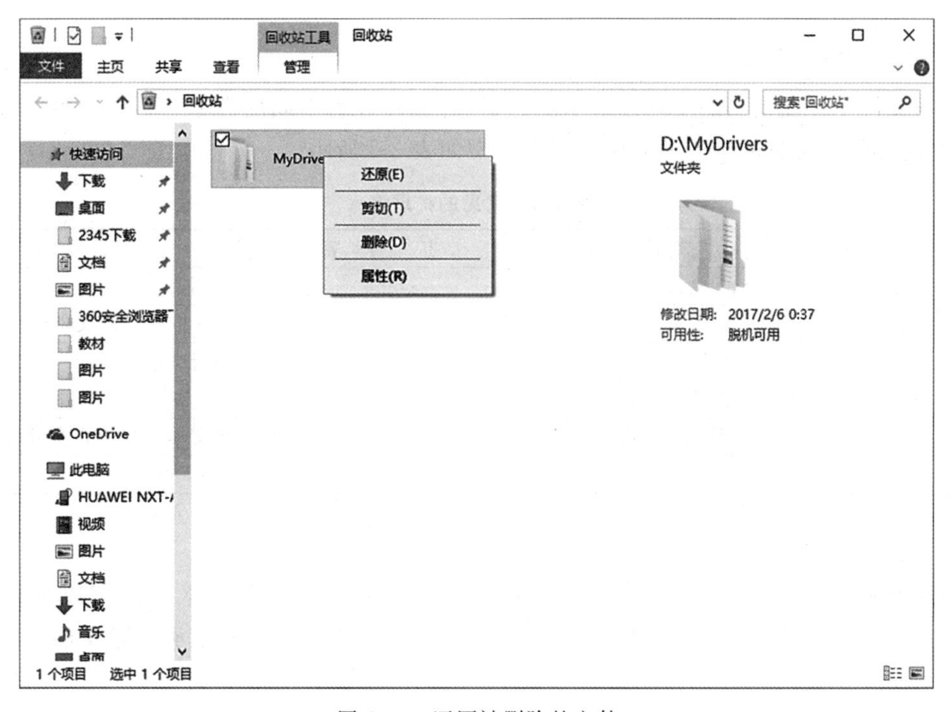

图 2-33　还原被删除的文件

2.2.5　知识拓展

1. 文件和文件夹的概念

在计算机系统中，文件是最小的数据组织单位。文件中可以存放文本、图像以及数值数据等信息。文件夹是在磁盘上组织程序和文档的一种手段，它既可包含文件，也可包含其他文件夹。文件夹中包含的文件夹通常称为“子文件夹”。而硬盘则是存储文件的大容量存储设备，其中可以存储很多文件。

1）文件名与扩展名

计算机中的文件名称由文件名和扩展名组成，文件名和扩展名之间用句点“.”分隔。文件名可以根据需要进行更改，而文件的扩展名不能随意更改。不同类型文件的扩展名也不相同，不同类型的文件必须由对应的软件才能创建或打开，如扩展名为.docx 的文档只能用 Word 软件创建或打开。

扩展名是文件名的重要组成部分，是标识文件类型的重要方式。Windows 10 中的扩展名总是隐藏的，可以通过以下操作步骤显示文件的扩展名。

在“文件资源管理器”窗口中单击“查看”选项卡，在对应的功能区中选中“文件扩展名”复选框，如图 2-34 所示。

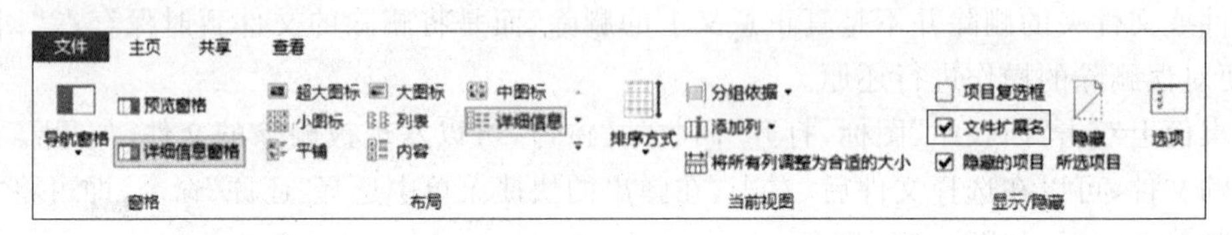

图 2-34 “文件扩展名”复选框

2）常见的文件类型

根据文件中存储信息的不同以及功能的不同，文件分为不同的类型。不同类型的文件使用不同的扩展名，常见的扩展名对应的文件类型如表 2-2 所示。

表 2-2 常见的扩展名

扩 展 名	文 件 类 型	扩 展 名	文 件 类 型
.exe	可执行文件	.bmp	位图文件
.txt	文本文件	.gif	GIF 格式动画文件
.sys	系统文件	.wav	声音文件
.bat	批处理文件	.zip	ZIP 格式压缩文件
.ini	Windows 配置文件	.html	超文本置标语言文件(网页)
.xlsx	Excel 文档	.docx	Word 文档

2. 显示被隐藏的文件或文件夹

与取消隐藏文件扩展名方法相同，在“文件资源管理器”窗口中单击 “查看”选项卡，在对应的功能区中选中“显示隐藏的项目”复选框，如图 2-34 所示，即可显示被隐藏的文件或文件夹。

2.2.6 技能训练

(1) 在 D 盘中新建一个文件夹，命名为学生自己的姓名，如“张三”。

(2) 在此文件夹中新建“预习”和“复习”文件夹。

(3) 在“预习”文件夹中新建“预习.docx”文件和“复习.txt”文件，在“复习”文件夹中新建“复习.xlsx”文件。

(4) 把“复习.txt”文件移动到“复习”文件夹中，并设置为隐藏属性，并且通过设置使其不显示。

(5) 设置不显示文件扩展名。

(6) 将此文件夹复制到可移动磁盘中。

任务 2.3　常用软件的安装及系统维护

2.3.1　任务要点

(1) 安装软件。
(2) 卸载软件。
(3) 控制面板。
(4) Windows 设置。
(5) 常用软件介绍。
(6) 维护系统。

2.3.2　任务要求

(1) 安装 Office 2016 办公软件。
(2) 安装 360 安全卫士和 360 杀毒软件,并进行系统维护。
(3) 卸载驱动精灵。
(4) 删除驱动精灵相关文件夹。
(5) 创建一个新的计算机管理员账户,账户名为 student。
(6) 使用"Windows 设置"窗口将桌面背景更改为自己喜欢的图片,显示方式为"平铺"。
(7) 为计算机设置 IP 地址。

2.3.3　实施过程

1. 安装 Office 2016 办公软件

打开 Office 2016 安装包,双击 setup.exe 文件执行安装命令,弹出如图 2-35 所示的安装初始界面,然后出现如图 2-36 所示的安装界面,继续等待,直至出现如图 2-37 所示的界面,表示安装已经完成。

图 2-35　安装初始界面

图 2-36　安装界面

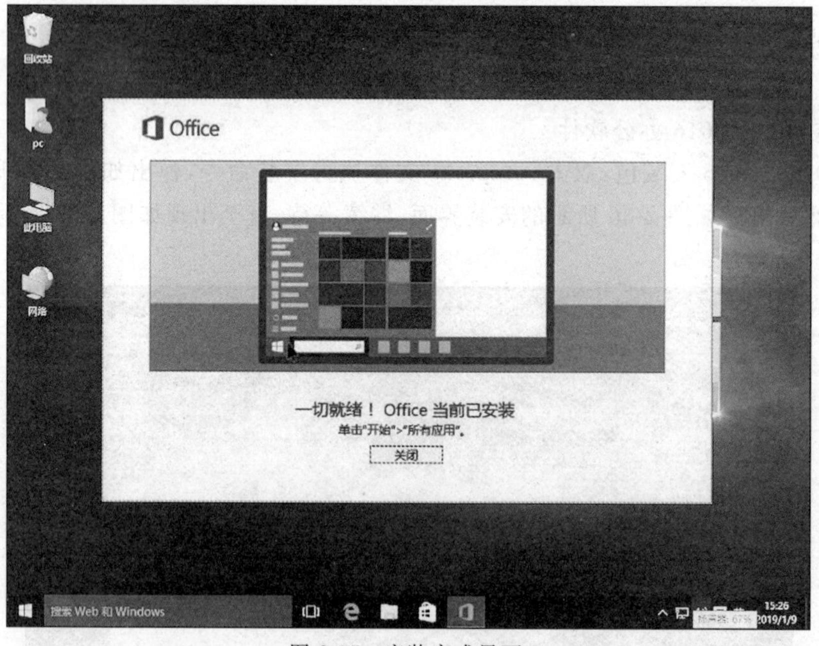

图 2-37　安装完成界面

2. 安装 360 安全卫士和 360 杀毒软件并进行系统维护

步骤一：在浏览器中搜索“360 安全卫士”，进入 360 官方网站。在如图 2-38 所示的页面中，下载“360 安全卫士”和“360 杀毒”软件的安装文件。双击下载的“360 安全卫士”安装文件，弹出如图 2-39 所示的安装初始界面，根据提示完成“360 安全卫士”的软件安装。用相同的方法完成“360 杀毒”的软件安装。

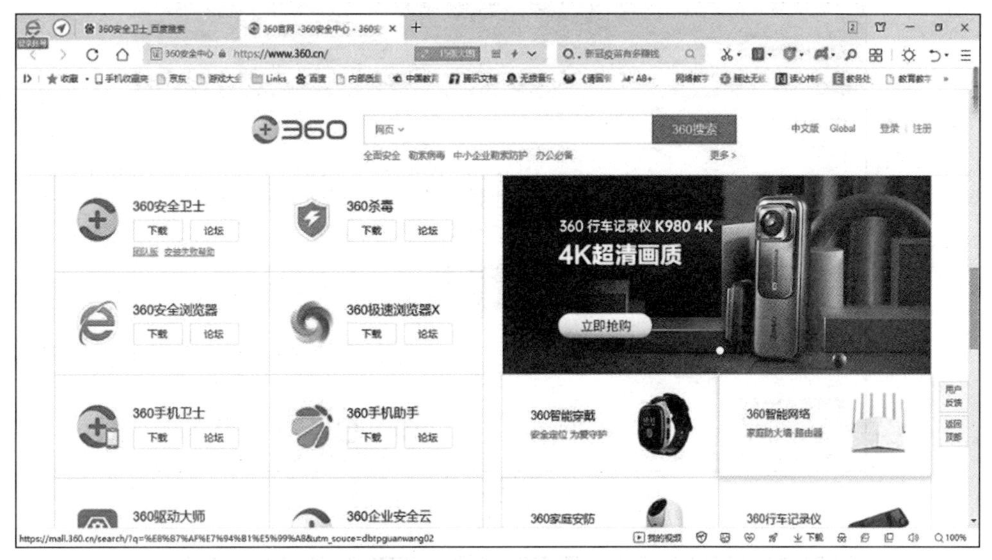

图 2-38　360 官方网站

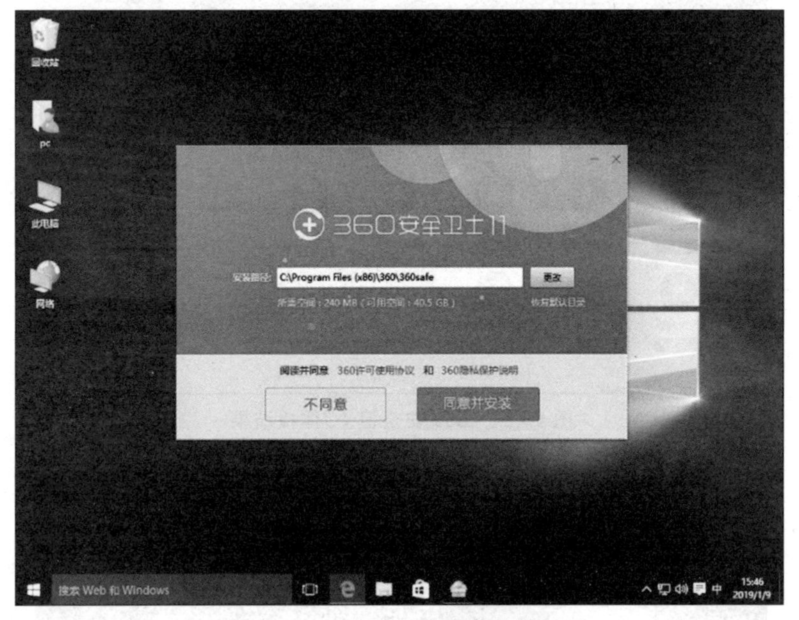

图 2-39　360 安全卫士安装初始界面

步骤二:使用 360 安全卫士进行体检及修复。双击“360 安全卫士”图标,进入“360 安全卫士”主界面,如图 2-40 所示。单击“立即体检”按钮,开始对计算机的全面体检。体检完成后,会弹出如图 2-41 所示的结果。单击“一键修复”按钮可以进行自动修复。

注意:如果操作系统使用一段时间以后感觉系统变慢,可以使用 360 安全卫士的“优化加速”功能来提升系统的运行速度。

步骤三:使用 360 杀毒软件进行病毒查杀。双击“360 杀毒”图标,进入“360 杀毒”软件主界面,如图 2-42 所示。单击“快速扫描”按钮,开始对计算机病毒的快速扫描。扫描完成后,弹出如图 2-43 所示的扫描结果,单击“立即处理”按钮可以进行自动修复。

图 2-40 “360 安全卫士”主界面

图 2-41 “360 安全卫士”体检结果

图 2-42 “360 杀毒”主界面

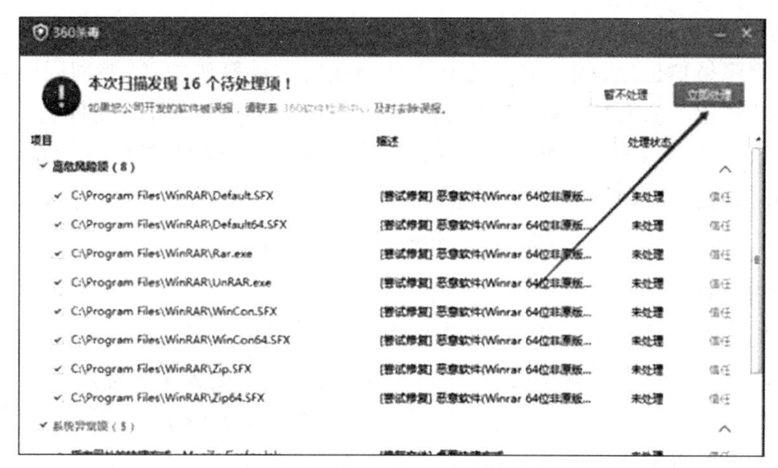

图 2-43　“360 杀毒”扫描结果

3. 卸载“驱动精灵”

打开“开始”菜单，找到“驱动精灵”程序，右击，在弹出的快捷菜单中单击“卸载”命令，打开“程序和功能”窗口。右击驱动精灵程序，在弹出的快捷菜单中单击“卸载/更改”命令，如图 2-44 所示，弹出如图 2-45 所示的卸载界面，单击“继续卸载”按钮，完成“驱动精灵”软件的卸载。

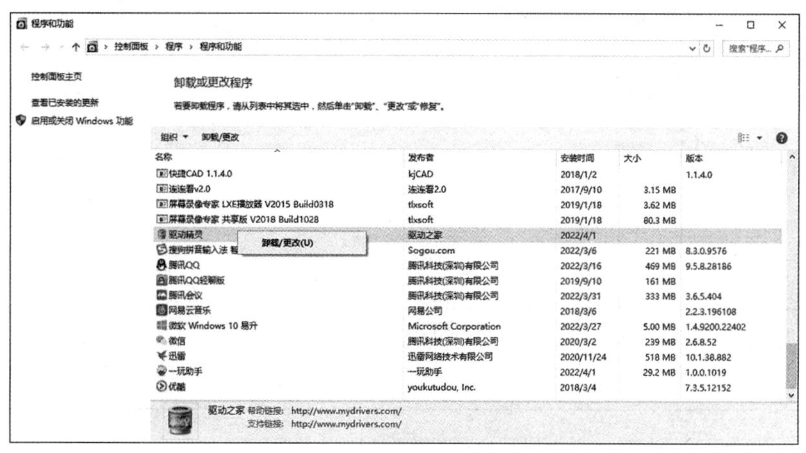

图 2-44　“程序和功能”窗口

图 2-45　驱动精灵卸载界面

4. 删除“驱动精灵”相关文件夹

驱动精灵程序虽然已经卸载,但是还有文件夹残留在计算机中,需要彻底删除才算完成删除“驱动精灵”的过程。打开“此电脑”对话框,进入 C:\Program Files 文件夹(一般的安装程序默认安装到这个文件夹中)。找到 My drivers 文件夹(此文件夹是驱动精灵所在的文件夹),右击,在弹出的快捷菜单中选择“删除”命令。为释放计算机空间,可进入“回收站”,在“管理”选项卡中单击“清空回收站”按钮,彻底删除相关文件夹。

5. 创建管理员账户

步骤一:进入如图 2-46 所示的“控制面板”主界面。单击“用户账户”分组中的“更改账户类型”,打开如图 2-47 所示的“管理账户”窗口。单击“在电脑设置中添加新用户”,打开“设置”窗口,如图 2-48 所示。单击“将其他人添加到这台电脑”,在如图 2-49 所示的界面中,输入用户名 student,然后设置密码。

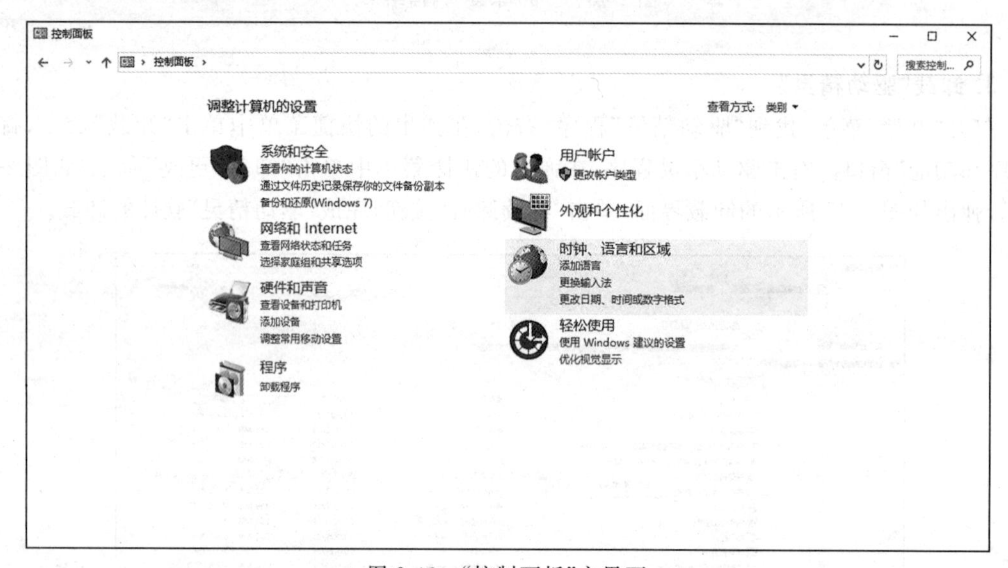

图 2-46 “控制面板”主界面

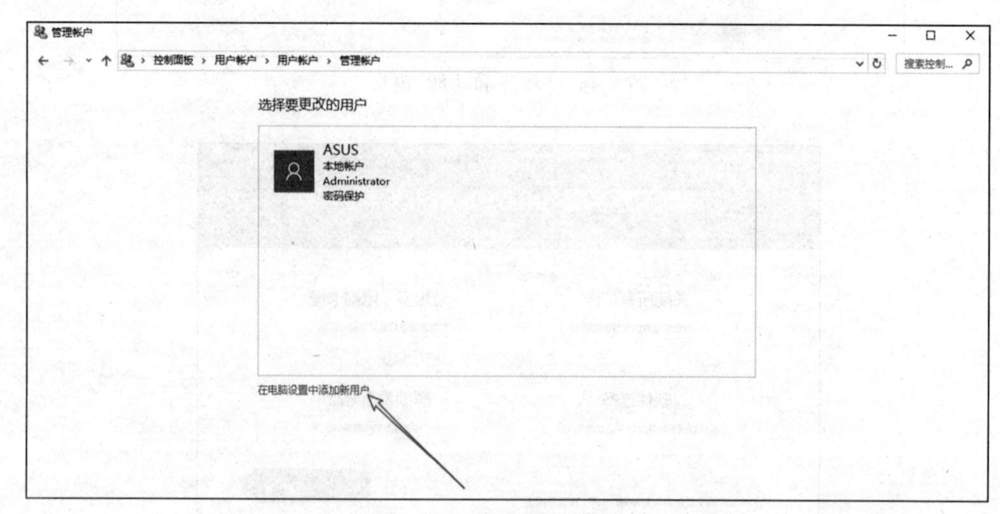

图 2-47 “管理账户”对话框

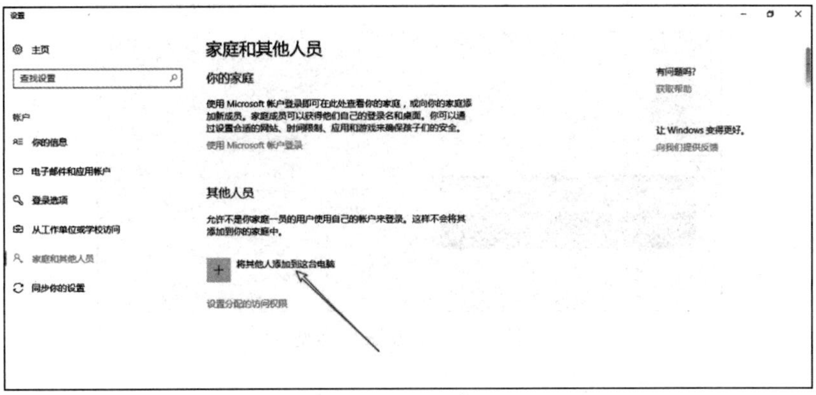

图 2-48 “设置”窗口

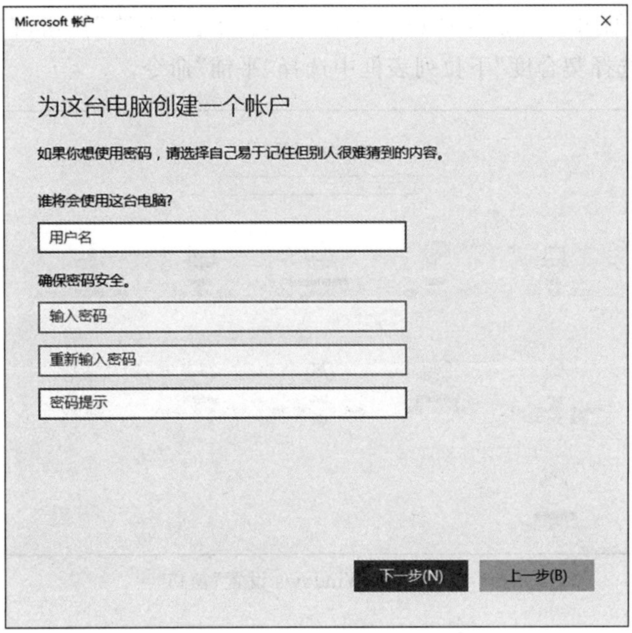

图 2-49 创建账户界面

步骤二：将新账户设置为管理员。新账户创建完成后，在“设置”对话框中单击 student 账户图标，在对应位置单击“更改账户类型”按钮，如图 2-50 所示，在“更改账户类型”对话框中的“账户类型”下拉列表框中选择“管理员”，如图 2-51 所示，然后单击“确定”按钮。

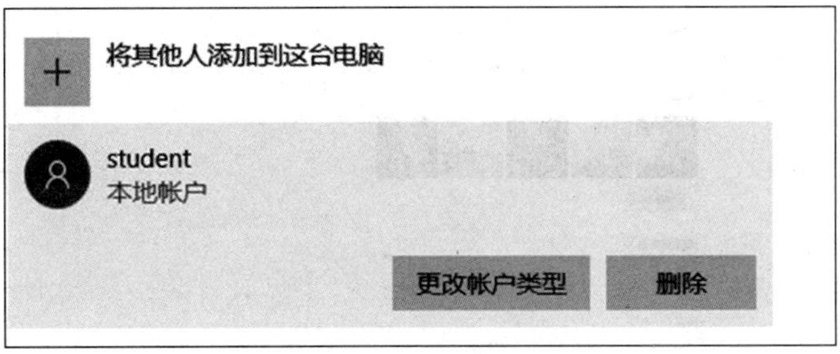

图 2-50 student 本地账户

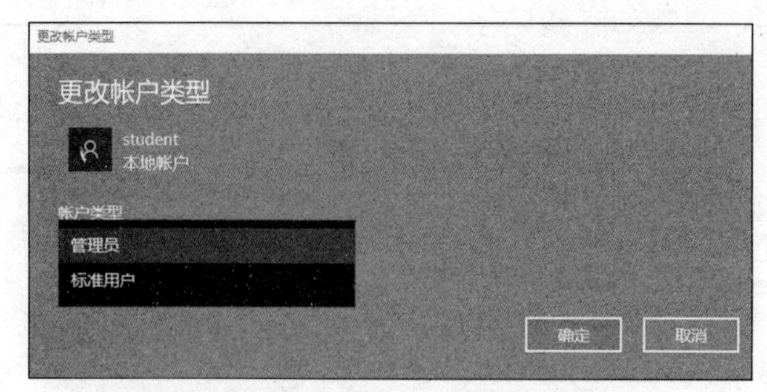

图 2-51 更改账户类型

6. 使用“Windows 设置”窗口更改桌面背景

打开“开始”菜单，单击“设置”图标，打开如图 2-52 所示的“Windows 设置”窗口。单击“个性化”按钮，打开如图 2-53 所示的设置背景界面。单击“浏览”按钮，在打开的对话框中选择喜欢的图片，在“选择契合度”下拉列表框中选择“平铺”命令。

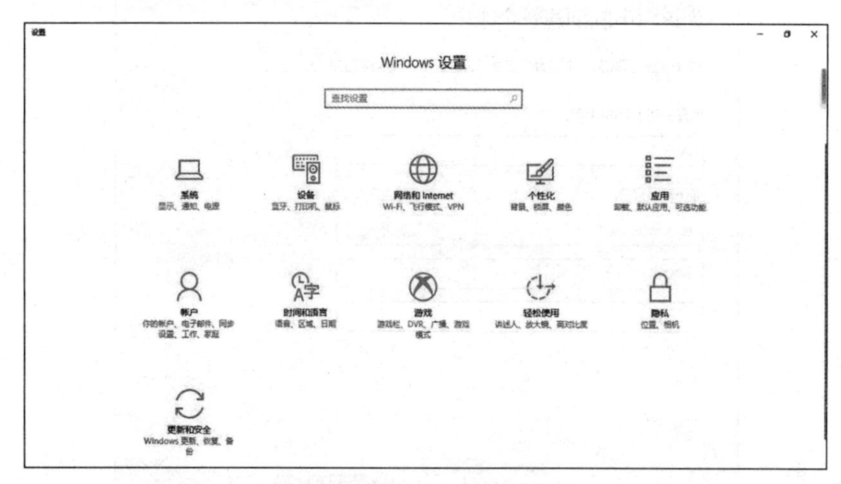

图 2-52 “Windows 设置”窗口

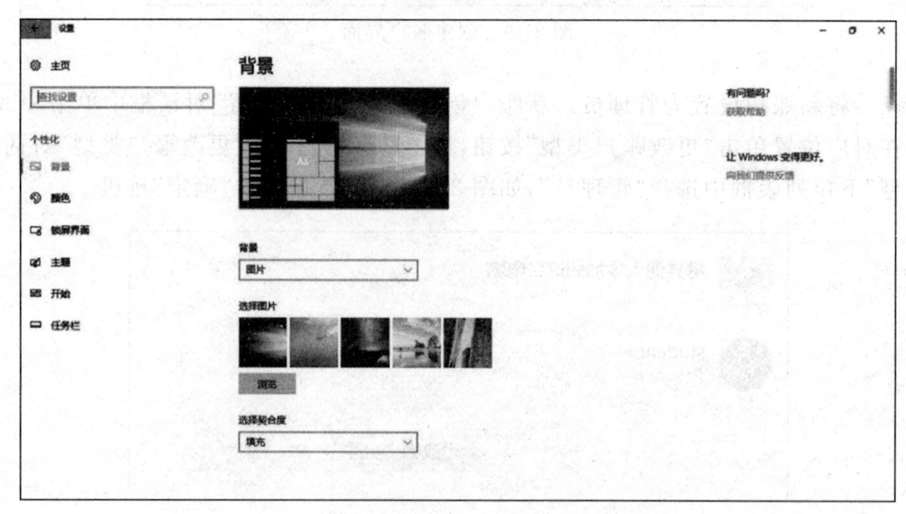

图 2-53 设置背景界面

7. 为计算机设置 IP 地址

打开“Windows 设置”窗口。单击“网络和 Internet”图标，在打开的界面中单击“更改适配器选项”，进入“网络连接”对话框，如图 2-54 所示。右击“以太网”，在弹出的快捷菜单中单击“属性”按钮，打开“以太网 属性”对话框，如图 2-55 所示。单击“Internet 协议版本 4(TCP/IPv4)”，然后单击“属性”按钮，弹出如图 2-56 所示的对话框，在其中输入 IP 地址等信息，然后单击“确定”按钮。

图 2-54　“网络连接”对话框

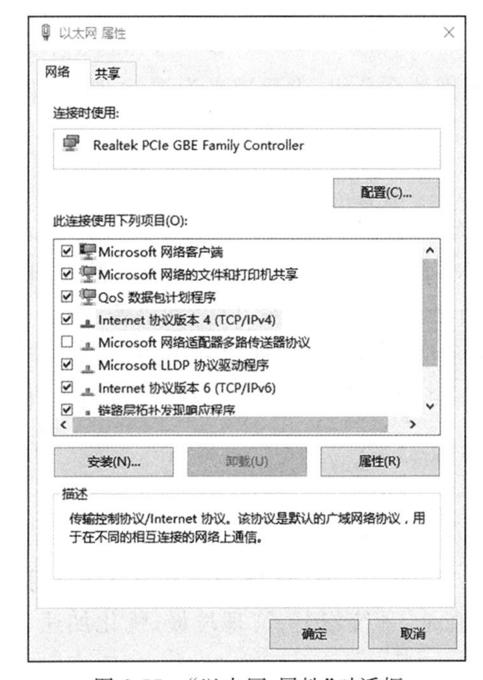

图 2-55　“以太网 属性”对话框

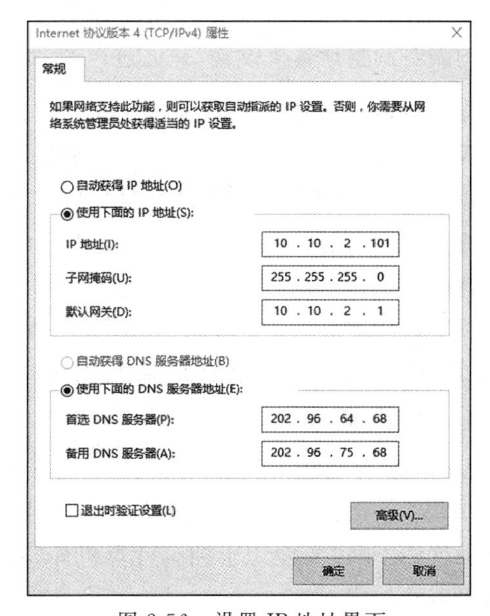

图 2-56　设置 IP 地址界面

2.3.4　知识链接

1. 控制面板

控制面板是 Windows 10 系统的设置工具，系统的安装、配置、管理和优化都可以在控制面板中完成，如添加硬件、添加/删除软件、更改用户账户、更改辅助功能选项等。

Windows 10 控制面板的功能主要分成 8 组，分别是系统和安全，用户账户和家庭安全，网络和 Internet，外观和个性化，硬件和声音，时钟、语言和区域，程序，轻松使用等。每个分组中又具体分为很多功能选项。

(1) 系统和安全：包括安全和维护、Windows 防火墙、系统、电源选项、文件历史记录、存储空间、管理工具等多个分组，主要用来查看并更改系统和安全状态、备份并还原文件和系统设置、更新计算机、查看 RAM 和处理器速度、检查防火墙等。

(2) 用户账户：包括用户账户、凭据管理器、Mail 3 个分组，主要用来更改用户账户设置和密码等。

(3) 网络和 Internet：包括网络和共享中心、家庭组、Internet 选项、红外线等几个分组，主要用来检查网络状态并更改设置、设置共享文件和计算机的首选项、配置 Internet 显示和连接等。

(4) 外观和个性化：包括任务栏和导航、轻松使用设置中心、文件资源管理器选项、字体、NVIDIA 控制面板 5 个分组，主要用来更改桌面项目的外观、应用主题或屏幕保护程序到计算机，或自定义“开始”菜单和任务栏等。

(5) 硬件和声音：包括设备和打印机、自动播放、声音、电源选项等多个分组，主要用来添加或删除打印机和其他硬件、更改系统声音、自动播放 CD、设置电源、更新设备驱动程序等。

(6) 时钟、语言和区域：包括日期和时间、语音、区域 3 个分组，主要用来为计算机更改时间、日期、时区、使用的语言以及货币、日期、时间显示的方式等。

(7) 程序：包括程序和功能、默认程序两个分组，主要用来卸载程序或 Windows 功能、卸载小工具、从网络或通过联机获取新程序等。

(8) 轻松使用：包括轻松使用设置中心、语音识别两个分组，主要用来为视觉、听觉和移动能力的需要调整计算机设置，并通过声音命令使用语音识别控制计算机等。

2. Windows 设置

Windows 设置是 Windows 10 全新的设置系统，与控制面板有异曲同工之妙。打开“开始”菜单，单击“设置”图标⚙，就可以进入“Windows 设置”窗口。“Windows 设置”窗口中主要分成 11 组，分别是系统、设备、网络和 Internet、个性化、应用、账户、时间和语音、游戏、轻松使用、隐私、更新和安全，而每个分组中又具体分成了很多细微的功能。其中的很多功能跟控制面板中的功能是一一对应的。因此，对 Windows 10 的系统设置，可以根据具体需求自行选择通过控制面板或者“Windows 设置”窗口来完成。

2.3.5 知识拓展

1. 360 安全卫士

360 安全卫士是奇虎 360 推出的一款 Windows、Linux 及 Mac OS 操作系统下的计算机安全辅助软件。360 安全卫士拥有计算机体检、木马查杀、系统修复、清理垃圾、优化加速、软件管家等多种功能。

(1) 计算机体检：对计算机进行详细的检查。

(2) 木马查杀：使用 360 云查杀引擎、360 启发式引擎、QEX 脚本查杀引擎、QVM Ⅱ 人工智能引擎、鲲鹏引擎并联合 360 安全大脑杀毒。

(3) 计算机清理：清理插件、清理垃圾和清理痕迹并清理注册表。

(4) 系统修复：修补计算机漏洞，修复系统故障。

(5) 优化加速：加快开机速度。

(6) 软件管家：安全下载软件，小工具。

2. 360 杀毒软件

360 杀毒是 360 安全中心出品的一款免费的云安全杀毒软件。

360 安全卫士属于安全防护类软件，虽然具有木马查杀功能和各种防火墙，但跟杀毒软件相比,对病毒的抵抗性还是比较低。因此 360 安全卫士并不能完全代替 360 杀毒软件,两者相得益彰。

3. 磁盘碎片整理程序

频繁地进行应用程序的安装、卸载,以及经常进行文件的移动、复制、删除等操作,会使计算机硬盘上产生很多磁盘碎片(即许多不连续的存储单元),造成读写速度变慢,使计算机的系统性能下降,"磁盘碎片整理"程序可以将没有存放在连续的存储单元的文件进行重组,提高磁盘的存取速度。

运行"磁盘碎片整理"程序的方法如下:依次单击"开始"→"Windows 管理工具"→"碎片整理和优化驱动器",弹出"优化驱动器"窗口,可以在其中进行磁盘碎片整理。

4. 磁盘清理程序

Windows 10 系统工作中产生的临时文件、回收站内的文件、从 Internet 上下载的文件等占据了大量的磁盘空间,造成了空间浪费。"磁盘清理"程序专门用来清理这些无用的文件,释放磁盘空间。

运行"磁盘清理"程序的方法如下:依次单击"开始"→"Windows 管理工具"→"磁盘清理"。弹出如图 2-57 所示的对话框,选择要清理的驱动器,单击"确定"按钮。

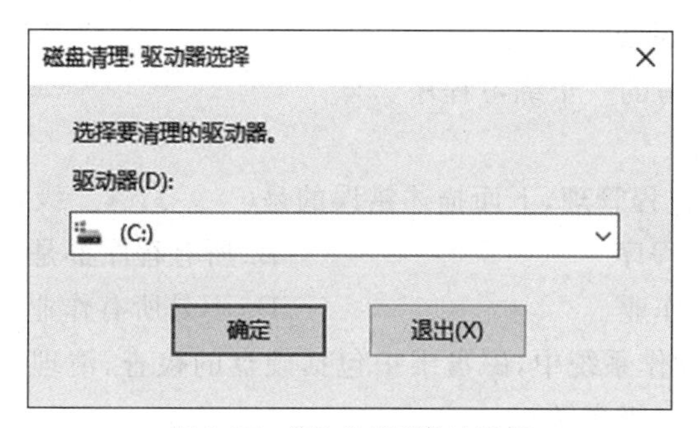

图 2-57 "磁盘清理"对话框

2.3.6 技能训练

(1) 将自己喜欢的图片文件设置为桌面背景。

(2) 将计算机中不需要的软件卸载。

(3) 为计算机设置开机密码。

(4) 将系统的"日期、时间、时区"设置为"北京时间 2023 年 4 月 2 日 10 时 20 分"。

(5) 为计算机安装杀毒软件。

综合练习 2

小张是某计算机公司技术部的 A 组组长,现在公司承担了一个项目,为某公司进行办公计算机维护,部门经理安排小张带领 A 组完成此项目,共有两项任务。

1. 重装操作系统及相关设置

任务要求:

(1) 选择适合此公司的操作系统。

(2) 进行批量操作系统安装，并合理解决安装过程中出现的各种问题。

(3) 安装完整的驱动程序。

(4) 对系统加以设置使其最大限度的贴合此公司的使用需求。

2. 安装办公软件

任务要求：

(1) 讨论此公司办公所需的所有办公软件并记录。

(2) 比较所需办公软件的各种版本，找到能够最大限度满足此公司使用需求的版本。

(3) 获取所需办公软件的绿色安装包。

(4) 进行批量办公软件安装，并合理解决安装过程中出现的各种问题。

习题 2

一、选择题

1. 下列软件中，属于系统软件的是(　　)。(二级真题)

A. 用 C 语言编写的求解一元二次方程的程序

B. Windows 操作系统

C. 用汇编语言编写的一个练习程序

D. 工资管理软件

2. 关于操作系统的进程管理，下面描述错误的是(　　)。(二级真题)

A. 所有作业都是程序　　B. 所有程序都是作业

C. 所有进程都是作业　　D. 不是所有作业都是进程

3. 在 Windows 10 操作系统中，磁盘维护包括硬盘的检查、清理和碎片整理等功能，碎片整理的目的是(　　)。(二级真题)

A. 删除磁盘小文件　　B. 获得更多磁盘可用空间

C. 优化磁盘文件存储　　D. 改善磁盘的清洁度

4. 计算机系统软件中，最基本、最核心的软件是(　　)。(二级真题)

A. 操作系统　　B. 数据库管理系统

C. 程序语言处理系统　　D. 系统维护工具

5. Windows 10 中默认设置的磁盘文件系统是(　　)。

A. FAT16　　B. FAT32

C. NTFS　　D. Linux

6. Windows 10 的本地安全设置中没有的项目是(　　)。

A. 实时保护　　B. 基于云的保护

C. 服务保护　　D. 有限的定期扫描

7. 使用 Windows Update，可以(　　)。

A. 杀毒　　B. 升级驱动程序

C. 升级杀毒软件病毒库　　D. 及时更新计算机系统

8. Windows 10 中电源选项中不存在的选项是(　　)。

A. 睡眠　　B. 关机　　C. 注销　　D. 重启

9. 快捷键 Ctrl＋Esc 的功能是(　　)。

A. 在打开的项目之间切换　　B. 显示“开始”菜单

C. 查看所选项目的属性　　D. 以项目打开的顺序循环切换

10. 选定一个文件夹内所有文件的快捷键为(　　)。

A. Ctrl＋A　　B. Ctrl＋C　　C. Ctrl＋V　　D. Ctrl＋X

11. 为了便于不同的用户快速登录以使用计算机，Windows 10 提供了(　　)的功能。

A. 重新启动　　B. 切换用户　　C. 注销　　D. 登录

12. 当用户较长时间不使用计算机，而又希望下次开机时可以直接进入自己的桌面时，可以使用(　　)功能。

A. 注销　　B. 切换用户　　C. 待机　　D. 睡眠

13. Windows 10 是一个(　　)的桌面操作系统。

A. 16 位　　B. 32 位

C. 32 位与 64 位并存　　D. 64 位

14. 当想看所选对象的大小、类型等信息时，可以选择(　　)查看方式。

A. 缩略图　　B. 详细信息　　C. 平铺　　D. 列表

15. 当用户想要对自己最近打开的程序进行快速的再次访问，可以(　　)。

A. 在“搜索”中查找该程序　　B. 直接到磁盘中寻找该程序

C. 在命名组中找到该程序　　D. 在“最常用”中找到该程序

16. 对文件或文件夹重命名的快捷键为(　　)。

A. F1　　B. F2　　C. F3　　D. F4

17. Windows 10 的搜索功能不能够搜索到(　　)。

A. 音乐　　B. 文件夹

C. 图片　　D. 网络上的其他计算机

18. 无法安装 Windows 10 的设备是(　　)。

A. 手机　　B. 平板电脑

C. 笔记本电脑　　D. 智能手环

19. Windows 10 中，要找到照片工具可以使用“开始”菜单区域是(　　)。

A. 生活动态　　B. 播放和浏览

C. 命名组　　D. 最常用

20. Windows 10 对于内存的最小要求是(　　)。

A. 64 位 2GB 内存　　B. 32 位 2GB 内存

C. 32 位 4GB 内存　　D. 64 位 4GB 内存

21. 要在任务栏中显示音量，应(　　)。

A. 在桌面的空白处右击，选择“属性”命令

B. 在任务栏上右击，选择“属性”命令

C. 使用控制面板中的“系统”选项

D. 使用控制面板中的“声音”选项

22. 下面不能升级为 Windows 10 的操作系统是(　　)。

A. Windows XP　　B. Windows 7

C. Windows 8.0　　D. Windows 8.1

23. 要设置桌面背景，可以在“Windows 设置”窗口中选择(　　)。

A. 个性化　　B. 设备　　C. 系统　　D. 应用

24. 要卸载某个程序，可以在控制面板中选择(　　)。

A. 用户账户　　B. 硬件和声音　　C. 程序　　D. 外观和个性化

二、填空题

1. 文件夹的查看方式有______、______、平铺和列表。
2. Windows 10 窗口一般由标题栏、功能区和______组成。
3. 窗口的排列方式有层叠窗口、堆叠显示窗口和______。
4. 查找文件时，对文件名未知的部分可以用通配符代替，可以表示一个字符的通配符是______，可以表示一个字符串的通配符是______。
5. 图标的排列方式有“按名称排列”“按大小排列”“按类型排列”和______。
6. 在“选择契合度”下拉列表框中，可供选择的背景图案的方式有拉伸、平铺和______。
7. 在 TCP/IP 协议设置中，可以设置的选项有 IP 地址、子网掩码、网关和______。
8. 在鼠标的设置中，滚轮的默认设置为一次滚动______行。
9. 在 Windows 10 中，要设置系统，可以通过控制面板和______。
10. 如果计算机中某个软件不再使用，可以通过控制面板进行______。

项目 3

文字处理软件 Word 2016

任务 3.1　编写招聘会通知

3.1.1　任务要点

（1）Word 的启动与退出。

（2）新建和保存文档。

（3）选择、复制、移动、删除文本。

（4）设置字符格式。

（5）使用项目符号和编号。

（6）设置段落格式。

（7）使用格式刷。

3.1.2　任务要求

（1）启动程序。启动 Word 2016 应用程序。

（2）保存文件。新建一个名为“招聘会通知”的 Word 文档，并保存到桌面上。

（3）录入文本。录入如图 3-1 所示招聘会通知的文本内容。

（4）移动文本。将正文中的“招聘会时间……”到“……排球场、篮球场”，移动到“参会方式”的前面，“参会方式”独立成一段。

（5）字符格式设置。

① 将标题“2021 年春季招聘会通知”设置为宋体、小二号、加粗。

② 除标题外其余文本设置为宋体、小四号。

（6）段落格式设置。

① 设置标题居中对齐，段间距为段前、段后各 0.5 行。

② 设置除标题外其余文本，行间距为固定值 25 磅。

③ 设置正文首行缩进 2 字符。

④ 设置落款，即文中最后两段，右对齐，并与正文间空出一行。

（7）添加项目符号。为文档中“招聘会时间”“招聘会地点”“参会方式”“注意事项”这四段添加项目符号✦。

（8）添加下划线。为正文中“4 月 12 日”添加双实线的下划线，颜色为红色。

（9）使用格式刷。通过“格式刷”按钮，将正文中的“B 区”设置成与“4 月 12 日”相同的下划线。

（10）另存文档。将文档另存为“桌面*自己的姓名*.docx”，完成后的效果如图 3-1 所示。

2023年春季招聘会通知

各单位、各学院：

为搭建毕业生与用人单位沟通的桥梁与纽带，拓宽毕业生就业市场，实现毕业生与用人单位双向选择、互利共赢，促进我校2023届毕业生充分就业，学校定于4月12日举办2023年春季招聘会，现将有关事项通知如下：

- 招聘会时间

4月12日(周二)14:00—17: 30

- 招聘会地点

学生公寓区B区排球场、篮球场

- 参会方式

学校2023年春季招聘会采取开放式入场形式，毕业生可通过学生公寓区B区排球场东西侧大门及北侧小门自由入场，同时欢迎其他年级学生到场观摩。

- 注意事项

1、各学院要及时通知并发动2023届毕业生，尤其是未就业毕业生踊跃参加，积极就业；

2、毕业生参加招聘会要携带毕业生推荐表及个人简历，遵守会场纪律，进出场地文明有序，严禁拥挤打闹，注意保护会场及周边环境卫生；

3、其他年级学生可在招聘会场人流高峰过后进入会场，观摩求职择业，了解就业形势，学习就业技巧，感受就业氛围；

4、为保障招聘会顺利进行，4月12日，学生公寓区B区排球场、篮球场将封闭场地进行布展，暂停一切有关体育活动，会场周边各通道请勿停放各种车辆。

大学生就业指导中心

2023年4月8日

图3-1 “招聘会通知”完成效果图

3.1.3 实施过程

步骤一：启动Word 2016。选择“开始”→Word 2016命令。

步骤二：保存文件。启动Word 2016后，进入如图3-2所示的界面，单击“空白文档”按钮，即可创建一个新的空白文档。然后单击“文件”选项卡，在打开的菜单中选择“保存”命令，弹出如图3-3所示的界面。选择“浏览”命令，在弹出的对话框中，左侧选择“桌面”，在“文件名”列表框中输入“招聘会通知”，然后单击“保存”按钮。

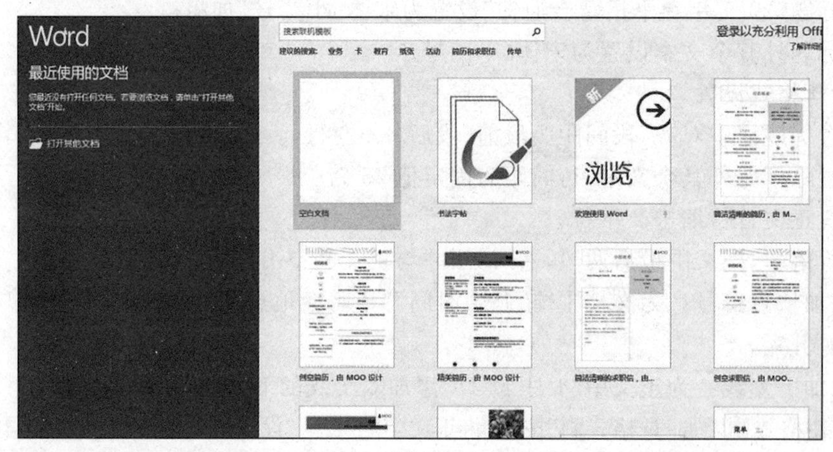

图3-2 新建空白文档

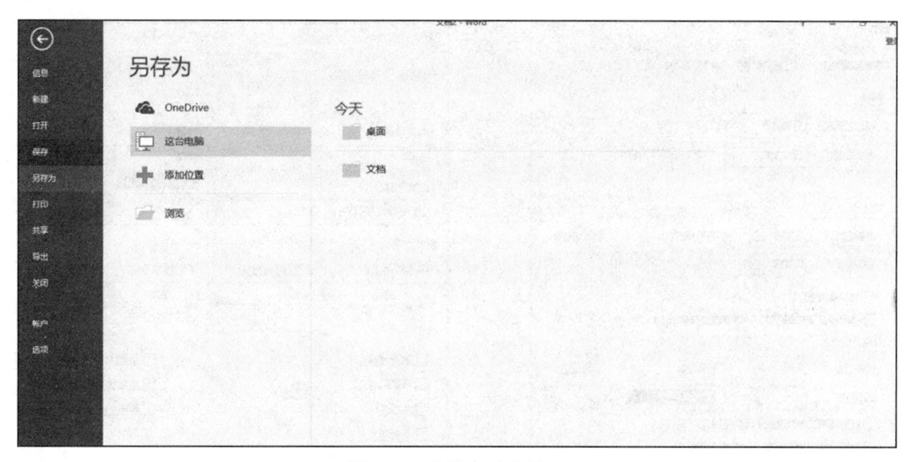

图 3-3　“另存为”界面

步骤三：录入文本。单击文档编辑窗口，切换到合适的中文输入法，录入图 3-1 所示的文字。

步骤四：移动文本。拖动鼠标选定正文中的“招聘会时间……”到“……排球场、篮球场”，在所选择的文本上右击，在弹出的快捷菜单中选择“剪切”命令。移动光标到“参会方式”的段首处，右击，在弹出的快捷菜单中选择“粘贴”命令，选定的内容被移动到光标所在的位置。如果有需要，可以通过 Enter 键，使“参会方式”独立成一段。

步骤五：字符格式设置。选定标题行文字“2023 年春季招聘会通知”，切换到“开始”功能区，在“字体”组的“字体”下拉列表框中选择“宋体”，在“字号”下拉列表框中选择“小二”，再单击加粗按钮，完成标题格式设置。

选定除标题外其余文本，在“字体”组的“字体”下拉列表框中选择“宋体”，在“字号”下拉列表框中选择“小四”。

步骤六：段落格式设置。选定标题行文字“2023 年春季招聘会通知”，切换到“开始”功能区，在“段落”组中单击按钮，使标题行文字居中对齐。单击“段落”组右下角的对话框启动按钮，弹出“段落”对话框，如图 3-4 所示。在“间距”栏中设置“段前”和“段后”均为 0.5 行。

选定其余文本，打开“段落”对话框，在“行距”下拉列表框中选择“固定值”，在“设置值”框中输入“25 磅”，单击“确定”按钮。

选定正文，打开“段落”对话框，在“特殊格式”下拉列表框中选择“首行”，在“缩进值”框中输入“2 字符”，单击“确定”按钮。

选定落款部分，即文中最后两段，在“段落”组中单击按钮，使落款靠右对齐。然后在落款前面按 Enter 键，使落款与正文之间空出一行。

步骤七：添加项目符号。拖动鼠标选定“招聘会时间”“招聘会地点”“参会方式”“注意事项”这四段，在“开始”选项卡中单击“段落”按钮的下拉按钮，在弹出的下拉菜单中选择需要的项目符号。

步骤八：添加下划线。选定正文中的“4 月 12 日”，单击“开始”功能区“字体”组右下角的对话框启动按钮，弹出“字体”对话框，如图 3-5 所示。在“下划线线型”下拉列表中选择“双实线”，在“下划线颜色”下拉列表中选择“红色”，单击“确定”按钮。

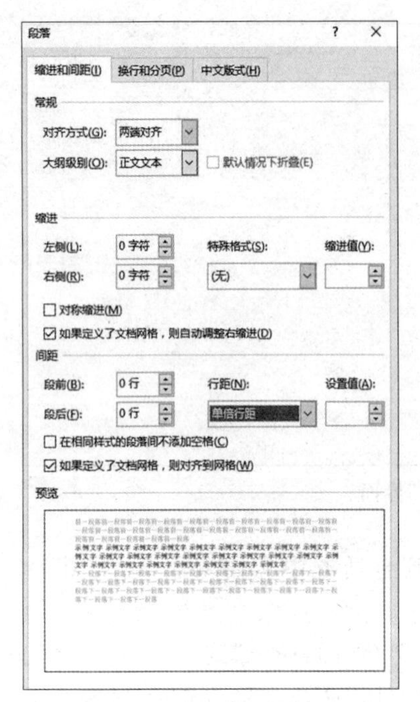

图 3-4 “段落”对话框

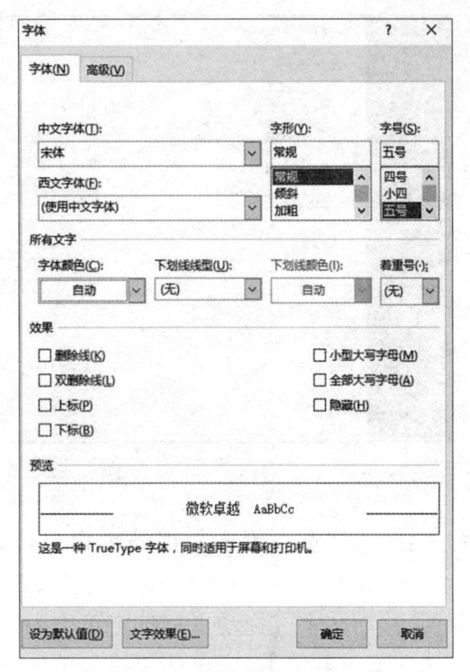

图 3-5 “字体”对话框

步骤九:使用格式刷。拖动鼠标选定设置完成的“4 月 12 日”文本,在“剪贴板”组中单击“格式刷”按钮,此时鼠标指针变为刷子形状,按住鼠标左键,拖动选中“B 区”,即可设置成相同格式的下划线。

步骤十:另存文档。单击“文件”选项卡,在打开的菜单中选择“另存为”命令,弹出“另存为”对话框,弹出如图 3-6 所示的对话框,单击“浏览”按钮,在左侧选择“桌面”,在“文件名”列表框中输入“*自己的姓名*.docx”(如“张三.docx”),然后单击“保存”按钮。

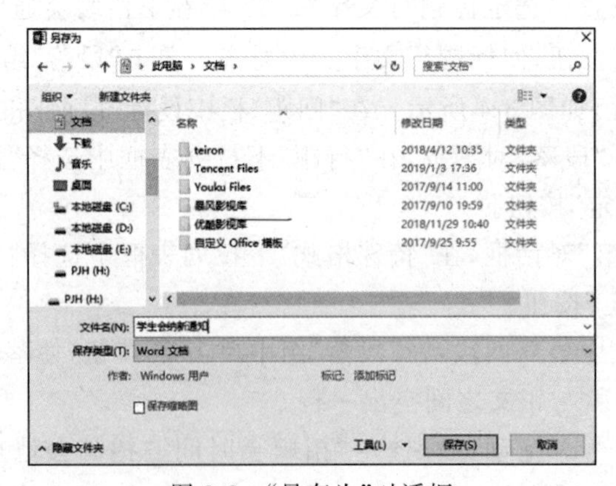

图 3-6 “另存为”对话框

3.1.4 知识链接

1. Office 2016 简介

Office 2016 是微软的办公软件集合,其中包含了 Word、Excel、PowerPoint、OneNote、Outlook、Skype、Project、Visio 以及 Publisher 等组件和服务。Office 2016 for Mac 于 2015 年

3 月 18 日发布，Office 2016 for Office 365 订阅升级版于 2015 年 8 月 30 日发布，Office 2016 for Windows 零售版、Office 2016 for iOS 版均于 2015 年 9 月 22 日正式发布。

2. 启动 Word 2016

方法 1：选择“开始”→Word 2016 命令，如图 3-7 所示。

方法 2：双击桌面上的 Word 2016 快捷方式图标。

方法 3：双击原有的 Word 文档。

图 3-7　通过“开始”菜单启动 Word 2016

3. Word 2016 界面的组成

启动 Word 2016 后，其界面如图 3-8 所示。Word 2016 工作界面由快速访问工具栏、标题栏、窗口控制按钮、功能区、文本编辑区、状态栏、标尺显示/隐藏按钮、滚动条、浏览对象等部分组成。

图 3-8　Word 2016 工作界面

(1) 标题栏：主要显示正在编辑的文档名和窗口标题。

(2) 快速访问工具栏：是功能区顶部(默认位置)显示的工具集合，默认工具包括“保存”“撤销”和“恢复”，单击下拉箭头即可弹出“自定义快速访问工具栏”下拉菜单，如图3-9所示。

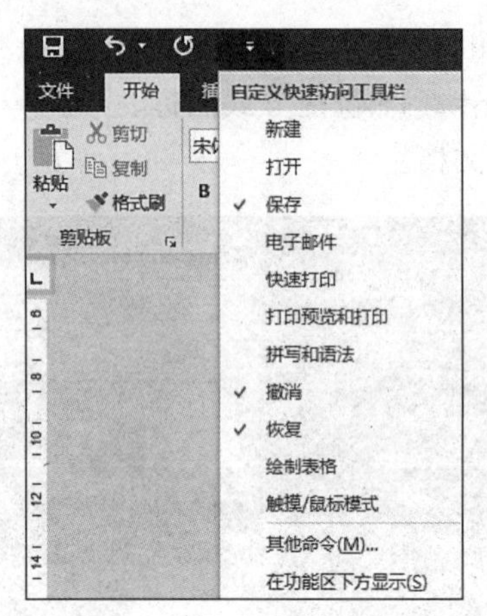

图3-9 快速访问工具栏

(3) 窗口控制按钮：可以使Word窗口最大化、最小化、还原和关闭。

(4) 功能区：Word 2016中，单击每个选项卡会打开相对应的功能区面板。每个选项卡根据功能的不同又分为若干个组，所拥有的功能如下。

① “文件”选项卡：包括“新建”“打开”“保存”“另存为”“打印”“选项”等命令，主要用于对Word文档进行各种基本操作，如图3-10所示。

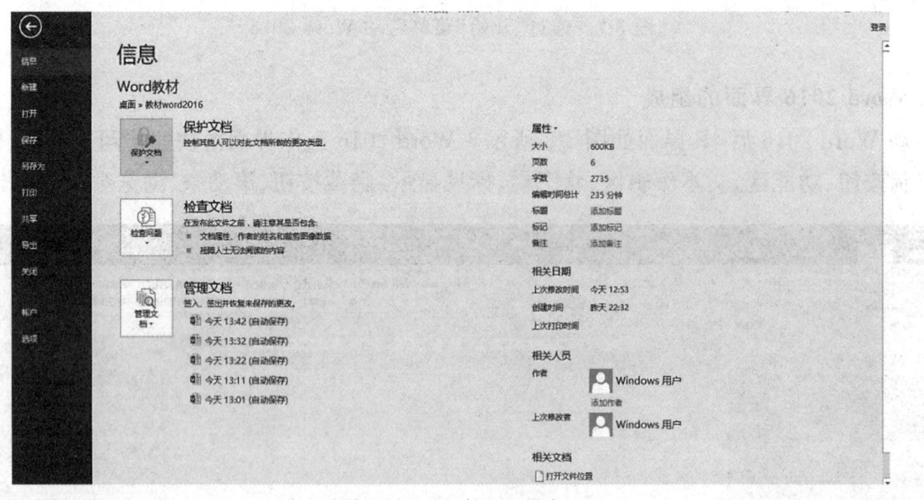

图3-10 “文件”选项卡

② “开始”选项卡：包括“剪贴板”“字体”“段落”“样式”和“编辑”5个组，主要用于对Word 2016文档进行文字编辑和格式设置，是用户最常用的功能区，如图3-11所示。

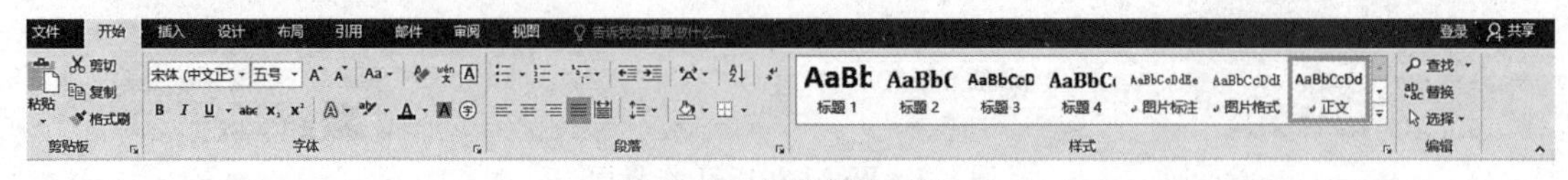

图3-11 “开始”选项卡

③“插入”选项卡：包括“页面”“表格”“插图”“加载项”“媒体”“链接”“批注”“页眉和页脚”“文本”“符号”10 个组，主要用于在 Word 2016 文档中插入各种元素，如图 3-12 所示。

图 3-12　“插入”选项卡

④“设计”选项卡：包括“文档格式”“页面背景”2 个组，主要用于设置文档样式，如图 3-13 所示。

图 3-13　“设计”选项卡

⑤“布局”选项卡：包括“页面设置”“稿纸”“段落”“排列”4 个组，用于设置 Word 2016 文档页面样式，如图 3-14 所示。

图 3-14　“布局”选项卡

⑥“引用”选项卡：包括“目录”“脚注”“引文与书目”“题注”“索引”和“引文目录”6 个组，用于实现在 Word 2016 文档中插入目录等比较高级的功能，如图 3-15 所示。

图 3-15　“引用”选项卡

⑦“邮件”选项卡：包括“创建”“开始邮件合并”“编写和插入域”“预览结果”和“完成”5 个组，用于在 Word 2016 文档中进行邮件合并方面的操作，如图 3-16 所示。

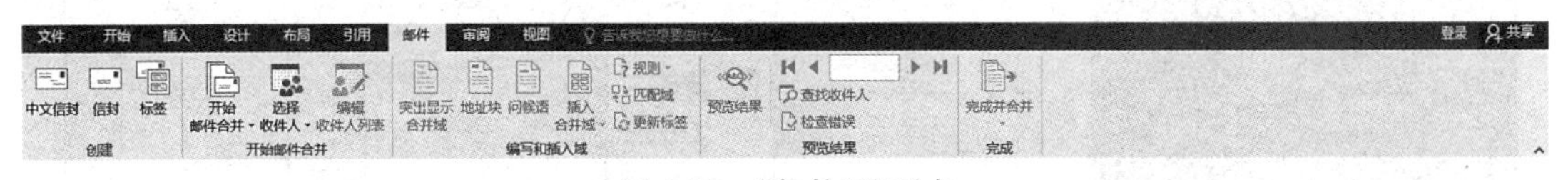

图 3-16　“邮件”选项卡

⑧“审阅”选项卡：包括“校对”“见解”“语言”“中文简繁转换”“批注”“修订”“更改”“比较”和“保护”9 个组，用于对 Word 2016 文档进行校对和修订等操作，适用于多人协作处理 Word 2016 长文档，如图 3-17 所示。

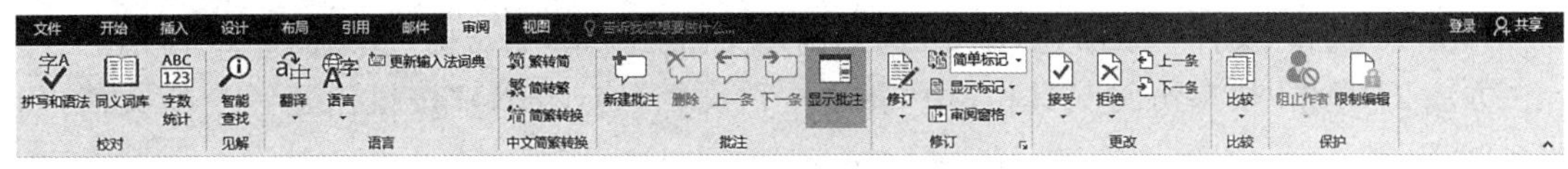

图 3-17　“审阅”选项卡

⑨“视图”选项卡：包括“视图”“显示”“显示比例”“窗口”和“宏”5个组，用于设置Word 2016操作窗口的视图类型及使用宏命令，以方便操作，如图3-18所示。

图3-18 “视图”选项卡

⑩“告诉我您想要做什么”搜索框：这个文本框是功能区内的搜索引擎，它能够为你找到希望使用的功能，如图3-19所示。

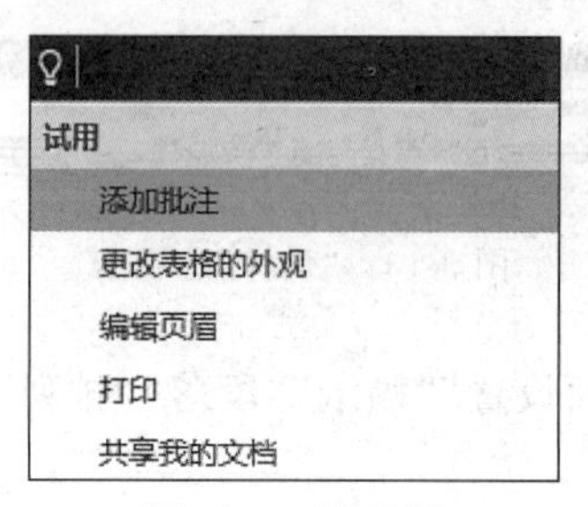

图3-19 搜索框

4. 新建文档

启动Word 2016程序的同时会进入如图3-20所示界面，在此界面中，用户可以挑选所需的模板创建新文档，通常选择“空白文档”。用户在使用该空白文档完成Word文档的输入和编辑后，则需要再次新建一个文档。下面介绍新建文档的方法。

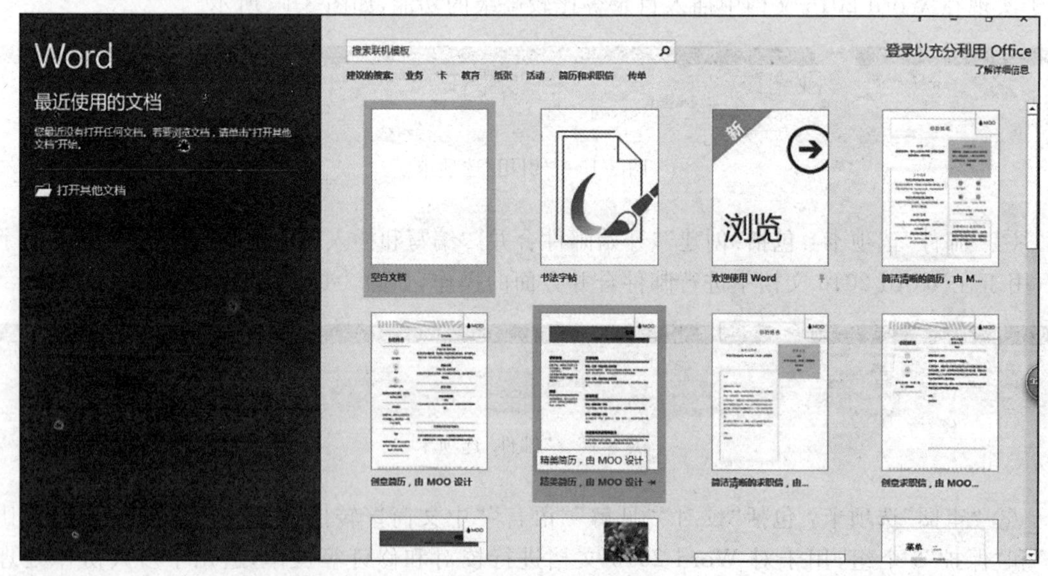

图3-20 启动Word 2016显示界面

方法1：选择“文件”→“新建”命令，选择创建文档的类型，单击即可，如图3-21所示。

方法2：单击“快速访问工具栏”中“新建空白文档(Ctrl＋N)”按钮创建一个新文档，如图3-22所示。

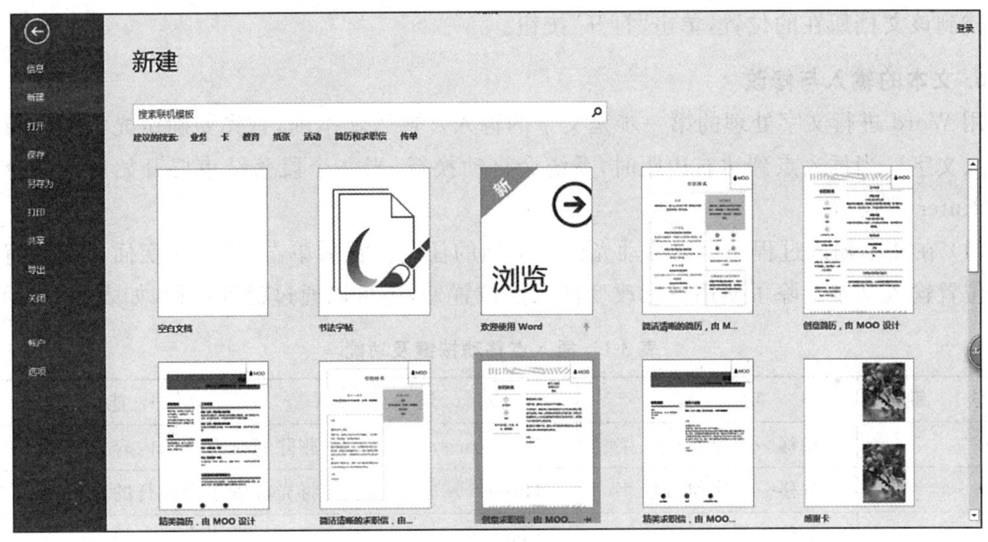

图 3-21　“新建文档”界面

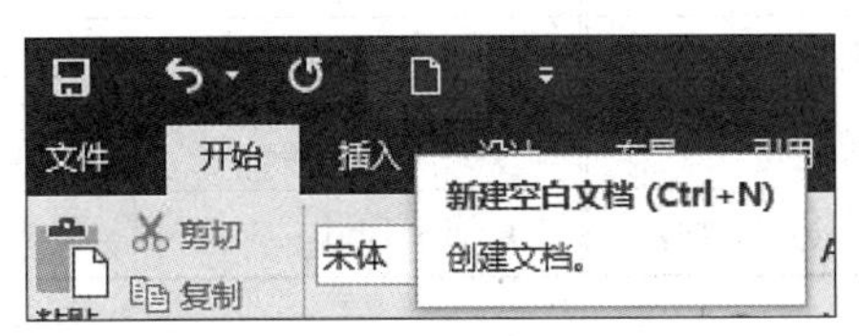

图 3-22　“新建空白文档”按钮

5. 文档的打开

Word 2016 具有强大的记忆功能，它可以记忆最近几次使用的文档。单击“文件”选项卡，然后在打开的界面中选择“打开”命令，在右侧列出的最近使用的文档，单击需要打开的文档即可，如图 3-23 所示。

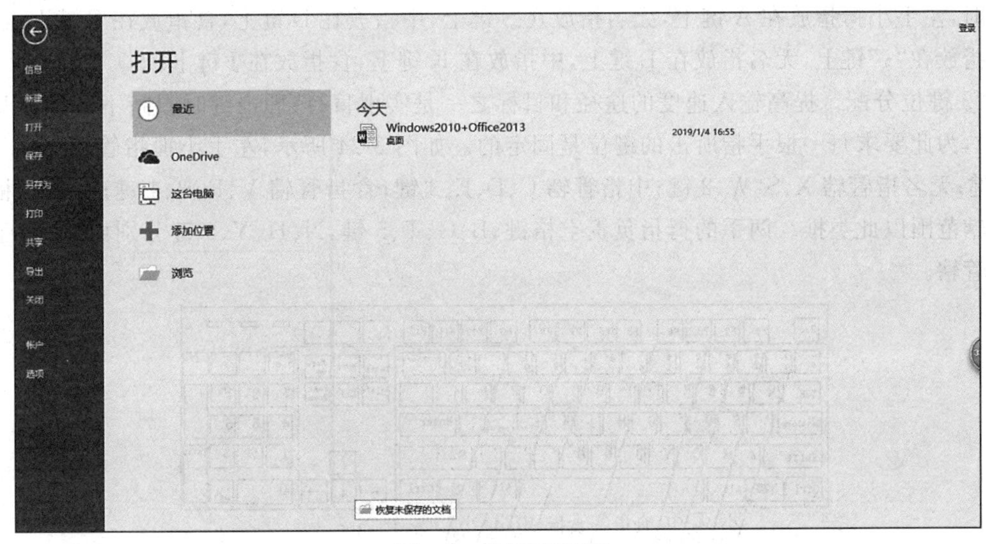

图 3-23　“打开”界面

如果在最近使用的文档中找不到所需的文档，可以在左侧单击“浏览”按钮，在弹出的对话框中找到该文档所在的位置,单击“打开”按钮。

6. 文本的输入与修改

用 Word 进行文字处理的第一步是文字的输入。输入文本前,首先要确定光标的位置,然后输入文字。当插入点到达右边距时,系统会自动换行,当一个段落结束要开始新的段落时,应按 Enter 键换行。

(1) 在文本输入过程中可以移动光标至文档的任意位置后单击,即可改变插入点位置,在新的位置输入文本。除了使用鼠标改变插入点位置外,还可以通过键盘进行,如表 3-1 所示。

表 3-1 插入点移动按键及功能

按 键	功 能	按 键	功 能
←	左移一个字符或汉字	Backspace	删除光标左边的内容
→	右移一个字符或汉字	Home	将光标置于当前行的开始
↑	上移一行	End	将光标置于当前行的末尾
↓	下移一行	Ctrl+PageUp	将光标置于上一页的第一行
PageUp	上移一屏幕	Ctrl+PageDown	将光标置于下一页的第一行
Pagedown	下移一屏幕	Ctrl+Home	将光标置于当前文档的第一行
Delete	删除光标右边的内容	Ctrl+End	将光标置于当前文档的最后一行

若当前处于插入状态,则将插入点移动到需要修改的位置后面,按一次 Backspace 键可删除光标当前位置前面的一个字符,再输入新的内容;若当前处于改写状态,则将插入点光标移动到需要修改的位置前面,输入的新文本会替换原来相应位置上的文本。插入和改写状态可通过 Insert 键或单击状态栏中的“插入/改写”区域进行切换。Word 的默认状态为“插入”状态。

(2) 规范化的指法。

① 基准键。基准键共有 8 个,左边的 4 个键是 A、S、D、F,右边的 4 个键是 J、K、L、“;”。操作时,左手小拇指放在 A 键上,无名指放在 S 键上,中指放在 D 键上,食指放在 F 键上;右手小拇指放在“;”键上,无名指放在 L 键上,中指放在 K 键上,食指放在 J 键上。

② 键位分配。提高输入速度的途径和目标之一是实现盲打(即击键时眼睛不看键盘只看稿纸),为此要求每一根手指所击的键位是固定的。如图 3-24 所示,左手小拇指管辖 Z、A、Q、1 四键;无名指管辖 X、S、W、2 键;中指管辖 C、D、E、3 键;食指管辖 V、F、R、4 键;右手四根手指管辖范围以此类推。两手的拇指负责空格键;B、G、T、5 键,N、H、Y、6 键分别由左、右手的食指管辖。

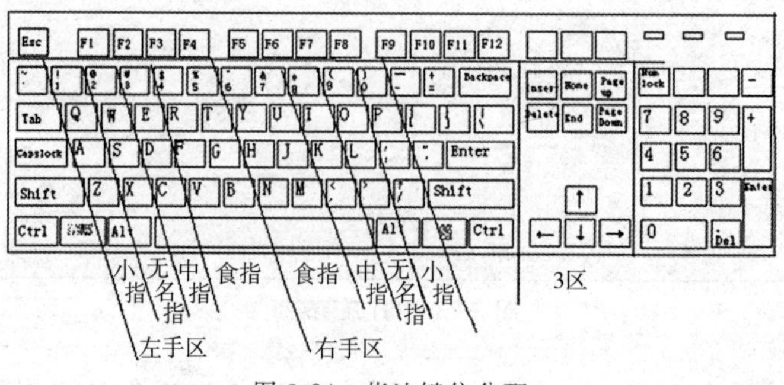

图 3-24 指法键位分配

③ 指法。操作时，两手各手指自然弯曲、悬腕放在各自的基准键位上，眼睛看稿纸或显示器屏幕。输入时手略抬起，只有需击键的手指可伸出击键，击键后手形恢复原状。在基准键以外击键后，要立即返回基准键。基准键 F 键与 J 键下方各有一凸起的短横作为标记，供“回归”时触摸定位。

双手的 8 个指头一定要分别轻轻放在 A、S、D、F、J、K、L、“;”8 个基准键位上，两个大拇指轻轻放在空格键上。

④ 手指击键的要领如下。

a. 手腕平直，手指略微弯曲，指尖后的第一关节应近乎垂直地放在基准键位上。

b. 击键时，指尖垂直向下，瞬间发力触键，击毕应立即回复原位。

c. 击空格键时，用大拇指外侧垂直向下敲击，击毕迅速抬起，否则会产生连击。

d. 需要换行时，右手四指稍展开，用小指击 Enter 键，击毕，右手立即返回到原基准键位上。

e. 输入大写字母时，用一个小手指按下 Shift 键不放，用另一手的手指敲击相应的字母键，有时也按下 Caps Lock 键，使其后打入的字母全部为大写字母。

(3) 常用中文输入法。要快速熟练地输入文本，输入法的选择也至关重要。常用的中文输入法有搜狗输入法、QQ 输入法、五笔输入法、智能 ABC 等，用户要能根据自己的输入习惯选择适合自己的输入法。

7. 文档视图

在 Word 2016 中提供了 5 种视图供用户选择，这 5 种视图包括页面视图、阅读视图、Web 版式视图、大纲视图和草稿。用户可以在“视图”选项卡中自由切换文档视图，也可以在 Word 2016 窗口的右下方处，单击视图按钮切换几种常见的视图。

1) 页面视图

页面视图可以显示 Word 2016 文档的打印结果外观，主要包括页眉、页脚、图形对象、分栏设置、页面边距等元素，是最接近打印结果的页面视图，如图 3-25 所示。

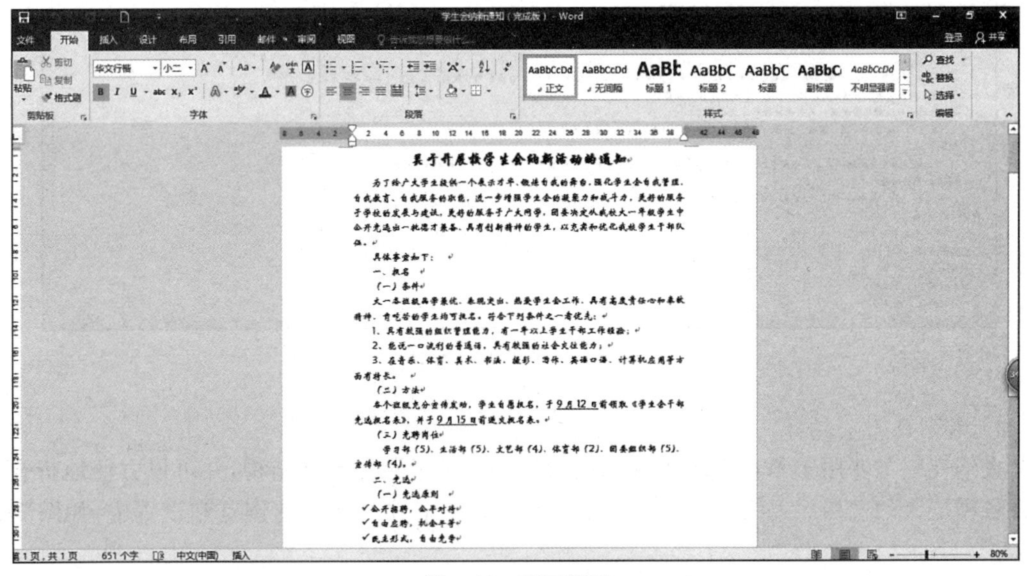

图 3-25　页面视图

2）阅读视图

阅读视图以图书的分栏样式显示 Word 2016 文档，各种功能区等窗口元素被隐藏起来。在阅读视图中，用户还可以单击工具按钮选择各种阅读辅助工具，如图 3-26 所示。

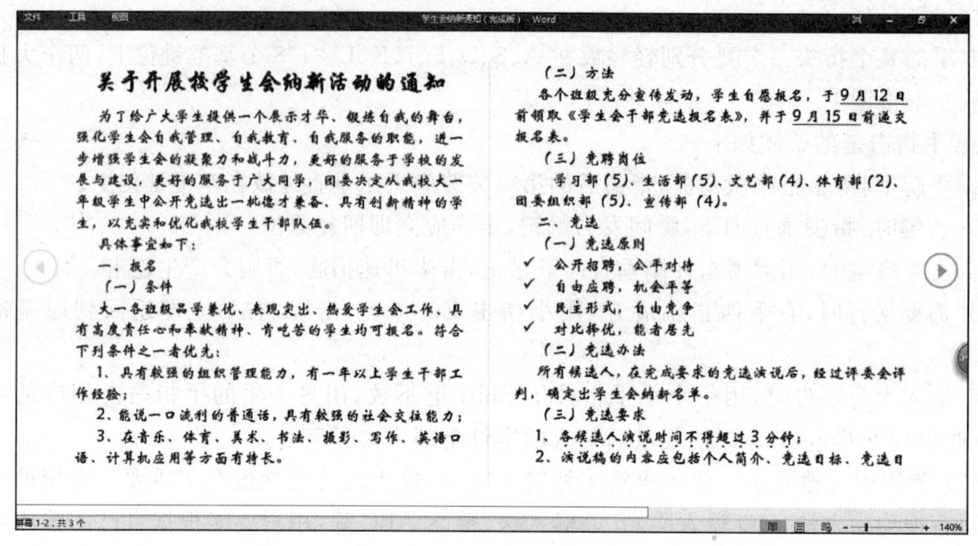

图 3-26 阅读视图

3）Web 版式视图

Web 版式视图以网页的形式显示 Word 2016 文档，Web 版式视图适用于发送电子邮件和创建网页，如图 3-27 所示。

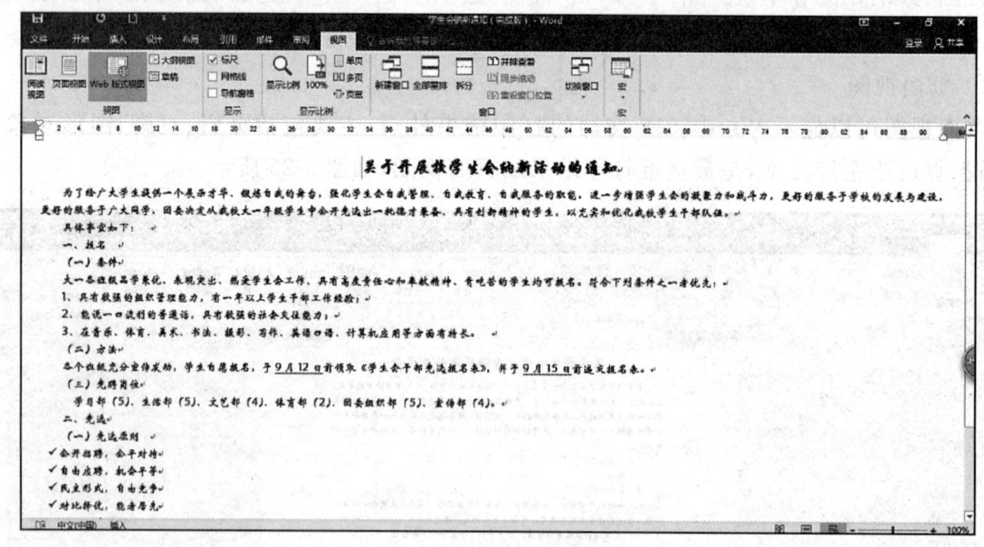

图 3-27 Web 版式视图

4）大纲视图

大纲视图主要用于 Word 2016 文档的设置和显示标题的层级结构，并可以方便地折叠和展开各种层级的文档。大纲视图广泛用于 Word 2016 长文档的快速浏览和设置中，如图 3-28 所示。

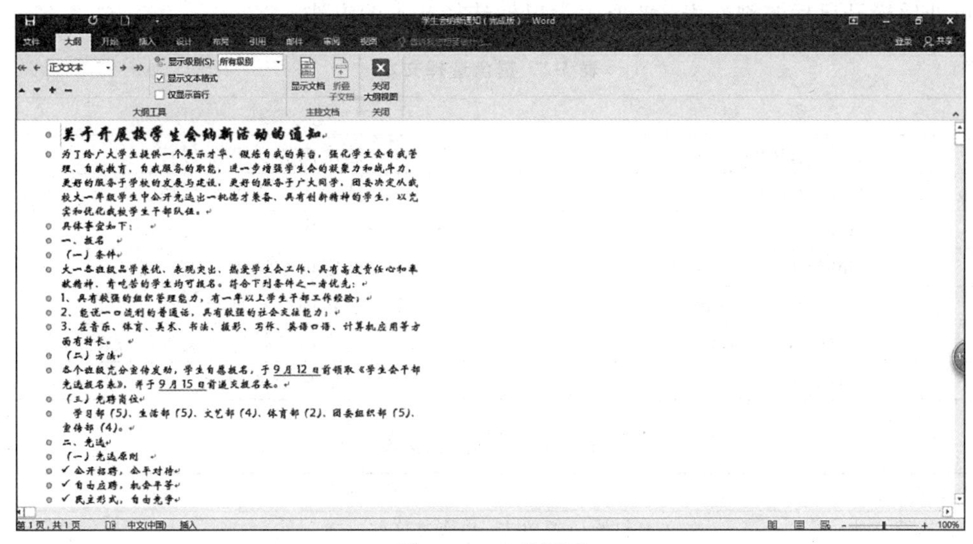

图 3-28　大纲视图

5）草稿视图

草稿视图取消了页面边距、分栏、页眉页脚和图片等元素，仅显示标题和正文，是最节省计算机系统硬件资源的视图方式，如图 3-29 所示。

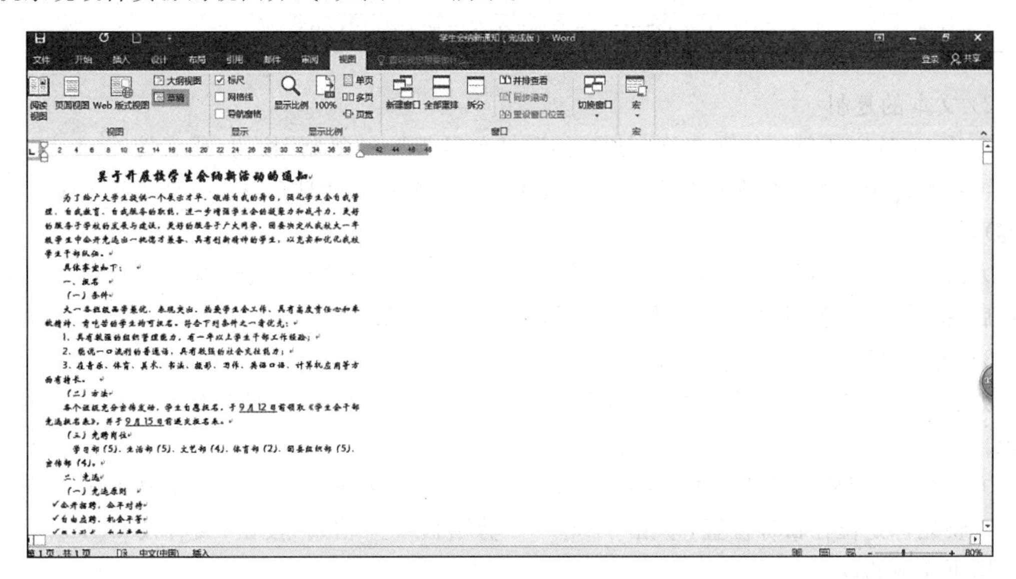

图 3-29　草稿视图

8. 文本的选择、复制、移动、删除

1）文本的选择

方法 1：使用键盘选择文本。

在某些情况下，使用键盘选择文本比较方便，例如按 Ctrl＋A 组合键可选择整个文档。表 3-2 所示为键盘选择文本的组合键及快捷键。

方法 2：使用鼠标选择文本。

将光标移到要选取文本内容的第一个字符前，按住鼠标左键并施动，直到选取到文本内容的结束处后松开鼠标左键。表 3-3 所示为鼠标选择文本的方法。

表 3-2　键盘选择文本

按　　键	作　　用
Shift＋Home	选定内容扩展至行首
Shift＋End	选定内容扩展至行尾
Shift＋PageUp	选定内容向上扩展一屏
Shift＋PageDown	选定内容向下扩展一屏
Ctrl＋Shift＋Home	选定内容扩展至文档开始处
Ctrl＋Shift＋End	选定内容扩展至文档结尾处
Ctrl＋A	选定整个文档

表 3-3　鼠标选择文本

要选的文本	操 作 方 法
任意连续文本	在文本起始位置单击，并拖过这些文本
一个单词	双击该单词
一行文本	单击该行左侧的选定区
一个段落	双击选定区，或在段内任意位置三击
矩形区域	将鼠标指针移到该区域的开始处，按住 Alt 键，拖动鼠标到结尾处
不连续的区域	先选定第一个文本区域，按住 Ctrl 键，再选定其他的文本区域
整个文档	选择“编辑”→“全选”命令或按 Ctrl＋A 组合键

2）文本的复制

方法 1：选定要复制的文本，单击“开始”→“剪贴板”→“复制”按钮（或者按 Ctrl＋C 组合键），再将光标定位在要粘贴的位置，单击“开始”→“剪贴板”→“粘贴”按钮（或者按 Ctrl＋V 组合键），即可完成复制。

方法 2：利用鼠标也可以复制文本，在选定文本之后，按住 Ctrl 键，当鼠标指针变成箭头形状后，拖动文本到目标位置，释放鼠标左键即可完成复制。

3）文本的移动

方法 1：选定要移动的文本，按住鼠标左键，将该文本块拖到目标位置，然后释放鼠标左键。

方法 2：选定要移动的文本，单击 “开始”→“剪贴板”→“剪切”按钮（或者按 Ctrl＋X 组合键），再将光标定位在目标位置，单击“开始”→“剪贴板”→“粘贴”按钮（或者按 Ctrl＋V 组合键），即可完成移动。

4）文本的删除

方法 1：选取需要删除的文本内容，按 Backspace 键或 Delete 键可删除所选取的内容。

方法 2：如果要删除少量文本，则将光标移到指定位置，按 Backspace 键可删除光标左边的一个字符。按 Delete 键可删除光标右边的一个字符。

9. 项目符号和编号

为使文档更加清晰易读，用户可以在文本前添加项目符号或编号。Word 2016 为用户提供了自动添加项目符号和编号的功能。在添加项目符号或编号时，可以先输入文字内容，再给文字添加项目符号或编号；也可以先创建项目符号或编号，然后输入文字内容，自动实现项目的编号,不必手工编号。

1) 创建项目符号列表

项目符号就是放在文本或列表前用以添加强调效果的符号。使用项目符号的列表可将一系列重要的条目或论点与文档中其余的文本区分开。

(1) 将光标定位在要创建列表的开始位置。

(2) 在"开始"选项卡中的"段落"组中单击"项目符号"按钮右侧的下三角按钮,弹出"项目符号库"下拉列表,如图 3-30 所示。

(3) 在该下拉列表中选择项目符号,或者选择"定义新项目符号"命令,弹出"定义新项目符号"对话框。

(4) 在该对话框中的"项目符号字符"选区中单击"符号"按钮,在弹出的"符号"对话框中可选择需要的符号;单击"图片"按钮,在弹出的"图片项目符号"对话框中可选择需要的图片符号;单击"字体"按钮,在弹出的"字体"对话框中可以设置项目符号中的字体格式。

(5) 设置完成后,单击"确定"按钮,即为文本添加了项目符号。

2) 创建编号列表

编号列表是在实际应用中最常见的一种列表,它和项目符号列表类似,只是编号列表用数字替换了项目符号。在文档中应用编号列表,可以增强文档的顺序感。

(1) 将光标定位在要创建列表的开始位置。

(2) 在"开始"选项卡中的"段落"组中单击"编号"按钮右侧的下三角按钮,弹出"编号库"下拉列表,如图 3-31 所示。

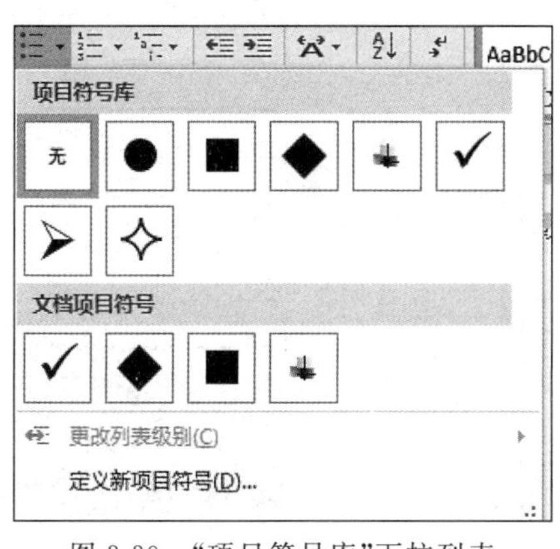

图 3-30 "项目符号库"下拉列表

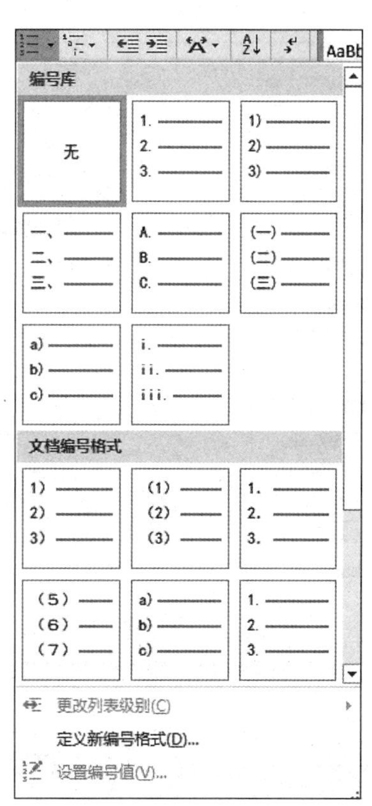

图 3-31 "编号库"下拉列表

（3）在该下拉列表中选择编号的格式，或者选择“定义新编号格式”选项，弹出“定义新编号格式”对话框。在该对话框中定义新的编号样式、格式以及编号的对齐方式。

（4）选择“设置编号值”选项，弹出“起始编号”对话框。在该对话框中设置起始编号的具体值。

10. 字符格式化

Word 2016 中提供了丰富的字符格式，通过选用不同的格式可以使所编辑的文本显得更加美观和与众不同。有关字符格式的基本操作，包括字体、字号、字体颜色、效果、字符缩放等。

1）设置字体

在文档中选定需要设置字体格式的文本。在“开始”选项卡中单击“字体”组中右下角的下三角按钮，弹出“字体”对话框，如图 3-32 所示。在“中文字体”或“西文字体”下拉列表中，选择所需的字体，单击“确定”按钮即可。

2）设置字号

在文档中选定需要设置字号的文本。在“开始”选项卡中，单击“字体”组中的“字号”下拉列表右侧的下三角按钮，在弹出的“字号”下拉列表中选择所需的字号。

3）设置字形

字形是附加于文本的属性，包括常规、加粗、倾斜或下划线等。Word 2016 的默认字形为常规字形。有时为了强调某些文本，经常需要设置字形。在文档中选定需要设置字形的文本，在“开始”选项卡中的“字体”组中单击“加粗”按钮 **B** 加粗文本，加强文本的渲染效果；单击“倾斜”按钮 *I* 倾斜文本；单击“下划线”按钮 U 为文本添加下划线。单击“下划线”按钮右侧的下拉箭头，弹出“下划线”下拉列表，如图 3-33 所示。

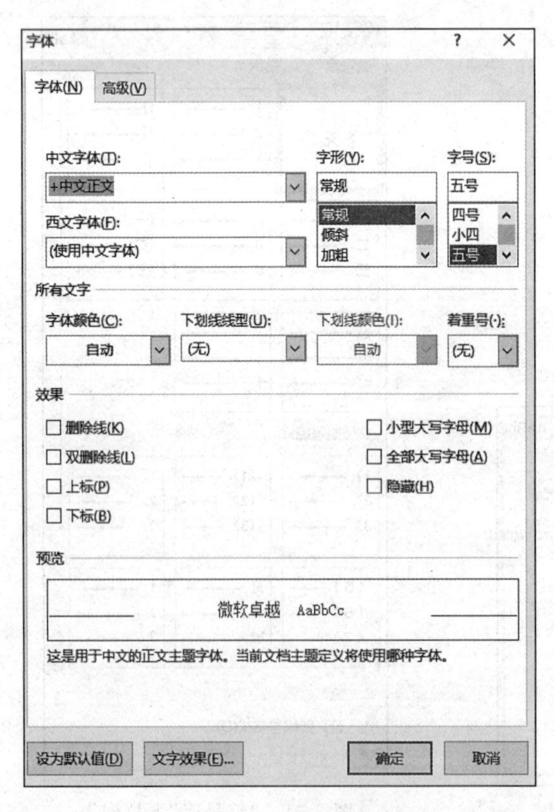

图 3-32 “字体”对话框

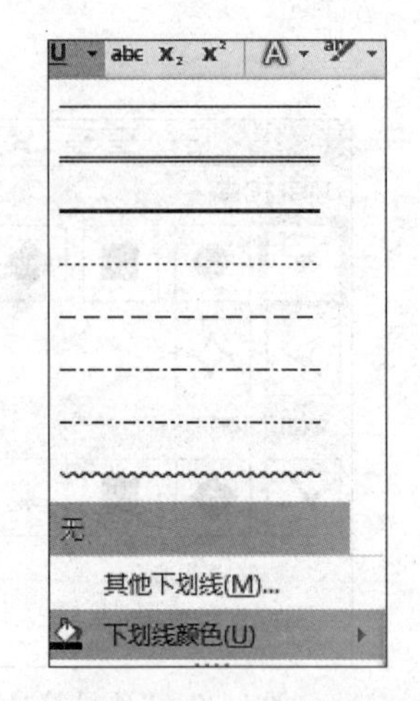

图 3-33 “下划线”下拉列表

4）设置字体颜色

在文档中选定需要设置字体颜色的文本。在“开始”选项卡中的“字体”组中单击“字体颜色”按钮右侧的下拉按钮，在该下拉列表中选择需要的颜色即可。

11. 段落格式化

段落是划分文章的基本单位，是文章的重要格式之一，回车符是段落的结束标记。段落格式的设置主要包括对齐方式、缩进、行距、段间距等。

1）段落对齐方式

段落对齐方式是指段落相对于某一个位置的排列方式。段落的对齐方式有“文本左对齐”“居中”“右对齐”“两端对齐”“分散对齐”等。其中“两端对齐”是系统默认的对齐方式。用户可以在“开始”选项卡中的“段落”组中设置段落的对齐方式。

方法 1：

(1) 单击“文本左对齐”按钮，选定的文本沿页面的左边对齐。

(2) 单击“居中”按钮，选定的文本居中对齐。

(3) 单击“文本右对齐”按钮，选定的文本沿页面的右边对齐。

(4) 单击“两端对齐”按钮，选定的文本沿页面的左右两边对齐。

(5) 单击“分散对齐”按钮，选定的文本均匀分布。

方法 2：段落对齐方式也可以通过“段落”对话框来进行设置。

在“开始”选项卡中的“段落”组右下角单击按钮，弹出“段落”对话框，如图 3-34 所示。在该对话框中的“常规”选区中可设置段落的对齐方式，还可以在“大纲级别”下拉列表中设置段落的级别。

提示：用户可以将插入点移到需要设置对齐方式的段落中，按 Ctrl+J 组合键设置两端对齐；按 Ctrl+E 组合键设置居中对齐；按 Ctrl+R 组合键设置右对齐；按 Ctrl+Shift+J 组合键设置分散对齐。

2）段落缩进

段落缩进是指文本与页边距之间的距离，其中页边距是指文档与页面边界之间的距离。

方法 1：使用水平标尺设置段落缩进。

使用水平标尺是设置段落缩进最方便的方法。如果水平标尺没有显示，可在“视图”选项卡“显示”组中选中“标尺”复选框即可，如图 3-35 所示。水平标尺上有首行缩进、悬挂缩进、左缩进和右缩进 4 个滑块，如图 3-36 所示。选定要缩进的一个或多个段落，拖动这些滑块即可改变当前段落的缩进位置。

图 3-34　“段落”对话框

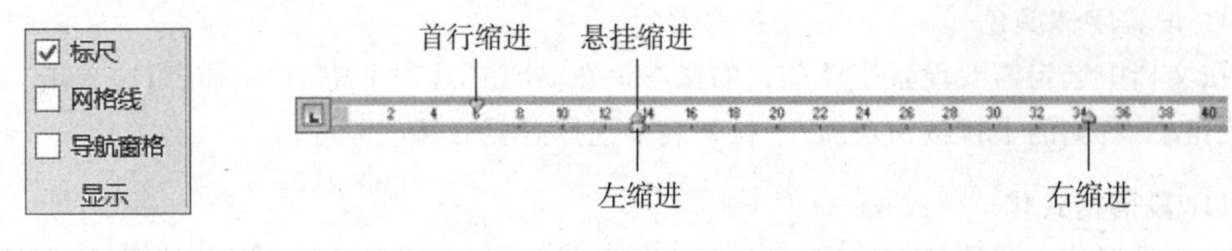

图 3-35 启用标尺　　　　图 3-36 水平标尺

方法 2：使用“段落”对话框设置段落缩进。

在“开始”选项卡中的“段落”组右下角单击按钮，弹出“段落”对话框。在该对话框中的“缩进”选区中可设置段落的左缩进、右缩进、悬挂缩进和首行缩进，在其后的微调框中设置具体的数值。

3）段落的行距和段间距

行距和段间距指的是文档中各行或各段落之间的间隔距离。Word 2016 默认的行距为一个行高，段落间距为 0 行。

（1）设置行距。

方法 1：选定要设置行间距的文本，在“开始”选项卡中的“段落”组中单击“行距”按钮，弹出“行距”下拉列表，在该下拉列表中选择合适的行距。

方法 2：在“开始”选项卡中的“段落”组右下角单击按钮，在弹出的“段落”对话框中的“间距”选区中的“行距”下拉列表中设置行距，在其后的微调框中设置具体的数值，如图 3-37 所示。

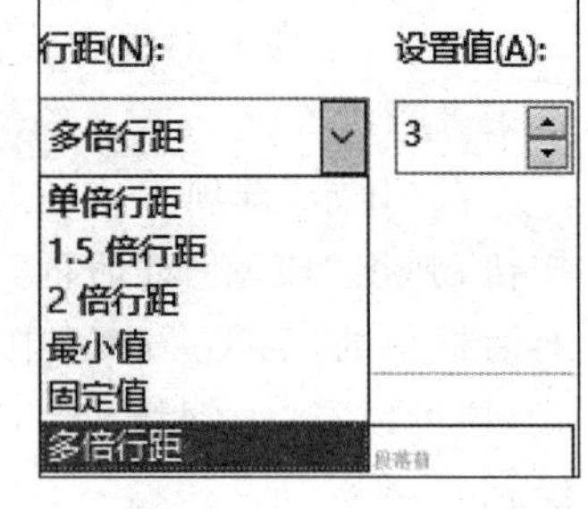

图 3-37 设置“行距”

（2）设置段间距。在“段落”对话框中的“段前”和“段后”微调框中分别设置距前段距离以及距后段距离，此方法设置的段间距与字号无关。用户还可以直接按 Enter 键设置段落间隔距离，此时的段间距与该段文本字号有关，是该段字号的整数倍。

提示： 如果相邻的两段都通过“段落”对话框设置间距，则两段间距是前一段的“段后”值和后一段的“段前”值之和。

12. 文档的保存

保存文档时，一定要注意“三要素”，即保存位置、名字、类型，否则以后可能不易找到文档。保存文档常用下面几种方法。

方法 1：单击快速访问工具栏上的“保存”按钮。

方法 2：按 Ctrl＋S 组合键。

方法 3：选择“文件”→“保存”命令。

如果文档已经命名，则不会出现“另存为”对话框，而直接保存到原来的文档中以当前内容代替原来内容，当前编辑状态保持不变，可继续编辑文档。如果正在保存的文档没有命名，将进入“另存为”界面，单击“浏览”按钮，弹出“另存为”对话框，如图 3-38 所示。

（1）在对话框左侧，选择保存文档的驱动器和文件夹。

（2）在“文件名”文本框中输入一个合适的文件名。如果需要兼容以前版本，保存类型应选择 Word 97-2003。

（3）单击“保存”按钮。保存后该文档标题栏中的名称已改为命名后的名称。

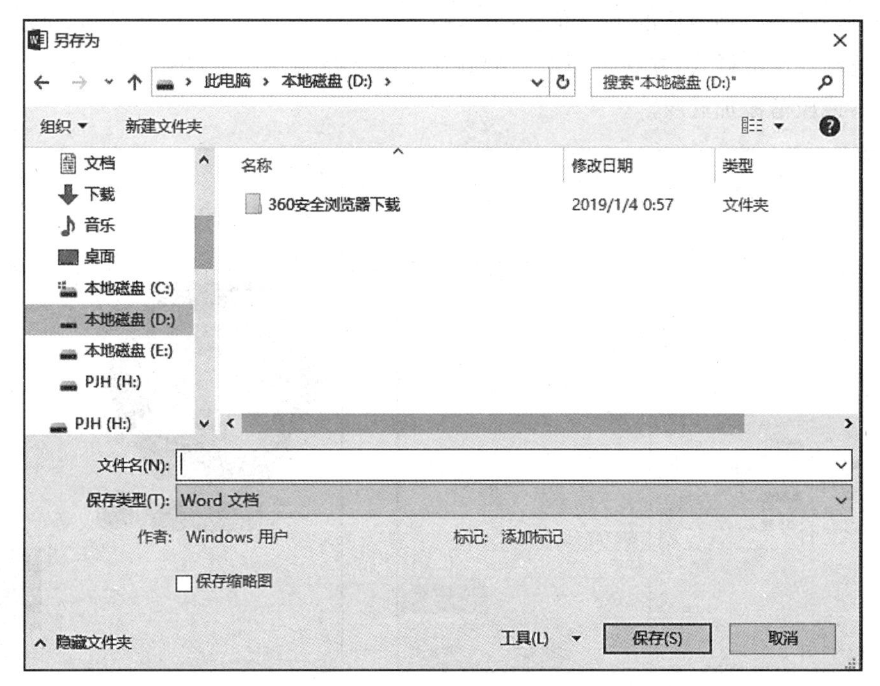

图 3-38　“另存为”对话框

13. 为段落添加边框和底纹

在 Word 2016 中，不仅可以对文本和段落设置字符格式和段落格式，还可以给文本和段落加上边框和底纹，进而突出显示这些文本和段落。

1）添加边框

（1）选定需要添加边框的文本或段落。

（2）在“开始”选项卡中的“段落”组中单击“下框线”按钮后的下三角按钮，在弹出的下拉列表中选择“边框和底纹”命令，弹出“边框和底纹”对话框，默认打开“边框”选项卡，如图 3-39 所示。

（3）在该对话框中的“设置”选区中选择边框类型；在“样式”列表框中选择边框的线型。

（4）单击“颜色”下拉列表后的下三角按钮，打开“颜色”下拉列表，在该下拉列表中选择需要的颜色。

（5）如果在“颜色”下拉列表中没有用户需要的颜色，可选择“其他颜色”命令，弹出“颜色”对话框，如图 3-40 所示。在该对话框中选择需要的标准颜色或者自定义颜色。

（6）在“宽度”下拉列表中选择边框的宽度。

（7）在“应用于”下拉列表中选择边框的应用范围。

（8）设置完成后，单击“确定”按钮即可为文本或段落添加边框。

2）添加底纹

选定需要添加底纹的文本或段落，打开“边框和底纹”对话框。在“边框和底纹”对话框中，单击“底纹”选项卡，如图 3-41 所示。在该选项卡中的“填充”选区中的下拉列表中选择需要的颜色，如果在“颜色”下拉列表中没有用户需要的颜色，可选择“其他颜色”命令，在弹出的“颜色”对话框中选择其他的颜色。

单击“样式”下拉列表后的下三角按钮⌄，打开“样式”下拉列表，如图 3-42 所示。在该下拉列表中选择底纹的样式，并在下面对应的颜色区域选择颜色。设置完成后，单击“确定”按钮即可为文本或段落添加底纹。

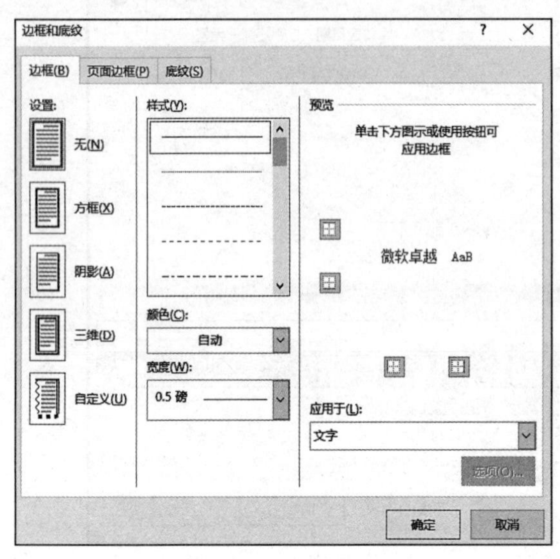

图 3-39 “边框和底纹”对话框

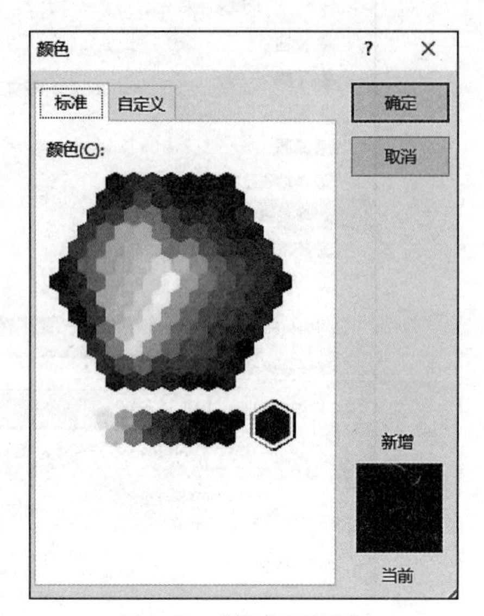

图 3-40 “颜色”对话框

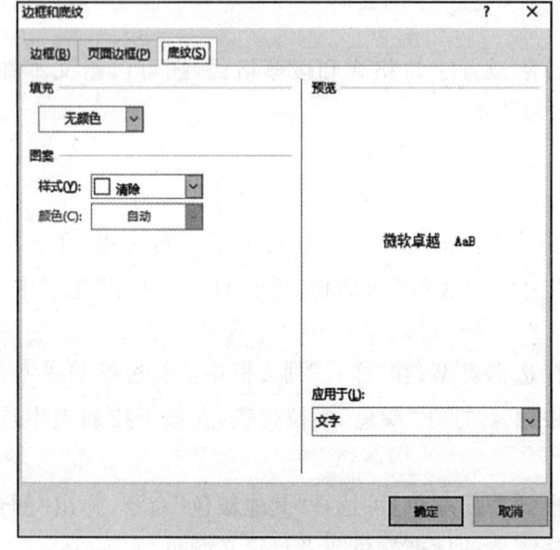

图 3-41 “底纹”选项卡

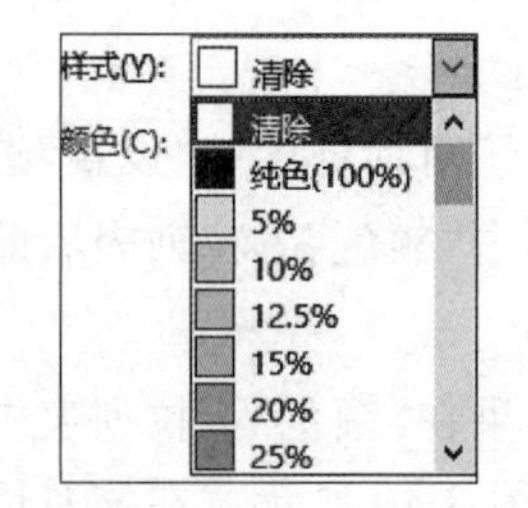

图 3-42 “样式”下拉列表

14. 格式刷的使用

在编辑文档的过程中，会遇到多处字符或段落具有相同格式的情况，这时可以将已格式化好的字符或段落的格式复制到其他文本或段落，减少重复的排版操作。

1）复制字符格式

(1) 选定已设置格式的文本，注意不包含段落标记。

(2) 在“开始”选项卡中的“剪贴板”组中单击“格式刷”按钮，此时鼠标指针变为刷子形状。

（3）按住鼠标左键，在需要应用格式的文本区域拖动。松开鼠标左键后被拖过的文本就具有了新的格式。

如果需要将格式连续复制到多个文本块，则在第(2)步中双击格式刷，再分别拖动多个文本块，完成后单击“格式刷”按钮即可取消鼠标指针的刷子形状。

2）复制段落格式

（1）单击希望复制格式的段落中的任意位置，使光标定位在该段落内。

（2）单击“格式刷”按钮，多次复制时双击。

（3）把格式刷移到希望应用此格式的段落，单击段内的任意位置。

3.1.5 知识拓展

1. 文档的打印

当一个文档录入和排版完成后，为了方便阅读，可通过打印机把文档打印出来。

（1）选择“文件”→“打印”命令，窗口右侧即可显示出“打印预览”窗口，如图3-43所示。

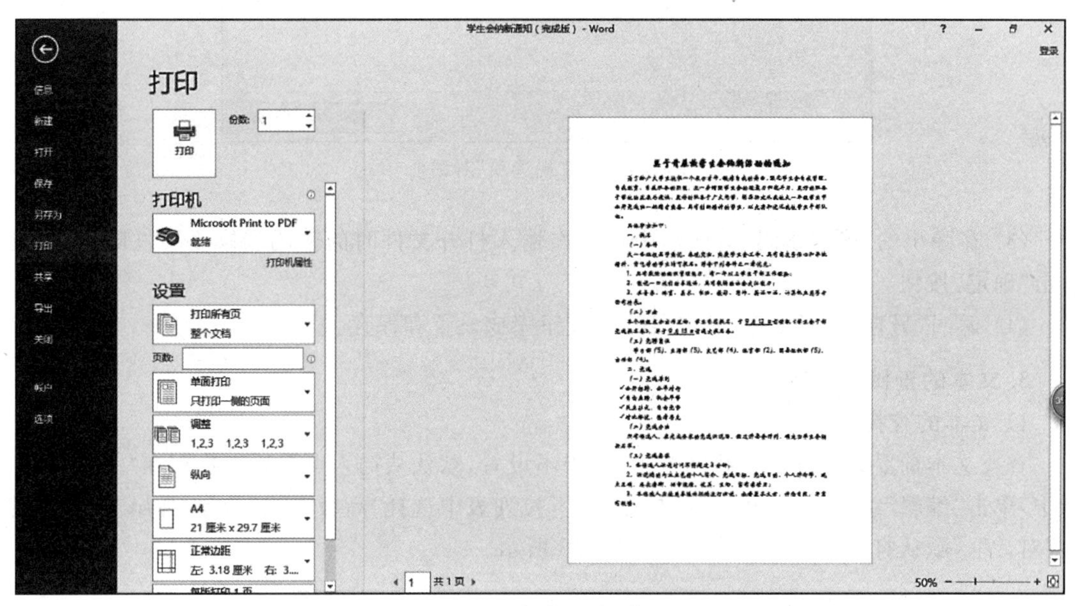

图3-43 “打印预览”窗口

（2）在“打印预览”窗口左侧即可指定打印机进行打印，可以设置打印部分文档、选择打印文档份数以及选择纸张缩放进行打印，单击“打印”按钮即可进行文件的打印。

2. 设置文档权限

给文档设置一个密码进行加密，把文档保护起来。当打开加密文档时，将显示“密码”对话框要求输入密码，只有输入正确的密码才能打开该文档，为文档设置权限可按下面的操作步骤进行。

（1）选择“文件”→“另存为”命令，单击“浏览”按钮，弹出“另存为”对话框。在“另存为”对话框中单击“工具”按钮，从列表中选择“常规选项”命令，弹出“常规选项”对话框，如图3-44所示。

（2）分别在“打开文件时的密码”和“修改文件时的密码”框中输入各自的密码，单击“确定”按钮。

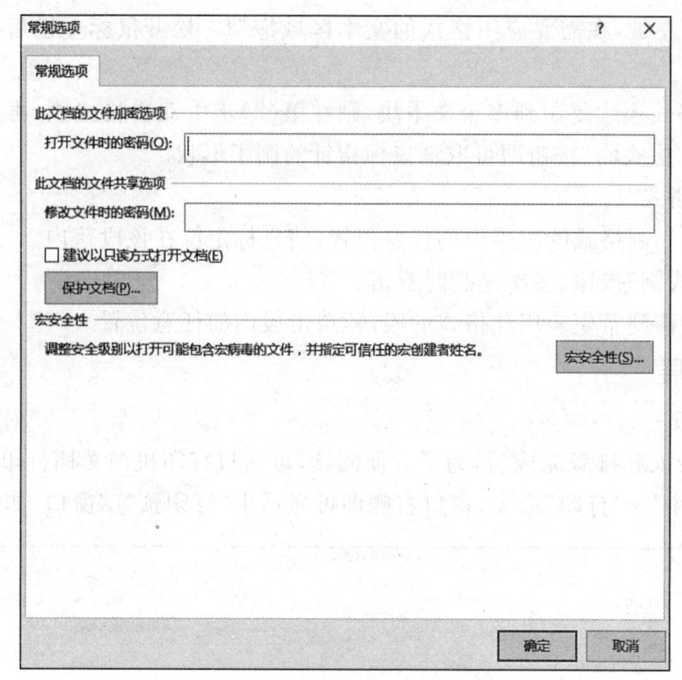

图 3-44 “常规选项”对话框

(3) 在弹出的“确定密码”对话框中再一次输入打开文件时的密码和修改文件时的密码，单击“确定”按钮。

(4) 返回“另存为”对话框，单击“保存”按钮完成设置和保存。

3. 文本的查找与替换

1) 文本的查找

查找文本前要设定开始查找的位置，如果不设置，默认从插入点开始查找。在“开始”选项卡中，单击“编辑”组中的“查找”下拉按钮，在下拉列表中选择“高级查找”命令，弹出“查找和替换”对话框，默认打开“查找”选项卡，如图 3-45 所示。

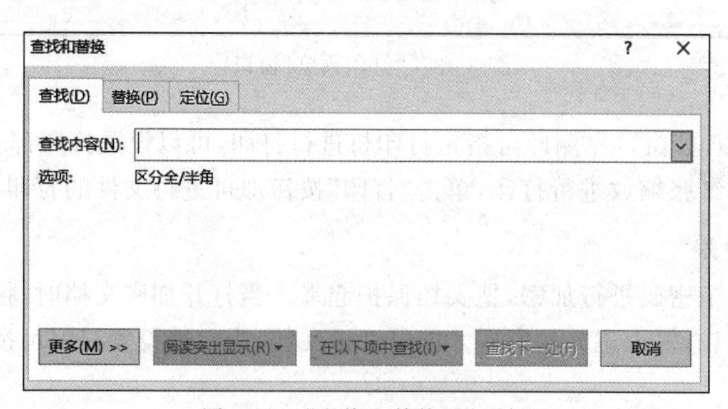

图 3-45 “查找和替换”对话框

在该选项卡中的“查找内容”文本框中输入要查找的文字，单击“查找下一处”按钮，Word 将自动查找指定的字符串，并以反白显示。如果需要继续查找，则继续单击“查找下一处”按钮，Word 2016 将继续查找下一个文本，直到文档的末尾。查找完毕，系统将弹出提示框，提示用户 Word 已经完成对文档的搜索。

单击“查找”选项卡中的“更多”按钮，将打开“查找”选项卡的高级形式，如图 3-46 所示。在该选项卡中单击“格式”按钮可对替换文本的字体、段落格式等进行设置。

图 3-46　“高级查找”选项卡

2）文本的替换

替换文本前要设置开始替换的位置，在“开始”选项卡中的“编辑”组中单击“替换”按钮，弹出“查找和替换”对话框，默认打开“替换”选项卡。在该选项卡中的“查找内容”文本框中输入要查找的内容；在“替换为”文本框中输入要替换的内容。单击“替换”按钮，即可将文档中的内容进行替换。

如果要一次性替换文档中的全部被替换对象，可单击“全部替换”按钮，系统将自动替换全部内容，替换完成后，系统弹出如图 3-47 所示的提示框。

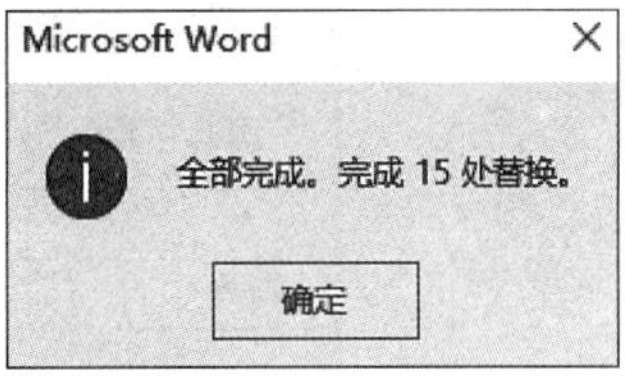

图 3-47　替换信息提示对话框

4. 撤销与恢复操作

如果不小心删除了不该删除的内容，可直接单击“快速访问”工具栏中的“撤销”按钮来撤销操作。如果要撤销刚进行的多次操作，可单击工具栏中的“撤销”按钮右侧的下三角按钮，从下拉列表中选择要撤销的操作。

恢复操作是撤销操作的逆操作，可直接单击“快速访问”工具栏中的“恢复”按钮执行恢复操作。

注意：按 Ctrl+Z 组合键可执行撤销操作；按 Ctrl+Y 组合键可执行恢复操作。如果对文档没有进行过修改，那么就不能执行撤销操作。同样，如果没有执行过撤销操作，将不能执行恢复操作。此时的“撤销”和“恢复”按钮均显示为不可用状态。

3.1.6　技能训练

编辑“学生会竞聘稿”。

(1) 启动 Word 2016 应用程序。

(2) 编写一篇学生会竞聘稿,要求句式工整,没有错别字,字数不少于 300 字。

(3) 对编写完成的竞聘稿进行格式化,包括字体格式、段落格式、边框底纹、项目符号和编号等,要求布局合理,界面美观。

(4) 将写好的竞聘稿保存在 D 盘下,文件名为“学生会竞聘稿”。

任务 3.2 制作招聘报名表

3.2.1 任务要点

(1) 创建表格。

(2) 合并与拆分单元格。

(3) 插入与删除行列。

(4) 设置行高和列宽。

(5) 设置单元格对齐和文字方向。

(6) 设置边框和底纹。

3.2.2 任务要求

用 Word 2016 制作如图 3-48 所示的表格,要求如下。

建筑公司公开招聘报名表

<table>
<tr><td colspan="5">基本情况</td></tr>
<tr><td>姓名</td><td></td><td>性别</td><td></td><td rowspan="5">照片
(粘贴电子版)</td></tr>
<tr><td>出生年月</td><td></td><td>民族</td><td></td></tr>
<tr><td>籍贯</td><td></td><td>政治面貌</td><td></td></tr>
<tr><td>学历</td><td></td><td>职称</td><td></td></tr>
<tr><td>联系电话</td><td></td><td>电子邮箱</td><td></td></tr>
<tr><td colspan="5">教育背景(请从大学或大专填起)</td></tr>
<tr><td>起止年月</td><td>毕业院校</td><td>所学专业</td><td>学历/学位</td><td>培养方式
全日制/在职</td></tr>
<tr><td></td><td></td><td></td><td></td><td></td></tr>
<tr><td></td><td></td><td></td><td></td><td></td></tr>
<tr><td colspan="5">工作经历</td></tr>
<tr><td>起止年月</td><td>单位名称</td><td>部门</td><td colspan="2">职务/岗位</td></tr>
<tr><td></td><td></td><td></td><td colspan="2"></td></tr>
<tr><td></td><td></td><td></td><td colspan="2"></td></tr>
<tr><td colspan="5">技能</td></tr>
<tr><td>岗位技能</td><td>证书:</td><td colspan="3">能力描述:</td></tr>
<tr><td>计算机水平</td><td>证书:</td><td colspan="3">能力描述:</td></tr>
<tr><td colspan="5">其他</td></tr>
<tr><td>应聘人员签名</td><td colspan="4">本人确认自己符合拟报考岗位所需的资格条件,所提供的材料真实、有效,如经审查不符,承诺自动放弃面试和聘用资格。
应聘人签字:
年 月 日</td></tr>
</table>

图 3-48 “建筑公司公开招聘报名表”样例

(1) 表格标题。输入表格标题“建筑公司公开招聘报名表”,表格标题格式设置为宋体、小二号、加粗、居中对齐。

(2) 插入表格。参考图 3-48,插入表格,并进行单元格的合并与拆分。

(3) 字体格式设置。设置表格内部字体格式为宋体、五号。

(4) 录入文本。录入如图 3-48 所示的表格内部文本。

(5) 行高和列宽。设置表格第 1～18 行的行高为 1 厘米,第 19 行行高为 3 厘米;表格各列的列宽参考图 3-48 自行调整。

(6) 对齐方式。设置表格第 16～17 行的第 2 列的文字对齐方式为中部左对齐;第 19 行、第 2 列的文字对齐方式为靠上左对齐,调整第 19 行、第 2 列中落款的文字位置;设置表格中其余所有文字对齐方式均为水平居中。

(7) 表格框线。表格外框线为双实线,宽度为 0.5 磅;内框线为单实线、0.5 磅。

(8) 表格底纹。为表格的表头行即第 1、7、11、15、18 行添加底纹,颜色为“浅绿”。

(9) 保存表格。将文件保存为“建筑公司公开招聘报名表.docx”。

3.2.3 实施过程

步骤一:新建文档。选择“开始”→Word 2016 命令,启动 Word 2016 应用程序,新建一个空白文档。

步骤二:设置标题格式。输入标题文本“建筑公司公开招聘报名表”,然后选中标题,在“开始”选项卡的“字体”组中设置字体为宋体、小二号,加粗;在“段落”组中单击“居中”对齐按钮☰。

步骤三:插入表格。在标题“建筑公司公开招聘报名表”后按 Enter 键换行,在“插入”选项卡的“表格”组中,单击“表格”按钮,在展开的下拉列表中选择“插入表格”命令,弹出“插入表格”对话框。在“列数”文本框中输入 5,在“行数”文本框中输入 19,如图 3-49 所示。

步骤四:合并与拆分单元格。选中表格的第 1 行,在“布局”选项卡的“合并”组中单击“合并单元格”按钮,将其合并成一个单元格。用同样的方法,将表格中的表头行,即第 7、11、15、18 行分别合并成一个单元格。然后将表格的第 2～6 行、第 5 列合并单元格。参考图 3-48,用相同的方法将表格中其他需要合并的区域进行合并。

步骤五:设置字体格式。单击表格左上角的全选按钮⊞,选中整张表格,在“开始”选项卡的“字体”组中,设置字体为宋体、五号。

步骤六:录入文本。参照图 3-48 录入表格内部文本。

步骤七:设置行高/列宽。选中表格的第 1～18 行,在选中的表格区域任意位置右击,在调出的快捷菜单中选择“表格属性”命令,弹出“表格属性”对话框。单击“行”选项卡,设置行高为 1 厘米,如图 3-50 所示。选中第 19 行,在“表格属性”对话框设置行高为 3 厘米。然后,将光标移动到表格右侧边框处,按住鼠标左键拖动,调整表格第 5 列的列宽。选中表格第 19 行第 1 列,将光标移动至边线处,按动鼠标左键拖动,调整第 19 行第 1 列的列宽。参考图 3-48,用相同的方法调整各列列宽至合适宽度。

步骤八:单击表格左上角全选按钮⊞,选中整张表格。单击“布局”选项卡,在“对齐方式”组中单击“水平居中”按钮⊟,将表格的文字对齐方式设置为水平居中。选中表格的第 16～17 行的第 2 列,在“对齐方式”组中单击⊟按钮,设置文字对齐方式为“中部左对齐”。用相同的方法设置第 19 行的第 2 列的文字对齐方式为“靠上左对齐”。然后选中“应聘人签字”和“年　月　日”。单击“开始”选项卡,在“段落”栏的对应位置,设置文字居右对齐,通过键盘上的 Enter 键和空格键调整位置。

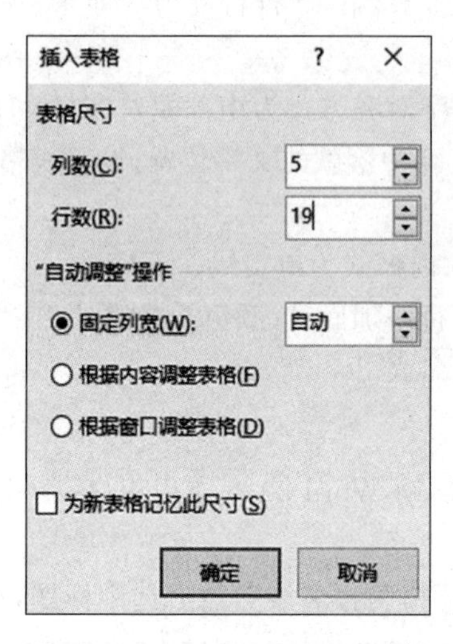

图 3-49 "插入表格"对话框

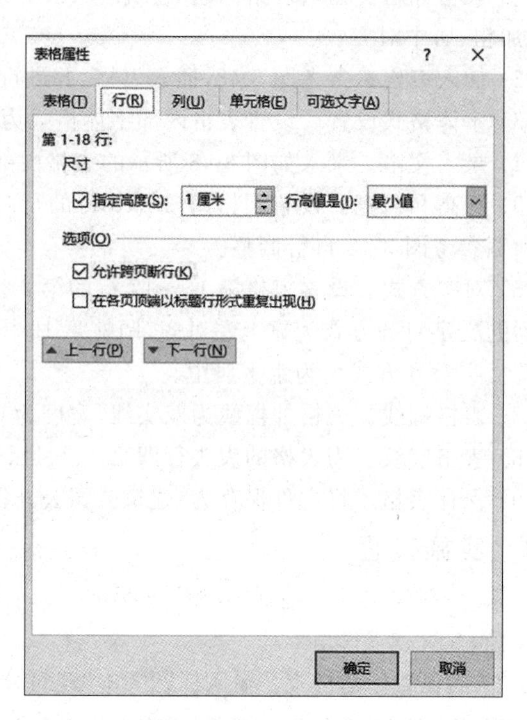

图 3-50 "表格属性"对话框

步骤九:设置表格框线。选中表格的第 2～19 行,单击"表格工具"/"设计"选项卡,在"边框"组中单击"边框"按钮的下拉按钮,打开如图 3-51 所示的下拉菜单。选择"边框和底纹"命令,弹出"边框和底纹"对话框,如图 3-52 所示。

图 3-51 "边框"下拉菜单

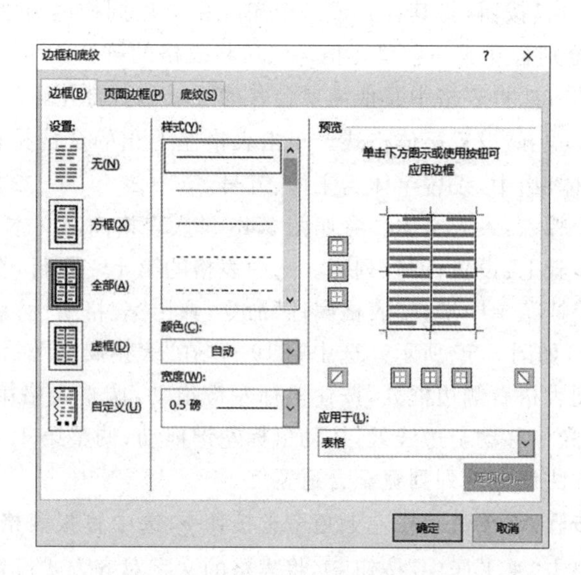

图 3-52 "边框和底纹"对话框

在对话框左侧单击"全部"图标,在"样式"中选择"双实线"。在右侧的预览框中单击表格内部的框线,将其取消。然后在"样式"中选择"单实线",在右侧预览框中再次单击表格内部的框线，将其添加。然后在预览框中单击表格的上框线，使其变成“单实线”，单击“确定”按钮。然后选中表格的第1行，打开“边框和底纹”对话框，用相同的方法将上框线、左框线、右框线设置为“双实线”，而下框线设置为“单实线”，单击“确定”按钮。

步骤十：设置表格底纹。按住 Ctrl 键选中表格中的标题，打开“边框和底纹”对话框，切换到“底纹”选项卡。在“填充”下拉列表中选择“浅绿”，单击“确定”按钮，结果如图3-53所示。

基本情况

图3-53　底纹效果

步骤十一：文档的另存。单击“文件”选项卡，单击“另存为”命令，在“另存为”界面中单击“浏览”按钮，弹出“另存为”对话框。在左侧单击“桌面”，在“文件名”文本框中输入“建筑公司公开招聘报名表.docx”，然后单击“保存”按钮。

3.2.4　知识链接

1. 创建表格

(1) 将光标定位到要插入表格的位置，单击“插入”→“表格”按钮，当光标移动到相应的行和列时就会在 Word 编辑区内显示出表格样式，但是一次最多插入10列8行，如图3-54所示。

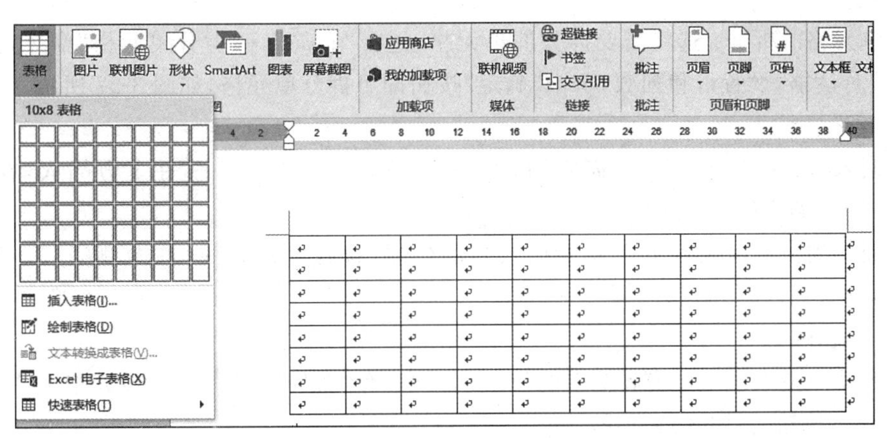

图3-54　插入表格

(2) 选择“插入”→“表格”→“插入表格”命令，弹出“插入表格”对话框，通过“表格尺寸”可以设置建立表格的列和行及其他属性，如图3-55所示。

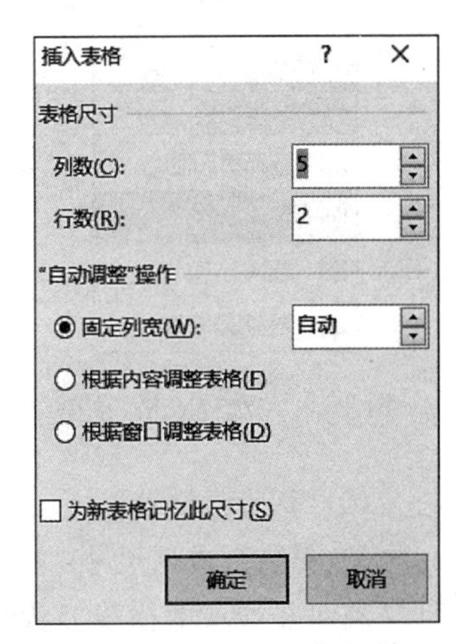

图3-55　“插入表格”对话框

2. 表格的编辑与修改

1) 文字的录入和删除

(1) 文字的录入。将光标移动到文字输入位置，利用不同的输入方式进行文字的录入。录入完成后，利用鼠标将光标移动到下一个插入位置。在表格中录入文字不能用 Enter 键，Enter 键只能使行高加高。

(2) 文字的删除。选定要删除内容的单元格，按 Delete 键或 Backspace 键。

2）表格、单元格、行、列的选定

（1）选定表格。将光标移动到表格上时，表格左上角会出现移动控点⊞，把光标移动到控点上单击，即可选定表格。

（2）选择单元格。每个单元格的左侧有一个选定栏，当光标移到选定栏时光标会变成向右上方的箭头形状，单击即可选定该单元格，利用鼠标拖曳或者按住 Shift 键可以选定多个单元格。

（3）选择行。将光标移至行左侧，光标会变成向右上的箭头形状，单击即可选定当前行，按住鼠标左键不动纵向拖动鼠标可选择多行。

（4）选择列。将光标移至表格上方，光标会变成向下的箭头形状，单击即可选定当前列，横向拖动鼠标可选择多列。

当把插入点置于表格中时，单击“布局”→“表”→“选择”按钮，会弹出一个菜单，如图 3-56 所示。从中可以根据选择单元格、行、列，或整个表格。

3）表格的拆分、单元格的合并与拆分

（1）表格的拆分：选定表格需要拆分表格的位置，选择“布局”→“拆分表格”命令，即可将一个表格分成两个表格。

（2）单元格的合并：选定需要合并的若干单元格，选择“布局”→“合并单元格”命令，即可合并单元格。

（3）单元格的拆分：选定需要拆分的单元格，选择“布局”→“拆分单元格”命令，弹出“拆分单元格”对话框，设置行和列数，单击“确定”按钮即可拆分单元格，如图 3-57 所示。

4）插入行、列

（1）插入行。将插入点置于需要插入行的位置，选择“布局”→“在上方插入（在下方插入）”命令，即可插入行。

（2）插入列。将插入点置于需要插入列的位置，选择“布局”→“在左侧插入（在右侧插入）”命令，即可插入列。

5）调整表格

（1）自动调整表格。单击表格中的任意单元格，在“布局”选项卡的“单元格大小”组中单击“自动调整”按钮，如图 3-58 所示。

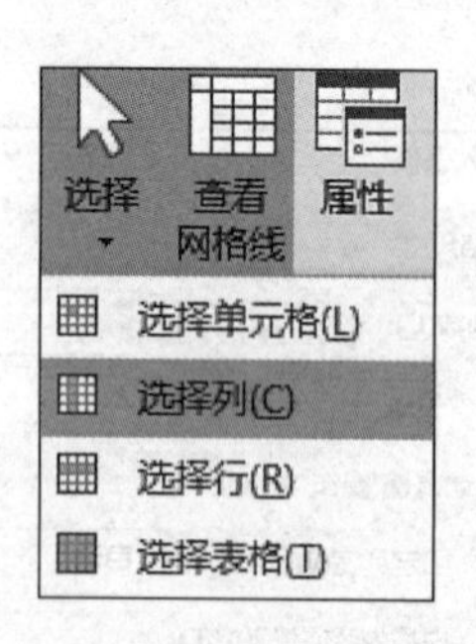

图 3-56 “选择表格”菜单

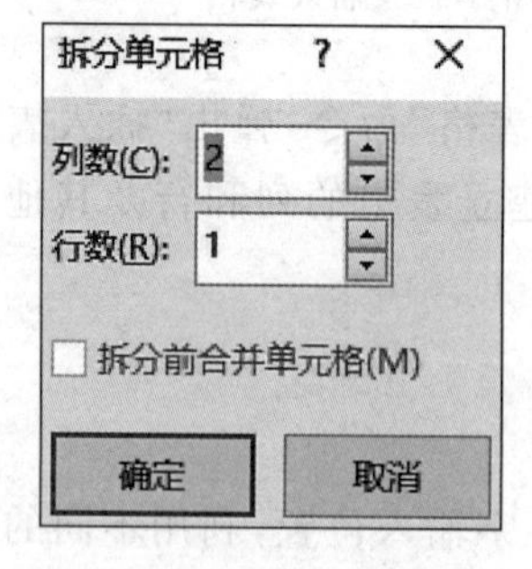

图 3-57 “拆分单元格”对话框

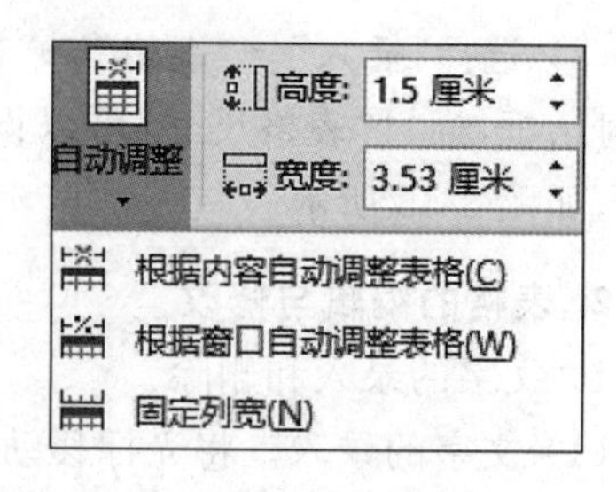

图 3-58 “自动调整”下拉菜单

（2）手动调整表格。

① 调整行或列尺寸：将鼠标指针指向准备调整尺寸列的左边框或行的下边框，当鼠标指针呈现双竖线或双横线形状时，按住鼠标左键左、右或上、下拖动即可改变当前列或行的尺寸。

② 调整单元格尺寸：如果仅仅想调整表格中某个单元格的尺寸，而不是调整表格中整行

或整列尺寸，可以首先选定某个单元格，然后拖动该单元格左边框调整其尺寸。

③ 调整表格尺寸：如果准备调整整个表格的尺寸，可以将鼠标指针指向表格右下角的控制柄，当鼠标指针呈现双向的倾斜箭头时，按住鼠标左键拖动控制柄调整表格的大小。在调整整个表格尺寸的同时，其内部的单元格尺寸将按比例调整。

6）表格的对齐方式

如果创建的表格没有完全占用 Word 文档页边距以内的页面，可以为表格设置相对于页面的对齐方式，如左对齐、居中、右对齐，操作步骤如下。

(1) 单击 Word 表格中的任意单元格。在“布局”选项卡的“表”组中单击“属性”按钮，如图 3-59 所示。

(2) 打开“表格属性”对话框，在“表格”选项卡中根据实际需要选择对齐方式，如“左对齐”“居中”或“右对齐”。如果选择“左对齐”选项，可以设置“左缩进”数值（与段落缩进的作用相同）。设置完毕单击“确定”按钮，如图 3-60 所示。

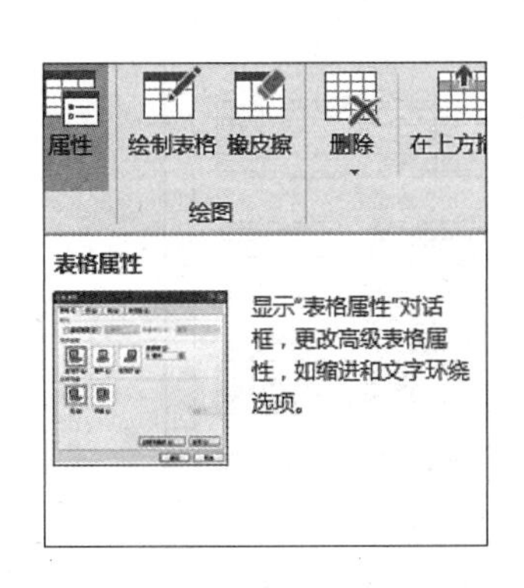

图 3-59　“属性”按钮

图 3-60　“表格属性”对话框

7）表格的复制、移动、删除

(1) 复制：选定整个表格后，用常规复制的方法进行操作即可。

(2) 移动：将光标移到表格左上角“全选按钮”上，按住鼠标左键并拖动至指定的位置。

(3) 删除：选择整个表格后，选择“布局”→“删除”→“删除表格”命令。

8）表格中数据的对齐方式

选择要对齐的数据单元格，在“布局”选项卡的“对齐方式”组中选择适合的对齐方式，如图 3-61 所示。

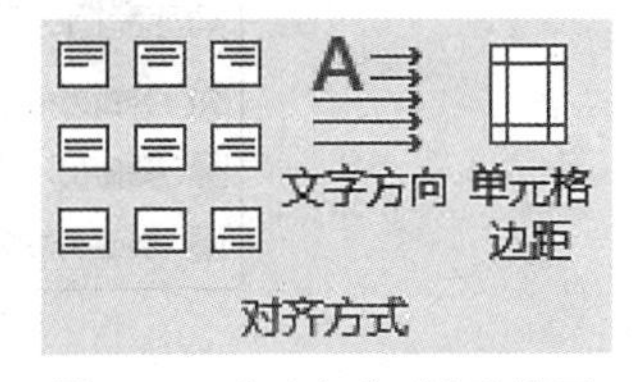

图 3-61　“对齐方式”选择区

3. 设置表格格式

1）设置表格属性

选定表格，单击“布局”→“属性”按钮，弹出“表格属性”对话框，可以对表格的行、列、单元格和表格进行设置。

2）边框和底纹

在 Word 2016 中，不仅可以在“设计”选项卡设置表格边框，还可以在“边框和底纹”对话框中设置表格边框。

(1) 在 Word 表格中选定需要设置边框的单元格或整个表格，在“设计”选项卡的“边框”组中单击“边框”下三角按钮。

(2) 选择“边框和底纹”命令，打开对话框后切换到“边框”选项卡，在“设置”选项组中设置边框的显示状态。

(3) 切换到“底纹”选项卡，在“图案”选项组中单击“样式”下三角按钮，选择一种样式。单击“颜色”下三角按钮，选择合适的底纹颜色。

3）自动套用样式

Word 内置了一些设计好的表格样式，包括表格的框线、底纹以及字体等格式设置。利用它可以快速地引用这些预定的样式。

(1) 预设样式：选择要修改样式的表格，选择“设计”→“表格样式”中预设样式，如图 3-62 所示。

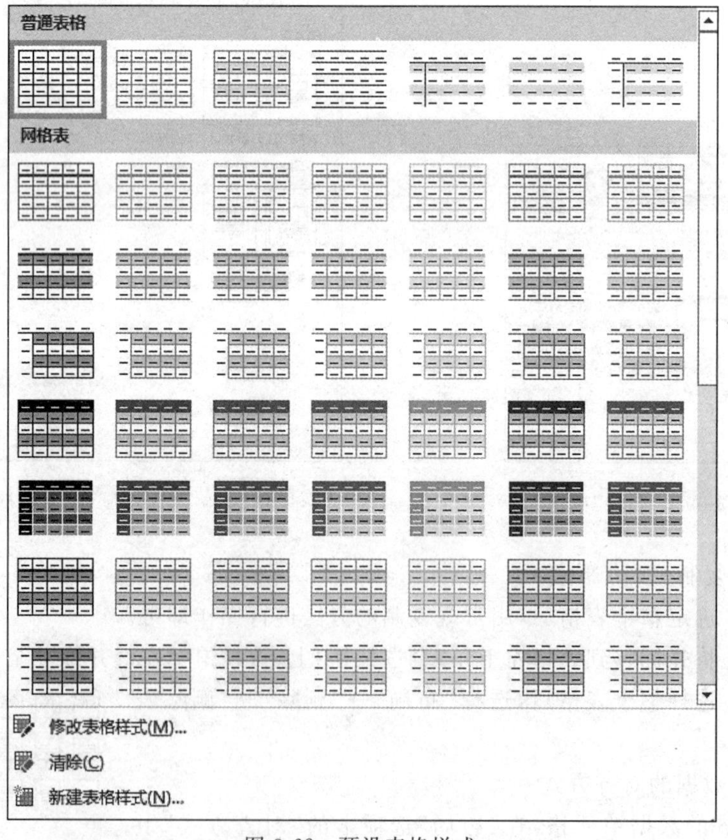

图 3-62　预设表格样式

(2) 自定义表格样式：选择“设计”→“表格样式”→“修改表格样式”命令，弹出“修改样式”对话框，在其中对格式进行设置，如图 3-63 所示。

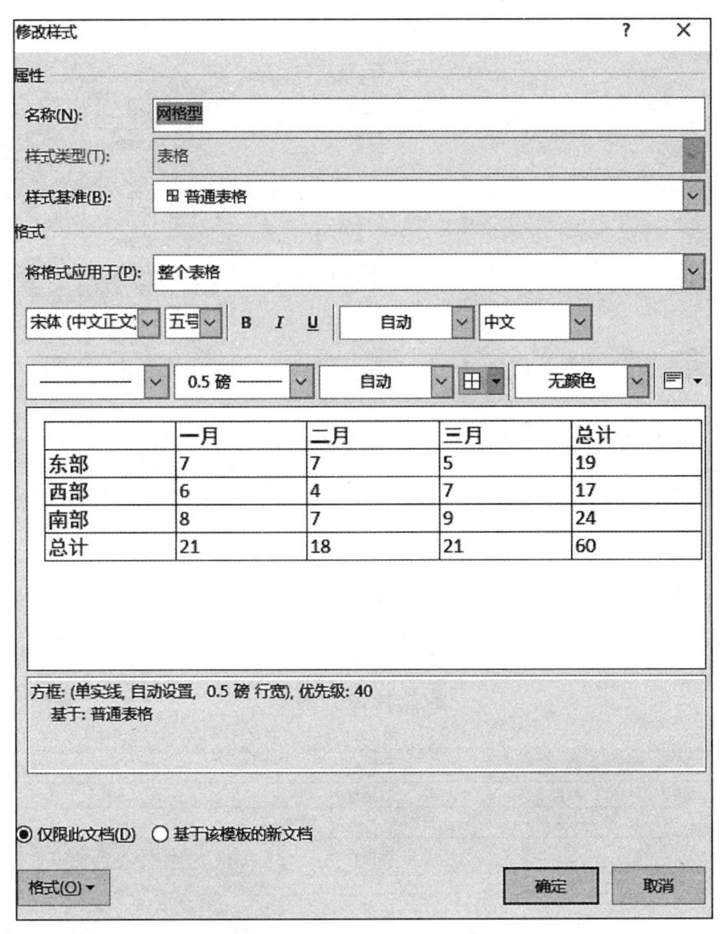

图 3-63 “修改样式”对话框

3.2.5 知识拓展

1. 手工绘制表格

(1) 将插入点移到要插入表格的位置，选择“插入”→“表格”→“绘制表格”命令，鼠标指针会变成铅笔状。

(2) 按住鼠标左键，从左上向右下方拖动鼠标绘制表格外框线，松开鼠标左键，再绘制表格的列线和行线，也可以绘制斜线。

(3) 利用“布局”选项卡“绘图”组中的“橡皮擦”工具可以擦除列线和行线，对表格进行编辑，如图 3-64 所示。

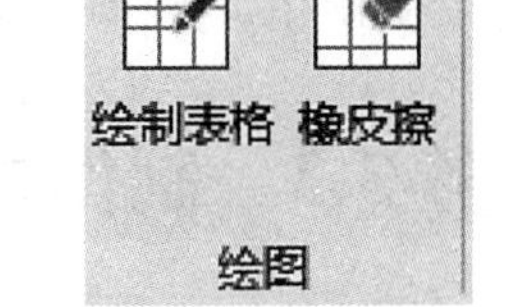

图 3-64 “绘图”工具栏

2. 表格中数据的计算、排序

1) 公式

在 Word 2016 中可以对表格中的数值进行公式计算。

选择“布局”→“公式”命令，弹出“公式”对话框，输入计算公式，如图 3-65 所示。

2) 排序

在 Word 2016 中可以对表格中的数字、文字和日期数据进行排序操作。

选择“布局”→“排序”命令，弹出“排序”对话框，在其中可以设置排序关键字和排序类型，如图 3-66 所示。

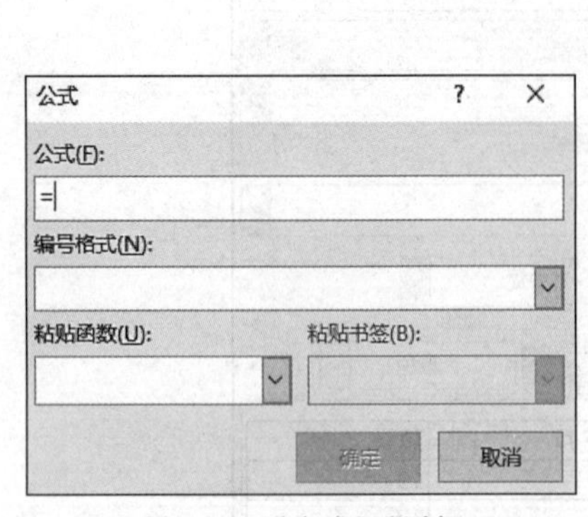

图 3-65 “公式”对话框

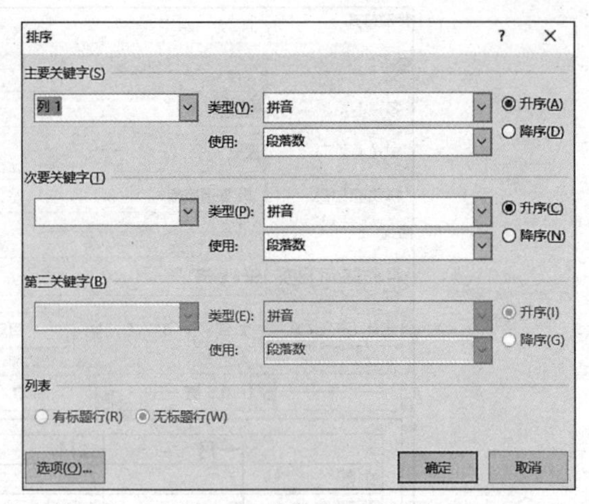

图 3-66 “排序”对话框

3.2.6 技能训练

（1）制作如图 3-67 所示的表格。具体要求如下。

原始凭证分割单 编号

年 月 日

接受单位名称			地址		
原始凭证	单位名称		地址		
	名称		日期		编号
总金额		人民币（大写）	十 万 千 百 十 元 角 分 币		
分割金额		人民币（大写）	十 万 千 百 十 元 角 分 币		
原始凭证主要内容 分割原因					
备注		原始凭证附在本单位 年月日 记账凭证内			

图 3-67 原始凭证分割单

① 按照样文录入表格内容。

② 单元格的合并与拆分参照样文。

③ 文本的格式及边框、底纹根据个人喜好自行设置。

（2）制作一张校历，要求美观大方。

任务 3.3 制作招聘会宣传海报

3.3.1 任务要点

（1）页面设置。

（2）插入图片。

（3）插入艺术字。

（4）插入文本框。

（5）插入形状。

3.3.2　任务要求

（1）页面设置。设置纸张方向为横向，上、下页边距为 2 厘米，左、右页边距为 1.5 厘米。

（2）插入图片。

① 第一张：插入“背景图.jpg”图片。设置环绕文字为“衬于文字下方”，将图片拉伸放大至整个页面，调整图片亮度为−20%。

② 第二张：插入“公司 LOGO.jpg”图片。删除图片白色背景，设置环绕文字为“浮于文字上方”，参照图 3-68 调整图片大小，并放置在页面左上角。

③ 第三张：插入 we want you.jpg 图片。调整图片缩放比例（宽度和高度均为 45%），设置环绕文字为“浮于文字上方”，删除图片蓝色背景，参照图 3-68 将图片放置在页面右侧。

（3）插入艺术字。插入艺术字“春季招聘会未来属于你”，艺术字样式为第三行第二列样式，字体为华文行楷、加粗。艺术字分成两行，其中“春季招聘会”字号为 96 磅，“未来属于你”字号为 72 磅，文字环绕设置为“浮于文字上方”，文本填充设置为“黄色”，文本轮廓设置为“红色”，文本轮廓粗细为 1.5 磅，设置文字发光效果为第三行第四列样式，适当调整艺术字的位置。

（4）插入文本框。在页面下方插入横排文本框，输入“建筑工程有限公司公开招聘会”。设置文本框中文字的字体格式为宋体、小三号、加粗；设置文本框的形状填充为“无填充”，形状轮廓为“无轮廓”；环绕文字为“浮于文字上方”，适当调整文本框的位置。

（5）插入自选图形。

① 插入大三角形。插入自选图形“三角形”，设置形状填充为“无填充”，形状轮廓为“黄色”，形状轮廓粗细为 12 磅。设置三角形“垂直翻转”，环绕文字为“浮于文字上方”，参考图 3-68 调整大三角形的大小和位置。

② 设置艺术字。将艺术字“春季招聘会未来属于你”设置为“置于顶层”，并调整艺术字和三角形的位置。

③ 插入小三角形。插入自选图形“三角形”，设置形状填充为“黄色”，形状轮廓为“无轮廓”，设置三角形“垂直翻转”，环绕文字为“浮于文字上方”，参考图 3-68 调整小三角形的大小和位置。

（6）保存文件。将文件保存为“招聘会宣传海报.docx”。最终效果如图 3-68 所示。

图 3-68　“招聘会宣传海报”完成效果

3.3.3 实施过程

步骤一：新建文档。选择“开始”→Word 2016 命令，启动 Word 2016 应用程序，新建一个空白文档。

步骤二：设置页面。在“布局”选项卡的“页面设置”组中单击“纸张方向”按钮，在展开的列表中选择“横向”。单击“页边距”按钮，在打开的下拉菜单中选择“自定义页边距”命令，在弹出的“页面设置”对话框中，在“页边距”选项卡中分别把上、下页边距设置为 2 厘米，左、右页边距设置为 1.5 厘米，如图 3-69 所示，单击“确定”按钮。

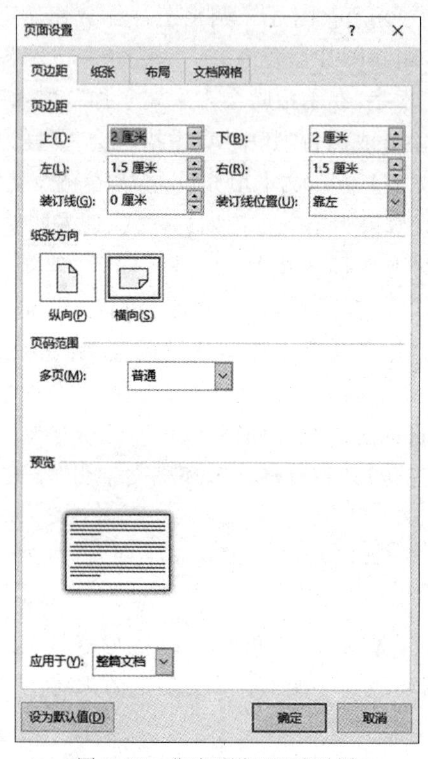

图 3-69 “页面设置”对话框

步骤三：插入图片。

(1) 第一张。单击页面的任意位置，在“插入”选项卡的“插图”组中单击“图片”按钮，弹出“插入图片”对话框。在左侧选择图片位置为“桌面”。单击名为“背景图.jpg”的图片，如图 3-70 所示，然后单击“插入”按钮。

(2) 单击该图片，在如图 3-71 所示的“格式”选项卡中，单击“排列”组中的“环绕文字”按钮，选择“衬于文字下方”选项，将图片拉伸放大至整个页面。

(3) 单击“调整”组中的“校正”按钮，在弹出的下拉菜单中选择“图片校正选项”，设置图片亮度为－20％。

(4) 第二张。用相同的方法，插入“公司 LOGO.jpg”图片。在“格式”选项卡中，单击“调整”组中的“删除背景”按钮，在图片中按住鼠标左键拖动，标记要保留的区域，然后单击“保留更改”按钮，此时图片的背景已经被删除。如果不满意，可以进行重复操作。

(5) 单击“排列”组中的“环绕文字”按钮，选择“浮于文字上方”选项。然后缩小公司 Logo 图。将公司 Logo 移动到页面左上角，并调整图片大小。

图 3-70　“插入图片”对话框

图 3-71　“格式”选项卡

（6）第三张：用相同的方法，插入 we want you.jpg 图片。在“格式”选项卡中，单击“大小”组的对话框启动器按钮，弹出“布局”对话框，如图 3-72 所示。切换到“大小”选项卡，在“高度”列表框中输入 45%。单击“宽度”列表框，数值将自动变为 45%。单击“确定”按钮。

图 3-72　“布局”对话框

(7) 用相同的方法设置环绕文字为“浮于文字上方”，删除图片蓝色背景，将图片放置到页面右侧。

步骤四：插入艺术字。在“插入”选项卡的“文本”组中单击“艺术字”按钮，弹出如图 3-73 所示下拉列表。移动光标至第三行第二列图标处单击，弹出如图 3-74 所示的艺术字编辑区。输入文字“春季招聘会未来属于你”，在“春季招聘会”后按 Enter 键，使其分成两行。选中艺术字，在“开始”选项卡中设置字体为华文行楷、加粗。选中“春季招聘会”，设置其字号为 96 磅；选中“未来属于你”，设置其字号为 72 磅。

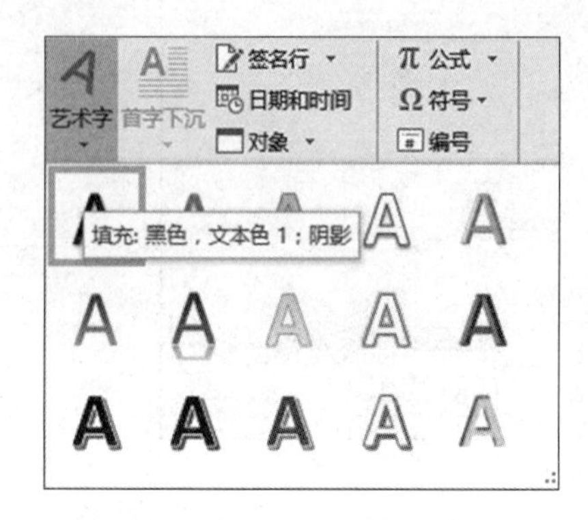

图 3-73 “艺术字”下拉列表

图 3-74 艺术字编辑区

选中艺术字，在“格式”选项卡中，进行如下操作。

(1) 单击“排列”组的“环绕文字”按钮，在弹出的下拉菜单中选择“浮于文字上方”命令。

(2) 在“艺术字样式”组中的“文本填充”下拉菜单中选择“黄色”。

(3) 在“文本轮廓”下拉菜单中选择选择“红色”，粗细选择“1.5 磅”，如图 3-75 所示。

(4) 在“文本效果”→“发光”子菜单中选择第三行第四列的发光效果，如图 3-76 和图 3-77 所示。

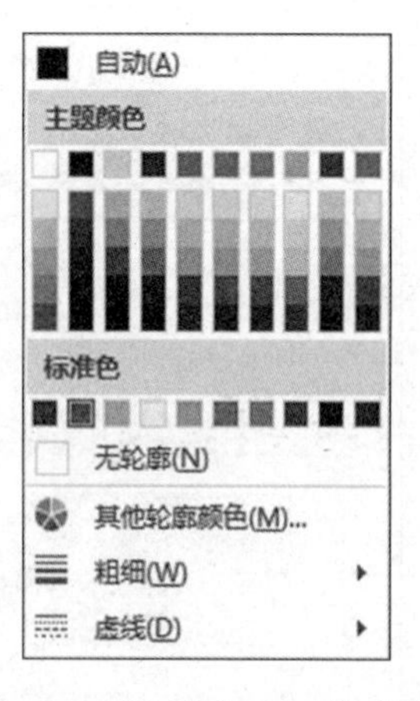

图 3-75 “文本轮廓”下拉菜单

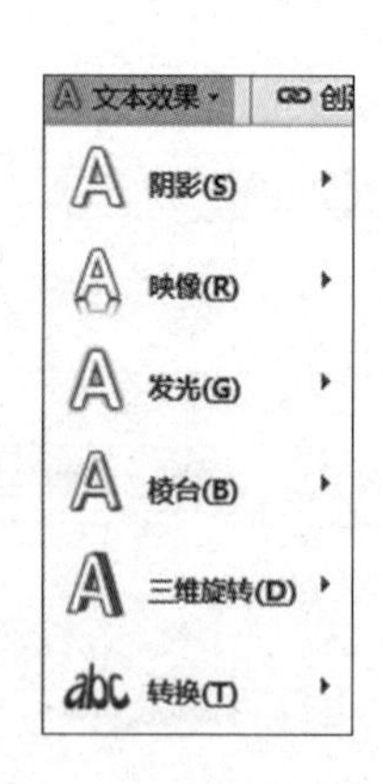

图 3-76 “文本效果”下拉菜单

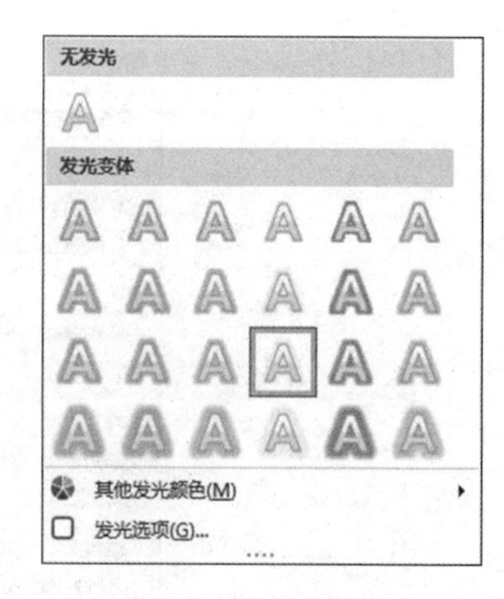

图 3-77 “发光”子菜单

步骤五：插入文本框。

(1) 单击“插入”选项卡“文本”组中的“文本框”按钮，在展开的下拉菜单中选择“绘制横排文本框”命令，如图 3-78 所示。在界面下方拖动绘制文本框，在文本框中输入“建筑工程有限公司公开招聘会”。选中文本框中的文字，在“开始”选项卡中设置字体为宋体、小三号、加粗。

图 3-78 “文本框”下拉菜单

(2) 单击文本框，在如图 3-79 所示的“格式”选择卡中单击“形状样式”组中的“形状轮廓”按钮，在下拉菜单中选择“无轮廓”命令，如图 3-80 所示。

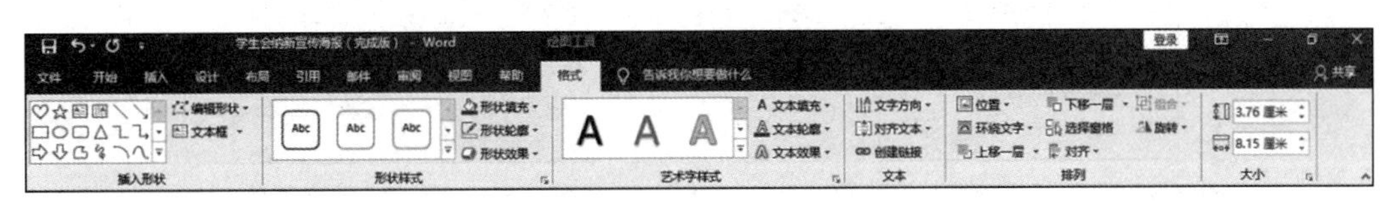

图 3-79 “格式”选项卡

(3) 单击“形状样式”组中的“形状填充”按钮，在下拉菜单中选择“无填充”命令，如图 3-81 所示。

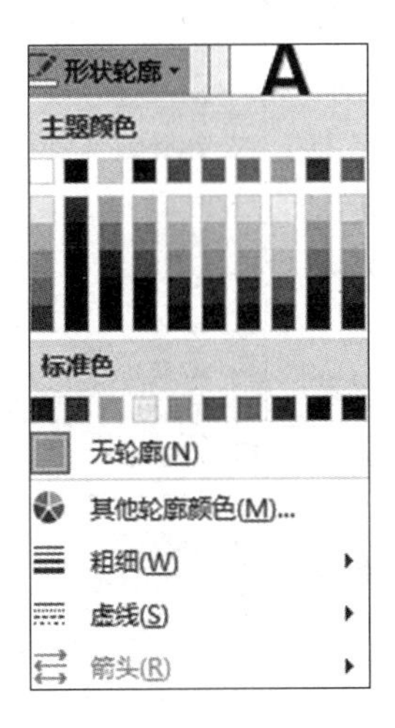

图 3-80 “形状轮廓”下拉菜单

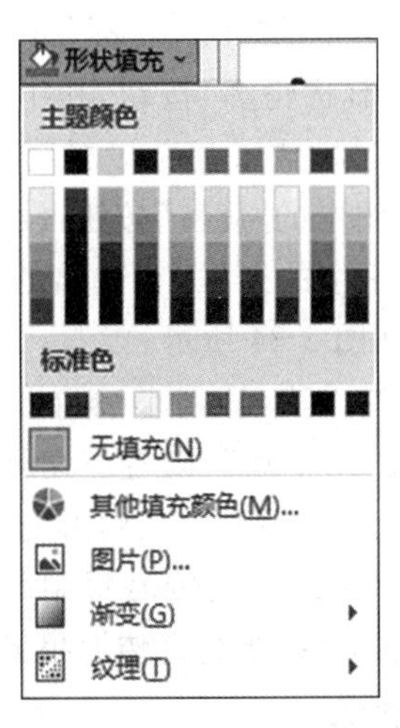

图 3-81 “形状填充”下拉菜单

(4) 在“格式”选项卡的“排列”组中单击“环绕文字”按钮，在下拉菜单中选择“浮于文字上方”命令，如图 3-82 所示。最后，调整文本框的位置。

步骤六：插入自选图形。

(1) 在“插入”选项卡的“插图”组中单击“形状”按钮，展开如图 3-83 所示下拉菜单。单击“基本形状”组中的“三角形”图标，然后按住鼠标左键，在界面中拖动画出三角形。

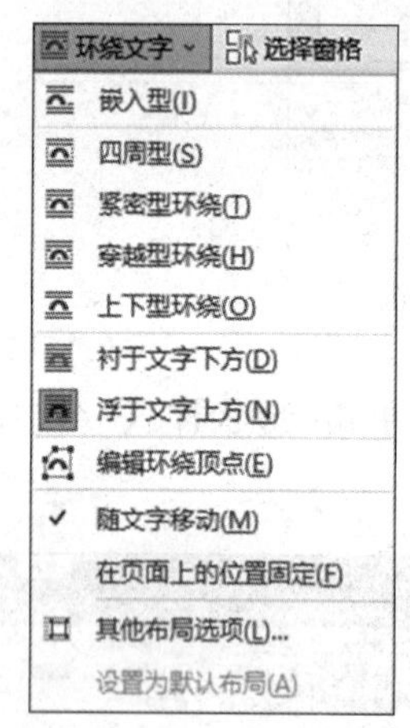

图 3-82 “环绕文字”下拉菜单

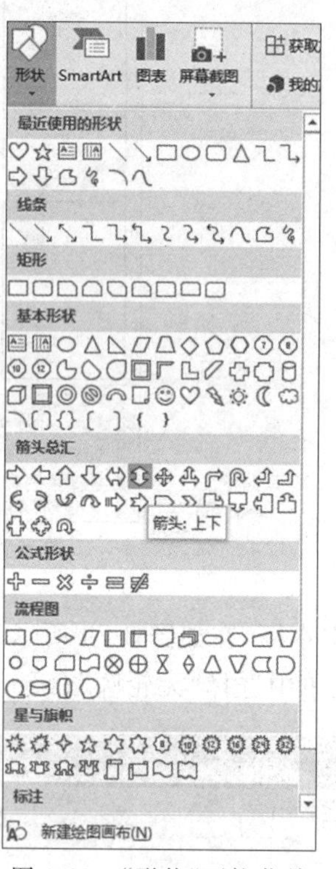

图 3-83 “形状”下拉菜单

(2) 单击此三角形，在“格式”选项卡中单击“形状样式”组中的“形状填充”按钮，在下拉菜单中选择“无填充”命令；单击“形状样式”组中的“形状轮廓”按钮，在下拉菜单中选择“黄色”；再单击“形状轮廓”按钮，在下拉菜单中选择“粗细”命令，设置轮廓粗细为“12 磅”；设置环绕文字为“浮于文字上方”；单击“排列”组中的“旋转”按钮，设置三角形“垂直翻转”。

(3) 右击艺术字的边框，在弹出的快捷菜单中设置艺术字“置于顶层”，如图 3-84 所示。

(4) 用相同的方法，插入小三角形，设置形状填充为“黄色”，形状轮廓为“无轮廓”，设置三角形“垂直翻转”，环绕方式为“浮于文字上方”，调整小三角形的大小和位置。

步骤七：保存文件。宣传海报制作完成，保存文件位置为“桌面”，文件名为“招聘会宣传海报.docx”。

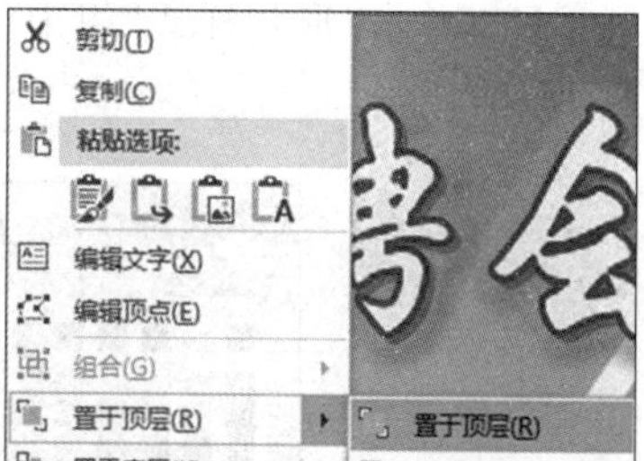

图 3-84 艺术字“置于顶层”

3.3.4 知识链接

1. 页面设置

Word 文档的页面设置主要用来对页面整体布局加以设置，包括纸张方向、纸张大小、页边距等几个方面。

切换至“布局”选项卡，单击“页面设置”组右下角的 按钮，弹出如图 3-85 所示的“页面设置”对话框，可以设置文档的纸张大小、纸张方向、页边距等。

2. 分栏

在编辑文档的过程中，一段文字的顺序就是从上到下、从左到右，有时候为了某种特殊目的，需要把一栏变成两栏或者多栏。

选中需要分栏的文字，单击“布局”选项卡，在“页面设置”组中单击“栏”按钮，弹出如图 3-86 所示的下拉菜单，根据用户需要选择一栏、两栏、三栏、偏左、偏右等。如果用户需要更多设置可以选择“更多栏”命令，弹出如图 3-87 所示对话框，这里可以根据用户需要设定自己需要的值。

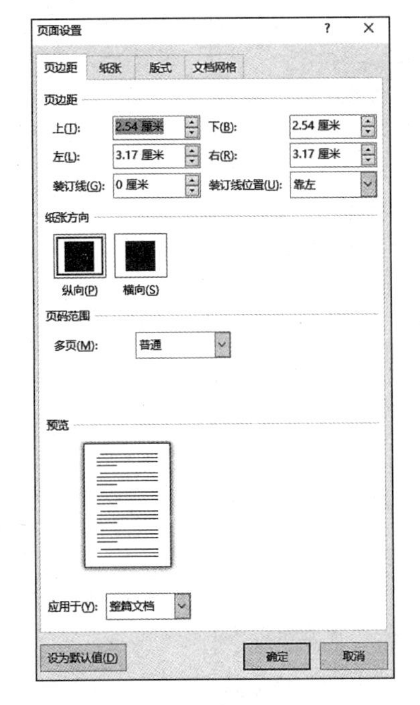

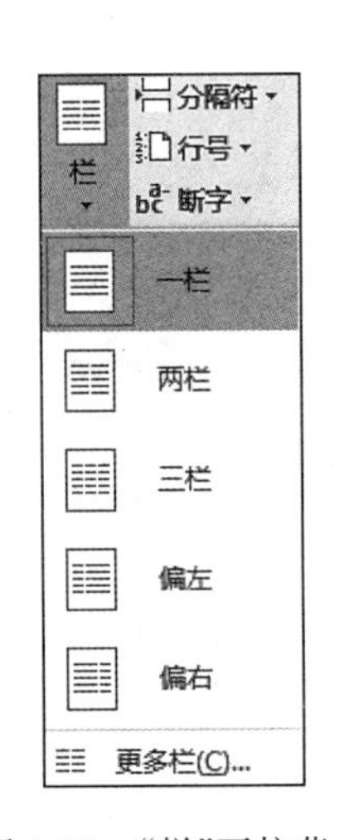

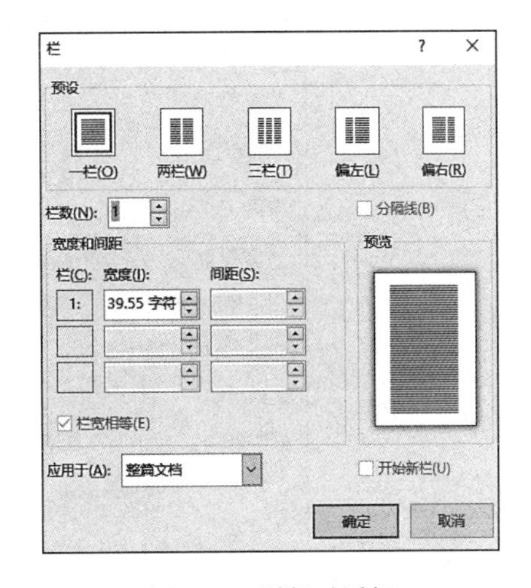

图 3-85　“页面设置”对话框　　图 3-86　“栏”下拉菜单　　图 3-87　“栏”对话框

3. 插入图片

Word 2016 支持的图片文件格式包括 EMF、WMF、JPG、JPEG 等多种类型，一般操作方法如下。

(1) 把光标移至需要插入图片的位置。

(2) 在“插入”选项卡的“插图”组中单击“图片”按钮，打开“插入图片”对话框。

(3) 找到要插入图片的位置和文件名，选取文件后单击“插入”按钮或直接双击该图片文件的图标完成插入。

4. 编辑图片

与文本类似，图片不仅可以进行复制、删除等操作，还可以进行缩放、裁剪、设置版式等操作。

1) 改变图片的大小

(1) 随意调整大小的方法如下。

① 单击需要修改的图片，图片的周围会出现 8 个控点。

② 将光标移至控点上，当光标形状变成双向箭头时拖动鼠标即可改变图片的大小。拖动对角线上的控点可以将图片按比例缩放，拖动上、下、左、右控点可以改变图片的高度或宽度。

（2）精确调整大小的方法如下。

① 右击需要修改的图片，从弹出的快捷菜单中选择“大小和位置”命令，弹出如图 3-88 所示的“布局”对话框。

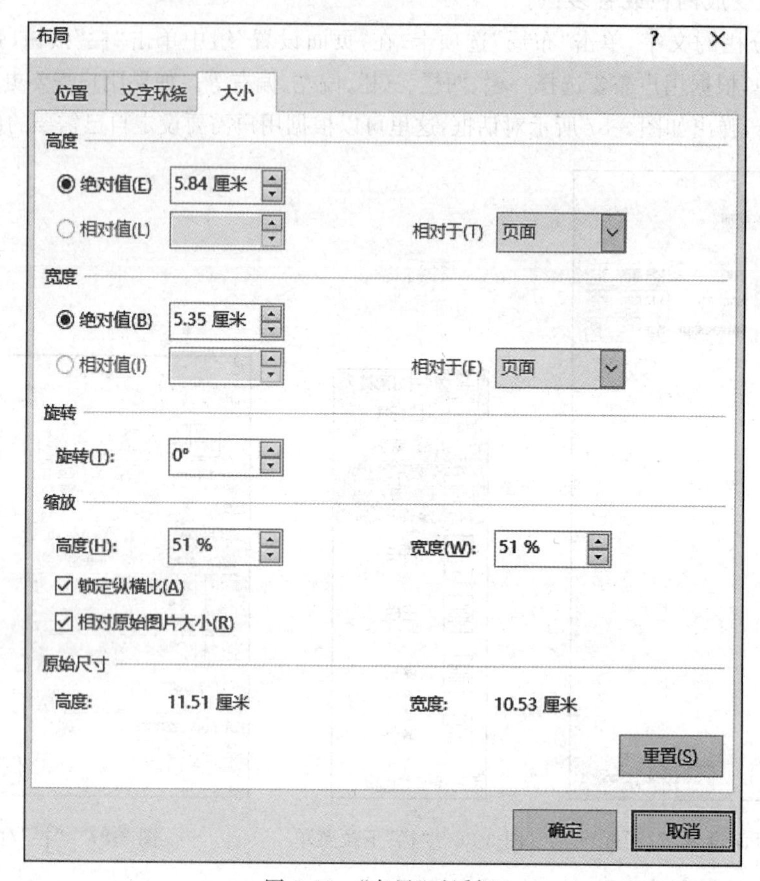

图 3-88 “布局”对话框

② 在选中“锁定纵横比”复选项的前提下，输入“缩放”区域的“高度”缩放百分比或单击按钮对图片进行等比缩放。消除“锁定纵横比”复选框时，可以在“缩放”区域的“高度”和“宽度”中输入各自的缩放百分比，这里的宽度和高度的缩放比例可以一致也可以不一致。

③ 单击“确定”按钮。

2）设置环绕文字

环绕文字是指图片与周围文字的环绕方式。

方法 1：双击需要环绕文字的图片，在“格式”选项卡中单击“排列”组中的“环绕文字”按钮，在弹出的下拉菜单中列出了多种环绕方式，选择其中一种，图片即设置为该环绕方式。

方法 2：设置环绕文字一种比较快捷的方法是：右击需要设置环绕文字的图片，从弹出的快捷菜单中选择“环绕文字”命令，选择其中一种需要的环绕方式。

3）设置图片位置

单击需要拖动的图片，当指针变成形状时，将图片拖动到合适的区域。

4）设置图片边框

双击需要设置边框的图片，在“格式”选项卡中单击“图形样式”组中的“图片边框”按钮，在弹出的下拉菜单中可对图片边框的“粗细”“虚实”“颜色”等进行设置。

5）图片的裁剪

当只需要图片的某个部分时，可以将不需要的部分裁剪掉，方法如下。

（1）单击需要裁剪的图片，图片的周围会出现 8 个控点。

（2）在“格式”选项卡中单击“大小”组中的“裁剪”按钮，鼠标指针变成状，把鼠标指针移动到图片的一个尺寸控点上拖动鼠标。

（3）按住鼠标左键向图片内拖动，虚框内的图片是剪裁后的图片。对一幅图片可以进行多次裁剪。

被裁剪的部分区域还可以恢复，按上述方法，只是在第（3）步时按住鼠标左键向图片外部拖动即可。

6）改变图片的色彩

双击需要设置的图片，在“格式”选项卡的“调整”组中可以对图片进行以下改变。

（1）设置亮度和对比度。单击“校正”按钮，从弹出的下拉菜单中选择“图片校正选项”命令，弹出“设置图片格式”对话框，即可设置图片亮度和对比度，如图 3-89 所示。

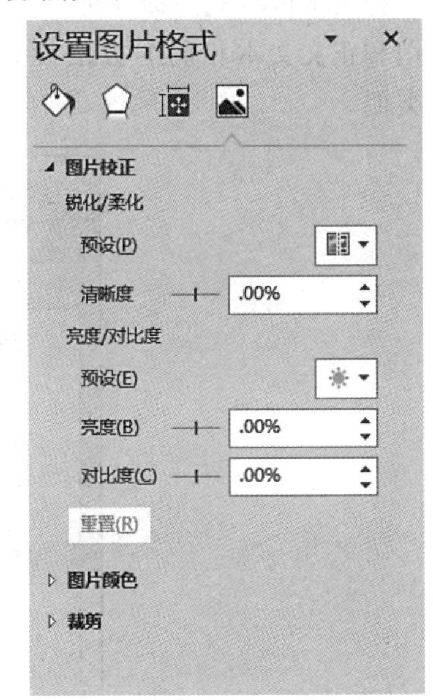

图 3-89　“设置图片格式”对话框

（2）设置图片颜色。单击“颜色”按钮，从弹出的下拉菜单中选择一个着色类型，即可对选定的图片重新着色。不仅可以设置图片的颜色，还可以对图片进行透明处理。

5. 插入艺术字

由于 Word 把艺术字处理成图形对象，它可以像图片一样进行复制、移动、删除、改变大小、添加边框、设置版式等。此外，对艺术字还可进行添加填充颜色、添加阴影、竖排文字等操作。

在“插入”选项卡的“文本”组中单击“艺术字”按钮，在弹出的下拉菜单中选择一种艺术字样式后，弹出艺术字编辑区，在输入框中输入文字即可。

6. 编辑艺术字

1）编辑艺术字的颜色

选中需要改变颜色的艺术字，在“格式”选项卡中单击“艺术字样式”组中的“文本填充”按钮，在弹出的下拉菜单中选择一种颜色。如果“主题颜色”和“标准色”都不能达到理想的效果，可使用“渐变”中的效果来填充艺术字。

2）编辑艺术字的环绕方式

选中需要设置环绕方式的艺术字，在“格式”选项卡中单击“排列”组中的“环绕文字”按钮，在弹出的多种环绕方式中选择一种环绕方式。

3）改变文字方向

单击需要改变文字方向的艺术字，在“格式”选项卡中单击“文本”组中的“文字方向”按钮，在弹出的下拉菜单中选择适当的文字方向。

7. 插入文本框

文本框用来存放文本内容，由于它可以在文档中自由定位，因此它是实现复杂版面的一种常用方法。

在"插入"选项卡的"文本"组中单击"文本框"按钮，弹出如图 3-90 所示的下拉菜单，单击一种文本框样式图标即可。在文本框内部单击即可输入文本内容。适当调整文本框的大小，用和正文文本相同的方法设置文本的格式。位置的移动和边框的设置与图片的设置方法类似。

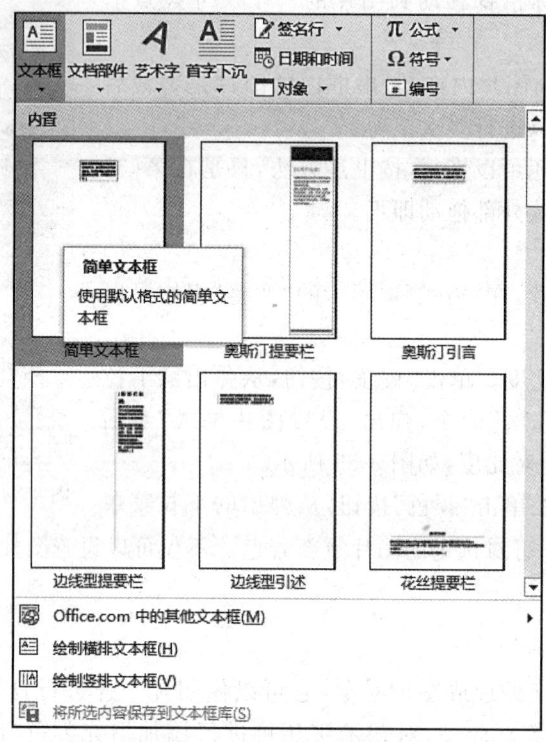

图 3-90 "文本框"下拉菜单

8. 绘制图形

Word 中提供了"形状"工具栏，可以让用户在文档中绘制所需的图形。

1）插入自选图形

在"插入"选项卡的"插图"组中单击"形状"按钮，弹出"形状"下拉菜单，在其中选择一种形状，然后在文档中需要插入形状的位置处单击并拖动。

拖动有以下 4 种方式。

(1) 直接拖动，按默认的步长移动鼠标。

(2) 按住 Alt 键拖动，以小步长移动鼠标。

(3) 按住 Ctrl 键拖动，以起始点为中心绘制形状。

(4) 按住 Shift 键拖动，如果绘制矩形或椭圆形状，绘制结果是正方形或正圆形状。

2）层叠图形

在文档中绘制了多个形状后，形状会按照绘制次序自动层叠，要改变它们原来的层叠次序，可右击需要编辑的形状，在弹出的快捷菜单中选择"置于顶层"或"置于底层"命令，如

图 3-91 所示，在弹出的下拉菜单中设置相应的叠放次序。

3）组合图形

如果要同时对多个形状进行操作，可以将多个形状组合起来成为一个操作对象，方法是：单击选定一个形状后，按住 Ctrl 键的同时单击其他形状，这样就同时选择了多个形状。右击选定的图形，从弹出的快捷菜单中选择“组合”→“组合”命令，如图 3-92 所示。如果要将组合形状取消，则选择“组合”→“取消组合”命令。

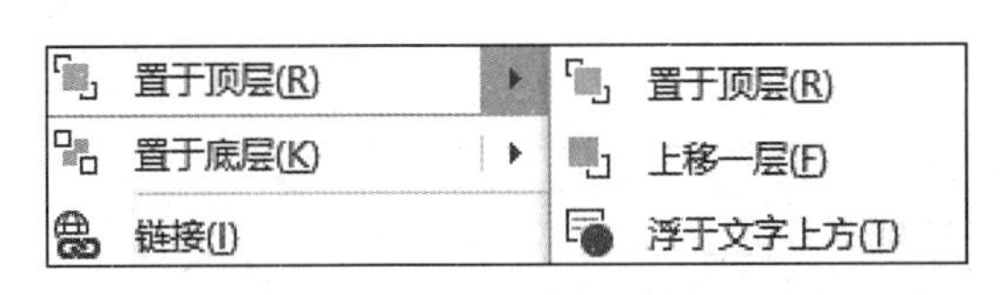

图 3-91　“形状叠放次序”下拉菜单

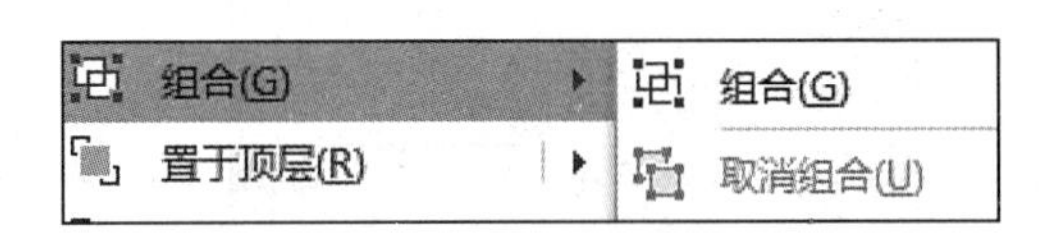

图 3-92　“形状组合”下拉菜单

3.3.5　知识拓展

1. 插入页眉和页脚

1）插入页眉

在“插入”选项卡的“页眉和页脚”组中单击“页眉”按钮，在弹出的下拉菜单中选择一种适当的页眉样式或选择“编辑页眉”命令，光标将自动定位在页眉处，输入页眉内容，并在如图 3-93 所示的“设计”选项卡中进行相关设置，设置之后单击“关闭页眉和页脚”按钮即可。

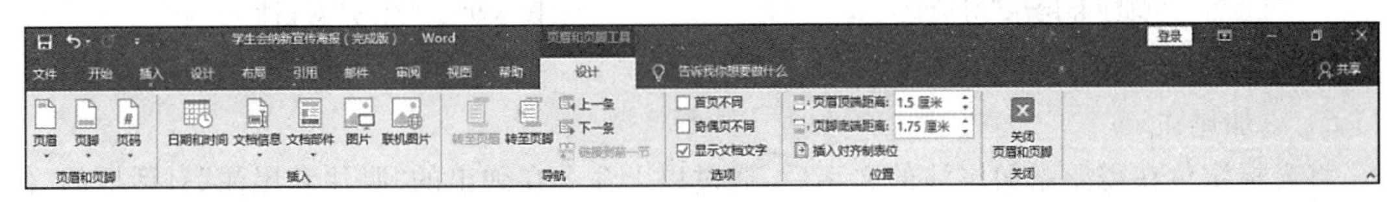

图 3-93　“设计”选项卡

2）插入页脚

插入页脚的操作过程与插入页眉的操作过程基本一致。

2. 加入脚注和尾注

脚注和尾注用于在打印时为文档中的文本提供解释、批注以及相关的参考资料。脚注是将注释文本放在文档的页面底端，尾注是将注释文本放在文档的结尾。脚注或尾注是由两个互相链接的部分组成：注释引用标记和与其对应的注释文本。在注释中可以使用任意长度的文本，并像处理任意其他文本一样设置注释文本格式。

1）添加脚注

单击“引用”选项卡的“脚注”组中右下角的 按钮，弹出“脚注和尾注”对话框，如图 3-94 所示。在该对话框中可进行脚注和尾注的插入，引用标记可以使用系统提供的“编号格式”，也可以使用“自定义标记”，用户可根据自己的需要选择。

将光标定位在需要添加脚注的文字后，通过以上命令在弹出的“脚注和尾注”对话框的“位置”区域中选择“脚注”单选按钮，在“格式”区域中选择“编号格式”下拉列表框中的一种标记。使用更多的标记可单击“自定义标记”文本框右侧的“符号”按钮，弹出如图 3-95 所示的“符号”对话框，从“字体”下拉列表框中选择一种字体，再选择所需的符号后单击“确定”按钮返回“脚注和尾注”对话框，单击“插入”按钮后符号插入完毕，光标自动移位至页面底端。此时即可输入脚注内容并设置脚注内容的字体和字号,方法和 Word 中普通文本的设置方法相同。

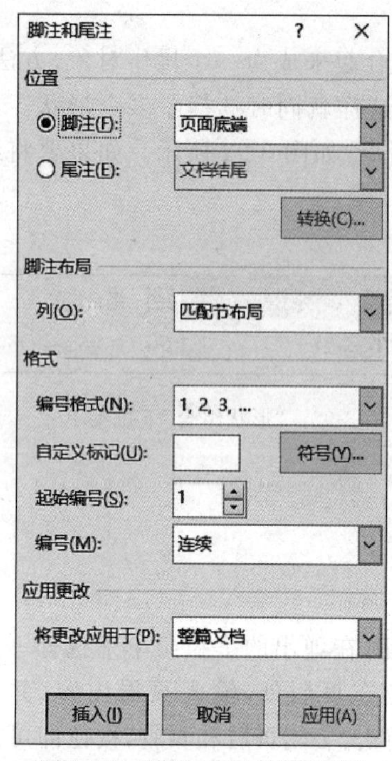

图 3-94 “脚注和尾注”对话框

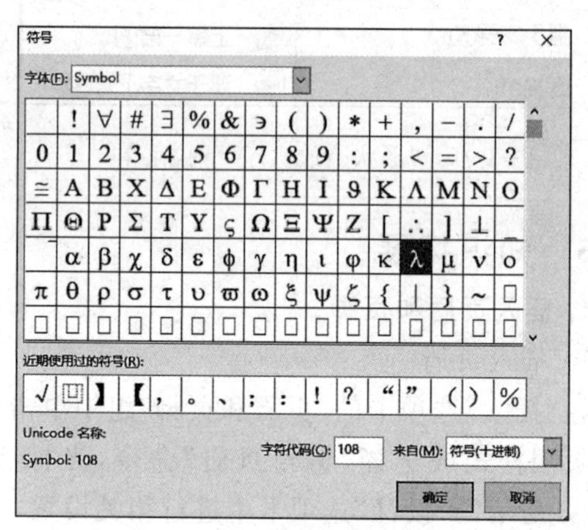

图 3-95 “符号”对话框

2）添加尾注

将光标定位在需要添加尾注的文字后,通过以上命令在弹出的“脚注和尾注”对话框的“位置”区域中选择“尾注”单选按钮,在“格式”区域中选择“编号格式”下拉列表框中的格式或单击“自定义标记”文本框右侧的“符号”按钮。符号插入完毕,光标自动移位至文档结尾,输入尾注内容并设置尾注内容的字体和字号。

3.3.6 技能训练

制作一张社团纳新宣传海报,具体要求如下。

(1) 主题鲜明,布局美观大方。

(2) 纸张方向为横向,简报共计一页。

(3) 简报内容包含文本、图片、艺术字、自选图形、剪贴画等。

(4) 图片等内容的颜色、环绕方式等自行选择。

任务 3.4 制作聘用通知书

3.4.1 任务要点

(1) 创建主文档。

(2) 组织数据源。

(3) 邮件合并。

3.4.2　任务要求

制作如图 3-96 所示的“聘用通知书.docx”文档，操作要求如下。

(1) 建立主文档。建立如图 3-97 所示的主文档，文件名为“主文档.docx”。

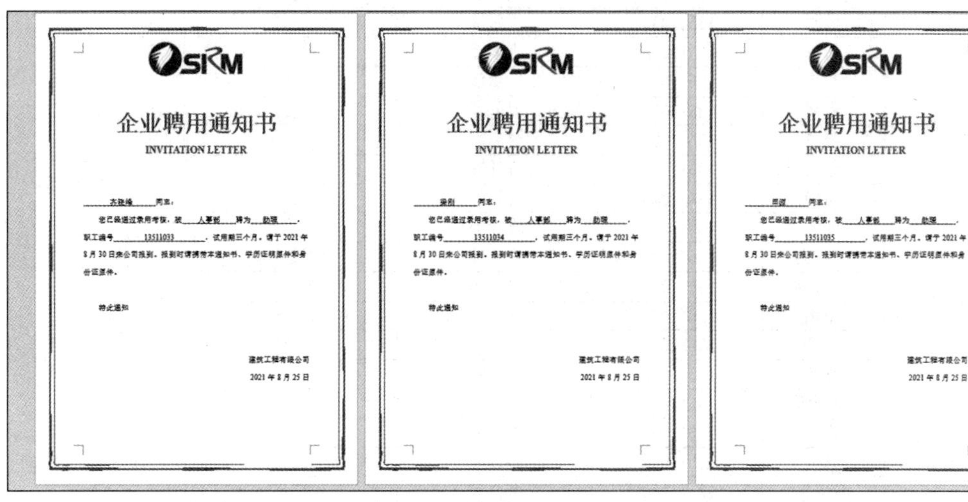

企业聘用通知书
INVITATION LETTER

[illegible]同志：
您已经通过录用考核，被人事部聘为助理，职工编号13511033，试用期三个月。请于 2021 年 8 月 30 日来公司报到。报到时请携带本通知书、学历证明原件和身份证原件。
特此通知
建筑工程有限公司
2021 年 8 月 25 日

企业聘用通知书
INVITATION LETTER

[illegible]同志：
您已经通过录用考核，被人事部聘为助理，职工编号13511034，试用期三个月。请于 2021 年 8 月 30 日来公司报到。报到时请携带本通知书、学历证明原件和身份证原件。
特此通知
建筑工程有限公司
2021 年 8 月 25 日

企业聘用通知书
INVITATION LETTER

[illegible]同志：
您已经通过录用考核，被人事部聘为助理，职工编号13511035，试用期三个月。请于 2021 年 8 月 30 日来公司报到。报到时请携带本通知书、学历证明原件和身份证原件。
特此通知
建筑工程有限公司
2021 年 8 月 25 日

图 3-96　“聘用通知书”样图

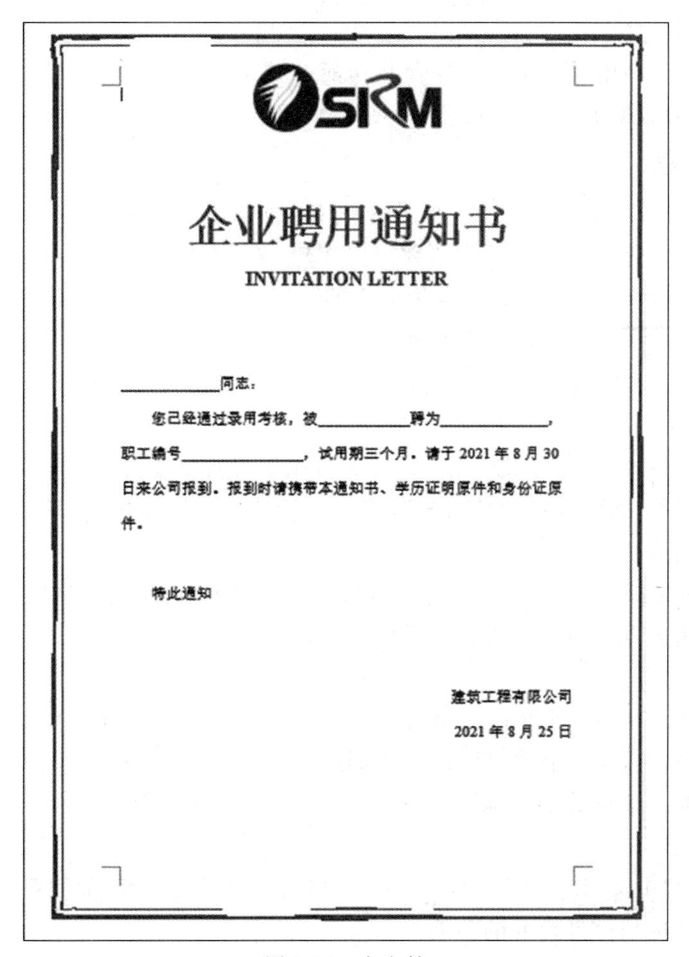

企业聘用通知书
INVITATION LETTER

____________同志：
您已经通过录用考核，被____________聘为______________，职工编号______________，试用期三个月。请于 2021 年 8 月 30 日来公司报到。报到时请携带本通知书、学历证明原件和身份证原件。

特此通知

建筑工程有限公司
2021 年 8 月 25 日

图 3-97　主文档

(2) 建立数据源。建立如图 3-98 所示的文档，命名为"聘用名单.docx"。

姓名	职工编号	部门	岗位
齐晓峰	13511033	人事部	助理
梁刚	13511034	人事部	助理
田源	13511035	人事部	助理
李建	13511036	人事部	副部长
王亮	13511037	财务部	会计
张欣	13511038	财务部	出纳
赵茹	13511039	设计部	助理设计师
田静	13511040	设计部	助理设计师
汪凯	13511041	设计部	助理设计师
李晓文	13511042	设计部	助理设计师
孟丽娜	13511043	设计部	助理设计师
张雨	13511044	设计部	设计师
于雷	13511045	设计部	设计师
高照	13511046	设计部	设计师
赵晓鸥	13511047	办公室	文员
李旭	13511048	办公室	文员
魏亮	13511049	办公室	文员
查斯坦	13511050	办公室	文员

图 3-98 "聘用名单"数据源

(3) 邮件合并。利用 Word 的邮件合并功能，以"主文档.docx"为邮件合并的主文档，以"聘用名单.docx"为数据源，进行邮件合并，结果保存为"聘用通知书.docx"。

3.4.3 实施过程

步骤一：创建主文档。

(1) 创建文档。在 Word 2016 中新建空白文档，文件名为"主文档.docx"。

(2) 设置页面边框。单击"设计"选项卡中的"页面边框"按钮，在弹出的对话框中选择"艺术型"的页面边框 ，设置颜色为蓝色，单击"确定"按钮。

(3) 插入图片。在页面上方插入图片"公司 LOGO.jpg"，设置环绕方式为"浮于文字上方"，调整图片大小及位置。

(4) 设置标题格式。录入标题"企业聘用通知书"，设置标题格式为宋体、初号、加粗、居中对齐。录入英文标题 INVITATION LETTER，设置英文标题字体为 Times New Roman、小二号、加粗、居中对齐。

(5) 设置文本格式。参照图 3-98 录入通知书中的文本内容，设置字体格式为宋体、四号，调整文本的对齐方式和首行缩进等。然后保存文档。

步骤二：创建数据源。

(1) 创建文档。在 Word 2016 中新建空白文档，文件名为"聘用名单.docx"。

(2) 插入表格。插入一个 19 行、4 列的表格。

(3) 录入文本。参照图 3-98 录入表格中的文本内容。然后保存文档。

步骤三：邮件合并。

(1) 打开名为"主文档.docx"的 Word 文档，单击"邮件"选项卡，如图 3-99 所示，在此可以看到所有帮助用户完成邮件合并的功能。

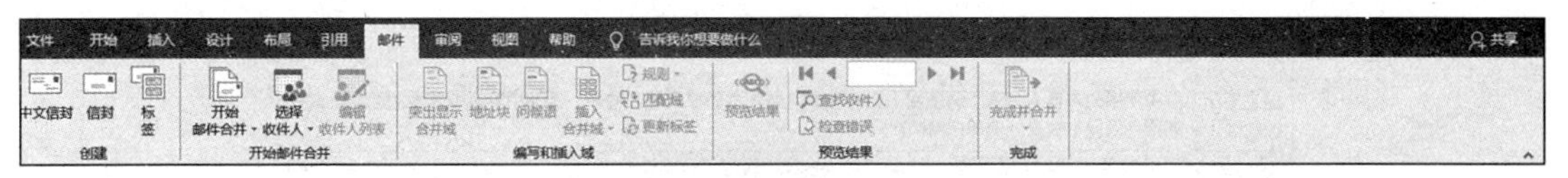

图 3-99 “邮件”选项卡

（2）在“邮件”选项卡中的“开始邮件合并”组中单击“开始邮件合并”按钮，展开下拉菜单，如图 3-100 所示。选择“邮件合并分步向导”命令，在 Word 窗口右侧出现如图 3-101 所示的“邮件合并”任务窗格。

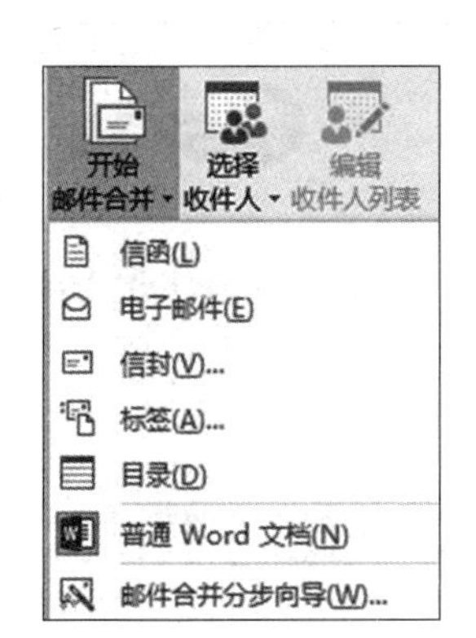

图 3-100 “开始邮件合并”下拉菜单

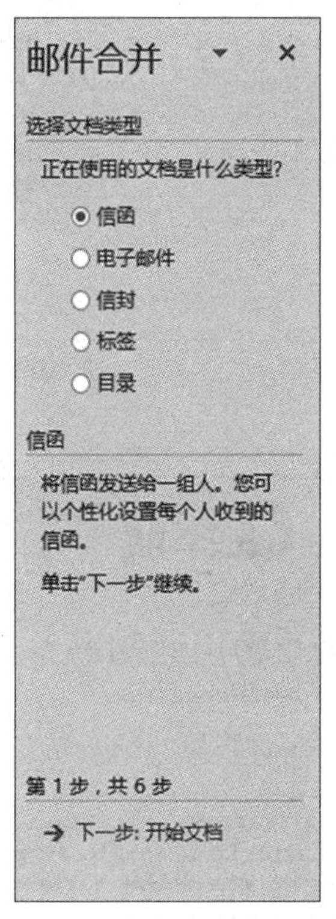

图 3-101 “邮件合并”任务窗格

① 在“选择文档类型”选项组中选择“信函”，然后单击“下一步：开始文档”按钮。

② 在“选择开始文档”组中选择开始文档，当前打开文档为主文档，因此选择“使用当前文档”选项，单击“下一步：选取收件人”按钮。

③ 在“选择收件人”区域中单击“使用现有列表”，在下面的“使用现在列表”区域中单击“浏览”按钮，在弹出的“选取数据源”对话框中选择“聘用名单.docx”。单击“打开”按钮，弹出“邮件合并收件人”对话框，使用默认的“全选”即可，如图 3-102 所示。单击“确定”按钮，回到编辑窗口，单击“下一步：撰写信函”按钮。

④ 将光标定位在主文档“________同志”的横线处，在“邮件”选项卡中的“编写和插入域”组中单击“插入合并域”按钮，在弹出的下拉菜单中选择“姓名”；再将光标依次定位在主文档中其他横线处，单击“插入合并域”按钮，在弹出的下拉菜单中依次选择“部门”“岗位”“职工编号”，此时主文档如图 3-103 所示。

⑤ 在“邮件合并”任务窗格中单击“下一步：预览信函”按钮，出现如图 3-104 的预览界面。

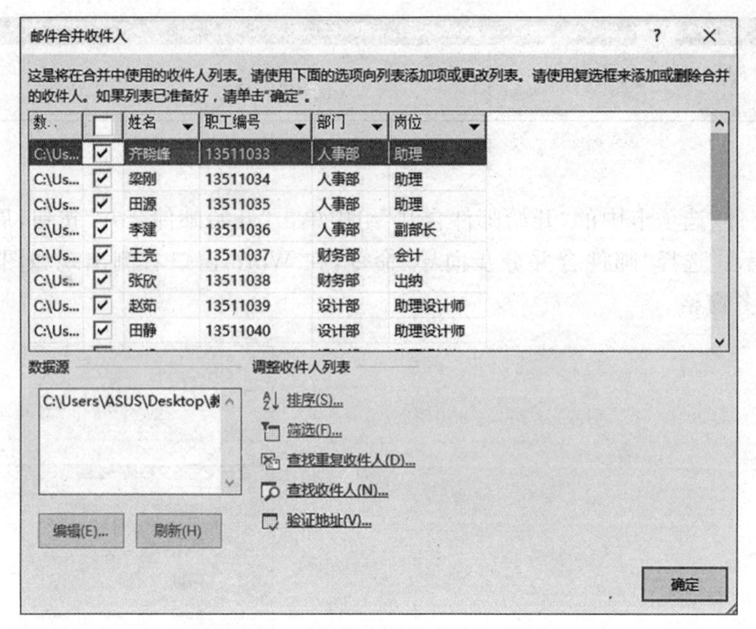

图 3-102 "邮件合并收件人"对话框

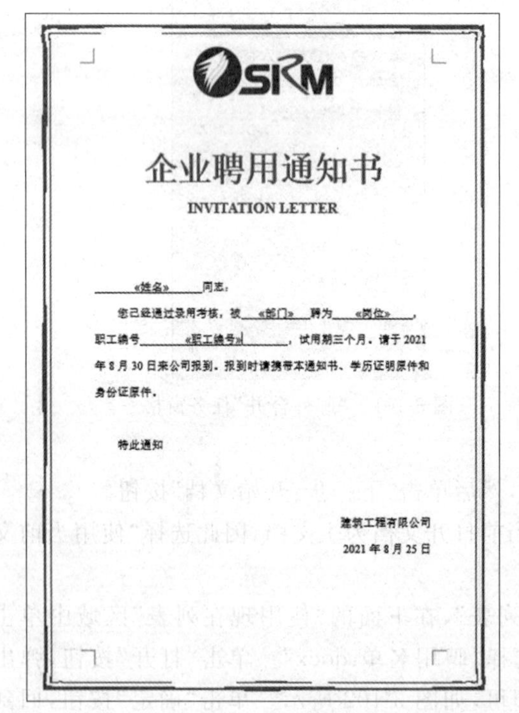

企业聘用通知书

INVITATION LETTER

«姓名» 同志：

您已经通过录用考核，被 «部门» 聘为 «岗位» ，职工编号 «职工编号» ，试用期三个月。请于 2021 年 8 月 30 日来公司报到。报到时请携带本通知书、学历证明原件和身份证原件。

特此通知

建筑工程有限公司

2021 年 8 月 25 日

图 3-103 "插入合并域"主文档样图

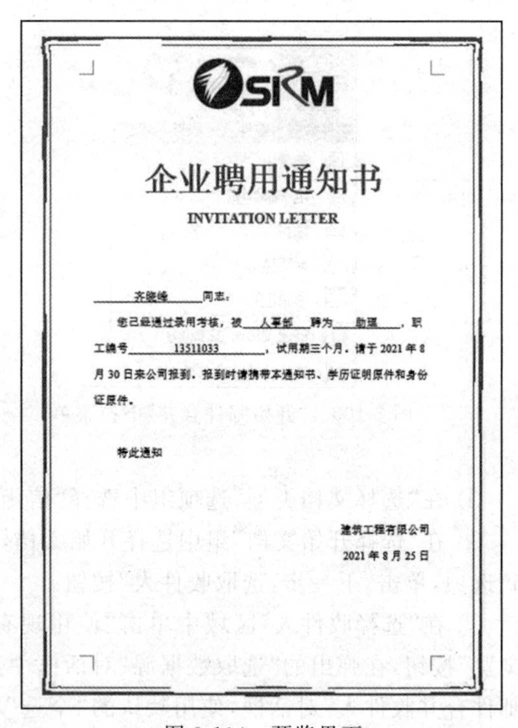

企业聘用通知书

INVITATION LETTER

齐晓峰 同志：

您已经通过录用考核，被 人事部 聘为 助理 ，职工编号 13511033 ，试用期三个月。请于 2021 年 8 月 30 日来公司报到。报到时请携带本通知书、学历证明原件和身份证原件。

特此通知

建筑工程有限公司

2021 年 8 月 25 日

图 3-104 预览界面

⑥ 单击"邮件"选项卡"完成"组中的"完成并合并"按钮，在弹出的下拉菜单中选择"打印文档"命令，弹出如图 3-105 所示的"合并到打印机"对话框。若选择"编辑单个文档"命令，则会弹出如图 3-106 所示的"合并到新文档"对话框。

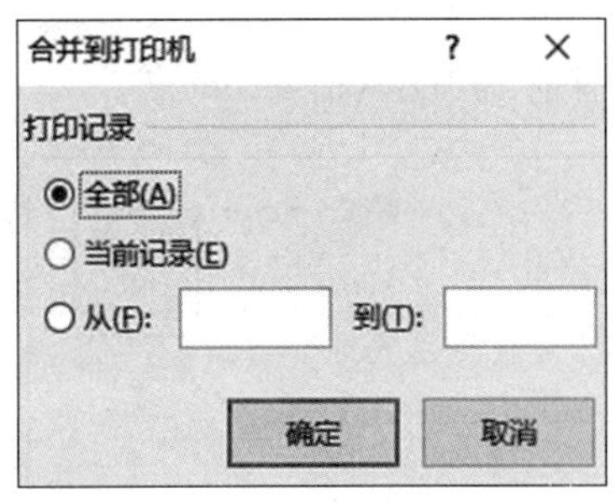

图 3-105　“合并到打印机”对话框

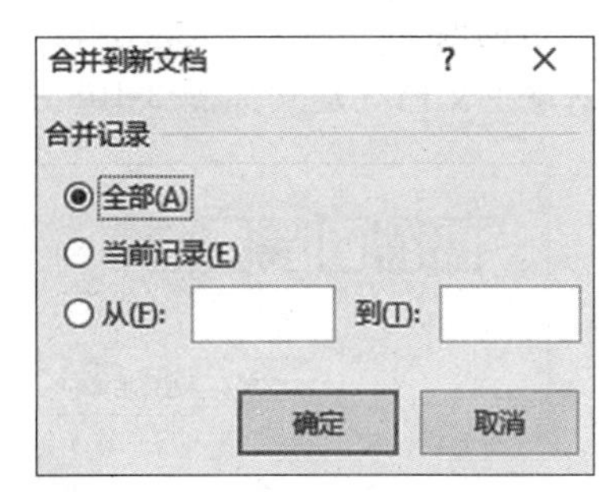

图 3-106　“合并到新文档”对话框

可在“合并记录”中选择“全部”或“当前记录”。选择“全部”即将数据源中的所有记录和主文档合并，显示所有员工的聘用通知书，最后单击“确定”按钮。

步骤四：保存文档。将生成的新文档保存位置选择为“桌面”，文件名为“录用通知书.docx”。

3.4.4　知识链接

邮件合并功能旨在加速创建一个文档并发送给多个人，还能够自定义名字、地址以及其他详细情况。如果想要发送一个聚会、一场婚礼的请帖，或是任何需要批量发送的邮件，这项功能能够节约大量的时间。

1. 邮件合并的步骤

(1) 创建主文档。主文档包含的文本和图形会用于合并文档的所有版本，如套用信函中的寄信人地址或称呼语。

(2) 将文档连接到数据源。数据源是一个文件，它包含要合并到文档的信息，如信函收件人的姓名和地址。

(3) 调整收件人列表或项列表。Word 为数据文件中的每一项(或记录)生成主文档的一个副本。如果数据文件为邮寄列表，这些项可能就是收件人。如果只希望为数据文件中的某些项生成副本，可以选择要包括的项(记录)。

(4) 向文档添加占位符(称为邮件合并域)。执行邮件合并时，来自数据文件的信息会填充到邮件合并域中。

(5) 预览并完成合并。打印整组文档之前可以预览每个文档副本。

2. 制作批量信封

制作好批量录用通知书后，如果需要给同学邮寄回家，此时需要制作批量的信封，利用 Word 的批量信封功能可以更加快捷地将录用通知书给学生发送出去。

(1) 在“邮件”选项卡的“开始邮件合并”组中单击“开始邮件合并”按钮，在弹出的下拉菜单中选择“信封”命令。

(2) 弹出如图 3-107 所示的“信封选项”对话框。在“信封尺寸”下拉列表中选择一种信封类型。一般选择“普通 5”，单击“确定”按钮后返回 Word 窗口。这时可以在页面视图下

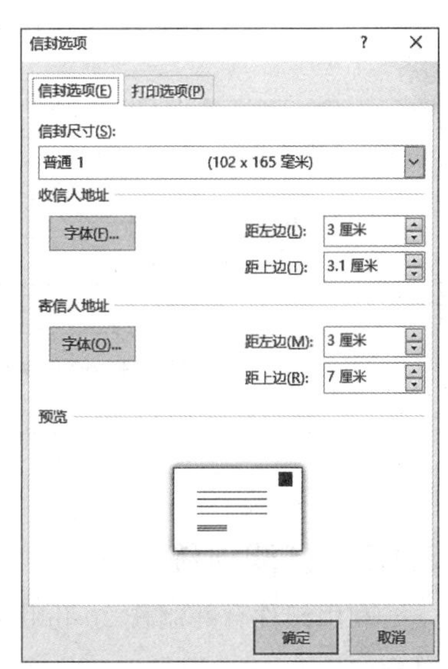

图 3-107　“信封选项”对话框

看到页面规格的改变了。

(3) 创建主文档。建立如图 3-108 所示的文档，保存为“D：\信封.docx”。

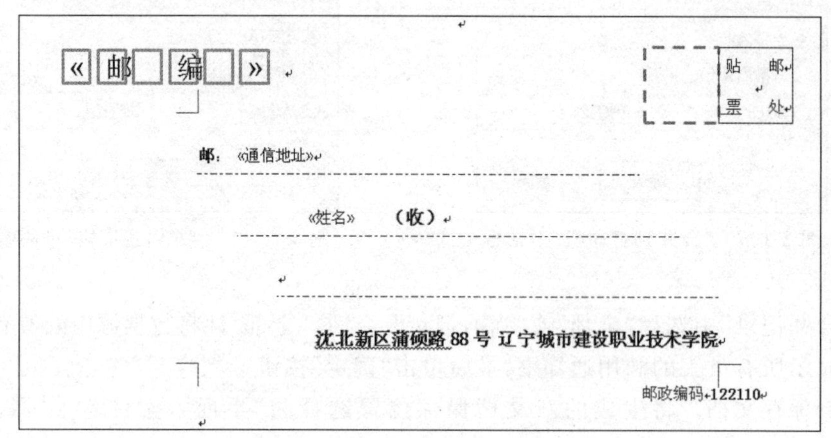

图 3-108 “信封”主文档

(4) 邮件合并。单击“选择收件人”下拉列表中的“使用现有列表”，弹出“选取数据源”对话框，打开“通信地址.docx”文档为数据源。

(5) 单击“编写和插入域”组中的“插入合并域”按钮，在文档的相应位置插入“姓名”“邮政编码”“通信地址”域。

(6) 在“完成”组的“完成并合并”下拉列表框中选择“编辑单个文档”。

(7) 将默认名为“信函 1”的 Word 文档保存为“D：\批量信封.docx”，如图 3-109 所示。

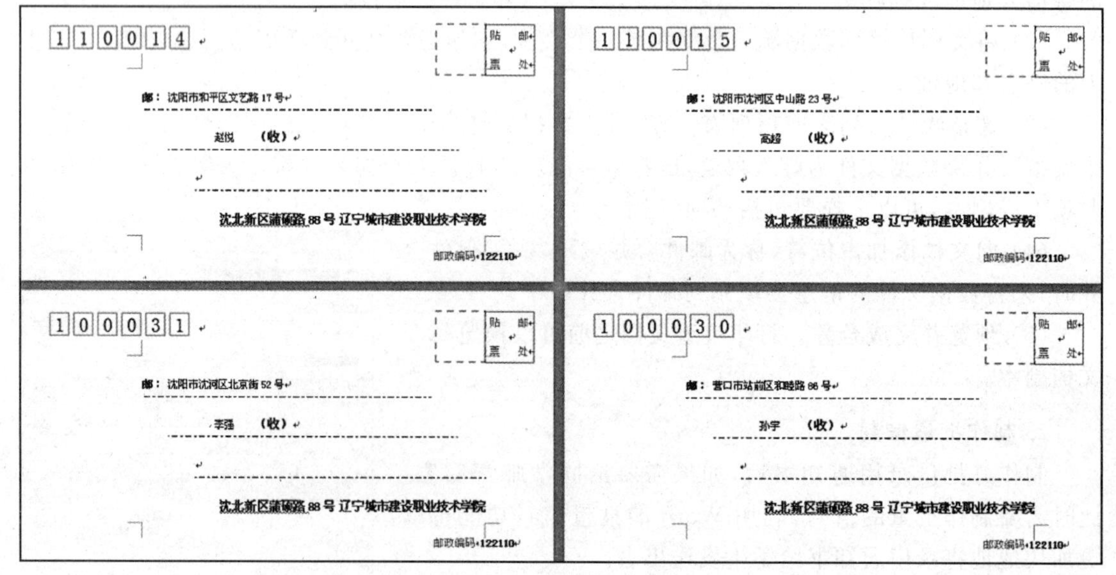

图 3-109 “批量信封”效果图

3.4.5 技能训练

利用邮件合并制作 20 份优秀学生干部奖状，奖状的格式自行设置，要求布局合理、美观整洁。

任务 3.5 投标书排版

3.5.1 任务要点

(1) 样式的设置与修改。

(2) 插入分隔符。

(3) 自动生成目录。

(4) 页眉、页脚及页码格式。

3.5.2 任务要求

打开原始文档“投标书(原版).docx”。

(1) 页面设置。将纸张设置为 A4,上下页边距为 2.3 厘米,左右页边距为 2.5 厘米,装订线为 0.5 厘米,装订线位置为“靠左”,页眉为 1.2 厘米,页脚为 1.5 厘米。

(2) 设置标题格式。设置标题字体为黑体、三号字、加粗、居中对齐,段间距为段前段后各 1 行、1.5 倍行间距。

(3) 生成目录。在封面页和正文页之间生成目录,目录独立成一页。

(4) 页眉和页脚。为投标书插入页眉和页脚,要求如下。

① 页眉。插入页眉文字“投标书”,设置字体为宋体、小五号。封面不需要页眉。

② 页脚。在页脚处插入页码,其中,封面无须插入页码,目录页页码从 1 开始,正文处页码依然从 1 开始。

(5) 保存文档:投标书的最终排版样图如图 3-110 所示,将文档保存为“投标书(完成版).docx”。

投 标 书

产品名称:

投标单位:

投标单位全权代表:

投标单位:(公章)

年 月 日

目录

投标函 …… 3
投标总报价表 …… 4
投标明细报价表 …… 5
投标技术条款偏离表 …… 6
商务条件偏差表 …… 7
授权委托书 …… 8
廉洁保证书 …… 9
投标企业简介 …… 10
企业资质证明文件 …… 11
项目负责人(代表人)及分项负责人基本情况表 …… 12
项目配备人员基本情况表 …… 13
项目负责人(代表人)及分项负责人资质表 …… 14
项目配备员资质表 …… 15
项目负责人及配备人员资质证明文件 …… 16
资格后审申请书 …… 17
服务质量承诺书 …… 19

图 3-110 投标书排版完成效果

3.5.3 实施过程

步骤一:在桌面上找到“投标书(原版).docx”文档,双击打开。

步骤二:页面设置。在“布局”选项卡中单击“页面设置”组右下角的对话框启动器按钮，弹出如图 3-111 所示“页面设置”对话框。在“纸张”选项卡中的“纸张大小”列表框中选择 A4；在“页边距”选项卡设置页边距，上为 2.3 厘米，下为 2.3 厘米，左为 2.5 厘米，右为 2.5 厘米，装订线为 0.5 厘米。在“版式”选项卡下设置页眉为 1.2 厘米，页脚为 1.5 厘米。

步骤三：设置标题样式。在“开始”选项卡的“样式”组中右击“标题 1”按钮，在弹出的快捷菜单中选择“修改”命令，弹出“修改样式”对话框，如图 3-112 所示。将“标题 1”字体设置为黑体、三号。单击“加粗”按钮，再单击“居中”按钮。然后单击左下角的“格式”按钮，在弹出的下拉菜单中选择“段落”命令，打开“段落”对话框，设置段间距为段前、段后各 1 行、1.5 倍行间距。

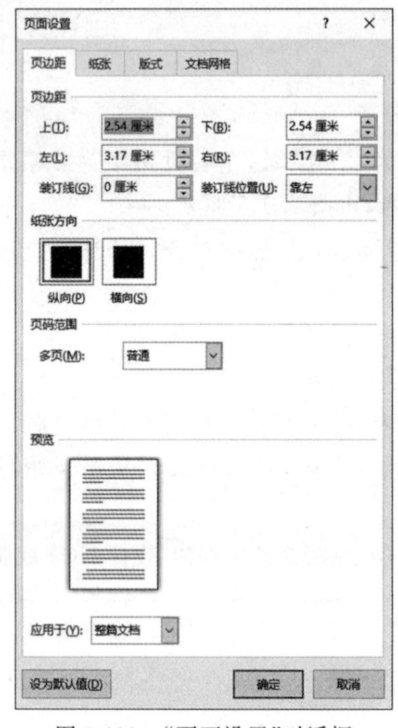

图 3-111 “页面设置”对话框

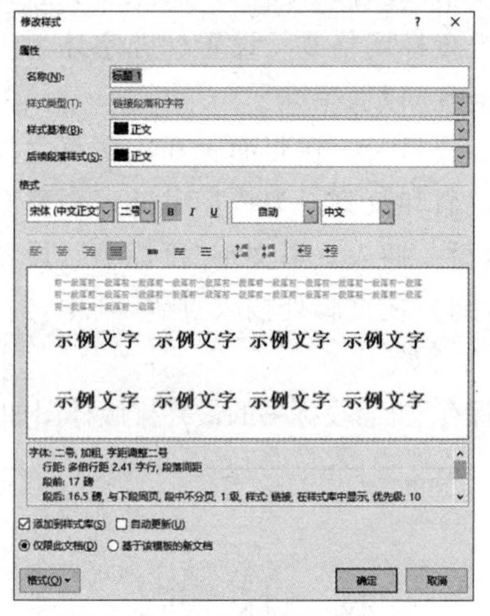

图 3-112 “修改样式”对话框

步骤四：套用标题样式。选中文字“投标函”，单击“标题 1”，就可以把“投标函”套用成“标题 1”的样式。用相同的方法将文章中所有标题都套用“标题 1”的样式。通过右下角的显示比例，将界面缩小，按住 Ctrl 键，可以同时设置多个标题的样式。

步骤五：生成目录。

(1) 将光标移动到封面页日期后面，单击“布局”选项卡，在“页面设置”组中单击“分隔符”命令，弹出如图 3-113 所示的下拉菜单，选择“下一页”命令，目录页与正文中间出现了一张空白页。

(2) 在空白页输入“目录”二字，设置居中对齐，按 Enter 键进入下一行。

(3) 在“引用”选项卡下“目录”组中单击“目录”按钮，在展开的下拉菜单中选择“自定义目录”命令，弹出“目录”对话框，如图 3-114 所示。修改“显示级别”为 1，单击“确定”按钮，可以看到目录自动生成。选定目录文本，设置其字体、字号、颜色、行间距等基本格式。结果如图 3-115 所示。

步骤六：设置页眉和页脚。

(1) 在目录页页眉处双击编辑页眉。在“页眉和页脚工具|设计”选项卡的“导航”组中，将“链接到前一节”取消，然后输入文字“投标书”。在“开始”选项卡下“字体”组中设置页眉文字字体宋体、小五号。

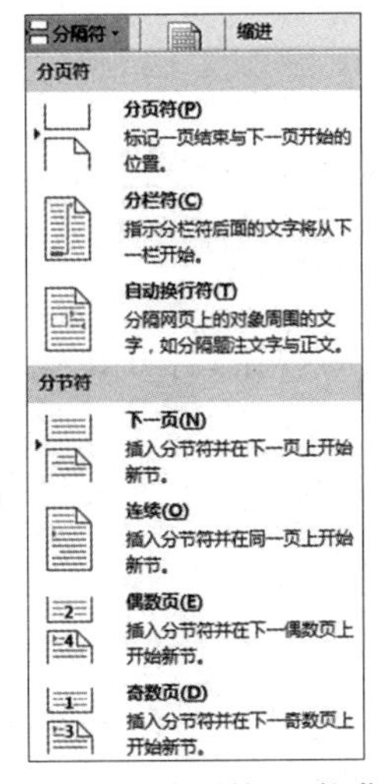

图 3-113　“分隔符”下拉菜单

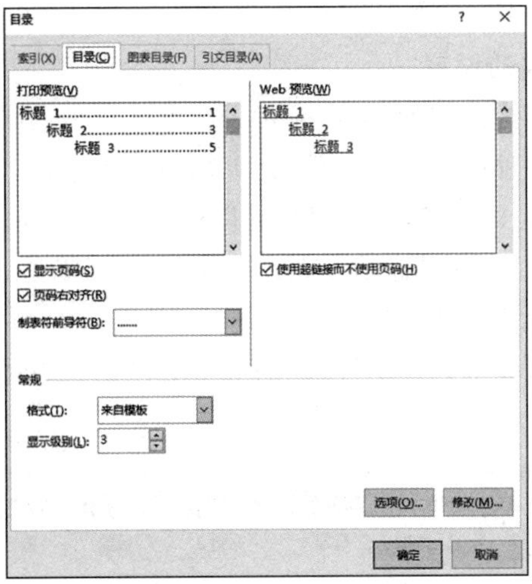

图 3-114　“目录”对话框

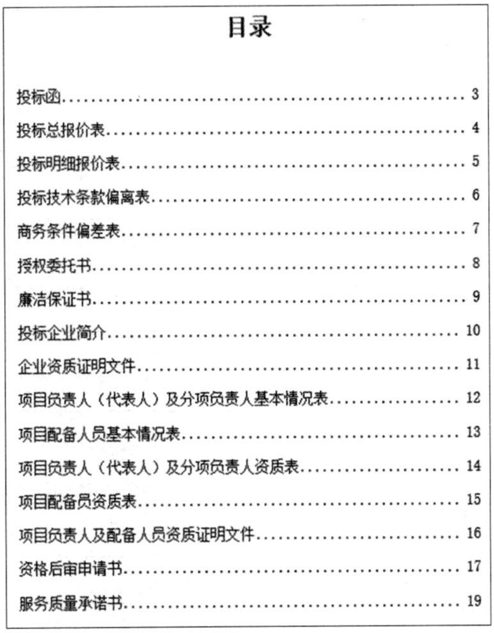

目录

投标函……………………………………………… 3
投标总报价表……………………………………… 4
投标明细报价表…………………………………… 5
投标技术条款偏离表……………………………… 6
商务条件偏差表…………………………………… 7
授权委托书………………………………………… 8
廉洁保证书………………………………………… 9
投标企业简介……………………………………… 10
企业资质证明文件………………………………… 11
项目负责人（代表人）及分项负责人基本情况表……… 12
项目配备人员基本情况表………………………… 13
项目负责人（代表人）及分项负责人资质表………… 14
项目配备员资质表………………………………… 15
项目负责人及配备人员资质证明文件……………… 16
资格后审申请书…………………………………… 17
服务质量承诺书…………………………………… 19

图 3-115　目录完成效果图

(2) 将光标移动至目录页页脚处，在“页眉和页脚工具|设计”选项卡的“导航”组中，将“链接到前一节”取消。然后在“页眉和页脚”组中单击“页码”按钮，在展开的列表中选择“页面底端”→“普通数字 2”选项。

在“页眉和页脚”组中单击“页码”按钮，在展开的列表中选择“设置页码格式”选项，弹出“页码格式”对话框。在“起始页码”文本框中输入 1。

(3) 将光标移动到正文页页码处，选中页码，同上，取消“链接到前一节”，将“起始页码”设置为 1。

步骤七：保存文档。将完成的文档保存在桌面上，文件名为“投标书(完成版).docx”。

3.5.4 知识链接

1. 样式的设置

样式作为格式的集合,它可以包含几乎所有的格式,设置时只须选择某个样式,就能把其中包含的各种格式一次性设置到文字和段落上。无论是 Word 2016 的内置样式,还是 Word 2016 的自定义样式,用户随时可以对其进行修改。

(1) 在“开始”选项卡的“样式”组中,单击显示样式窗口的按钮,打开快速样式库,如图 3-116 所示。

(2) 在每个内置样式上右击,在弹出的快捷菜单中选择“修改”命令来修改样式,如图 3-117 所示。

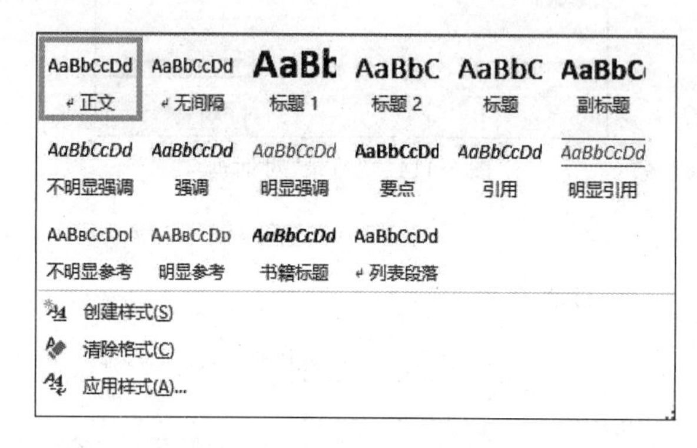

图 3-116 Word 内置样式库

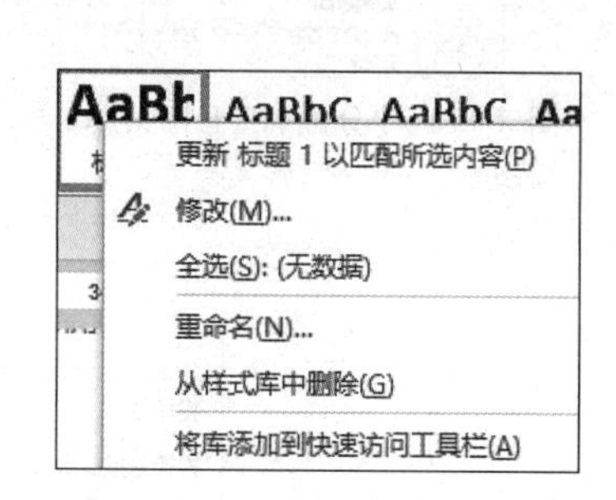

图 3-117 修改样式快捷菜单

(3) 单击“样式”面板上的扩展菜单按钮就可以管理样式,如图 3-118 所示。

(4) 单击“管理样式”按钮弹出“管理样式”对话框,设置完毕单击“确定”按钮,如图 3-119 所示。

图 3-118 样式扩展菜单

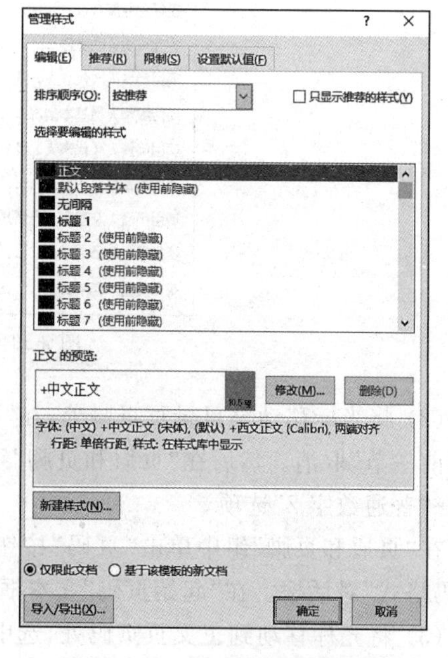

图 3-119 “管理样式”对话框

(5) 选定要修改的样式,单击“修改”按钮进入“修改样式”对话框,可以修改样式的字体、字号和段落等，设置完毕单击“确定”按钮，如图 3-120 所示。

（6）单击“管理样式”对话框中的“新建样式”按钮弹出“根据格式化创建新样式”对话框，可以创建新的样式，设置完毕单击“确定”按钮，如图 3-121 所示。

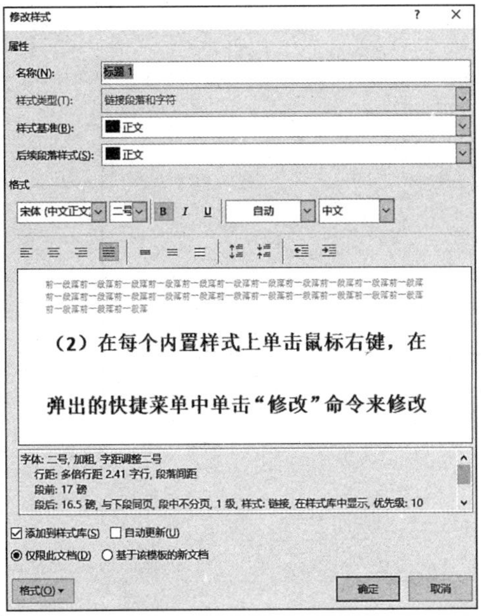

图 3-120　“修改样式”对话框

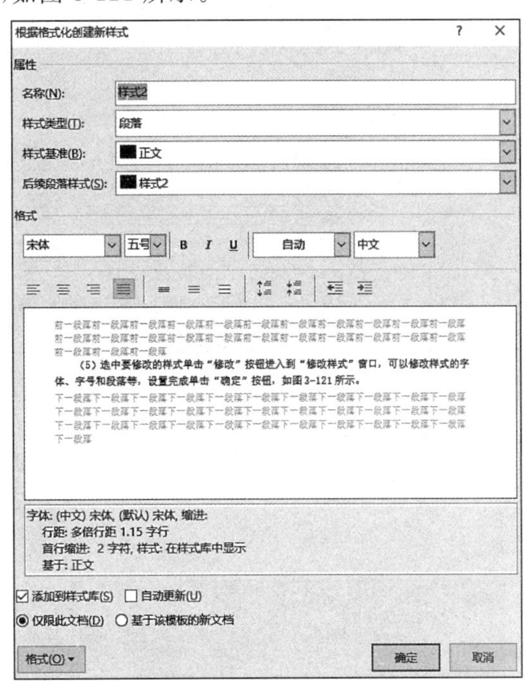

图 3-121　“根据格式化创建新样式”对话框

2. 分隔符

分隔符包括“分页符”和“分节符”两种。分页符主要用于在 Word 文档的任意位置强制分页，使分页符后边的内容转到新的一页。使用分页符进行分页不同于 Word 文档自动分页，分页符前后文档始终处于两个不同的页面中，不会随着字体、版式的改变合并为一页。分节符是 Word 文档中的一种特殊分页符，分节符可以把 Word 文档分成两个或多个部分，这些部分可以单独设置页边距、页面的方向、页眉和页脚以及页码等格式。

（1）将插入点定位到需要分页的位置，选择“布局”选项卡，在“页面设置”组中单击“分隔符”按钮，在打开的下拉菜单中选择“分页符”命令。

（2）确定分页的位置选择“插入”选项卡，在“页面”组中单击“分页”按钮插入新页。

（3）打开“分隔符”下拉菜单，选择“分节符”区域的任意一种分节符。

（4）选择“视图”选项卡，在“视图”组中单击“草稿”按钮，显示分节效果，如图 3-122 所示。

3. 自动生成目录

编制目录最简单的方法是使用内置大纲级别的段落格式或标题样式创建目录。

（1）确定要插入目录的位置，选择“插入”→“空白页”命令。

（2）选择“引用”→“目录”命令，弹出目录列表，如图 3-123 所示。

（3）在菜单中，内置了三种目录样式，一种“手动目录”，两种“自动目录”，这三种目录基本上能满足多数用户的需求。如果有特殊需求，可选择单击“自定义目录”命令打开“目录”对话框进行设置，如图 3-124 所示。

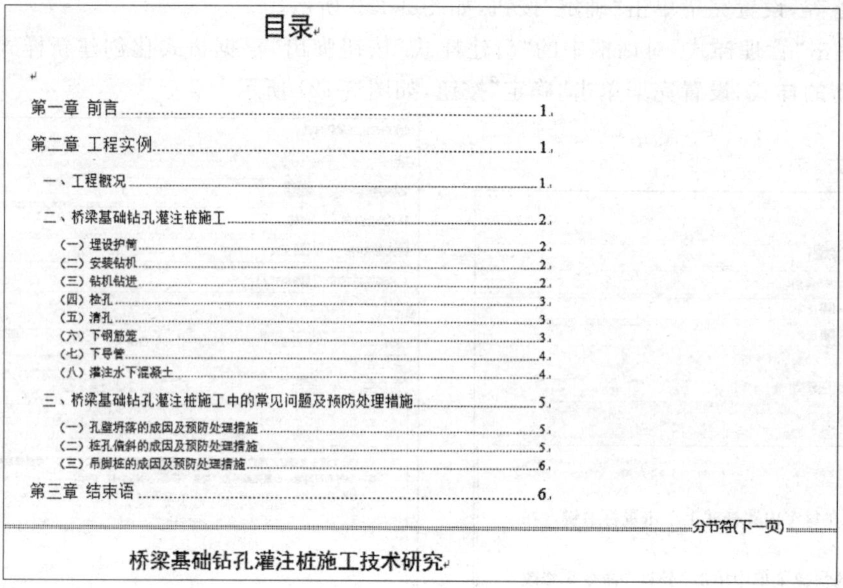

目录

第一章 前言..1
第二章 工程实例....................................1
一、工程概况.......................................1
二、桥梁基础钻孔灌注桩施工.........................2
（一）埋设护筒.....................................2
（二）安装钻机.....................................2
（三）钻机钻进.....................................2
（四）检孔...3
（五）清孔...3
（六）下钢筋笼.....................................3
（七）下导管.......................................4
（八）灌注水下混凝土...............................4
三、桥梁基础钻孔灌注桩施工中的常见问题及预防处理措施...5
（一）孔壁坍落的成因及预防处理措施.................5
（二）桩孔倾斜的成因及预防处理措施.................5
（三）吊脚桩的成因及预防处理措施...................6
第三章 结束语......................................6

分节符(下一页)

桥梁基础钻孔灌注桩施工技术研究

图 3-122 插入“分节符”效果

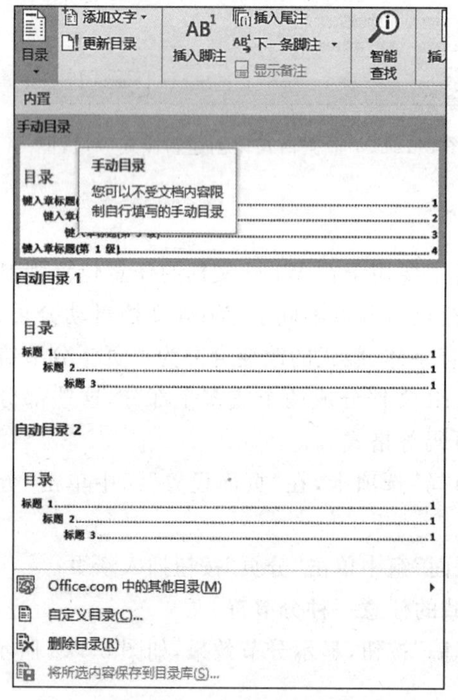

图 3-123 “目录”下拉菜单

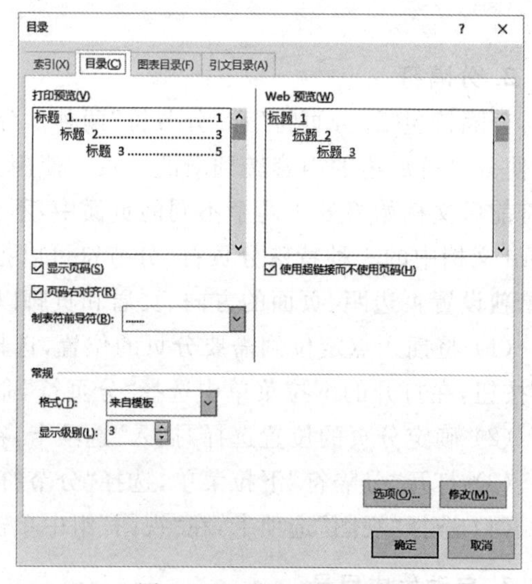

图 3-124 “目录”对话框

（4）根据目录的要求可以单击“选项”和“修改”按钮进行详细设置，设置完毕在“目录”对话框中单击“确定”按钮，即可在文档中的插入点位置生成文档目录。

3.5.5 知识拓展

1. 插入题注

题注是对象下方显示的一行文字，用于描述该对象。可以为图片或其他图像添加题注。

(1) 选中要添加题注的图片或表格、公式等对象,在“引用”选项卡中的“题注”组中单击“插入题注”按钮,弹出“题注”对话框,如图 3-125 所示。

(2) 选择要显示标签的位置,单击“新建标签”按钮可以自定义标签,如图 3-126 所示。

(3) 单击“编号”按钮可以选择编号格式,设置完成后,单击“确定”按钮即可插入题注。

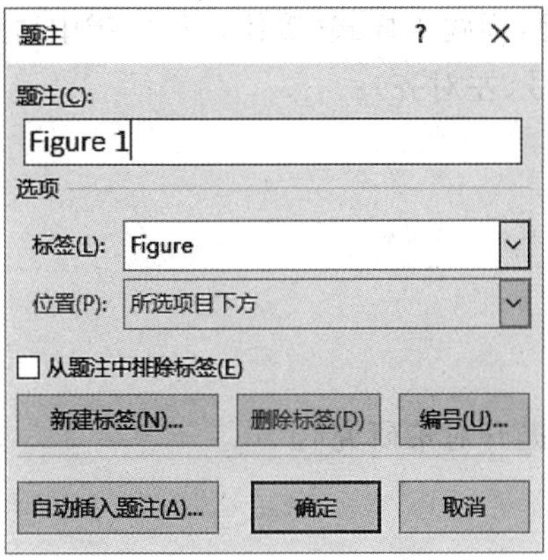

图 3-125　“题注”对话框

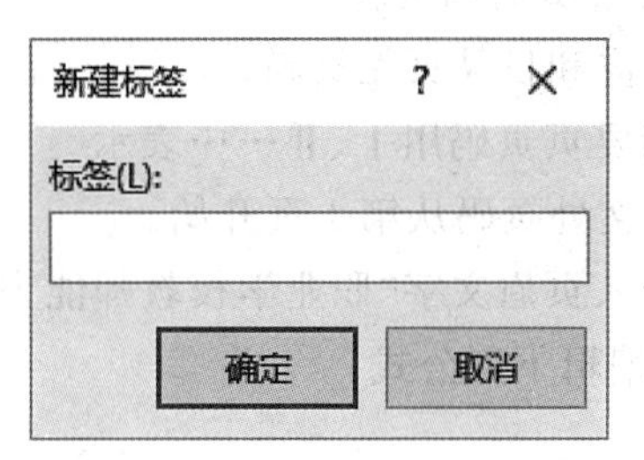

图 3-126　“新建标签”对话框

2. 插入数学公式

Word 2016 提供了多种常用的公式供用户直接使用。

(1) 将光标定位到要插入公式的位置,在“插入”选项卡的“符号”组中单击“公式”按钮,在打开的内置公式列表中选择需要的公式,如图 3-127 所示。

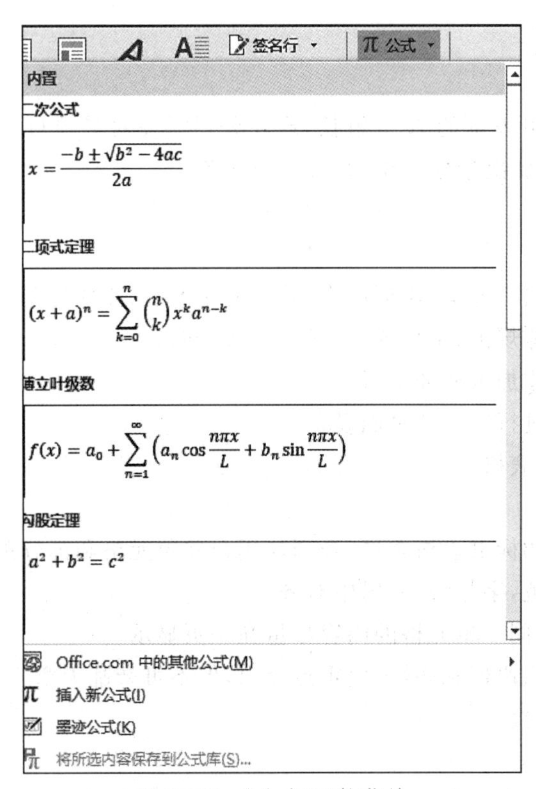

图 3-127　“公式”下拉菜单

(2) 如果要修改公式,单击该公式中要修改的位置,输入新内容。

3.5.6 技能训练

(1) 论文排版。具体要求如下。

① 打开文档:D:\论文.docx。

② 设置标题样式:论文标题设置为三级标题,标题 1 样式(黑体、三号、居中对齐)、标题 2 样式(黑体、四号、左对齐)、标题 3 样式(黑体、五号、左对齐)。

③ 生成论文目录。

④ 设置页眉和页脚。

a. 封皮和目录页无页码。

b. 摘要页页码用Ⅰ、Ⅱ……表示。

c. 正文处页码从第 1 页开始。

d. 插入页眉文字“职业学校教师能力构成及提升对策研究”。

(2) 编辑下列公式。

$$f(x)=\frac{\sum_{n=1}^{\infty} n+\sqrt{1-x^2}}{2-y^4}+3 \quad (n,x,y \in \mathbf{N})$$

$$A=\int_{5}^{10}[f(x)-g(x)]\mathrm{d}x+\sum_{x=1}^{n} p(x)$$

综合练习 3

1. 招标项目文档

小张是某公司项目开发部的 A 组组长,现在公司需要对某项目进行公开招标,部门经理安排小张带领 A 组进行此次招标工作,共有四项任务。

1) 编写项目招标书

任务要求:

(1) 项目招标书要语言连贯,用词恰当;符号使用准确,段落分明。

(2) 项目招标书字体规范,字号统一,段落层次分明。

(3) 为项目招标书添加页眉和页脚。

(4) 为项目招标书进行适当的页面设置。

2) 制作项目招标书表格

任务要求:

(1) 合理安排项目招标书表格布局,合理使用合并单元格和拆分单元格。

(2) 表格内字体规范,字号统一,居中对齐。

(3) 表格排版整齐,同一单元格的内容尽量在一页显示。

(4) 为表格添加适当边框和底纹,使重点突出,但不可杂乱无章。

3) 制作项目宣传海报

任务要求:

(1) 海报包含多种元素,如文字、图片、艺术字、自选图形等。

（2）各种元素合理分布，在适当的位置为海报增添生动感。

（3）海报主题突出，布局美观。

（4）海报整体设计追求创新突破。

4）制作项目研讨会邀请函

任务要求：

（1）邀请函措辞恰当，时间地点清晰。

（2）通过邮件合并生成多份邀请函，注意格式规范。

5）项目后期资料整理存档

任务要求：

（1）制作封面，布局美观。

（2）制作目录，结构清晰，一目了然。

（3）所有资料有序排列，分类明确。

（4）页眉显示对应资料名称，页脚显示页码。

2. 贺卡（二级真题）

（1）打开考生文件夹下的文档“Word 素材.docx”，将其另存为 Word.docx（.docx 为文件扩展名），之后所有的操作均基于此文件，否则不得分。

（2）参照示例文档“贺卡样例 jpg”，按照下列要求，对主文档 Word.docx 中的内容进行设计排版，要求所有内容排在一页中，不得产生空白页。

① 将张纸大小自定义为宽 18 厘米、高 26 厘米；上边距 13 厘米，下、左、右页边距均为 3 厘米。

② 将考生文件夹下的图片“背景.jpg”作为一种“纹理”形式设置为页面背景。

③ 在页眉居中位置插入一张联机图片，将其颜色更改为某一红色系列，在剪贴画上叠加一幅内容为“恭贺新禧”的艺术字，并适当调整其大小和位置及方向。

④ 在页面的居中位置绘制一条贯穿页面且与页面等宽的虚横线，要求其相对于页面水平垂直均居中。

⑤ 参考示例“贺卡样例 jpg”，对下半部分文本的字体、字号、颜色、段落等格式进行修改。

（3）按照下列要求，为指定的客户每人生成一份贺卡。

① 在文档 Word.docx 中，在“尊敬的”之后插入客户姓名，在姓名之后按性别插入“女士”或“先生”字样，客户资料保存在 Excel 文档“客户通讯录.xlsx”中。

② 为所有北京、上海和天津的客户每人生成一份独占页面的贺卡，结果以“贺卡.docx”为文件名保存在考生文件夹下，其中不得包含空白页。同时对主文档 Word.docx 的操作结果进行保存。

（4）参考图 3-128 中所示标签样例，为每位已拥有贺卡的客户制作一份贴在信封上用于邮寄的标签，要求如下。

① 在 A4 纸上制作名称为“地址”的标签，标签宽 13 厘米、高 4.6 厘米，标签距纸张上边距 0.7 厘米、左边距 2 厘米，标签之间间隔 1.2 厘米，每页 A4 纸上打印 5 张标签。将标签主文档以 Word2.docx 为文件名保存在考生文件夹下。

② 根据图 3-134 样例中所示，在标签主文档中输入相关内容、插入相关客户信息，并进行适当的排版，要求“收件人地址”和“收件人”两组文本均占用 7 个字符宽度。

③ 仅为上海和北京的客户每人生成一份标签，文档以“标签.docx”为文件名保存在考生文件夹下。同时保存标签主文档 Word2.docx。

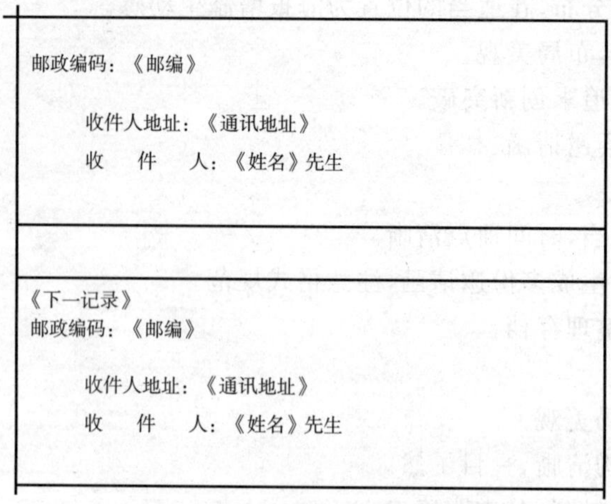

邮政编码：《邮编》

收件人地址：《通讯地址》

收　　件　　人：《姓名》先生

《下一记录》
邮政编码：《邮编》

收件人地址：《通讯地址》

收　　件　　人：《姓名》先生

图 3-128　标签主文档样例

习题 3

一、选择题

1. 在 Word 中编辑一篇文稿时，如需快速选取一个较长段落文字区域，最快捷的操作方法是(　　)。(二级真题)

A. 直接用鼠标拖动选择整个段落

B. 在段首单击，按下 Shift 键不放再单击段尾

C. 在段落的左侧空白处双击鼠标

D. 在段首单击，按下 Shift 键不放再按 End 键

2. 以下不属于 Word 文档视图的是(　　)。(二级真题)

A. 阅读版式视图　　B. 放映视图　　C. Web 版式视图　　D. 大纲视图

3. 小王计划邀请 30 家客户参加答谢会，并为客户发送邀请函。快速制作 30 份邀请函的最优操作方法是(　　)。(二级真题)

A. 发动同事帮忙制作邀请函，每个人写几份

B. 利用 Word 的邮件合并功能自动生成

C. 先制作好一份邀请函，然后复印 30 份，在每份上添加客户名称

D. 先在 Word 中制作一份邀请函，通过复制、粘贴功能生成 30 份，然后分别添加客户名称

4. Word 中，不能作为文本转换为表格的分隔符是(　　)。(二级真题)

A. 段落标记　　B. 制表符　　C. @　　D. ##

5. Word 文档中，不可直接操作的是(　　)。(二级真题)

A. 录制屏幕操作视频　　B. 插入 Excel 图表

C. 插入 SmartArt　　D. 屏幕截图

6. 张经理在对 Word 文档格式的工作报告修改过程中，希望在原始文档显示其修改的内容和状态，最优的操作方法是(　　)。(二级真题)

A. 利用“审阅”选项卡的批注功能，为文档中每一处需要修改的地方添加批注，将自己

的意见写到批注框里

B. 利用“插入”选项卡的文本功能，为文档中的每一处需要修改的地方添加文档部件，将自己的意见写到文档部件中

C. 利用“审阅”选项卡的修订功能，选择带“显示标记”的文档修订查看方式后按下“修订”按钮，然后在文档中直接修改内容

D. 利用“插入”选项卡的修订标记功能，为文档中每一处需要修改的地方插入修订符号，然后在文档中直接修改内容

7. 刘老师已经利用 Word 编辑完成了一篇中英文混编的科技文档，若希望该文档中的所有英文单词首字母均改为大写，最优的操作方法是(　　)。(二级真题)

A. 逐个单词手动进行修改

B. 选中所有文本，通过“字体”选项组中的更改大小写功能实现

C. 选中所有文本，通过按 Shift＋F4 组合键实现

D. 在自动更正选项中开启“每个单词首字母大写”功能

8. 小李正在 Word 中编辑一份公司文件，他希望标题文本在规定的宽度内排列，最优的操作方法是(　　)。(二级真题)

A. 将标题文本置于一个文本框中，设置该文本框的宽度符合规定

B. 在“段落”选项组中通过“中文版式”按钮下的“字符缩放”功能实现

C. 在“段落”选项组中通过“中文版式”按钮下的“调整宽度”功能实现

D. 在标题文字之间直接输入空格，使标题宽度基本符合规定

9. 小吴需要制作一份发送给客户的邀请信，在 Word 中令邀请信以繁体中文格式呈现的最优操作方法是(　　)。(二级真题)

A. 选用一款繁体中文输入法，然后使用该输入法输入邀请信内容

B. 先输入邀请信内容，然后通过 Word 中内置的中文简繁转换功能将其转换为繁体格式

C. 在计算机中安装繁体中文字库，然后将邀请信字体设为某一款繁体中文字体

D. 在 Windows“控制面板”的“区域和语言”设置中，更改区域设置以实现繁体中文显示

10. 下列操作中，不能在 Word 文档中插入图片的操作是(　　)。(二级真题)

A. 使用“插入对象”功能　　B. 使用“插入交叉引用”功能

C. 使用复制、粘贴功能　　D. 使用“插入图片”功能

11. 小李正在 Word 中编辑一篇包含 12 个章节的书稿，他希望每一章都能自动从新的一页开始，最优的操作方法是(　　)。(二级真题)

A. 在每一章最后插入分页符

B. 在每一章最后连续按 Enter 键，直到下一页面开始处

C. 将每一章标题的段落格式设为“段前分页”

D. 将每一章标题指定为标题样式，并将样式的段落格式修改为“段前分页”

12. Word 文档编辑状态下，将光标定位于任一段落位置，设置 1.5 倍行距后，结果将是(　　)。(二级真题)

A. 全部文档没有任何改变

B. 全部文档按 1.5 倍行距调整段落格式

C. 光标所在行按 1.5 倍行距调整格式

D. 光标所在段落按 1.5 倍行距调整格式

13. 王老师在 Word 中修改一篇长文档时不慎将光标移动了位置,若希望返回最近编辑过的位置,最快捷的操作方法是(　　)。(二级真题)

A. 操作滚动条找到最近编辑过的位置并单击

B. 按 Ctrl+F5 组合键

C. 按 Shift+F5 组合键

D. 按 Alt+F5 组合键

14. Word 中编辑一篇文稿时,如需快速选取一个较长段落文字区域,最快捷的操作方法是(　　)。(二级真题)

A. 直接用鼠标拖动选择整个段落

B. 在段首单击,按住 Shift 键不放再单击段尾

C. 在段落的左侧空白处双击鼠标

D. 在段首单击,按住 Shift 键不放再按 End 键

15. Word 中编辑一篇文稿时,纵向选择一块文本区域的最快捷操作方法是(　　)。(二级真题)

A. 按住 Ctrl 键不放,拖动鼠标分别选择所需的文本

B. 按住 Alt 键不放,拖动鼠标选择所需的文本

C. 按住 Shift 键不放,拖动鼠标选择所需的文本

D. 按 Ctrl+Shift+F8 组合键,然后拖动鼠标所需的文本

16. 在 Word 的编辑状态下,进行"粘贴"操作的组合键是(　　)。

A. Ctrl+X　　B. Ctrl+C　　C. Ctrl+V　　D. Ctrl+A

17. 在 Word 的编辑状态下,执行菜单中的"复制"命令后(　　)。

A. 被选中的内容被复制到插入点处

B. 被选中的内容被复制到剪贴板

C. 插入点所在的段落内容被复制到剪贴板

D. 插入点所在的段落内容被移动到剪贴板

18. 如果需要将一个单元格分成三个单元格,可以通过(　　)。

A. 拆分单元格　　B. 合并单元格　　C. 绘制表格　　D. AC 都可以

19. 关于 Word 表格的表述,正确的是(　　)。

A. 选定表格后,按 Delete 键,可以删除表格及其内容

B. 选定表格后,单击"剪切"按钮,不能删除表格及其内容

C. 选定表格后,单击"表格"菜单中的"删除"命令,可以删除表格及其内容

D. 只能删除表格的行或列,不能删除表格中的某一个单元格

20. 在 Word 中,当前插入点在表格某行的最后一个单元格内,按 Enter 键后(　　)。

A. 在插入点所在的行增高　　B. 插入点所在的列加宽

C. 在插入点所在的下一行增加一行　　D. 将插入点移到下一个单元格

21. 在 Word 2016 中,不能进行的图片处理工作有(　　)。

A. 删除背景　　B. 更改像素

C. 裁剪　　D. 更改亮度和对比度

22. 如果邮件合并生成的文档需要修改,建议在(　　)时进行修改。

A. 预览　B. 插入合并域　C. 全部完成　D. 最开始

23. 邮件合并过程中,(　　)时使用数据源文件。

A. 选择收件人　B. 撰写信函　C. 完成并合并　D. 开始文档

24. 要插入一张空白页,并且将文档分为两节,需要插入(　　)。

A. 分页符　B.分栏符　C. 下一页　D. 连续

25. 要设置封面页没有页码,而目录页有页码,需要取消(　　)。

A. 页码　B. 链接到前一节　C. 分隔符　D. 页眉

二、填空题

1. Word 2016 文档的默认扩展名是______。
2. 在字号中,阿拉伯数字越大字符越______,中文字号越大表示字符越______。
3. 要将不同文本,设置成相同格式,最方便的工具是______。
4. 在 Word 2016 中,表格的文字对齐方式分为______种。
5. 如果想要文字显示在图片上,需要设置图片的环绕方式为______。
6. 要想在 Word 2016 中进行批量文本的制作,可以通过______来完成。
7. 如果需要制作 300 份录取通知书,预览时显示______份。
8. 通过______选项卡,可以插入分隔符。
9. 在“样式”栏的“标题 1”处,单击鼠标______键可以修改样式。
10. 设置装订线位置,需要通过______对话框。

项目 4 电子表格制作软件 Excel 2016

Excel 是 Microsoft Office 套装软件中的电子表格制作软件。Excel 的功能强大,易于操作,用它可以快捷地生成电子表格,高效地输入数据,运用公式和函数进行计算,实现数据管理、计算和分析,生成直观的图形、专业的报表等。Excel 被广泛应用于文秘办公、财务管理、市场营销、行政管理和协同办公等事务中。

Excel 2016 的新功能如下。

(1) 6 种图表类型。在 Excel 2016 中,添加了 6 种新图表以帮助用户创建财务或分层信息的一些最常用的数据可视化,以及显示用户数据中的统计属性。在“插入”选项卡中单击“插入层次结构图表”,可使用“树状图”或“旭日图”图表;单击“插入瀑布图或股价图”可使用“瀑布图”;单击“插入统计图表”可使用“直方图”“排列图”或“箱形图”。

(2) 3D 地图。三维地理可视化工具 Power Map 经过了重命名,现在内置在 Excel 中可供所有 Excel 2016 客户使用。

(3) 墨迹公式。用户利用墨迹公式可以在工作簿中包含复杂的数学公式。如果你拥有触摸设备,则可以使用手指或触摸笔手动写入数学公式,Excel 2016 会将它转换为文本。

(4) 操作说明搜索框。它是 Excel 2016 中的功能区上的一个文本框,其中显示“告诉我您想要做什么”。这是一个文本字段,你可以在其中输入与接下来要执行的操作相关的字词和短语,快速访问要使用的功能或要执行的操作。

任务 4.1 制作“学生成绩登记册”工作簿

4.1.1 任务要点

(1) Excel 2016 操作界面。

(2) 新建、保存、打开、关闭工作簿。

(3) 插入、重命名、删除工作表。

(4) 在工作表中输入、编辑数据。

(5) 选定单元格及行、列。

(6) 设置单元格的格式。

4.1.2 任务要求

(1) 建立工作簿。启动 Excel 2016,建立一个新的工作簿。

(2) 修改工作表名称。将 Sheet1 工作表更名为“16 智能成绩登记册”。

(3) 保存工作簿。将工作簿以文件名“学生成绩登记册.xlsx”保存在桌面上。

(4) 合并单元格。将 A1：L1、A2：L2、A3：C3、E3：I3、J3：L3、A4：C4、E4：F4、G4：I4、J4：L4、A5：L5、A32：L32 分别合并单元格。

(5) 文字录入。在“16 智能成绩登记册”工作表中输入如图 4-1 所示的数据。

	A	B	C	D	E	F	G	H	I	J	K	L
1	辽宁城市建设职业技术学院成绩登记册											
2	2016-2017学年第一学期											
3	院(系)/部：建筑设备系				行政班级：16智能					学生人数：20		
4	课　　程：[060301]计算机基础				学　　分：2.0		课程类别：公共课/必修			考核方式：考试		
5	综合成绩(百分制)=平时成绩(百分制)(20%)+中考成绩()(0%)+末考成绩(百分制)(80%)+技能成绩()(0%)											
6	序号	学号	姓名	性别	修读性质	平时成绩	中考成绩	末考成绩	技能成绩	综合成绩	辅助标记	备注
7												
8												
9												
10												
11												
12												
13												
14												
15												
16												
17												
18												
19												
20												
21												
22												
23												
24												
25												
26												
27												
28												
29												
30												
31												
32	)：		登分日期：			审核人（签字）：				审核日期：		
33												
34												

图 4-1　“16 智能成绩登记册”工作表

(6) 设置字体。将 A1 字体设为宋体、18 磅，加粗；将 A2：L5 字体设为宋体、10 磅；A6：L32 字体设为宋体、11 磅。

(7) 设置单元格对齐方式。横向对齐方式，A1：A2 居中对齐，A3：L5 左对齐，A6：L6 居中对齐，A7：A30 居中对齐，B7：C30 左对齐，D7：L30 居中对齐，A32 左对齐；纵向对齐方式，A1：L32 纵向居中对齐。

(8) 设置表格线。设置 A6：L30 的全部框线细实线。

(9) 设置行高。设置 1 行行高为 25 磅，2：5 行行高为 13 磅，6 行行高为 30 磅，7：30 行行高为 15 磅，31：32 行行高为 13 磅。

(10) 列宽设置。设置 A 列列宽为 2.5 磅，B：C 列列宽为 15 磅，D 列列宽为 5 磅，E 列列宽为 6 磅，F：J 列列宽为 8 磅，K：L 列列宽为 6 磅，如图 4-1 所示。

(11) 存盘退出。将“学生成绩登记册”工作簿保存后退出。

4.1.3　实施过程

1. 启动 Excel 2016

选择“开始”→ Excel 2016 命令，启动 Microsoft Office Excel 2016，其导航界面如图 4-2

所示。选择“空白工作簿”建立一个名为“工作簿 1”的空白工作簿，这时的界面如图 4-3 所示。

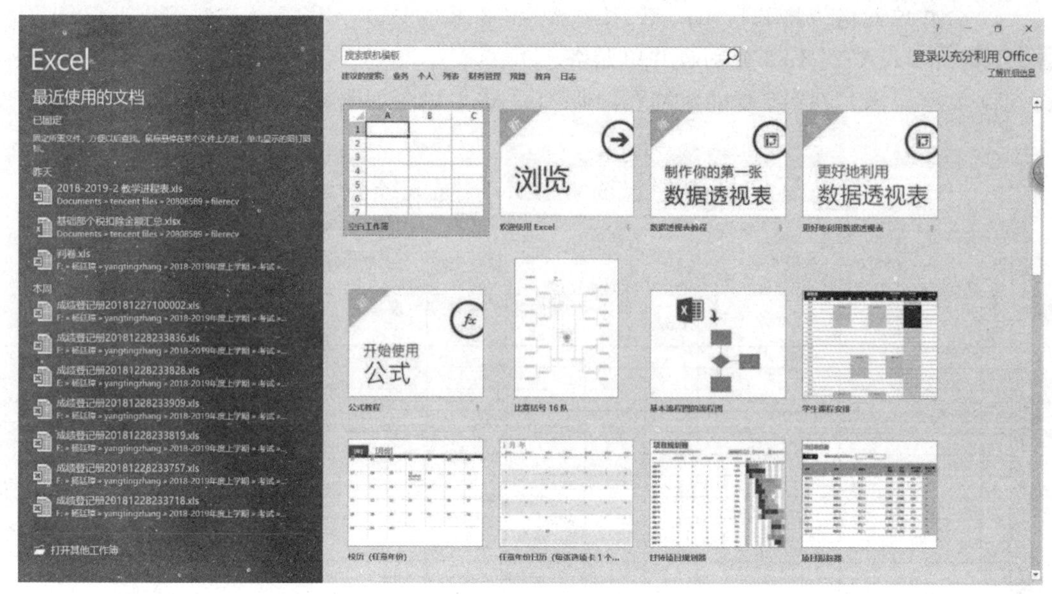

图 4-2 Excel 导航界面

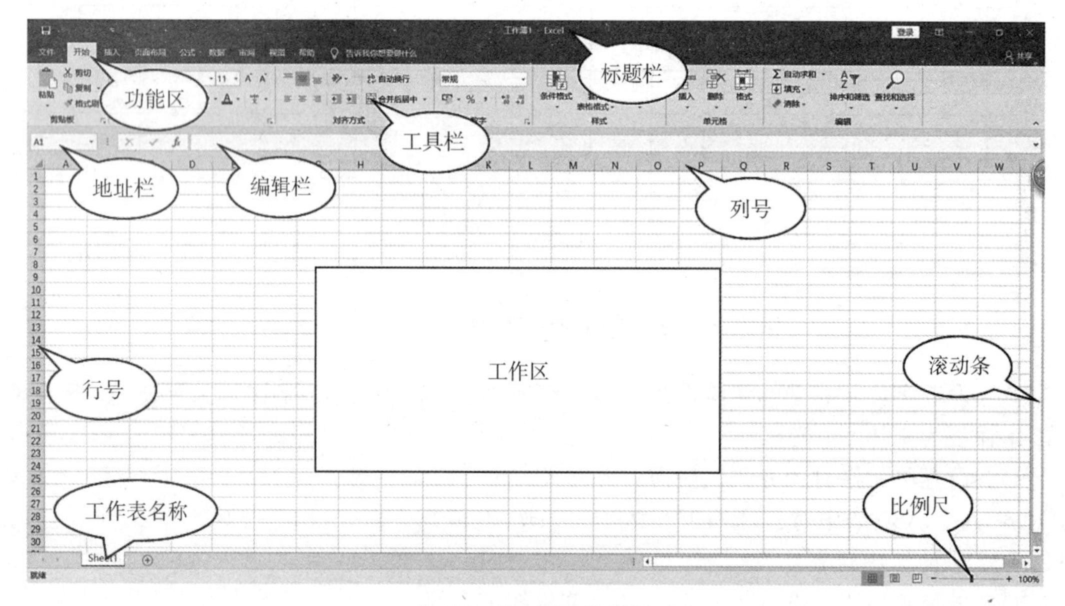

图 4-3 Excel 工作界面

在图 4-3 中，最大的区域是 Excel 的工作区，工作区由行和列组成，行和列交叉构成的一个个小方格称为单元格。Excel 中用列标和行号表示单元格地址，如 C2 表示 C 列第 2 行的单元格，E6 表示 E 列的第 6 行单元格。C2：E6 表示包含 C2 和 E6 之间的所有单元格。

2. 修改工作表名称

右击工作表标签 Sheet1，在弹出的快捷菜单中选择“重命名”命令，将 Sheet1 重命名为“16 智能成绩登记册”。

3. 保存工作簿

单击快捷访问工具栏中“保存”按钮，弹出“另存为”界面，如图 4-4 所示。单击“浏览”按钮，弹出“另存为”对话框，如图 4-5 所示。单击“桌面”图标，然后在“文件名”文本框中输入“学生成绩登记册”，单击“保存”按钮。

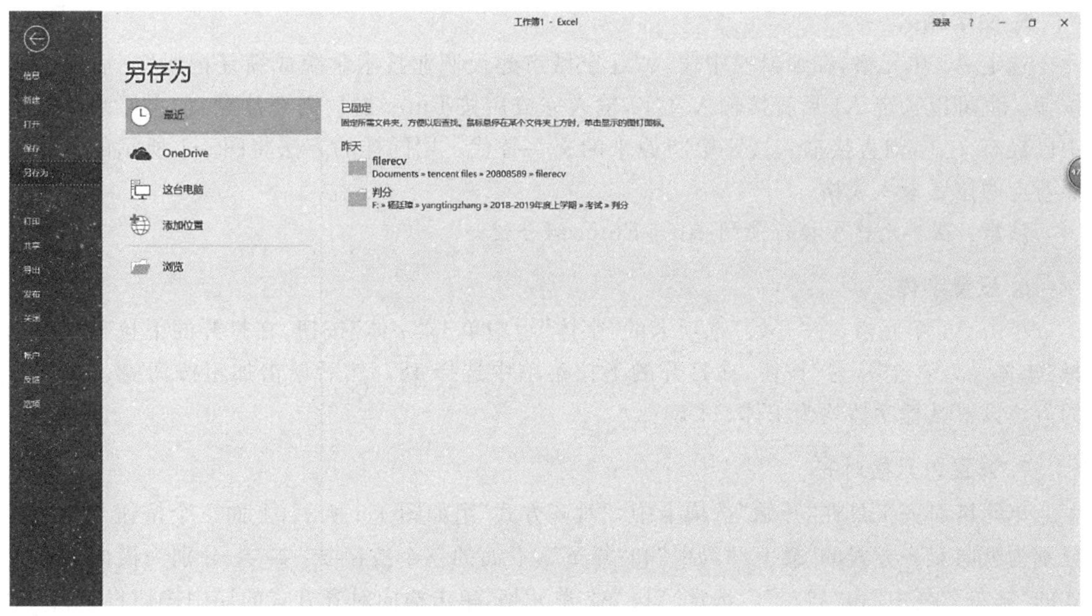

图 4-4　“另存为”界面

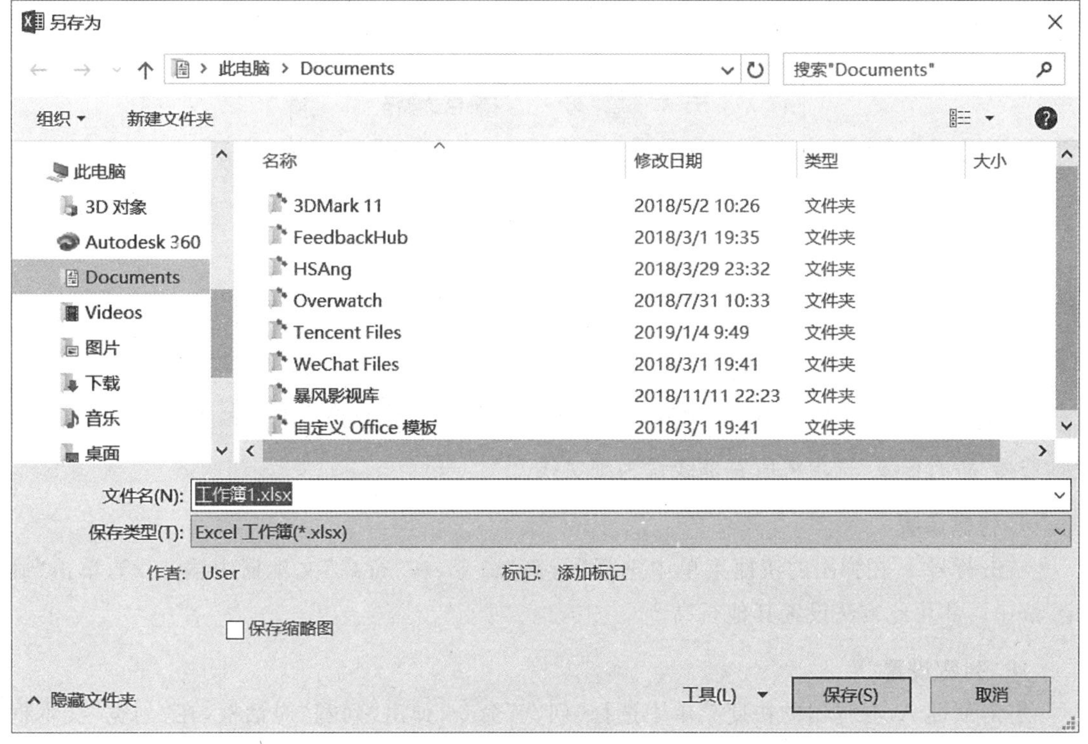

图 4-5　“另存为”对话框

4. 合并单元格

单击 A1 单元格，按住 Shift 键后再单击 L1 单元格，选中 A1：L1 单元格区域，松开 Shift 键。在开始功能区中单击“合并后居中”按钮，合并 A1：L1。利用同样方法合并 A2：L2、A3：C3、E3：I3、J3：L3、A4：C4、E4：I4、J4：L4、A5：L5、A32：L32 单元格。

5. 文字输入

选定 A1 单元格，在编辑栏中输入“辽宁城市建设职业技术学院成绩登记册”完后单击√按钮。也可以选定 A1 后直接输入文字，输入完成后按 Enter 键。需要注意，如果原来单元格中已经有文字，则直接输入文字会将原来的文字替代。用同样的方法将图 4-1 所示的文字按照对应的位置录入表格。

注意：在单元格中换行使用 Alt+Enter 组合键。

6. 设置字体

单击 A1 单元格，在“开始”选项卡的“字体”组中单击“字体”按钮，在打开的下拉菜单中选择“宋体 ”。单击“字号”按钮，在打开的下拉菜单中选择 18。然后单击加粗按钮 B。按同样的方法设置其他字体均为宋体、11 磅。

7. 设置单元格对齐

单元格对齐工具在“开始”选项卡中，“对齐方式”组如图 4-6 所示，上面三个按钮分别为纵向对齐方式的“靠上”“局中”和“靠下”，下面的三个按钮分别为横向对齐方式的“靠左”“局中”和“靠右”。选定 A1：A2 单元格，单击横向对齐方式的局中按钮将 A1：A2 设置为横向居中对齐。选定 A3：L5 单元格，单击靠左对齐按钮将 A3：L5 设为横向左对齐。再以同样方法设置其他单元格。选定 A1：L32 单元格，单击纵向对齐方式的局中按钮将 A1：L32 所有单元格设为纵向居中对齐。

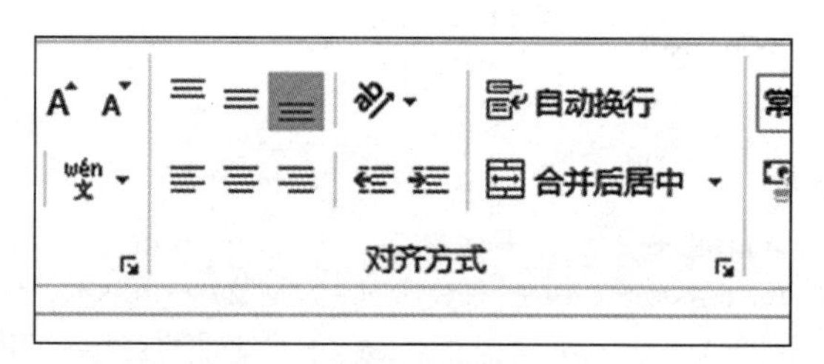

图 4-6 单元格对齐方式

8. 设置表格线

选定 A6：L30 单元格，单击“开始”功能区“字体”组中的表格工具中的下三角按钮，选择“所有框线”选项将所有框线设为细实线。

9. 行高设置

右击行号 1，在弹出的快捷菜单中选择“行高”命令，在“行高”文本框中输入 25，单击“确定”按钮。并用此方法设置其他行高。

10. 列宽设置

右击列标 A，在弹出的快捷菜单中选择“列宽”命令，弹出“列宽”对话框，在“列宽”文本框中输入 2.5，单击“确定”按钮。并用此方法设置其他列宽。

11. 保存并退出

单击快速访问工具栏中的“保存”按钮，将编辑过的文件按原路径存盘，注意此时不再弹出“另存为”对话框。要退出 Excel，单击标题栏右侧的“×”按钮退出程序。

4.1.4　知识链接

1. 功能区

功能区中的各选项卡提供了各种不同的工具，并将相关工具进行了分组。以下是对各 Excel 选项卡的概述。

(1) 开始。在大部分时间里，都需要在打开“开始”选项卡的情况下进行工作。此选项卡包含基本的剪贴板工具、格式工具、样式工具、插入和删除行或列的工具，以及各种工作表编辑工具。

(2) 插入。使用此选项卡中的工具可在工作表中插入需要的任何内容——表、图、图表、符号等。

(3) 页面布局。此选项卡包含的工具可影响工作表的整体外观，包括一些与打印有关的设置。

(4) 公式。使用此选项卡中的工具可插入公式、命名单元格或区域、访问公式审核工具，以及控制 Excel 执行计算的方式。

(5) 数据。此选项卡提供了 Excel 中与数据相关的工具，包括数据验证工具。

(6) 审阅。此选项卡包含的工具用于检查拼写、翻译单词、添加注释，以及保护工作表。

(7) 视图。此选项卡包含的工具用于控制有关工作表的显示的各个方面。此选项卡中的一些工具也可以在状态栏中获取。

(8) 开发工具。默认情况下不会显示这个选项卡，它包含的工具对程序员有用。若要显示“开发工具”选项卡，可选择“文件”→“选项”命令，然后选择“自定义功能区”。在“自定义功能区”的右侧区域，确保在下拉列表框中选择“主选项卡”，并在“开发工具”旁选中复选框。

(9) 加载项。如果加载了已有的工作簿或者加载了能够自定义菜单和工具栏的加载项，则会显示此选项卡。

2. 上下文选项卡

除了标准的选项卡外，Excel 中还包含一些上下文选项卡。每当选择一个对象（如图表、表格或 SmartArt 图等）时，将会在功能区中提供用于处理该对象的特殊选项卡。

图 4-7 所示为在选中一个图表时出现的上下文选项卡。在这种情况下，它有两个上下文选项卡，即“设计”和“格式”。注意这些上下文选项卡在 Excel 的标题栏中包含说明信息（图表工具）。当然，可以在出现上下文选项卡后继续使用所有其他选项卡。

3. 使用快捷菜单及浮动工具栏

除了功能区外，Excel 还支持很多快捷菜单，可通过右击对象来访问这些快捷菜单。快捷菜单并不包含所有相关的命令，但包含对于选中内容而言最常用的命令。

作为一个示例，图 4-8 显示了当右击一个单元格时所显示的快捷菜单。快捷菜单将显示在鼠标指针的位置，从而可以快速高效地选择命令。所显示的快捷菜单取决于当前正在执行的操作。例如，如果正在处理图表，则快捷菜单中将会包含有关选定图表元素的命令。

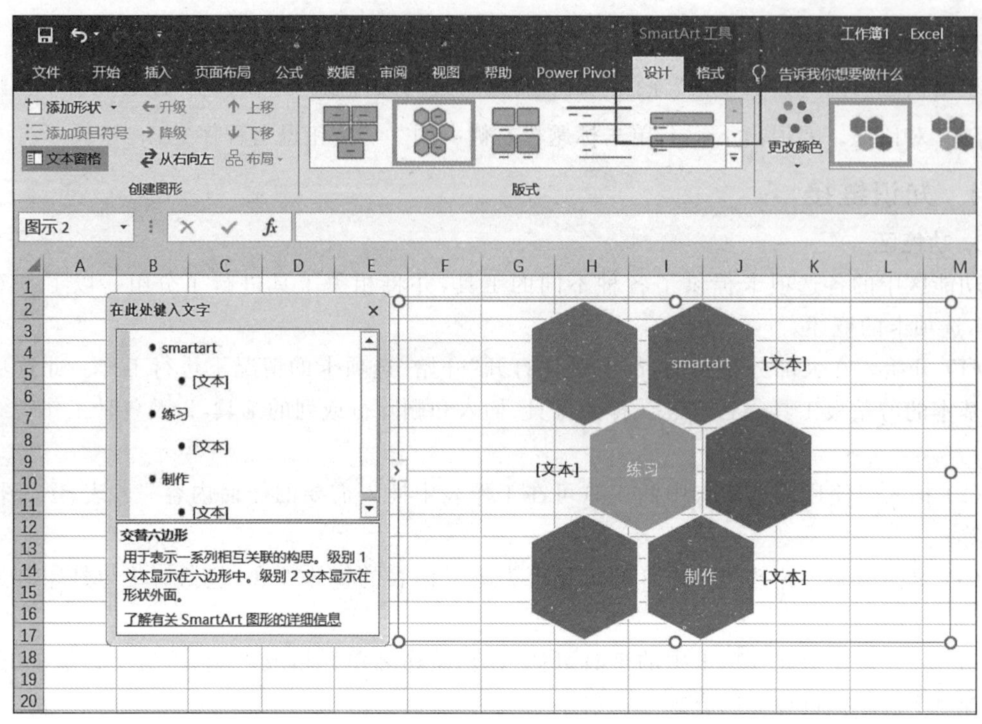

图 4-7　上下文选项卡

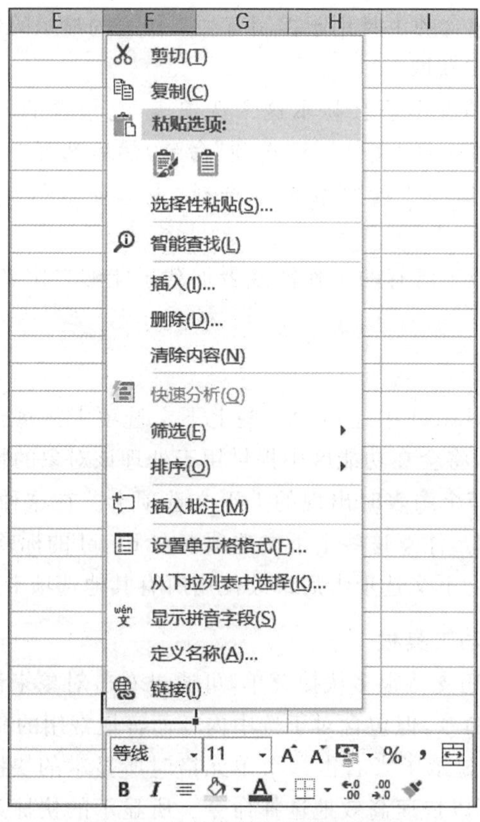

图 4-8　快捷菜单及浮动工具栏

位于快捷菜单下方的对话框即浮动工具栏，其中包含“开始”选项卡中的常用工具。浮动工具栏旨在缩短鼠标指针在屏幕上移动的距离。只需要右击，就会在离鼠标指针一英寸的地方显示常用的格式工具。当显示的是除“开始”选项卡之外的其他选项卡时，浮动工具栏非常有用。如果使用了浮动工具栏中的工具，该工具栏会一直保持显示，以便对所选内容执行其他格式操作。

4. 工作簿和工作表

用户可以根据需要创建很多工作簿，每个工作簿显示在自己的窗口中。默认情况下，Excel 2016 工作簿使用.xlsx 作为文件扩展名。

每个工作簿包含一个或多个工作表，每个工作表由一些单元格组成。每个单元格可包含值、公式或文本。工作表也可包含不可见的绘制层，用于保存表、图片和图表。可通过单击工作簿窗口底部的工作表标签访问工作簿中的每个工作表。此外，工作簿还可以存储图表工作表。图表工作表显示为单个图表，同样也可以通过单击工作表标签对其进行访问。

5. 设置 Excel

Excel 有对其本身的设置，这是对整个 Excel 功能的设置，如“自定义功能区”等。

选择“文件”→“选项”命令，弹出如图 4-9 所示的对话框。

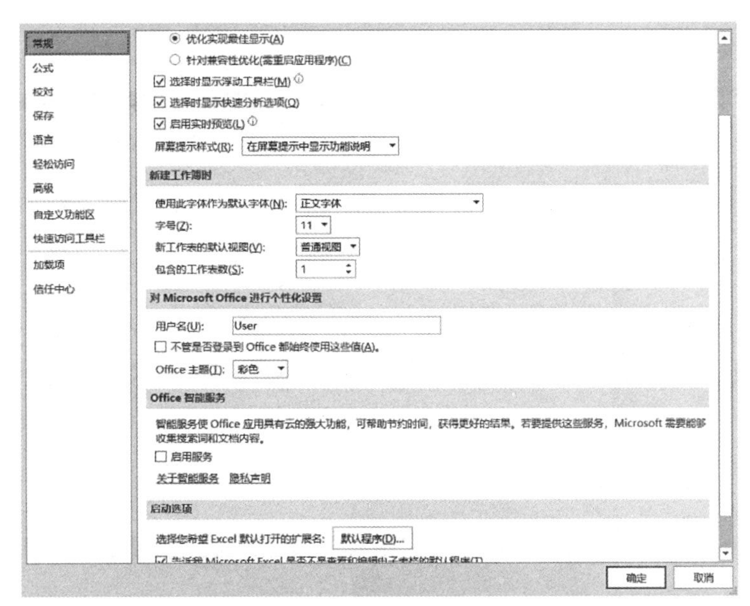

图 4-9 “Excel 选项”对话框

6. 新建、打开、保存、关闭工作簿

1) 新建工作簿

方法 1：选择“文件”→“新建”命令，弹出“新建工作簿”界面，如图 4-10 所示。在“模板”列表框中单击“空白工作簿”图标即可创建一个空白工作簿。

方法 2：选择“文件”→“新建”命令，弹出“新建工作簿”界面，在“模板”列表框中选择其他模板，会建立一个已经设置好的工作簿。如建立一个“校历”工作簿如图 4-11 所示。

2) 打开工作簿

方法 1：通过“打开”对话框打开工作簿。启动 Excel 后，在 Excel 窗口中选择“文件”→

“打开”命令，弹出“打开”对话框。在“查找范围”下拉列表框中选择工作簿所在的路径，然后选择需要打开的工作簿，最后单击“打开”按钮。

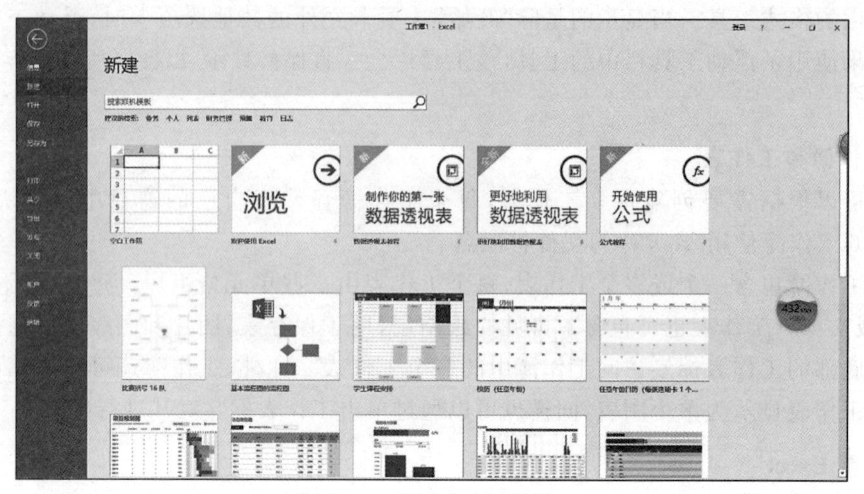

图 4-10　新建空白工作簿

2019	8月					
	星期二	星期三	星期四	星期五	星期六	星期日
	30	31	01	02	03	04
05	06	07	08 家长教师会议 (下午7点)	09	10	11
12	13	14	15	16	17	18
19	20	21	22	23	24	25
26	27	28	29	30	31	01

此工作簿是一个包含12个月的日历。在单元格B1中键入起始年份，然后在单元格C1中选择起始月份，该日历将自动更新后续月份

图 4-11　校历工作簿

方法 2：打开最近使用的文档。在“打开”界面的“最近所使用的工作簿”子菜单中直接单击需要打开的工作簿名称，即可快速将其打开。

3）保存工作簿

方法 1：在编辑工作表内容后，如果需要保存对工作簿的编辑，可单击快速访问工具栏中的保存按钮。

如果工作簿是第一次保存则弹出如图 4-4 所示的“另存为”对话框，选择保存位置，在“文件名”文本框中输入名称，单击“保存”按钮。

方法 2：直接按 Ctrl+S 组合键对工作簿进行保存。

4）关闭工作簿

对工作簿进行编辑并保存或打开并浏览内容后，如果不再需要使用该工作簿，可以将其关闭。

方法 1：通过菜单命令关闭。选择“文件”→“关闭”命令，即可快速关闭当前工作簿。

方法 2：通过窗口控制按钮关闭。在 Excel 窗口右上角，单击窗口控制按钮中的“关闭”按钮，即可关闭工作簿。

方法 3：通过右击任务栏关闭。在 Windows 任务栏中右击需要关闭的工作簿名称，然后在弹出的快捷菜单中选择“关闭”命令。

7. 输入一般数据

输入一般数据是指输入的内容与最终显示的内容相同，如文本、有效数字、日期、时间等。方法是先选定目标单元格，然后直接输入内容或者在编辑栏中输入。

方法 1：在编辑栏中输入内容。单击目标单元格如 A1 单元格，在编辑栏中输入如“个人扣税说明”，再单击✔按钮即可。

方法 2：在单元格中输入内容。单击 A2 单元格，直接输入需要的内容，如“所属部门”，然后按 Enter 键。

8. 使用键盘选定活动单元格

在电子表格中输入数据时，可以结合键盘上的特殊功能键，来快速选定指定的单元格，如表 4-1 所示。

表 4-1　选定活动单元格快捷键

操作键	插入点位置	操作键	插入点位置
←	选定左侧一个单元格	↓	选定下方一个单元格
→	选定右侧一个单元格	Enter	选定下方或右侧一个单元格（可根据需要设置）
↑	选定上方一个单元格	Tab	选定右侧一个单元格

9. 选定单元格及行、列

在对单元格进行格式设置前，首先应按需要选择相应的单元格、行或列。

（1）选定单元格/单元格区域。例如，直接单击 A1 单元格即可选定，选定的单元格 A1 四周会出现黑框。如果在单击 A1 单元格后按住鼠标左键拖动至 K1 单元格，可以选择一个单元格区域 A1：K1。

（2）选定行。例如，将鼠标指针移至行号为 5 的位置，当鼠标指针变成黑色向右的箭头形状时单击，可选定该行单元格。选定该行单元格后按住鼠标左键向上/下拖动，可以选定连续的多行单元格。

（3）选定列。例如，将鼠标指针移到列标为 D 位置处，当鼠标指针变成黑色向下箭头形状时单击，可以选定该列单元格。选定该列单元格后，按住鼠标左键向左/右进行拖动，可以选定连续的多列单元格。

（4）选定不连续的多个单元格、多行、多列。按住 Ctrl 键依次单击不相连的多个单元格，可以选定不相连的多个单元格；按住 Ctrl 键依次单击不相连的多个列/行标，可以选定不相连的多个列/行。

10. 更改行高、列宽

在制作表格时，经常会在一个单元格中输入较多内容，使文本或数据不能正确地显示出来，此时就应适当调整单元格的行高或列宽。

1) 更改行高

方法 1：直接更改。

(1) 更改单行行高。例如，将鼠标指针移至行号为 1 下方的框线处，当鼠标指针变成双向箭头形状时，按住鼠标左键进行拖动，拖动过程中注意当前行高度值提示，到合适位置后释放鼠标左键，即可更改该行行高。

(2) 同时更改多行行高。例如，选择 2：10 行，拖动所选择区域任一行号下方的框线到适当位置，即可更改所选定的多行行高。

方法 2：使用对话框更改。

选定需更改行高的行，在"开始"选项卡的"单元格"组中单击"格式"按钮，在弹出的下拉菜单中选择"行高"命令，弹出"行高"对话框。在"行高"文本框中输入合适的数值，单击"确定"按钮，如图 4-12 所示。

2) 更改列宽

方法 1：直接更改。

(1) 更改单列列宽。例如，将鼠标指针移至 A 列列标右侧的框线处，当鼠标指针变成双向箭头形状时，按住鼠标左键进行拖动，到合适位置后释放鼠标左键，即可更改该列单元格的列宽，拖动过程中注意当前列列宽值的变化。

(2) 同时更改多列列宽。例如，选择 B：G 列，拖动所选定单元格区域列标右侧的框线到适当位置，即可调整所有选定列的列宽。

方法 2：使用对话框更改。

例如，选定 B：G 列，在"开始"选项卡的"单元格"组中单击"格式"按钮，在弹出的下拉菜单中选择"列宽"命令，弹出如图 4-13 所示"列宽"对话框。在"列宽"文标框中输入合适的数值，单击"确定"按钮。

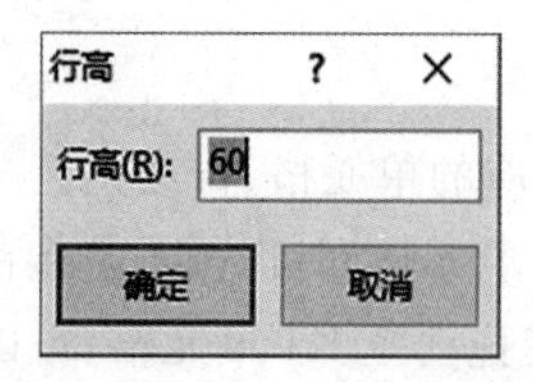

图 4-12 "行高"对话框

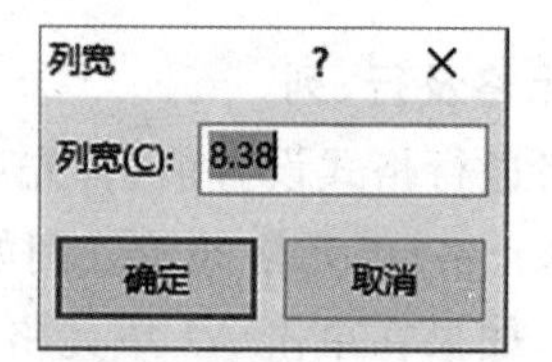

图 4-13 "列宽"对话框

11. 合并单元格

在调整单元格布局时，经常需要将某几个相邻的单元格合并为一个单元格，以使这个单元格能够适应工作表的内容。

(1) 合并后居中。例如，选定 A1：D1 单元格区域，在"开始"选项卡的"对齐方式"组中单击"合并后居中"按钮，可以看到选定的单元格区域已合并为一个单元格，并且在其中输入内容时文本居中显示。

(2) 取消单元格合并。合并单元格后，再次单击"合并后居中"按钮，即可取消单元格的合并。

12. 设置对齐方式

方法1：单击对齐方式按钮。在“开始”选项卡的“对齐方式”组中单击“文本左对齐”按钮▤，可以看到单元格中的文本以左对齐方式显示。单击“靠上对齐”按钮▤，可以看到文本对齐方式为靠上对齐。

方法2：在对话框中选择对齐方式。选定单元格，右击，在弹出的快捷菜单中选择“设置单元格格式”命令，弹出“设置单元格格式”对话框。切换到“对齐”选项卡，如图4-14所示。在“水平对齐”下拉列表框中选择“居中”选项，单击“确定”按钮，可以看到选定单元格区域中的数据都以水平居中的方式对齐。垂直对齐也可采取同样操作。

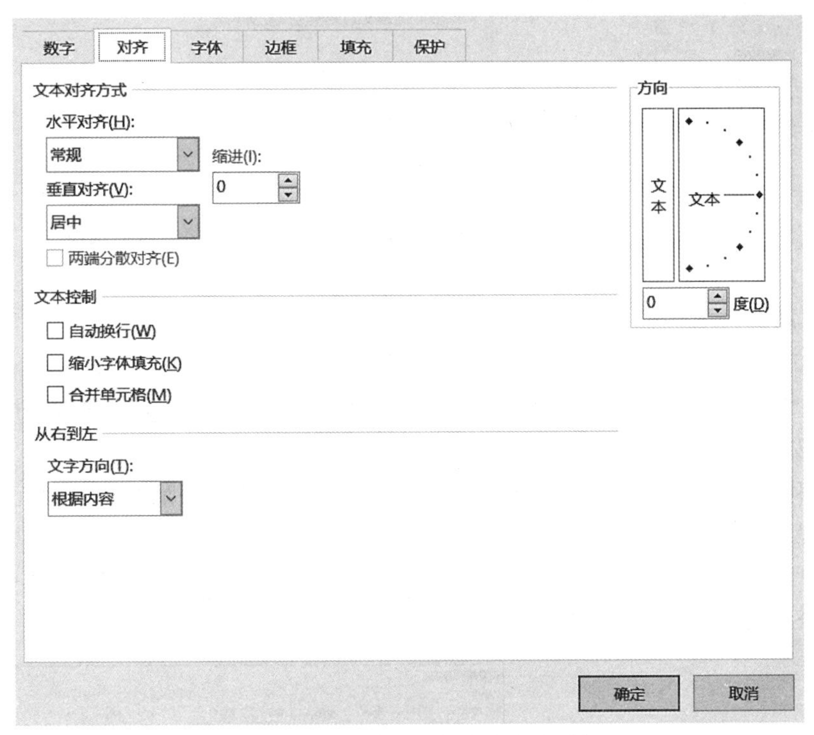

图4-14 设置单元格格式对齐选项卡

13. 设置边框线

Excel表格中所有单元格默认是没有边框的，添加边框时需要选定单元格进行设置。

方法1：利用“开始”选项卡中的边框工具。选定需要添加边框的单元格，单击“开始”选项卡中边框工具的下三角按钮，如图4-15所示，在打开的下拉菜单中选择所需的边框线。

方法2：利用“设置单元格格式”的“边框”选项卡。选定需要添加边框的单元格右击，在弹出的快捷菜单中选择“设置单元格格式”命令，打开“设置单元格格式”对话框，其“边框”选项卡如图4-16所示。中间的“田”字格上边线表示所选区域的上边线，下边线表示所选区域的下边线，左边线表示所选区域的左边线，右边线表示所选区域的右边线，中间横线表示所选区域内部所有横线，中间竖线表示所选区域内部所有竖线。先选择线条和线条颜色然后选择线条所在位置。也可以直接单击“外边框”图标设置所有外部框线，单击“内部”图标设置所有内部框线。注意若框线显示为虚线说明在同样位置设置了两种以上的线形。

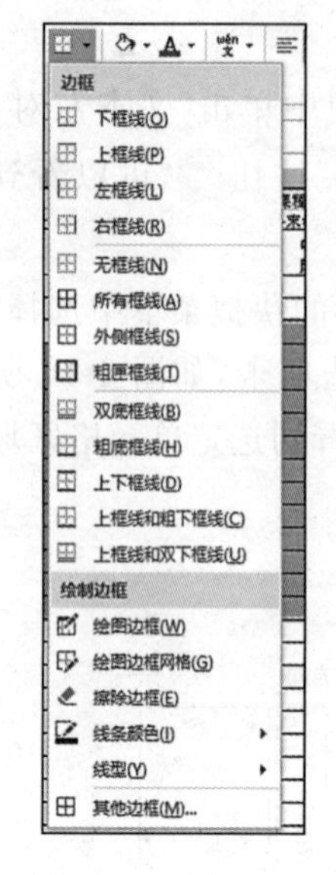

图 4-15　边框工具

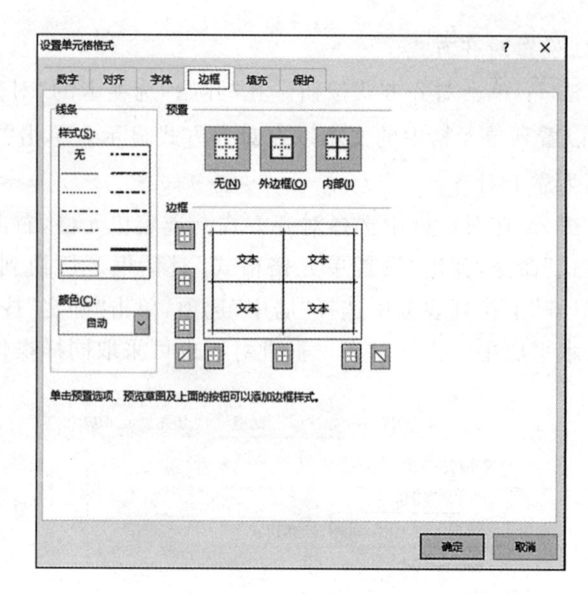

图 4-16　设置单元格格式边框选项卡

14. 设置底纹

为了突出某一单元格往往需要为单元格设置底纹。

方法 1：利用“开始”选项卡中的“底纹”工具。选定需要添加底纹的单元格，单击“开始”选项卡中按钮中的下三角按钮，如图 4-17 所示选择所需的底纹颜色。

方法 2：利用“设置单元格格式”的“填充”选项卡。选定需要添加边框的单元格，右击，在弹出的快捷菜单中选择“设置单元格格式”命令打开“设置单元格格式”对话框，其“填充”选项卡如图 4-18 所示。可以在“背景色”中选择底纹的颜色；也可以在“图案样式”中选择图案样式，并在“图案颜色”中修改给定图案的颜色。

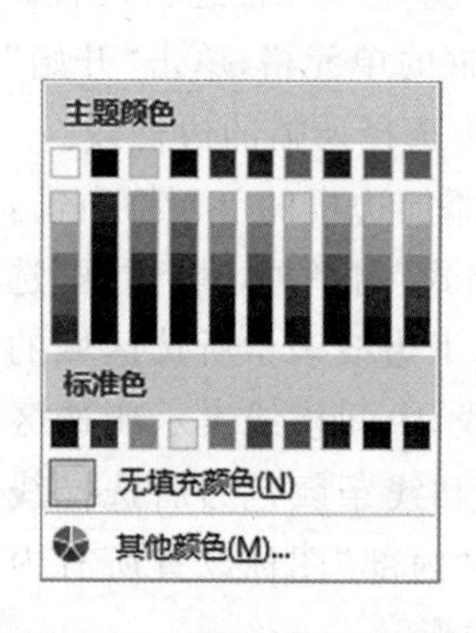

图 4-17　底纹颜色对话框

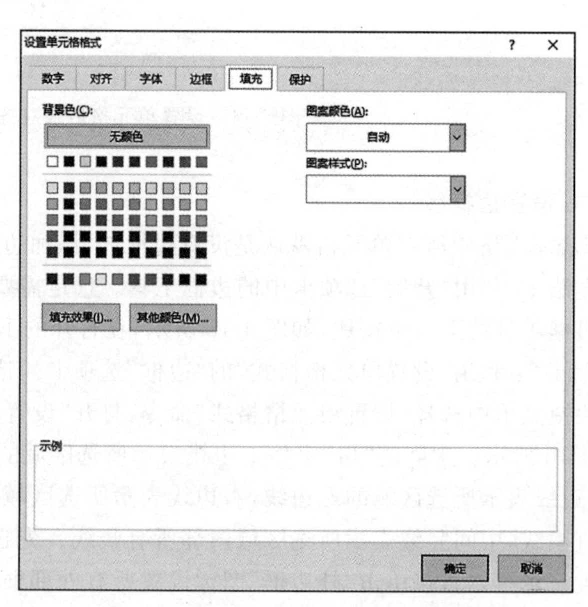

图 4-18　设置单元格格式填充选项卡

4.1.5　知识拓展

1. 添加表格边框

打开原始文件“采购日报表.xlsx”。

方法 1：选定 A2：G35 单元格区域，在“开始”选项卡的“字体”组中单击“边框”下三角按钮 ，在展开的下拉菜单中单击“所有框线”选项，可以看到所选单元格区域应用了边框效果，如图 4-19 所示。

A2　种类

采购日报表						
种类	品名		行政部	技术部	财务部	人力资源部
主要材料		前日转入				
		本日订货				
		本日进货				
		未进余额				
		前日转入				
		本日订货				
		本日进货				
		未进余额				
		前日转入				
		本日订货				
		本日进货				
		未进余额				
		前日转入				
		本日订货				
		本日进货				
		未进余额				

采购报表

图 4-19　应用边框效果

方法 2：选定 A2：G19 单元格区域并右击，在弹出的快捷菜单中选择“设置单元格格式”命令，弹出如图 4-20 所示“设置单元格格式”对话框。切换到“边框”选项卡，在“样式”列表框中选择所需要的线条样式，单击“颜色”列表框右侧的下三角按钮，在展开的下拉菜单中选择“深红”选项，在“边框”选项组中单击“下框线”按钮。

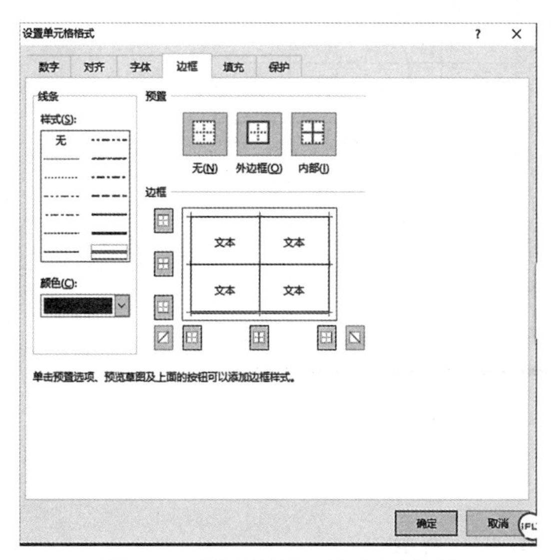

图 4-20　“设置单元格格式”对话框

2. 设置单元格底纹

1）选择填充颜色

选定需要设置填充颜色的单元格区域，如 A2：G3，在“开始”选项卡的“字体”组中单击“填充颜色”下三角按钮，然后在下拉菜单中选择所需的颜色，如“橙色”，效果如图 4-21 所示。

A2 种类

	A	B	C	D	E	F	G
1	采购日报表						
2–3	种类	品名		行政部	技术部	财务部	人力资源部
4			前日转入				
5			本日订货				
6			本日进货				
7			未进余额				
8			前日转入				

图 4-21 设置单元格底纹颜色效果

2）选择图案颜色

选定 C4：C35 单元格区域并右击，在弹出的快捷菜单中选择“设置单元格格式”命令，在弹出的对话框中切换到“填充”选项卡。在“图案颜色”下拉列表框中选择“橙色”选项。在“图案样式”下拉列表框中选择“细 水平 刨面线”选项。单击“确定”按钮，可看到选定的单元格设置了图案填充效果，如图 4-22 所示。

3）绘制斜线表头

选定目标单元格 C2，要完成图 4-23 的斜表头，在“开始”选项卡的“字体”组中单击对话框启动按钮，打开“设置单元格格式”对话框。切换到“边框”选项卡，在“边框”选项组中单击“斜线边框”按钮，如图 4-24 所示，单击“确定”完成斜线绘制。将格式调为左上对齐后输入“部门”，按 Alt+Enter 组合键输入“时别”。“部门”前面加空格使其右对齐。

采购日报表						
种类	品名		行政部	技术部	财务部	人力资源部
主要材料		前日转入				
		本日订货				
		本日进货				
		未进余额				
		前日转入				
		本日订货				
		本日进货				
		未进余额				
		前日转入				
		本日订货				
		本日进货				
		未进余额				
		前日转入				
		本日订货				
		本日进货				
		未进余额				

采购报表

图 4-22 单元格图案填充效果

图 4-23 绘制斜线表头

4.1.6 技能训练

制作课程表，效果如图 4-25 所示。

（1）新建一个名为“课程表.xlsx”的工作簿。

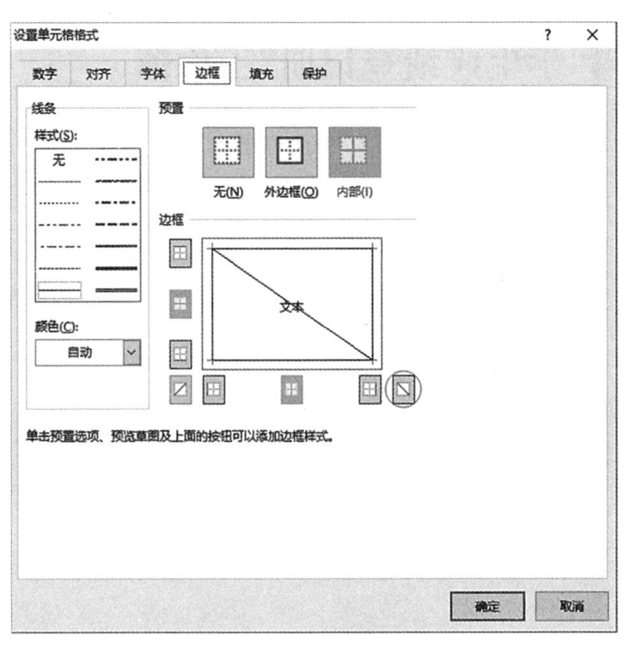

图 4-24　添加斜线表头

(2) 在 Sheet1 工作表中输入如图 4-25 所示的数据。

(3) 将 A1：G1 合并居中，字体为黑体、加粗、20 磅；第 2 行字体为宋体、11 磅；表内其他字体均为楷体、16 磅。

(4) 设置第 1 行行高为 30 磅，第 2 行行高为 16 磅，第 3 行行高为 40 磅，其他行行高均为 23 磅。

(5) 设置第 A 列列宽为 15 磅，其他列列宽为 12 磅。

(6) 单元格内数据水平、垂直均居中对齐。

(7) 进行必要区域的单元格合并。

(8) 设置如图 4-25 所示框线，并填充颜色。

(9) 将文件保存在桌面上。

图 4-25　“课程表”最终效果

任务 4.2 编辑“学生成绩登记册”工作簿

完成学生成绩登记册中计算机成绩和数学成绩的编辑。

4.2.1 任务要点

(1) 在工作表中输入、编辑数据。

(2) 复制工作表。

(3) 插入/删除行/列。

(4) 特殊数据输入。

(5) 自动填充数据。

(6) 设置单元格数据格式。

(7) 条件格式。

(8) 查找、替换数据。

(9) 数据验证。

4.2.2 任务要求

(1) 打开工作簿。打开“Excel 实例\任务 4.2\学生成绩登记册.xlsx”工作簿,切换到“16 智能成绩登记册”工作表。

(2) 输入序号。利用自动填充功能输入序号。

(3) 输入学号。利用自定义数字格式输入学号。

(4) 输入姓名并生成自定义序列。按照图 4-27 所示输入姓名,并将姓名生成自定义序列。

(5) 输入性别。利用“数据验证”输入性别。

(6) 输入修读性质。利用复制柄录入“初修”。

(7) 设置数据有效性。选定 F7:I30 单元格,设置输入数据为 0～100 的整数,出错警告为“停止”,显示为“请输入 0～100 间的整数”。

(8) 建立条件格式。选定 F7:J30 单元格,设置 90(含 90)分以上的成绩颜色为绿色,60 分以下的成绩颜色为红色,字体加粗。

(9) 修改表名。将“16 智能成绩登记册”重命名为“16 智能计算机成绩登记册”。

(10) 复制工作表。复制“16 智能计算机成绩册”并重命名为“16 智能数学成绩登记册”。

(11) 修改相关内容。修改课程名称为“应用数学”,修改“平时成绩”占比为 20%,修改“末考成绩”占比为 80%。

(12) 输入平时成绩、末考成绩。按照图 4-26 所示输入“16 智能计算机成绩登记册”的平时成绩和末考成绩,按照图 4-27 所示输入“16 智能数学成绩登记册”的平时成绩和末考成绩。

(13) 保存工作簿。

4.2.3 实施过程

(1) 打开工作簿。打开“Excel 实例\任务 4.2”文件夹,双击“学生成绩登记册.xlsx”文件图标打开工作簿。

辽宁城市建设职业技术学院成绩登记册

2016-2017学年第一学期

院(系)/部：建筑设备系　　行政班级：16智能　　学生人数：20

课　　程：[060301]计算机基础　　学　　分：2.0　课程类别：公共课/必修　　考核方式：考试

综合成绩(百分制)=平时成绩(百分制)(50%)+中考成绩()(0%)+末考成绩(百分制)(50%)+技能成绩()(0%)

序号	学号	姓名	性别	修读性质	平时成绩	中考成绩	末考成绩	技能成绩	综合成绩	辅助标记	备注
1	160105520101	王奕博	男	初修	95		85				
2	160105520102	王钰鑫	男	初修	80		79				
3	160105520103	李明远	男	初修	98		92				
4	160105520104	马天庆	男	初修	100		99				
5	160105520105	张新宇	男	初修	95		93				
6	160105520106	那贵森	男	初修	90		80				
7	160105520107	乌琼	女	初修	80		63				
8	160105520108	李亚楠	女	初修	85		70				
9	160105520109	王涛	男	初修	95		99				
10	160105520110	谷鹏飞	男	初修	90		**55**				
11	160105520111	赵红龙	男	初修	85		78				
12	160105520112	王玉梅	女	初修	75		68				
13	160105520113	刘彦超	男	初修	85		72				
14	160105520114	周虹廷	男	初修	90		90				
15	160105520115	王芷睿	男	初修	90		**35**				
16	160105520116	高国峰	男	初修	100		92				
17	160105520117	伊天娇	女	初修	85		77				
18	160105520118	杨兆旭	男	初修	90		86				
19	160105520119	孔祥鑫	男	初修	80		73				
20	160105520120	王均望	男	初修	70		**26**				

图 4-26　“16 智能计算机成绩登记册”完成效果

辽宁城市建设职业技术学院成绩登记册

2016-2017学年第一学期

院(系)/部：建筑设备系　　行政班级：16智能　　学生人数：20

课　　程：[060303]应用数学　　学　　分：2.0　课程类别：公共课/必修　　考核方式：考试

综合成绩(百分制)=平时成绩(百分制)(20%)+中考成绩()(0%)+末考成绩(百分制)(80%)+技能成绩()(0%)

序号	学号	姓名	性别	修读性质	平时成绩	中考成绩	末考成绩	技能成绩	综合成绩	辅助标记	备注
1	160105520101	王奕博	男	初修	60		**27**				
2	160105520102	王钰鑫	男	初修	77		**50**				
3	160105520103	李明远	男	初修	70		77				
4	160105520104	马天庆	男	初修	98		68				
5	160105520105	张新宇	男	初修	66		98				
6	160105520106	那贵森	男	初修	65		62				
7	160105520107	乌琼	女	初修	65		**52**				
8	160105520108	李亚楠	女	初修	**44**		**42**				
9	160105520109	王涛	男	初修	99		97				
10	160105520110	谷鹏飞	男	初修	83		80				
11	160105520111	赵红龙	男	初修	92		77				
12	160105520112	王玉梅	女	初修	**41**		**44**				
13	160105520113	刘彦超	男	初修	**56**		**55**				
14	160105520114	周虹廷	男	初修	66		72				
15	160105520115	王芷睿	男	初修	94		80				
16	160105520116	高国峰	男	初修	**56**		66				
17	160105520117	伊天娇	女	初修	72		92				
18	160105520118	杨兆旭	男	初修	**46**		**37**				
19	160105520119	孔祥鑫	男	初修	60		73				
20	160105520120	王均望	男	初修	80		72				

16智能数学成绩登记表　16智能计算机成绩登记表

图 4-27　“16 智能数学成绩登记册”完成效果

（2）输入序号。选定 A7 输入 1，再次选定 A8 输入 2，同时选定 A7：A8 单击复制柄如图 4-28 所示，向下拖动至 A30 完成步长为 1 的数据复制。

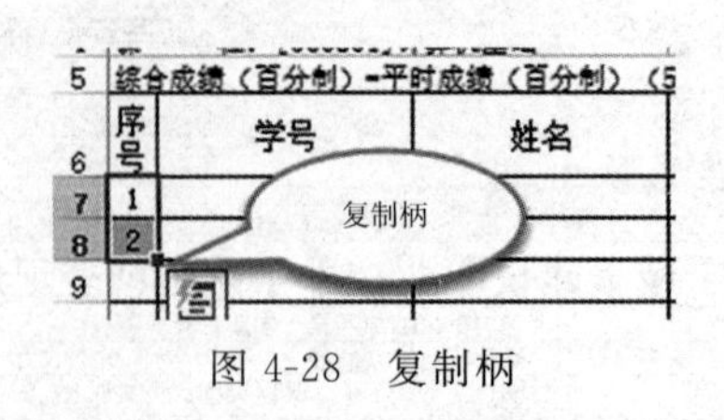

图 4-28　复制柄

（3）输入学号。右击 B7 单元格，在弹出的快捷菜单中选择“设置单元格格式”命令，弹出“设置单元格格式”对话框。切换到“数字”选项卡，选择“分类”中的“自定义”，并在类型中输入“1601055201”@，如图 4-29 所示。注意，所有符号都必须是英文半角。单击“确定”按钮后再次选定 B7 输入 01，利用复制柄复制数据到 B26，完成学号输入。

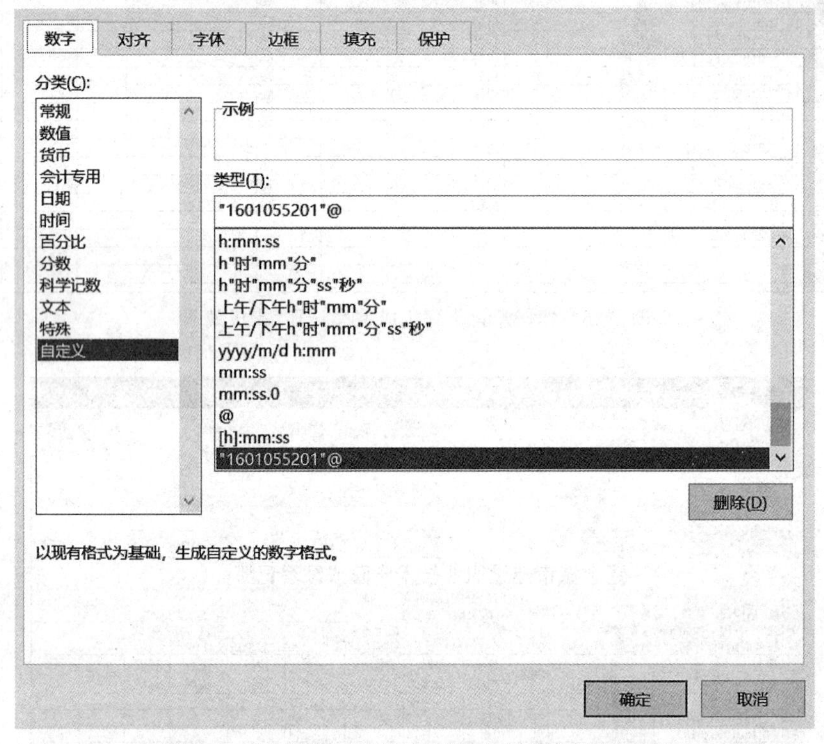

图 4-29　“设置单元格格式”对话框的“数字”选项卡

（4）输入姓名。按照图 4-26 所示输入姓名。输入姓名后为了方便以后的输入，可以将姓名生成自定义序列，今后输入时只需输入第一个姓名利用复制柄就可以将其他姓名复制出来。选择“文件”→“选项”命令，如图 4-30 所示，弹出“Excel 选项”对话框，选择“高级”选项卡，向下找到“创建用于排序和填充序列的列表”，如图 4-31 所示。单击“编辑自定义列表”，弹出“自定义序列”对话框。单击按钮选定 C7：C26，按 Enter 键，再单击“导入”按钮（见图 4-32）并单击“确定”按钮。

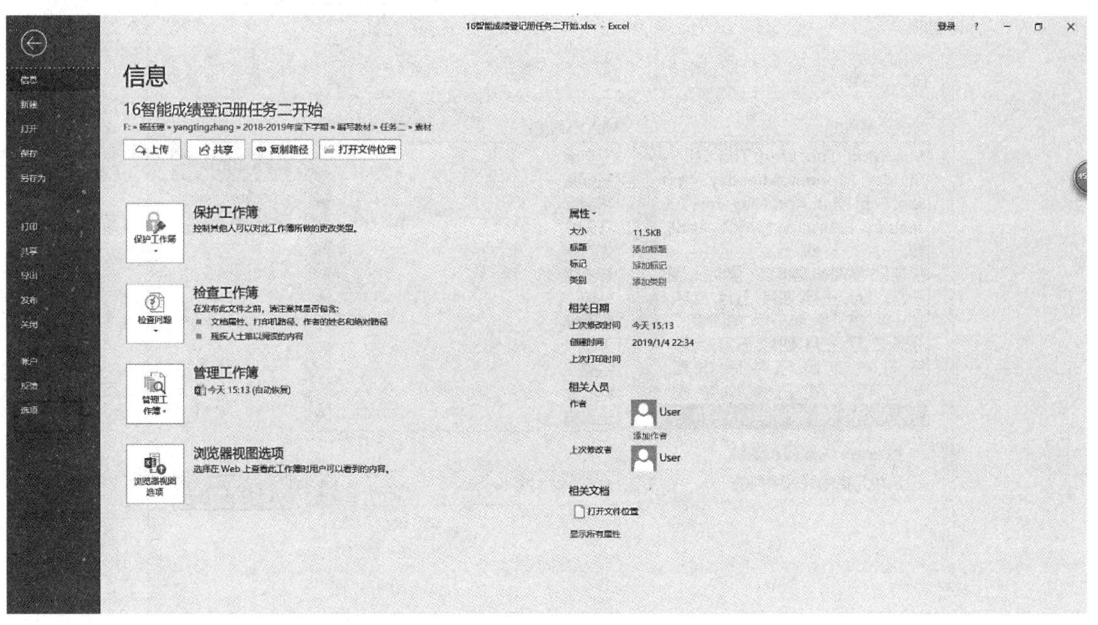

图 4-30　“文件”→“选项”界面

Excel 选项

常规
公式
校对
保存
语言
轻松访问
高级
自定义功能区
快速访问工具栏
加载项
信任中心

计算此工作簿时(H): 16智能成绩登记...

☑ 更新指向其他文档的链接(D)
☐ 将精度设为所显示的精度(P)
☐ 使用 1904 日期系统(Y)
☑ 保存外部链接数据(X)

常规

☐ 忽略使用动态数据交换(DDE)的其他应用程序(O)
☑ 请求自动更新链接(U)
☐ 显示加载项用户界面错误(U)
☑ 缩放内容以适应 A4 或 8.5 x 11" 纸张大小(A)
启动时打开此目录中的所有文件(L):
Web 选项(P)...
☑ 启用多线程处理(P)
创建用于排序和填充序列的列表: 编辑自定义列表(O)...

数据

☑ 禁用撤消大型数据透视表刷新操作以减少刷新时间(R)
对至少具有此数目(千)的数据源行的数据透视表禁用撤消操作(N): 300
☐ 创建数据透视表、查询表和数据连接时首选 Excel 数据模型(M)
☑ 对大型数据模型禁用撤消操作(U)
当模型至少为此大小(MB)时，禁用撤消数据模型操作(L): 8
☑ 启用数据分析加载项: Power Pivot、Power View 和 3D 地图(Y)
☐ 在自动透视表中禁用日期/时间列自动分组(G)

确定　取消

图 4-31　“Excel 选项”对话框的“高级”选项卡

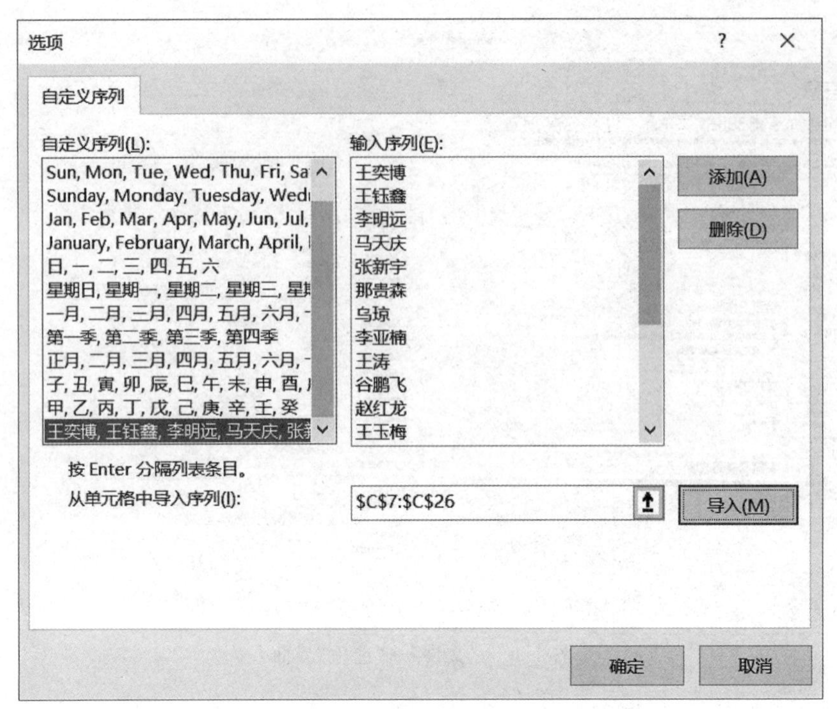

图 4-32 导入自定义序列

(5) 输入性别。选定 D7：D30，在“数据”选项卡中单击“数据验证”按钮，如图 4-33 所示。弹出“数据验证”对话框，将“验证条件”下的“允许”“任何值”更改为“序列”，并在“来源”文本框中输入“男，女”，如图 4-34 所示。需要注意的是“，”为英文标点。再次选中 D7，出现选择按钮，单击后即可选择性别输入。然后按图 4-26 完成性别输入。

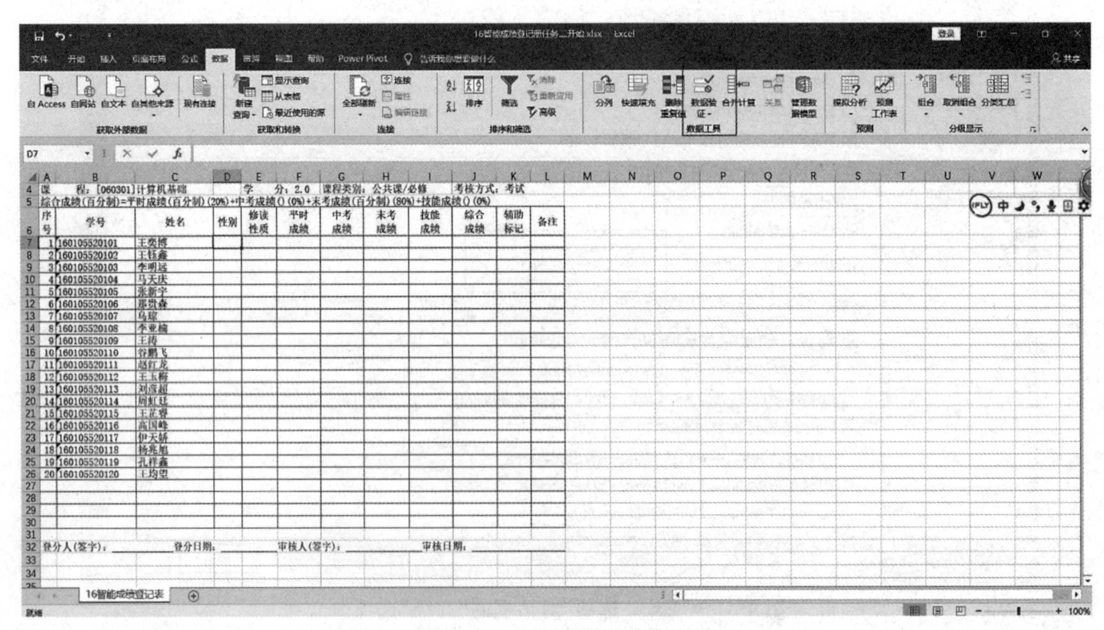

图 4-33 “数据验证”按钮

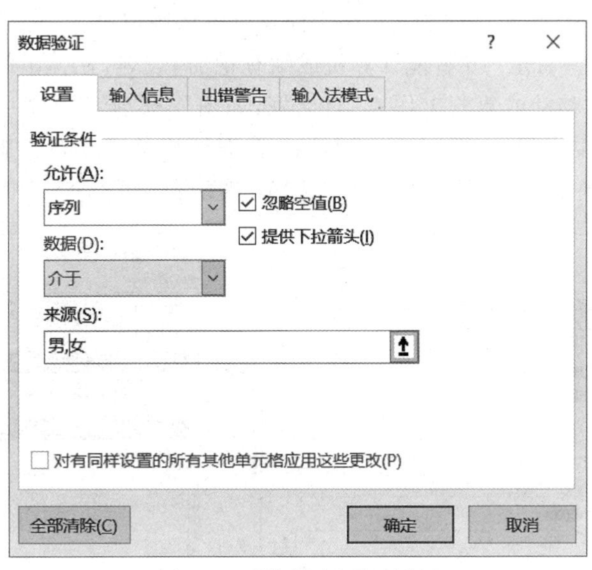

图 4-34　“数据验证”对话框

(6) 输入修读性质。选定 E7,输入“初修”,利用复制柄向下复制到 E26。

(7) 设置数据有效性。选定 F7：I30 单元格,在“数据”选项卡中单击“数据验证”按钮,弹出“数据验证”对话框,将“验证条件”“允许”“任何值”更改为“整数”,在“最小值”文本框中输入 0,在“最大值”文本框中输入 100,如图 4-35 所示。打开“出错警告”选项卡,出错样式选择“停止”,错误信息设置为“请输入 0～100 间的整数”,如图 4-36 所示,单击“确定”按钮。

图 4-35　“数据验证”对话框的“设置”选项卡

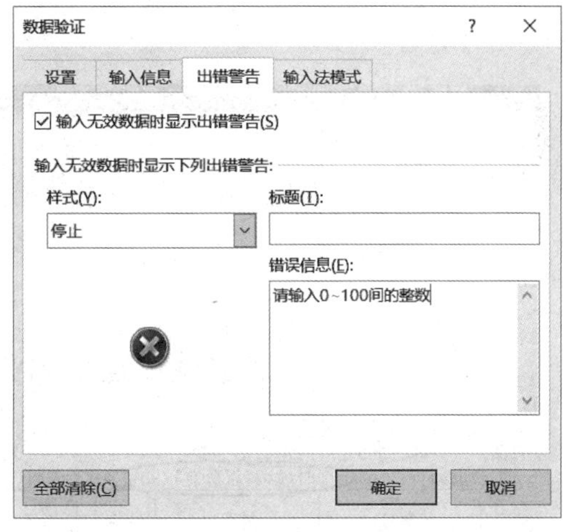

图 4-36　“数据验证”对话框的“出错警告”选项卡

(8) 设置条件格式。选定 F7：J30 单元格,在“开始”中单击“条件格式”按钮,在下拉菜单中选择“新建规则”命令,在“选择规则类型”列表框中选择“只为包含以下内容的单元格设置格式”,如图 4-37 所示。将“介于”选项更改为“大于或等于”,在后面的文本框中输入 90。单击“格式”按钮,设置字体颜色为绿色。再次选择“新建规则……”按同一步骤操作,此次将“介于”更改为“小于”,在后面的文本框中输入 60,字体颜色设为红色、加粗。

(9) 修改表名。右击“16 智能成绩登记册”表名,在弹出的快捷菜单中选择“重命名”命令，将“16 智能成绩登记册”重命名为“16 智能计算机成绩登记册”。

(10) 复制工作表。右击“16 智能计算机成绩登记册”表名，在弹出的快捷菜单中选择“移动或复制”命令，弹出“移动或复制工作表”对话框，如图 4-38 所示。选中“建立副本”复选框，选择“(移到最后)”后单击“确定”按钮生成与“16 智能计算机成绩登记册”内容完全一样的表“16 智能计算机成绩登记册(2)”，将其重命名为“16 智能数学成绩登记册”。

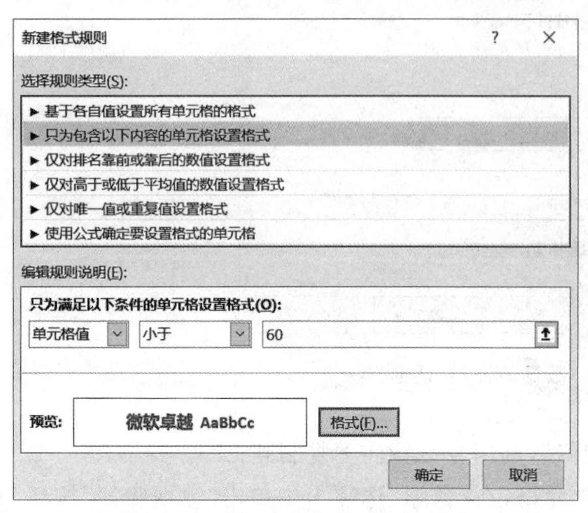

图 4-37 “新建格式规则”对话框

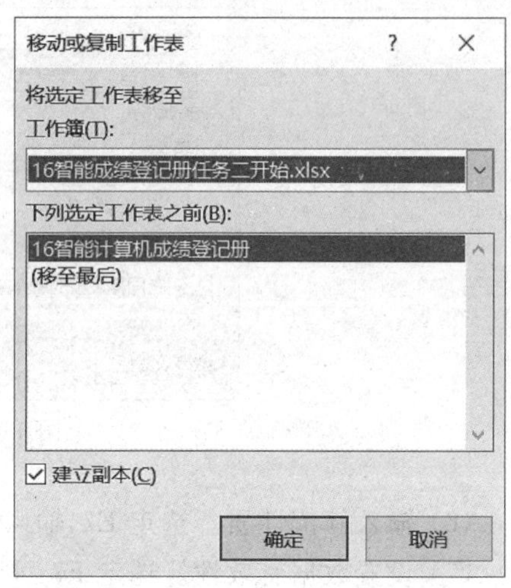

图 4-38 “移动或复制工作表”对话框

(11) 修改相关内容。进入“16 智能数学成绩登记册”，将课程改为“[060303]应用数学”，将平时成绩改为“平时成绩(百分制)(20%)”，将末考成绩改为“末考成绩(百分制)(80%)”，如图 4-39 所示。

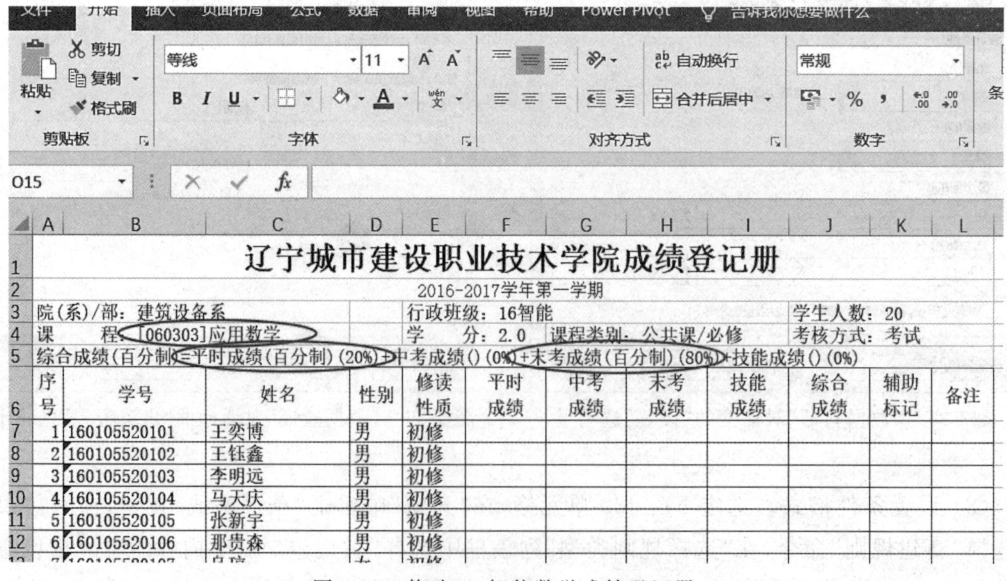

图 4-39 修改 16 智能数学成绩登记册

(12) 输入平时成绩、末考成绩。按照图 4-26 所示输入“16 智能计算机成绩登记册”的平时成绩和末考成绩，按照图 4-27 所示输入“16 智能数学成绩登记册”的平时成绩和末考成绩。

(13) 保存工作簿。单击快捷访问工具栏中的“保存”按钮，保存工作簿的修改编辑。

4.2.4　知识链接

1. 插入工作表

当用户需要的工作表超过 Excel 默认的数目时，需要在工作簿中插入工作表。

右击 Sheet1 工作表标签，在弹出的快捷菜单中选择“插入”命令，弹出“插入”对话框。在“常用”选项卡中单击“工作表”图标，再单击“确定”按钮，即可在 Sheet1 工作表前插入一个新工作表。

2. 移动工作表

一个工作簿中可以包含多个工作表，用户可随意移动工作表调整其顺序，以便于使用。

选定需要移动的工作表，按住鼠标左键拖动工作表标签至目标位置后松开鼠标左键即可。

3. 复制工作表

选定需要复制的工作表，按住 Ctrl 键不放，将它拖至目标位置后释放鼠标左键。复制的工作表标签后带有“(2)”字样。

4. 删除工作表

右击需要删除的工作表标签，在弹出的快捷菜单中选择“删除”命令，此时弹出提示对话框，提示用户将永久删除工作表中的数据，单击“删除”按钮。

5. 重命名工作表

新建工作簿时，系统将自动以 Sheet1、Sheet2、Sheet3……来对工作表进行命名，为子方便对工作表进行管理，用户可以对工作表进行重新命名。

双击需要重命名的工作表的标签，此时该工作表标签呈选中状态，直接输入需要的工作表名称即可。

6. 设置工作表标签颜色

右击需要设置颜色的工作表标签，在弹出的快捷菜单中选择“工作表标签颜色”命令，在打开的菜单中选择所需的颜色。

7. 插入单元格及行/列

(1) 插入单元格。右击需要插入单元格处的单元格，在弹出的快捷菜单中选择“插入”命令，弹出“插入”对话框，在此选择适当的插入选项。

(2) 插入行。右击需要插入行处的行号，在弹出的快捷菜单中选择“插入”命令，即可在目标位置插入一空白行。

(3) 插入列。右击需要插入列处的列标，在弹出的快捷菜单中选择“插入”命令，即可在目标位置处插入一空白列。

8. 删除单元格及行/列

(1) 删除单元格。选定需要删除的单元格，在“单元格”组中单击“删除”按钮，在打开的下拉菜单中选择“删除单元格”命令，弹出“删除”对话框。选中“下方单元格上移”单选按钮，再单击“确定”按钮，即可将选定的单元格删除，下方单元格自动上移。

(2) 删除行。单击需要删除行的行号，在“开始”选项卡的“单元格”组中单击“删除”按钮，在打开的下拉菜单表中选择“删除工作表行”命令，则所选的行被删除。

(3) 删除列。单击需要删除列的列标，在“单元格”组中单击“删除”按钮，在打开的下拉菜单中选择“删除工作表列”命令，则选定的列被删除。

9. 输入数据

(1) 输入以 0 开头的数据。在输入以 0 开头的数据时,会发现有效数字前面的 0 自动消失,即无法输入以 0 开头的数据。那是因为 Excel 默认以“常规”格式显示数据,数字之前的 0 视为无效数据而不显示。此时,需要将输入的内容以文本格式显示,才能显示有效数字之前的 0。

选定单元格区域 A4: A12,在“开始”选项卡的“数字”组中单击“数字格式”下三角按钮 常规 ▾,在下拉菜单中选择“文本”选项。

(2) 自动填充数据。自动填充数据是指根据已有的数据项,通过拖动填充柄快速填充相匹配的数据,如自动填充序列、有规律的数据、相同的数据、自定义序列的数据。

打开文件“Excel 实例\任务 4.2\自动序列原始表.xlsx”,切换到 Sheet1 工作表,如图 4-40 所示。

J9

	A	B	C	D	E	F	G	H	I
1	编号1	编号2	名称	日期1	日期2	时间	星期1	星期2	月份
2	001	2	选修	2019/1/6	12月8日	8:30	星期一	sun	一月
3									
4									
5									
6									
7									

图 4-40 “自动填充序列”原始表

选定 A2 单元格,将鼠标指针移动到单元格区域右下角的填充柄处,当鼠标指针变成黑色十字形状时按住左键向下拖动到 A10 单元格后释放鼠标左键。

在 B3 单元格中输入 4,选定 B2: B3 单元格区域,将鼠标指针移动到选中区域右下角的填充柄处,当鼠标指针变成黑色十字形状时双击,可以看到同样自动填充了序列。

同理将其他数据按自动填充方法进行输入,结果如图 4-41 所示。

	A	B	C	D	E	F	G	H	I
1	编号1	编号2	名称	日期1	日期2	时间	星期1	星期2	月份
2	001	2	选修	2019/1/6	12月8日	8:30	星期一	sun	一月
3	002	4	选修	2019/1/7	12月9日	9:30	星期二	Mon	二月
4	003	6	选修	2019/1/8	12月10日	10:30	星期三	Tue	三月
5	004	8	选修	2019/1/9	12月11日	11:30	星期四	Wed	四月
6	005	10	选修	2019/1/10	12月12日	12:30	星期五	Thu	五月
7	006	12	选修	2019/1/11	12月13日	13:30	星期六	Fri	六月
8	007	14	选修	2019/1/12	12月14日	14:30	星期日	Sat	七月
9	008	16	选修	2019/1/13	12月15日	15:30	星期一	Sun	八月
10	009	18	选修	2019/1/14	12月16日	16:30	星期二	Mon	九月
11	010	20	选修	2019/1/15	12月17日	17:30	星期三	Tue	十月
12									

图 4-41 自动填充结果

4.2.5 知识拓展

1. 同时输入多个数据

在编辑电子表格时,可能有多个单元格需要输入相同的数据。此时,可以在电子表格中同时输入多个数据,以节省输入表格数据的时间。

选定需要输入相同数据的单元格区域,既可以是连续的区域,也可以是不连续的区域(按住 Ctrl 键同时选择),然后输入需要的内容后,按 Ctrl+Enter 组合键,即可看到所选择的单元格区域中显示了相同的数据,即同时输入了多个数据。

2. 使用条件格式表现数据

条件格式是指基于设置的条件更改单元格区域的外观，它根据条件使用色彩和图标突出显示相关的单元格。

1）突出显示单元格规则

在数据较多的表格中想要查找指定的数据并非易事，如果需要将一些特殊的或者满足一定条件的数据突出显示出来，可以使用 Excel 条件格式中的突出显示单元格规则。

打开原始文件“Excel 实例\任务 4.2\费用支出统计表.xlsx”。

选定 B3：F8 单元格区域，单击“开始”选项卡“样式”组中的“条件格式”按钮，在打开的下拉菜单中的“突出显示单元格规则”子菜单中选择需要的条件如“小于”，弹出“小于”对话框。在文本框输入值，如 2500。在“设置为”下拉列表框中选择需要的格式，如“浅红色填充”。单击“确定”按钮，可以看到基本工资低于 2500 元的数据都已应用浅红色填充格式，突出显示出来了，如图 4-42 所示。

	A	B	C	D	E	F
1	本年度费用支出统计表					
2	支出类别	A部门	B部门	C部门	D部门	E部门
3	日常开销	¥48,000	¥49,000	¥51,000	¥63,000	¥58,000
4	工资支出	¥5,060	¥840	¥5,240	¥5,840	¥5,840
5	绩效奖励	¥500	¥3,500	¥1,500	¥1,200	¥3,500
6	出差费用	¥1,200	¥750	¥1,200	¥600	¥1,200
7	其他费用	¥800	¥1,900	¥800	¥3,500	¥800
8	费用合计	¥55,560	¥55,990	¥59,740	¥74,140	¥69,340
9						

图 4-42 突出显示满足条件的单元格

2）清除规则

在“条件格式”→“清除规则”子菜单中选择清除规则的范围，如所选单元格或整个工作表。

3. 设置数字格式

数字格式包括数值、货币、会计专用、日期、时间、百分比、文本等。为了使电子表格中的数字更加专业、规范，可以为数字设置相符的格式，例如将金额数据以货币的格式进行显示。

打开原始文件“Excel 实例\任务 4.2\四季度销售统计表.xlsx”。

1）数值格式

数值格式用于一般数字的表示，可以为应用了数值格式的数字设置小数点，使数字更加精确地显示出来。

选定 E4：F13 单元格区域，单击“数字格式”按钮，在弹出的下拉菜单中选择“数字”选项。此时选定区域的数字已应用了数字格式。还可为数字设置小数位数。选定目标单元格，在“开始”选项卡的“数字”组中单击“增加小数位数”按钮，或者“减少小数位数”按钮，即可快速增加或减少数字的小数位数。

2）货币格式

货币格式用于表示一般货币数值。应用了货币格式的数字，将自动在数字前面显示货币符号。选定 E4：F13 单元格区域，单击“数字格式”按钮，在弹出的下拉菜单中选择“货币”选项。可以看到选定单元格区域中各数字前添加了货币符号。

3）日期格式

选定 B2 单元格，在“开始”选项卡的“数字”组中单击 按钮，弹出“设置单元格格式”对话框。在“数字”选项卡下的“分类”列表框中单击需要的日期格式，然后单击“确定”按钮，即可看到选定单元格中的日期数据的格式已经更改为选定的日期格式。如果更改日期，其应用的格式不会发生变化。

4）百分比格式

选定 G4：G13 单元格区域，并打开“设置单元格格式”对话框。在“数字”选项卡下的“分类”列表框中选择“百分比”选项，然后在右侧的“小数位数”文本框中设置保留的小数位数，如 2，最后单击“确定”按钮。完成后的效果图如图 4-43 所示。

	A	B	C	D	E	F	G	H
1	四季度商品销售统计表							
2	统计日期：	2019年1月6日			统计时间			
3	序号	商品编号	单位	销量	销售单价	销售金额	占总额百分比	业务员
4	001	XBS01	组	25	¥360.00	¥9,000.00	9.03%	李冰
5	002	XBS02	组	35	¥420.00	¥14,700.00	14.74%	张玲
6	003	XBS03	组	21	¥580.00	¥12,180.00	12.21%	邓玉蓉
7	004	XBS04	组	26	¥320.00	¥8,320.00	8.34%	王丹
8	005	XBS05	组	25	¥300.00	¥7,500.00	7.52%	宋凯
9	006	XBS06	组	32	¥280.00	¥8,960.00	8.99%	赵晓磊
10	007	XBS07	组	38	¥320.00	¥12,160.00	12.19%	林密
11	008	XBS08	组	34	¥250.00	¥8,500.00	8.52%	钟伟
12	009	XBS09	组	26	¥320.00	¥8,320.00	8.34%	张翰
13	010	XBS10	组	28	¥360.00	¥10,080.00	10.11%	刘冰
14								
15								

图 4-43　保留小数点后两位数字

4. 查找与替换数据

查找功能可以快速找到工作表中指定的内容，如数据、格式等。如果需要将工作表中的某些数据进行统一的修改，那么可以使用替换功能，将指定的数据进行一次性替换，避免逐个修改数据和重复执行相同的操作。

打开原始文件“Excel 实例\任务 4.2\四季度销售统计表.xlsx”。

1）查找数据

在“开始”选项卡的“编辑”组中单击“查找和选择”按钮，在下拉菜单中选择“查找”命令，弹出“查找和替换”对话框。在“查找”选项卡中的“查找内容”文本框中输入“四季度”，单击“查找下一个”按钮。如果需要查找指定的全部数据，则单击对话框中的“查找全部”按钮。在“查找与替换”对话框中，单击“选项”按钮，即可展开对话框选项区域，在此可以设置相应的查找选项，如查找的范围、搜索的方向、区分大小写等，以使查找的数据更加精确。

2）替换数据

在“开始”选项卡中单击“查找和选择”按钮，然后在下拉菜单中选择“替换”命令，弹出“查找和替换”对话框。在“替换”选项卡中的“查找内容”和“替换为”文本框中分别输入“四季度”“10—12 月”，单击“查找下一个”按钮。此时可看到查找到了第一处数据，如果需要进行替换，单击“替换”按钮，第一处数据被替换，并自动选定了下一处数据。如果需要替换工作表中的所有数据，则单击“全部替换”按钮。

5. 插入批注

批注可以看作审阅者对表格内容的注释，当需要为单元格中的数据添加注释时，就可以使用批注功能。

打开原始文件“Excel 实例\任务 4.2\四季度销售统计表.xlsx”。

选择需要插入批注的单元格，如 H6 单元格，在“审阅”选项卡的“批注”组中单击“新建批注”按钮，或右击 H6 单元格，在弹出的快捷菜单中选择“插入批注”命令，则在所选择单元格右侧出现了批注框，批注框中显示了审阅者用户名，在其中输入批注内容，如“业务经理”。

在插入批注后，如果对批注内容不满意，也可以对批注进行编辑。选定需要编辑的批注所在单元格并右击，在弹出的快捷菜单中选择“编辑批注”命令，即可对批注进行编辑。

当不再需要使用插入的批注时，可以将其进行删除。选定需要删除批注的单元格并右击，在弹出的快捷菜单中选择“删除批注”命令。

6. 撤销与恢复

在编辑工作表时难免出现误操作，此时不用担心，可以快速地撤销对上一步的操作。如果撤销的操作过多，丢失了需要的数据，也可以恢复上一步撤销的操作。在快速访问工具栏中单击“撤销”和“恢复”按钮或者按 Ctrl+Z 组合键和 Ctrl+Y 组合键可执行撤销和恢复操作。

7. 设置数据自动换行

在制作表格时，经常会遇到需要输入较多内容的情况，输入的内容过多将超出单元格的宽度，导致无法正常显示。可以在编辑状态下按 Alt+Enter 快捷键将单元格中的数据进行强制换行。此外，还可以将单元格设置为自动换行，使其中的数据能够根据单元格的宽度自动换行。

方法 1：选定需要设置自动换行的单元格，然后在“开始”选项卡的“对齐方式”组中单击“自动换行”按钮。

方法 2：选定目标单元格并打开“设置单元格格式”对话框，然后在“对齐”选项卡中选中“自动换行”复选框，如图 4-44 所示。

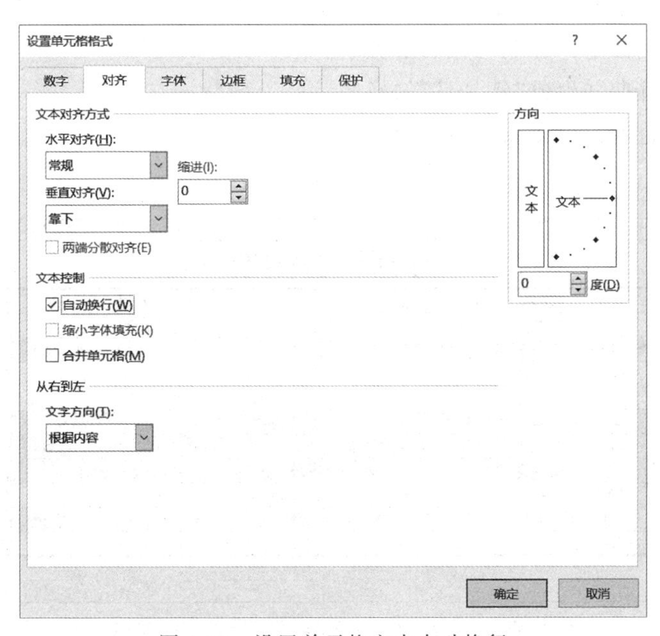

图 4-44 设置单元格文本自动换行

8. 套用表格样式

打开原始文件“Excel 实例\任务 4.2\费用支出统计表.xlsx”。

单击“开始”选项卡“样式”组中的“套用表格样式”按钮，在打开的样式库中选择所需要的样式，结果如图 4-45 所示。

本年度费用支出统计表

支出类别	A部门	B部门	C部门	D部门	E部门
日常开销	¥48,000	¥49,000	¥51,000	¥63,000	¥58,000
工资支出	¥5,060	¥840	¥5,240	¥5,840	¥5,840
绩效奖励	¥500	¥3,500	¥1,500	¥1,200	¥3,500
出差费用	¥1,200	¥750	¥1,200	¥600	¥1,200
其他费用	¥800	¥1,900	¥800	¥3,500	¥800
费用合计	¥55,560	¥55,990	¥59,740	¥74,140	¥69,340

图 4-45　套用表格样式效果

4.2.6　技能训练

制作学生学费统计表，效果见图 4-46。具体要求如下。

(1) 新建一空白工作簿，将 Sheet1 工作表改名为“学费统计表”。

(2) 字体设置。

① 输入标题及表头，将表标题“学生学费统计表”字体设置为华文琥珀、18 磅。

② 其他单元格数据格式设置为宋体、11 磅。

③ 行高设置。第 1 行行高设置为 30 磅；其他行行高设置为 15 磅。

④ 列宽设置。A：D 为 8 磅，E：F 为 15 磅，G 为 8 磅。

⑤ 框线设置。表格外边框线设置为粗实线，内框线为细实线。

⑥ 底纹设置。表中的底纹颜色均设置为浅绿色。

(3) 输入文本类学号。

(4) 利用数据验证选择性输入姓名及班级。

(5) 输入缴费日期并生成“年月日”的格式。

(6) 输入缴费金额并设成人民币的格式。

(7) 输入备注。

学生学费统计表

序号	姓名	性别	班级	缴费日期	缴费金额	备注
001	郭艾伦	男	房产1	2019年7月6日	¥2,500.00	
002	郭士强	男	房产2	2019年7月6日	¥2,500.00	
003	韩德君	男	房产1	2019年7月8日	¥2,500.00	
004	杨明	男	房产1	2019年7月8日	¥2,500.00	
005	李晓旭	男	房产2	2019年7月6日	¥2,500.00	
006	哈德森	男	房产2	2019年7月6日	¥1,500.00	藏族
007	郑海霞	女	房产2	2019年7月6日	¥2,500.00	
008	朱婷	女	房产1	2019年7月6日	¥2,500.00	
009	乔丹	男	房产2	2019年7月6日	¥3,500.00	重修
010	郎平	女	房产1	2019年7月6日	¥2,500.00	

图 4-46　“学生学费统计表”工作表最终效果

任务 4.3 使用公式计算学生成绩

公式是 Excel 的重要组成部分，它是对工作表中数据进行分析和计算的工具，可以对单元格中的数据进行逻辑和算术运算。熟练掌握公式可以帮助用户解决各种计算问题。

本任务利用公式计算“学生成绩登记簿”中各科综合成绩，和汇总表中的总分，平均分。

4.3.1 任务要点

（1）单元格的引用。

（2）公式的输入。

（3）公式中的数值类型。

（4）表达式类型。

（5）复制公式中的相对引用、绝对应用、混合引用。

（6）自动求和工具。

4.3.2 任务要求

（1）打开原始文件“Excel 实例\任务 4.3\学生成绩登记册.xlsx”。

（2）计算综合成绩。打开“16 智能计算机成绩登记册”工作表，计算综合成绩。

（3）计算数学综合成绩。打开“16 智能数学成绩登记册”工作表，计算综合成绩。

（4）计算网络综合成绩。打开“16 智能网络成绩登记册”工作表，计算综合成绩。

（5）计算网络综合成绩。打开“16 智能英语成绩登记册”工作表，计算综合成绩。

（6）在成绩汇总登记表中录入成绩。

（7）将以上各表计算出来的综合成绩录入“16 智能成绩汇总登记册”工作表的计算机成绩、数学成绩、网络成绩、英语成绩。

（8）计算总分、平均分。利用求和工具计算“16 智能成绩汇总登记册”工作表的总分、平均分。

4.3.3 实施过程

（1）打开原始文件“Excel 实例\任务 4.3\学生成绩登记册.xlsx 工作簿”。

（2）利用公式计算综合成绩。打开“16 智能计算机成绩登记册”工作表，在 J7 单元格中输入“=F7 * 50% + H7 * 50%”，如图 4-47 所示。再次选定 J7 单元格，利用复制柄向下复制到 J26，结果如图 4-48 所示。

J7 =F7*50%+H7*50%

	A	B	C	D	E	F	G	H	I	J	K	L
1	辽宁城市建设职业技术学院成绩登记册											
2	2016-2017学年第一学期											
3	院(系)/部：建筑设备系				行政班级：16智能					学生人数：20		
4	课　　程：[060301]计算机基础				学　　分：2.0		课程类别：公共课/必修			考核方式：考试		
5	综合成绩(百分制)=平时成绩(百分制)(50%)+中考成绩()(0%)+末考成绩(百分制)(50%)+技能成绩()(0%)											
6	序号	学号	姓名	性别	修读性质	平时成绩	中考成绩	末考成绩	技能成绩			备注
7	1	160105520101	王奕博	男	初修	95		85		=F7*50%+H7*50%		
8	2	160105520102	王钰鑫	男	初修	80		79				
9	3	160105520103	李明远	男	初修	98		92				
10	4	160105520104	马天庆	男	初修	100		99				
11	5	160105520105	张新宇	男	初修	95		93				
12	6	160105520106	那贵森	男	初修	90		80				
13	7	160105520107	乌琼	女	初修	80		63				

图 4-47 计算机成绩登记册综合成绩录入

辽宁城市建设职业技术学院成绩登记册

2016-2017学年第一学期

院(系)/部：建筑设备系　　行政班级：16智能　　学生人数：20

课　　程：[060301]计算机基础　　学　　分：2.0　课程类别：公共课/必修　　考核方式：考试

综合成绩(百分制)=平时成绩(百分制)(50%)+中考成绩()(0%)+末考成绩(百分制)(50%)+技能成绩()(0%)

序号	学号	姓名	性别	修读性质	平时成绩	中考成绩	末考成绩	技能成绩	综合成绩	辅助标记	备注
1	160105520101	王奕博	男	初修	95		85		90		
2	160105520102	王钰鑫	男	初修	80		79		80		
3	160105520103	李明远	男	初修	98		92		95		
4	160105520104	马天庆	男	初修	100		99		100		
5	160105520105	张新宇	男	初修	95		93		94		
6	160105520106	那贵森	男	初修	90		80		85		
7	160105520107	乌琼	女	初修	80		63		72		
8	160105520108	李亚楠	女	初修	85		70		78		
9	160105520109	王涛	男	初修	95		99		97		
10	160105520110	谷鹏飞	男	初修	90		55		73		
11	160105520111	赵红龙	男	初修	85		78		82		
12	160105520112	王玉梅	女	初修	75		68		72		
13	160105520113	刘彦超	男	初修	85		72		79		
14	160105520114	周虹廷	男	初修	90		90		90		
15	160105520115	王芷睿	男	初修	90		35		63		
16	160105520116	高国峰	男	初修	100		92		96		
17	160105520117	伊天娇	女	初修	85		77		81		
18	160105520118	杨兆旭	男	初修	90		86		88		
19	160105520119	孔祥鑫	男	初修	80		73		77		
20	160105520120	王均望	男	初修	70		26		48		

16智能计算机成绩登记册 | 16智能数学成绩登记册 | 16智能网络成绩登记册 | 16智能英语成绩登记册 | 16智能成绩

图 4-48　计算机成绩登记册

(3) 利用公式计算数学综合成绩。打开“16 智能数学成绩登记册”工作表，在 J7 单元格中输入“=F7＊20%+H7＊80%”。再次选定 J7 单元格，利用复制柄向下复制到 J26，结果如图 4-49 所示。

辽宁城市建设职业技术学院成绩登记册

2016-2017学年第一学期

院(系)/部：建筑设备系　　行政班级：16智能　　学生人数：20

课　　程：[060303]应用数学　　学　　分：2.0　课程类别：公共课/必修　　考核方式：考试

综合成绩(百分制)=平时成绩(百分制)(20%)+中考成绩()(0%)+末考成绩(百分制)(80%)+技能成绩()(0%)

序号	学号	姓名	性别	修读性质	平时成绩	中考成绩	末考成绩	技能成绩	综合成绩	辅助标记	备注
1	160105520101	王奕博	男	初修	60		27		34		
2	160105520102	王钰鑫	男	初修	77		50		55		
3	160105520103	李明远	男	初修	70		77		76		
4	160105520104	马天庆	男	初修	98		68		74		
5	160105520105	张新宇	男	初修	66		98		92		
6	160105520106	那贵森	男	初修	65		62		63		
7	160105520107	乌琼	女	初修	65		52		55		
8	160105520108	李亚楠	女	初修	44		42		42		
9	160105520109	王涛	男	初修	99		97		97		
10	160105520110	谷鹏飞	男	初修	83		80		81		
11	160105520111	赵红龙	男	初修	92		77		80		
12	160105520112	王玉梅	女	初修	41		44		43		
13	160105520113	刘彦超	男	初修	56		55		55		
14	160105520114	周虹廷	男	初修	66		72		71		
15	160105520115	王芷睿	男	初修	94		80		83		
16	160105520116	高国峰	男	初修	56		66		64		
17	160105520117	伊天娇	女	初修	72		92		88		
18	160105520118	杨兆旭	男	初修	46		37		39		
19	160105520119	孔祥鑫	男	初修	60		73		70		
20	160105520120	王均望	男	初修	80		72		74		

16智能计算机成绩登记册 | 16智能数学成绩登记册 | 16智能网络成绩登记册 | 16智能英语成绩登记册 | 16智能成绩

图 4-49　数学成绩登记册

(4) 计算网络综合成绩。打开“16 智能网络成绩登记册”工作表，在 J7 单元格中输入“=F7 * 20% + H7 * 50% + I7 * 30%”。再次选定 J7 单元格，利用复制柄向下复制到 J26，结果如图 4-50 所示。

(5) 计算英语综合成绩。打开“16 智能英语成绩登记册”工作表，在 J7 单元格中输入“=F7 * 20% + H7 * 80%”。再次选定 J7 单元格，利用复制柄向下复制到 J26，结果如图 4-51 所示。

辽宁城市建设职业技术学院成绩登记册

2016-2017学年第一学期

院(系)/部：建筑设备系　行政班级：16智能　学生人数：20

课　　程：[060304]计算机网络　学　　分：2.0　课程类别：公共课/必修　考核方式：考试

综合成绩(百分制)=平时成绩(百分制)(20%)+中考成绩()(0%)+末考成绩(百分制)(50%)+技能成绩(百分制)(30%)

序号	学号	姓名	性别	修读性质	平时成绩	中考成绩	末考成绩	技能成绩	综合成绩	辅助标记	备注
1	160105520101	王奕博	男	初修	70		72	98	79		
2	160105520102	王钰鑫	男	初修	70		**50**	75	62		
3	160105520103	李明远	男	初修	85		77	99	85		
4	160105520104	马天庆	男	初修	90		78	97	86		
5	160105520105	张新宇	男	初修	100		98	79	93		
6	160105520106	那贵森	男	初修	70		62	**39**	**57**		
7	160105520107	乌琼	女	初修	70		**52**	**39**	**52**		
8	160105520108	李亚楠	女	初修	95		97	**39**	79		
9	160105520109	王涛	男	初修	80		**42**	99	67		
10	160105520110	谷鹏飞	男	初修	90		**44**	91	67		
11	160105520111	赵红龙	男	初修	81		80	95	85		
12	160105520112	王玉梅	女	初修	80		77	95	83		
13	160105520113	刘彦超	男	初修	75		**55**	**59**	60		
14	160105520114	周虹廷	男	初修	85		82	81	82		
15	160105520115	王芷睿	男	初修	90		70	82	78		
16	160105520116	高国峰	男	初修	95		83	78	84		
17	160105520117	伊天娇	女	初修	90		66	81	75		
18	160105520118	杨兆旭	男	初修	90		92	86	90		
19	160105520119	孔祥鑫	男	初修	80		72	87	78		
20	160105520120	王均望	男	初修	70		73	70	72		

16智能计算机成绩登记册 | 16智能数学成绩登记册 | 16智能网络成绩登记册 | 16智能英语成绩登记册 | 16智能成绩汇

图 4-50　网络成绩登记册

辽宁城市建设职业技术学院成绩登记册

2016-2017学年第一学期

院(系)/部：建筑设备系　行政班级：16智能　学生人数：20

课　　程：[060302]英语　学　　分：2.0　课程类别：公共课/必修　考核方式：考试

综合成绩(百分制)=平时成绩(百分制)(20%)+中考成绩()(0%)+末考成绩(百分制)(80%)+技能成绩()(0%)

序号	学号	姓名	性别	修读性质	平时成绩	中考成绩	末考成绩	技能成绩	综合成绩	辅助标记	备注
1	160105520101	王奕博	男	初修	85		77		79		
2	160105520102	王钰鑫	男	初修	80		78		78		
3	160105520103	李明远	男	初修	78		98		94		
4	160105520104	马天庆	男	初修	65		66		66		
5	160105520105	张新宇	男	初修	87		65		69		
6	160105520106	那贵森	男	初修	90		65		70		
7	160105520107	乌琼	女	初修	78		**44**		**51**		
8	160105520108	李亚楠	女	初修	75		99		94		
9	160105520109	王涛	男	初修	80		83		82		
10	160105520110	谷鹏飞	男	初修	75		90		87		
11	160105520111	赵红龙	男	初修	85		**41**		**50**		
12	160105520112	王玉梅	女	初修	76		**56**		60		
13	160105520113	刘彦超	男	初修	85		66		70		
14	160105520114	周虹廷	男	初修	90		90		90		
15	160105520115	王芷睿	男	初修	90		**56**		63		
16	160105520116	高国峰	男	初修	80		72		74		
17	160105520117	伊天娇	女	初修	78		**46**		**52**		
18	160105520118	杨兆旭	男	初修	80		**57**		62		
19	160105520119	孔祥鑫	男	初修	92		80		82		
20	160105520120	王均望	男	初修	75		73		73		

16智能计算机成绩登记册 | 16智能数学成绩登记册 | 16智能网络成绩登记册 | 16智能英语成绩登记册 | 16智能成绩

就绪

图 4-51　英语成绩登记册

(6) 在成绩汇总登记表中录入成绩。打开“16智能成绩汇总登记册”工作表，在F5单元格中输入“=16智能计算机成绩登记册！J7”，如图4-52所示。再次选定F5单元格，利用复制柄向下复制到F24。在G5单元格中输入“=16智能数学成绩登记册！J7”并向下复制到G24。在H5单元格中输入“=16智能网络成绩登记册！J7”并向下复制到H24，选择I5输入“=16智能英语成绩登记册！J7”并向下复制到I24，结果如图4-53所示。

COUNT | =16智能计算机成绩登记表!J7

辽宁城市建设职业技术学院成绩登记册

2016-2017学年第一学期

院(系)/部：建筑设备系 行政班级：16智能 学生人数：20

序号	学号	姓名	性别	修读性质	计算机综合成绩	数学综合成绩	计算机网络综合成绩	英语综合成绩	总分	平均分	备注
1	160105520101	王奕博	男	初修	=16智能计						
2	160105520102	王钰鑫	男	初修							
3	160105520103	李明远	男	初修							
4	160105520104	马天庆	男	初修							
5	160105520105	张新宇	男	初修							
6	160105520106	那贵森	男	初修							

图4-52 成绩汇总登记册计算机成绩录入

P14

辽宁城市建设职业技术学院成绩登记册

2016-2017学年第一学期

院(系)/部：建筑设备系 行政班级：16智能 学生人数：20

序号	学号	姓名	性别	修读性质	计算机综合成绩	数学综合成绩	计算机网络综合成绩	英语综合成绩	总分	平均分	备注
1	160105520101	王奕博	男	初修	90	34	79	79			
2	160105520102	王钰鑫	男	初修	80	55	62	78			
3	160105520103	李明远	男	初修	95	76	85	94			
4	160105520104	马天庆	男	初修	100	74	86	66			
5	160105520105	张新宇	男	初修	94	92	93	69			
6	160105520106	那贵森	男	初修	85	63	57	70			
7	160105520107	乌琼	女	初修	72	55	52	51			
8	160105520108	李亚楠	女	初修	78	42	79	94			
9	160105520109	王涛	男	初修	97	97	67	82			
10	160105520110	谷鹏飞	男	初修	73	81	67	87			
11	160105520111	赵红龙	男	初修	82	80	85	50			
12	160105520112	王玉梅	女	初修	72	43	83	60			
13	160105520113	刘彦超	男	初修	79	55	60	70			
14	160105520114	周虹廷	男	初修	90	71	82	90			
15	160105520115	王芷睿	男	初修	63	83	78	63			
16	160105520116	高国峰	男	初修	96	64	84	74			
17	160105520117	伊天娇	女	初修	81	88	75	52			
18	160105520118	杨兆旭	男	初修	88	39	90	62			
19	160105520119	孔祥鑫	男	初修	77	70	78	82			
20	160105520120	王均望	男	初修	48	74	72	73			

... | 16智能数学成绩登记册 | 16智能网络成绩登记册 | 16智能英语成绩登记册 | 16智能成绩汇总登记册

图4-53 成绩汇总登记册成绩录入完成

(7) 计算总分、平均分。

① 总分录入。单击J5单元格，在“开始”选项卡中单击 **Σ自动求和** ▾ 按钮，出现虚线选区，如图4-54所示。选定F5:I5后按Enter键。再次选定J5单元格并向下复制到J24，结果如图4-55所示。

② 平均分录入。单击K5单元格，在“开始”选项卡中单击 **Σ自动求和** ▾ 按钮右侧的下三角按钮，选择“平均值”，如图4-56所示，出现虚线选区如图4-57所示。选定F5:I5后按Enter

键。再次选定 K5 单元格并向下复制到 K24，结果如图 4-58 所示。

COUNT　=SUM(F5:I5)

	A	B	C	D	E	F	G	H	I	J	K	L
1	辽宁城市建设职业技术学院成绩登记册											
2	2016-2017学年第一学期											
3	院(系)/部：建筑设备系				行政班级：16智能					学生人数：20		
4	序号	学号	姓名	性别	修读性质	计算机综合成绩	数学综合成绩	计算机网络综合成绩	英语综合成绩			备注
5	1	160105520101	王奕博	男	初修	90	34	79	79	=SUM(F5:I5)		
6	2	160105520102	王钰鑫	男	初修	80	55	62	78			
7	3	160105520103	李明远	男	初修	95	76	85	94	SUM(number1, [number2], ...)		
8	4	160105520104	马天庆	男	初修	100	74	86	66			
9	5	160105520105	张新宇	男	初修	94	92	93	69			
10	6	160105520106	那贵森	男	初修	85	63	57	70			
11	7	160105520107	乌琼	女	初修	72	55	52	51			
12	8	160105520108	李亚楠	女	初修	78	42	79	94			
13	9	160105520109	王涛	男	初修	97	97	67	82			
14	10	160105520110	谷鹏飞	男	初修	73	81	67	87			
15	11	160105520111	赵红龙	男	初修	82	80	85	50			

图 4-54　成绩汇总登记册总分录入

	A	B	C	D	E	F	G	H	I	J	K	L
1	辽宁城市建设职业技术学院成绩登记册											
2	2016-2017学年第一学期											
3	院(系)/部：建筑设备系				行政班级：16智能					学生人数：20		
4	序号	学号	姓名	性别	修读性质	计算机综合成绩	数学综合成绩	计算机网络综合成绩	英语综合成绩	总分	平均分	备注
5	1	160105520101	王奕博	男	初修	90	34	79	79	282		
6	2	160105520102	王钰鑫	男	初修	80	55	62	78	275		
7	3	160105520103	李明远	男	初修	95	76	85	94	350		
8	4	160105520104	马天庆	男	初修	100	74	86	66	325		
9	5	160105520105	张新宇	男	初修	94	92	93	69	348		
10	6	160105520106	那贵森	男	初修	85	63	57	70	274		
11	7	160105520107	乌琼	女	初修	72	55	52	51	229		
12	8	160105520108	李亚楠	女	初修	78	42	79	94	293		
13	9	160105520109	王涛	男	初修	97	97	67	82	344		
14	10	160105520110	谷鹏飞	男	初修	73	81	67	87	307		
15	11	160105520111	赵红龙	男	初修	82	80	85	50	296		
16	12	160105520112	王玉梅	女	初修	72	43	83	60	258		
17	13	160105520113	刘彦超	男	初修	79	55	60	70	264		
18	14	160105520114	周虹廷	男	初修	90	71	82	90	333		
19	15	160105520115	王芷睿	男	初修	63	83	78	63	286		
20	16	160105520116	高国峰	男	初修	96	64	84	74	318		
21	17	160105520117	伊天娇	女	初修	81	88	75	52	297		
22	18	160105520118	杨兆旭	男	初修	88	39	90	62	278		
23	19	160105520119	孔祥鑫	男	初修	77	70	78	82	307		
24	20	160105520120	王均望	男	初修	48	74	72	73	267		

16智能数学成绩登记册 | 16智能网络成绩登记册 | 16智能英语成绩登记册 | 16智能成绩汇总登记册

图 4-55　成绩汇总登记册总分录入完成

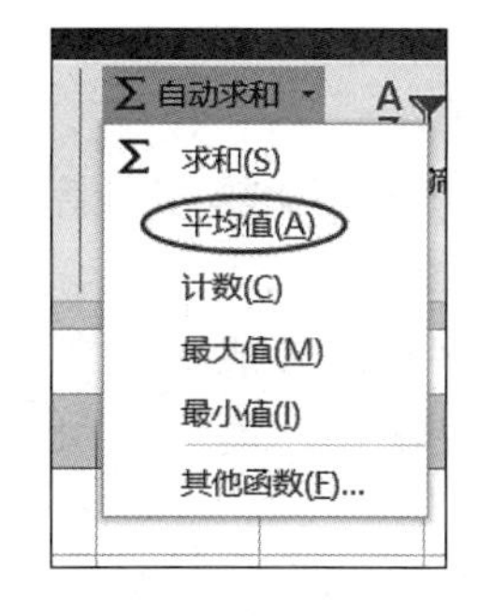

图 4-56　自动求和工具

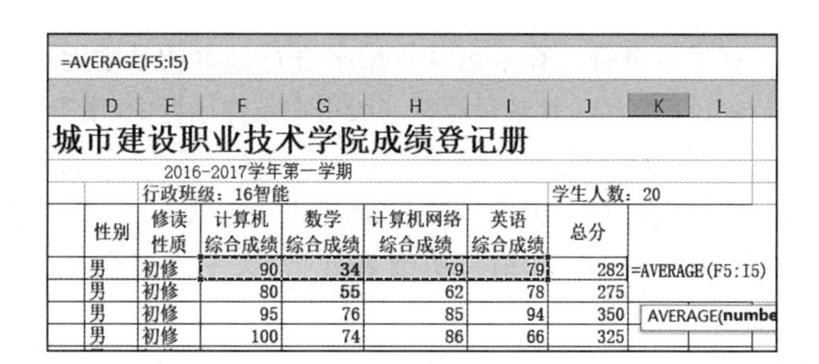

图 4-57　成绩汇总登记册平均分录入

辽宁城市建设职业技术学院成绩登记册

2016-2017学年第一学期

院(系)/部：建筑设备系　行政班级：16智能　学生人数：20

序号	学号	姓名	性别	修读性质	计算机综合成绩	数学综合成绩	计算机网络综合成绩	英语综合成绩	总分	平均分	备注
1	160105520101	王奕博	男	初修	90	34	79	79	282	70	
2	160105520102	王钰鑫	男	初修	80	55	62	78	275	69	
3	160105520103	李明远	男	初修	95	76	85	94	350	87	
4	160105520104	马天庆	男	初修	100	74	86	66	325	81	
5	160105520105	张新宇	男	初修	94	92	93	69	348	87	
6	160105520106	那贵森	男	初修	85	63	57	70	274	69	
7	160105520107	乌琼	女	初修	72	55	52	51	229	57	
8	160105520108	李亚楠	女	初修	78	42	79	94	293	73	
9	160105520109	王涛	男	初修	97	97	67	82	344	86	
10	160105520110	谷鹏飞	男	初修	73	81	67	87	307	77	
11	160105520111	赵红龙	男	初修	82	80	85	50	296	74	
12	160105520112	王玉梅	女	初修	72	43	83	60	258	64	
13	160105520113	刘彦超	男	初修	79	55	60	70	264	66	
14	160105520114	周虹廷	男	初修	90	71	82	90	333	83	
15	160105520115	王芷睿	男	初修	63	83	78	63	286	71	
16	160105520116	高国峰	男	初修	96	64	84	74	318	79	
17	160105520117	伊天娇	女	初修	81	88	75	52	297	74	
18	160105520118	杨兆旭	男	初修	88	39	90	62	278	70	
19	160105520119	孔祥鑫	男	初修	77	70	78	82	307	77	
20	160105520120	王均望	男	初修	48	74	72	73	267	67	

16智能数学成绩登记册　16智能网络成绩登记册　16智能英语成绩登记册　16智能成绩汇总登记册

图 4-58　成绩汇总登记册平均分录入完成

4.3.4 知识链接

1. Excel 2016 公式简介

在单元格中输入"＝"表示进入公式编辑状态。

在 Excel 的公式中，可以使用运算符、单元格引用、值或常量、函数等几种元素。运算符用于对公式中的元素进行特定类型的计算，一个运算符就是一个符号，如＋、－、＊、/等。

1）常数类型

（1）数值型。直接输入数字，如：＝29。

（2）字符型。加引号表示字符型数据，例如，＝"abc"表示字符串，如果不加引号则认为是变量 abc。

（3）逻辑型。逻辑型常数只有两个，分别为逻辑真和逻辑假，表示为 TRUE 和 FALSE。

2）运算符和运算符优先级

（1）算术运算符。算术运算符用来进行基本的数学运算，如＋、—、＊、/、－、%等。

（2）比较运算符。比较运算符一般用在条件运算中，用于对两个数值进行比较，其计算结果为逻辑值，当结果为真时返回 TRUE，否则返回 FALSE。运算符号包括＝、＞、＞＝、＜、＜＝、＜＞。

（3）连接运算符。连接运算符"&"用于连接一个或多个文本字符串形成一串文本。例如，若要将"FBHSJD"和"销售明细表"两个文本连接在一起，那么应输入公式"＝FBHSJD&销售明细表"。

（4）引用运算符。引用运算符用来表示单元格在工作表中位置的坐标，为计算公式指明引用的位置。包括"："","和空格。

（5）运算符的优先级见表 4-2。

表 4-2 运算符的优先级

优先级	运算符号	运算符名称	优先级	运算符号	运算符名称
1	:	冒号	6	+和－	加号和减号
1	␣	单个空格	7	&	连接符号
1	,	逗号	8	=	等于
2	－	负号	8	< 和 >	小于和大于
3	%	百分比	8	<>	不等于
4	^	乘幂	8	<=	小于等于
5	* 和/	乘号和除号	8	>=	大于等于

3）输入公式

在 Excel 工作表中输入的公式都以"＝"开始。在输入"＝"后，再输入单元格地址和运算符。输入公式的方法非常简单，与输入数据一样，可以在单元格中直接输入，也可以在编辑栏中进行编辑。

打开原始文件"Excel 实例\任务 4.3\销售情况表.xlsx"。

(1) 在单元格中直接输入公式。

① 选定 D3 单元格，在其中输入"＝"，再单击需要参与运算的单元格，如 B3，输入" * "运算符，然后单击 C3 单元格，即可完成图 4-59 所示公式的编辑，该公式表示"总销售额＝单价×数量"。

② 按 Enter 键，则计算出结果。

商品类型	销售数量	单价	总销售额	商品进价	利润额	销售奖励
三星LED	40	¥4,000.00	=B3*C3	¥3,260.00		
苹果手机	55	¥6,888.00		¥5,500.00		
飞利浦剃须刀	42	¥588.00		¥288.00		
九阳榨汁机	30	¥820.00		¥200.00		
美的电饭煲	55	¥1,280.00		¥690.00		
日美空气炸锅	67	¥460.00		¥330.00		
格力空调	8	¥12,800.00		¥9,800.00		
博世冰箱	42	¥4,460.00		¥4,000.00		
西门子洗衣机	31	¥3,800.00		¥3,160.00		

图 4-59 在单元格内编辑公式

③ 利用数据填充柄，向下填充完成所有总销售额，结果如图 4-60 所示。

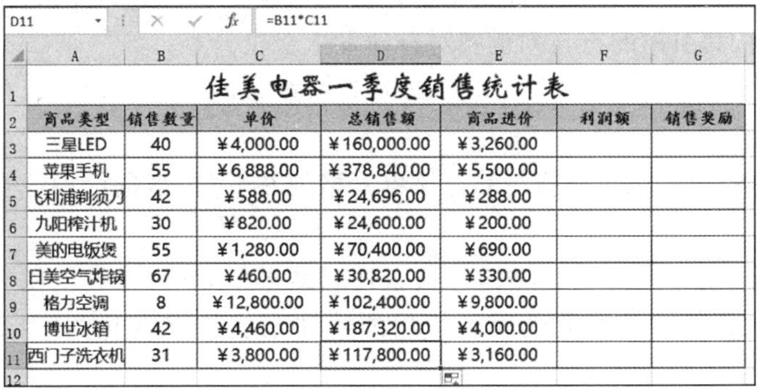

D11 =B11*C11

商品类型	销售数量	单价	总销售额	商品进价	利润额	销售奖励
三星LED	40	¥4,000.00	¥160,000.00	¥3,260.00		
苹果手机	55	¥6,888.00	¥378,840.00	¥5,500.00		
飞利浦剃须刀	42	¥588.00	¥24,696.00	¥288.00		
九阳榨汁机	30	¥820.00	¥24,600.00	¥200.00		
美的电饭煲	55	¥1,280.00	¥70,400.00	¥690.00		
日美空气炸锅	67	¥460.00	¥30,820.00	¥330.00		
格力空调	8	¥12,800.00	¥102,400.00	¥9,800.00		
博世冰箱	42	¥4,460.00	¥187,320.00	¥4,000.00		
西门子洗衣机	31	¥3,800.00	¥117,800.00	¥3,160.00		

图 4-60 数据填充

(2) 通过编辑栏输入公式。选定目标结果单元格,在编辑栏中输入正确的公式"=B3 * C3",然后单击编辑栏"输入"按钮✔或者按 Enter 键,即可得到计算的结果。

4) 复杂公式的使用

算术运算符是通过从高到低的优先级进行计算的,如果需要改变运算顺序,可在公式中使用括号,将需要先计算的部分用括号括起来,使其最先计算,从而得到正确结果。

(1) 单击销售统计表中的 F3 单元格,输入公式"=(C3-E3) * B3",按 Enter 键,如图4-61所示。

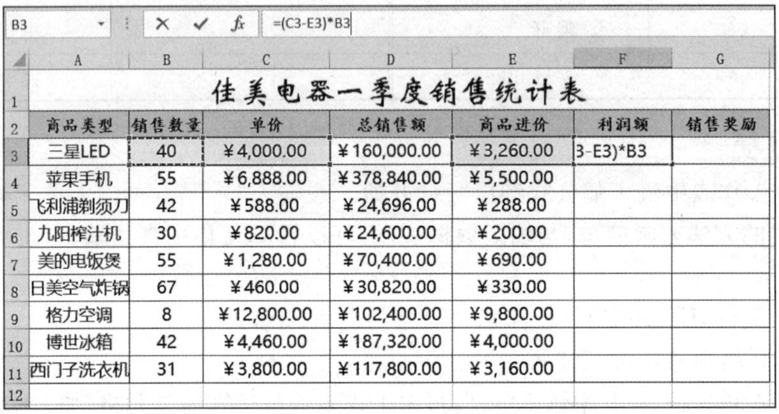

B3 =(C3-E3)*B3

	A	B	C	D	E	F	G
1	佳美电器一季度销售统计表						
2	商品类型	销售数量	单价	总销售额	商品进价	利润额	销售奖励
3	三星LED	40	¥4,000.00	¥160,000.00	¥3,260.00	3-E3)*B3	
4	苹果手机	55	¥6,888.00	¥378,840.00	¥5,500.00		
5	飞利浦剃须刀	42	¥588.00	¥24,696.00	¥288.00		
6	九阳榨汁机	30	¥820.00	¥24,600.00	¥200.00		
7	美的电饭煲	55	¥1,280.00	¥70,400.00	¥690.00		
8	日美空气炸锅	67	¥460.00	¥30,820.00	¥330.00		
9	格力空调	8	¥12,800.00	¥102,400.00	¥9,800.00		
10	博世冰箱	42	¥4,460.00	¥187,320.00	¥4,000.00		
11	西门子洗衣机	31	¥3,800.00	¥117,800.00	¥3,160.00		
12							

图 4-61 计算利润总额

(2) 选定 F3 单元格,将鼠标指针移至该单元格右下角,双击填充柄完成该列所有数据的填充。至此便完成所有商品的销售利润总额,即销售金额减去进价再乘以销售数量,得到利润总额。

(3) 销售奖励原则为利润额的 10%再加上 200 元,在 G3 单元格输入公式"=F3 * 10%+200"。假设此表中没有"利润额"列,那么需要在 G3 单元格输入完整的公式"=(C3-E3) * B3 * 10%+200",需要注意的就是算术运算符的优先级。

2. 单元格的引用方式

在 Excel 中,引用的关键在于标识单元格或单元格区域,Excel 中的引用包括相对引用、绝对引用、混合引用三种类型。

打开原始文件"Excel 实例\任务 4.3\各部门报销费用.xlsx"。

1) 相对引用

相对引用是指在目标单元格与被引用单元格之间建立了相对的关系,当公式所在的单元格位置发生变化时,其引用的行与列也相对自动发生变化。

(1) 在 E3 单元格中输入公式"=B3+C3+D3",按 Enter 键,此时目标单元格中显示了计算结果。

(2) 选定 D3 单元格,将鼠标指针移至该单元格的右下角,当鼠标指针变成十字形状时向下拖动填充柄复制公式。

(3) 拖至目标位置后释放鼠标左键。选定任意结果单元格,在编辑栏中可以看到其中的公式随着公式所在的单元格变化为 E6,引用的行和列也自动变化为"=B6+C6+D6",如图 4-62 所示。

E6　=B6+C6+D6

	A	B	C	D	E	F	G
1	盛大广告公司一季度报销统计表						
2		出差	餐饮	日常开销	费用合计	报销金额	报销比例
3	外商部	8000	800	350	9150		85%
4	联谊部	6260	1200	300	7760		
5	广告部	3300	660	360	4320		
6	企划部	800	780	280	1860		

图 4-62　相对引用的结果

2）绝对引用

绝对引用是指目标单元格与被引用的单元格之间没有相对的关系，无论公式所在的单元格位置是否发生了改变，绝对引用的地址不变。要建立绝对引用，则需要在单元格的行和列上添加符号“＄”。

（1）在 F3 单元格中输入公式“＝B3 * ＄G＄3”，表示该单元格结果等于费用合计乘以报销比例，这里的＄G＄3 即表示绝对引用了 G3 单元格。

（2）按 Enter 键即可得到计算结果。选定 F3 单元格，双击右下角的填充柄，得出所有结果。

（3）选定任一单元格，可以看到该单元格区域都引用了 G3 同一单元格，如图 4-63 所示。

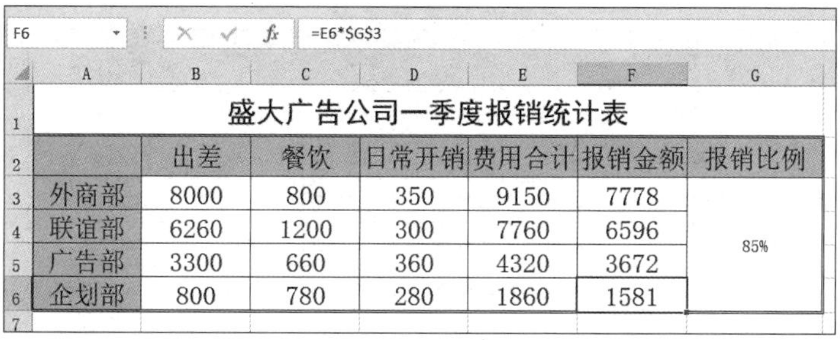

F6　=E6*$G$3

	A	B	C	D	E	F	G
1	盛大广告公司一季度报销统计表						
2		出差	餐饮	日常开销	费用合计	报销金额	报销比例
3	外商部	8000	800	350	9150	7778	85%
4	联谊部	6260	1200	300	7760	6596	
5	广告部	3300	660	360	4320	3672	
6	企划部	800	780	280	1860	1581	

图 4-63　绝对引用的结果

在公式中选定单元格的引用地址，按 F4 键，即可快速在绝对引用、相对列绝对行、绝对列相对行、相对引用间切换，也可以在输入公式时直接输入符号“＄”。

3）混合引用

在工作表中计算数据时，并不限于相对引用或绝对引用，还可能会使用混合引用。混合引用是指公式中既有相对引用又有绝对引用，例如，＄A2 表示绝对引用 A 列，相对引用第 2 行。

打开原始文件“Excel 实例\任务 4.3\中兴圣诞优惠表.xlsx”。

（1）在 B7 单元格中输入计算公式“＝＄A7 * B＄6”。

（2）按 Enter 键可以得到第一个折扣价，即消费 300 元打 9.5 折的价格。选定结果单元格，并向右拖动填充柄复制公式，结果如图 4-64 所示。

注意：步骤(1)中的公式表示绝对引用 A 列和 6 行。在复制公式时，绝对引用的地址不会发生改变，复制到 C7 单元格时，公式变为“＝＄A7 * C＄6”。

（3）选定 B7：F7，然后将指针移至 F7 单元格右下角，并向下拖动填充柄复制公式。

（4）拖至 F11 单元格位置处时释放鼠标左键，可以看到各消费额在相应的折扣的价格，如

图 4-65 所示。

B7 =$A7*B$6

	A	B	C	D	E	F
1						
2						
3						
4						
5	圣诞狂欢折上折					
6	折扣 消费额	95%	90%	85%	80%	75%
7	¥ 300.00	285.00				
8	¥ 500.00					
9	¥ 800.00					
10	¥ 1,000.00					
11	¥ 1,200.00					
12						

图 4-64 混合引用的结果

F11 =$A11*F$6

	A	B	C	D	E	F
1						
2						
3						
4						
5	圣诞狂欢折上折					
6	折扣 消费额	95%	90%	85%	80%	75%
7	¥ 300.00	285.00	270.00	255.00	240.00	225.00
8	¥ 500.00	475.00	450.00	425.00	400.00	375.00
9	¥ 800.00	760.00	720.00	680.00	640.00	600.00
10	¥ 1,000.00	950.00	900.00	850.00	800.00	750.00
11	¥ 1,200.00	1,140.00	1,080.00	1,020.00	960.00	900.00
12						

图 4-65 各消费额在相应的折扣下的价格

(5) 单击结果区域的任意数据单元格，可看到编辑栏中绝对引用的地址不变，而相对引用的地址随选中单元格的位置自动变化。

4.3.5 知识拓展

1. 更改引用类型

通过在单元格地址中使用符号"$"进行绝对引用或混合引用，也可以在输入单元格引用(通过输入或指向)时，重复按 F4 键让 Excel 在各种引用类型中循环选择。

例如，如果在公式开始部分输入"=A1"，则按 F4 键会转换为"=$A$1"；再按 F4 键，会转换为"=A$1"；再按一次 F4 键，会转换为"=$A1"；再按一次 F4 键，则又返回开始时的"=A1"。因此，可以不断地按 F4 键，直到 Excel 显示所需的引用类型为止。

2. 引用工作表外部的单元格

在公式中也可以引用其他工作表中的单元格，甚至这些工作表可以不在同一个工作簿中。Excel 使用一种特殊的符号来处理这种引用类型。

1）引用其他工作表中的单元格

要引用同一个工作簿中不同工作表中的单元格，可使用以下格式。

=工作表名称！单元格地址

即需要在单元格地址前面加上工作表名称，后跟一个感叹号。以下是一个使用工作表 Sheet2 中单元格的公式的示例。

=A1 * Sheet2！A1

这个公式可以将当前工作表中 A1 单元格的数值乘以工作表 Sheet2 中 A1 单元格的数值。

提示：如果引用的工作表名称含有一个或多个空格，必须用单引号将它们括起来（如果在创建公式时使用“指向并单击”方法，则 Excel 会自动进行此工作）。例如，下面的公式引用了工作表 All Depts 中的一个单元格。

=A1 * 'All Depts'！A1

2）引用其他工作簿的单元格

要引用其他工作簿中的单元格，可使用以下格式。

=[工作簿名称]工作表名称！单元格地址

在这种情况下，单元格地址的前面是工作簿名称（位于方括号中）、工作表名称和一个感叹号。下面是一个公式示例，其中使用了工作簿 Budget 的工作表 Sheet1 中的单元格引用。

= [Budget.xlsx] Sheet1！A1

如果引用的工作簿名称中有一个或多个空格，则必须要用单引号将它（和工作表名称）括起来。例如，下面的公式引用了工作簿 Budget For 2013.中的工作表 Sheet1 中的一个单元格。

=A1 * '[Budget For 2013.xlsx]Sheet1'！A1

当引用另一个工作簿中的单元格时，被引用的工作簿并不需要打开。但是，如果此工作簿是关闭的，则必须在引用中加上完整的路径以便使 Excel 能找到它。下面是一个示例。

=A1 * 'C：\MyDocuments\[Budget For 2013.xlsx] Sheet1'！A1

链接的文件也可以驻留在公司网络可访问到的其他系统中。例如，下面的公式引用了名为 DataServer 的计算机上的 files 目录中某个工作簿中的一个单元格。

='\\DataServer\ files\[Budget.xlsx] Sheet1'！ $D$7

3. 更正常见错误

在某些情况下，Excel 不允许输入错误的公式。例如，下面的公式丢失了右侧的圆括号。

=A1 * （B1+C2

如果试图输入这个公式，则 Excel 将会告知存在一个不匹配的括号，并建议进行更正。通常情况下，建议的更正操作是准确的，但是也不能完全依靠建议的操作。

4.3.6 技能训练

制作乘法口诀表，具体要求如下。

（1）新建“乘法口诀表.xlsx”工作簿。

（2）将工作表 Sheet1 改名为“乘法口诀”。

(3) 依次输入 B1、C1、…、J1 为“1”“2”…“9”。

(4) 依次输入 A2、A3、…、A10 为“1”“2”…“9”。

(5) 在 B2 单元格中输入“=B$1&"×"&$A2&"="&B$1*$A2”。

(6) 复制单元格 B2 至 J2,并依次复制 C2 至 C3,D2 至 D4,…,J2 至 J10。

(7) 设置 1 行行高为 0,A 列列宽为 0,结果如图 4-66 所示。

	B	C	D	E	F	G	H	I	J
2	1×1=1								
3	1×2=2	2×2=4							
4	1×3=3	2×3=6	3×3=9						
5	1×4=4	2×4=8	3×4=12	4×4=16					
6	1×5=5	2×5=10	3×5=15	4×5=20	5×5=25				
7	1×6=6	2×6=12	3×6=18	4×6=24	5×6=30	6×6=36			
8	1×7=7	2×7=14	3×7=21	4×7=28	5×7=35	6×7=42	7×7=49		
9	1×8=8	2×8=16	3×8=24	4×8=32	5×8=40	6×8=48	7×8=56	8×8=64	
10	1×9=9	2×9=18	3×9=27	4×9=36	5×9=45	6×9=54	7×9=63	8×9=72	9×9=81
11									
12									

图 4-66 乘法口诀表

任务 4.4 使用函数计算学生成绩

函数是 Excel 的数据处理工具,它实际上是 Excel 中预定义的公式,使用它可以将一些称为参数的特定数值按照指定的顺序或结构执行计算。典型的函数一般有一个或多个参数,并能够返回一个结果。复杂的函数运算可以嵌套使用,以完成一般公式无法完成的任务。

使用函数计算“学生成绩登记簿”中“16 智能学生成绩分析表”各字段。

4.4.1 任务要点

(1) 函数的表示。

(2) 函数的值。

(3) 函数的参数。

(4) 函数的输入。

(5) 函数的嵌套。

(6) 错误提示类型。

4.4.2 任务要求

(1) 打开原始文件“Excel 实例\任务 4.4\学生成绩登记册.xlsx”,切换到“16 智能成绩汇总登记册”工作表。

(2) 使用函数计算“名次”字段。

(3) 使用 IF 函数填充“奖学金”字段。

(4) 利用 COUNTIF 函数统计成绩分析表中的“优秀人数”和“不及格成绩人数”。

(5) 利用 COUNTIF 函数统计“良好人数”。

(6) 利用 COUNTIFS 函数统计“中等人数”和“及格成绩人数”。

(7) 利用函数计算“优秀率”和“不及格率”。

4.4.3 实施过程

(1) 打开原始文件“Excel 实例\任务 4.4\学生成绩登记册.xlsx”,切换到“16 智能成绩汇总登记册”工作表。

(2) 选定 L5 单元格，在“公式”选项卡中单击“其他函数”按钮，选择“统计”→RANK.EQ 函数，如图 4-67 所示，弹出“函数参数”对话框，如图 4-68 所示。在 Number 文本框中输入“J5”，在 Ref 文本框中输入“J＄5：J＄24”然后单击“确定”按钮。此时 J5 单元格中显示 8，而编辑栏中显示的是“=RANK.EQ(J5,J＄5：J＄24)”。再次选定 J5 利用复制柄向下复制到 J24 单元格。

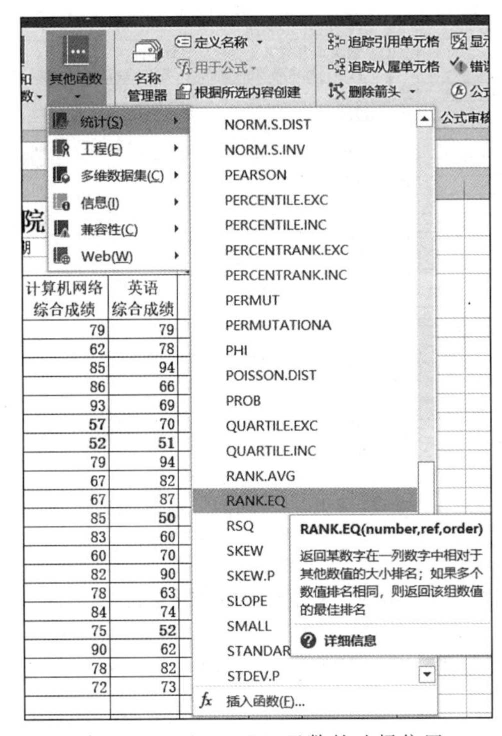

图 4-67　RANK.EQ 函数的选择位置

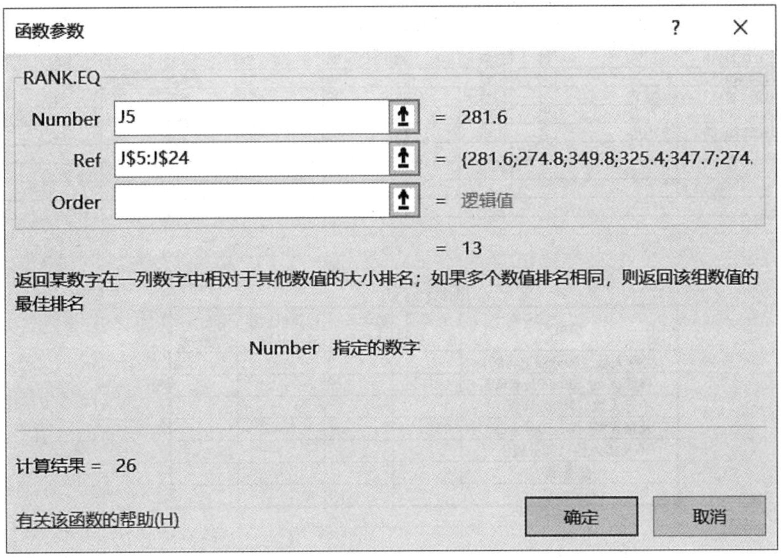

函数参数

RANK.EQ

Number　J5　= 281.6

Ref　J$5:J$24　= {281.6;274.8;349.8;325.4;347.7;274.

Order　= 逻辑值

= 13

返回某数字在一列数字中相对于其他数值的大小排名；如果多个数值排名相同，则返回该组数值的最佳排名

Number　指定的数字

计算结果 = 26

有关该函数的帮助(H)　确定　取消

图 4-68　RANK.EQ 函数参数对话框

(3) 计算奖学金等级。选定 M5 单元格,输入公式“=IF(K5<2,"一等奖学金",IF(K5<3,"二等奖学金",IF(K5<8,"三等奖学金","")))”。此时 L5 单元格将显示为空,复制 L5 直到 L24,此时 L7 等单元格显示了“一等奖学金”等,如图 4-69 所示。

L5 =IF(K5<2,"一等奖学金",IF(K5<3,"二等奖学金",IF(K5<8,"三等奖学金","")))

辽宁城市建设职业技术学院成绩登记册

2016-2017学年第一学期

院(系)/部:建筑设备系 行政班级:16智能 学生人数:20

序号	学号	姓名	性别	修读性质	计算机综合成绩	数学综合成绩	计算机网络综合成绩	英语综合成绩	总分	名次	奖学金等级
1	160105520101	王奕博	男	初修	90	34	79	79	282	13	
2	160105520102	王钰鑫	男	初修	80	55	62	78	275	15	
3	160105520103	李明远	男	初修	95	76	85	94	350	1	一等奖学金
4	160105520104	马天庆	男	初修	100	74	86	66	325	5	三等奖学金
5	160105520105	张新宇	男	初修	94	92	93	69	348	2	二等奖学金
6	160105520106	那贵森	男	初修	85	63	57	70	274	16	
7	160105520107	乌琼	女	初修	72	55	52	51	229	20	
8	160105520108	李亚楠	女	初修	78	42	79	94	293	11	
9	160105520109	王涛	男	初修	97	97	67	82	344	3	三等奖学金
10	160105520110	谷鹏飞	男	初修	73	81	67	87	307	7	三等奖学金
11	160105520111	赵红龙	男	初修	82	80	85	50	296	10	
12	160105520112	王玉梅	女	初修	72	43	83	60	258	19	
13	160105520113	刘彦超	男	初修	79	55	60	70	264	18	
14	160105520114	周虹廷	男	初修	90	71	82	90	333	4	三等奖学金
15	160105520115	王芷睿	男	初修	63	83	78	63	286	12	
16	160105520116	高国峰	男	初修	96	64	84	74	318	6	三等奖学金
17	160105520117	伊天娇	女	初修	81	88	75	52	297	9	
18	160105520118	杨兆旭	男	初修	88	39	90	62	278	14	
19	160105520119	孔祥鑫	男	初修	77	70	78	82	307	7	三等奖学金
20	160105520120	王均望	男	初修	48	74	72	73	267	17	

图 4-69 奖学金等级的计算结果

(4) 统计优秀人数、不及格成绩人数。在 F34 单元格中输入公式“=COUNTIF(F5:F24,">=90")”,按 Enter 键。然后向右复制公式至 I34,结果如图 4-70 所示。

F34 =COUNTIF(F5:F24,">=90")

15	160105520115	王芷睿	男	初修	63	83	78	63	286	12	
16	160105520116	高国峰	男	初修	96	64	84	74	318	6	三等奖学金
17	160105520117	伊天娇	女	初修	81	88	75	52	297	9	
18	160105520118	杨兆旭	男	初修	88	39	90	62	278	14	
19	160105520119	孔祥鑫	男	初修	77	70	78	82	307	7	三等奖学金
20	160105520120	王均望	男	初修	48	74	72	73	267	17	

成绩分析

科目	计算机成绩分析	数学成绩分析	计算机网络成绩分析	英语成绩分析
优秀人数(90分以上含90)	7	2	1	3
良好人数(80-90分含80)				
中等人数(70-80分含70)				
及格人数(60-70分含60)				
不及格人数(60分以下)				
优秀率				
不及格率				

图 4-70 优秀人数的统计结果

在选中 F38 单元格中输入公式"=COUNTIF(F5：F24,"<60")"，按 Enter 键，向右复制公式至 F34，结果如图 4-71 所示。

F38　=COUNTIF(F5:F24,"<60")

	A	B	C	D	E	F	G	H	I	J	K	L
19	15	160105520115	王芷睿	男	初修	63	83	78	63	286	12	
20	16	160105520116	高国峰	男	初修	96	64	84	74	318	6	三等奖学金
21	17	160105520117	伊天娇	女	初修	81	88	75	52	297	9	
22	18	160105520118	杨兆旭	男	初修	88	39	90	62	278	14	
23	19	160105520119	孔祥鑫	男	初修	77	70	78	82	307	7	三等奖学金
24	20	160105520120	王均望	男	初修	48	74	72	73	267	17	

成绩分析

科目	计算机成绩分析	数学成绩分析	计算机网络成绩分析	英语成绩分析
优秀分人数（90分以上含90）	7	2	1	3
良好分人数（80-90分含80）				
中等人分数（70-80分含70）				
及格分人数（60-70分含60）				
不及格分人数（60分以下）	1	7	2	3
优秀率				
不及格率				

图 4-71　不及格人数的统计结果

(5) 统计良好人数。在 F35 单元格中输入公式"=COUNTIF(F5：F24,">=80")-COUNTIF(F5：F24,">=90")"，按 Enter 键，向右复制公式至 I35，结果如图 4-72 所示。

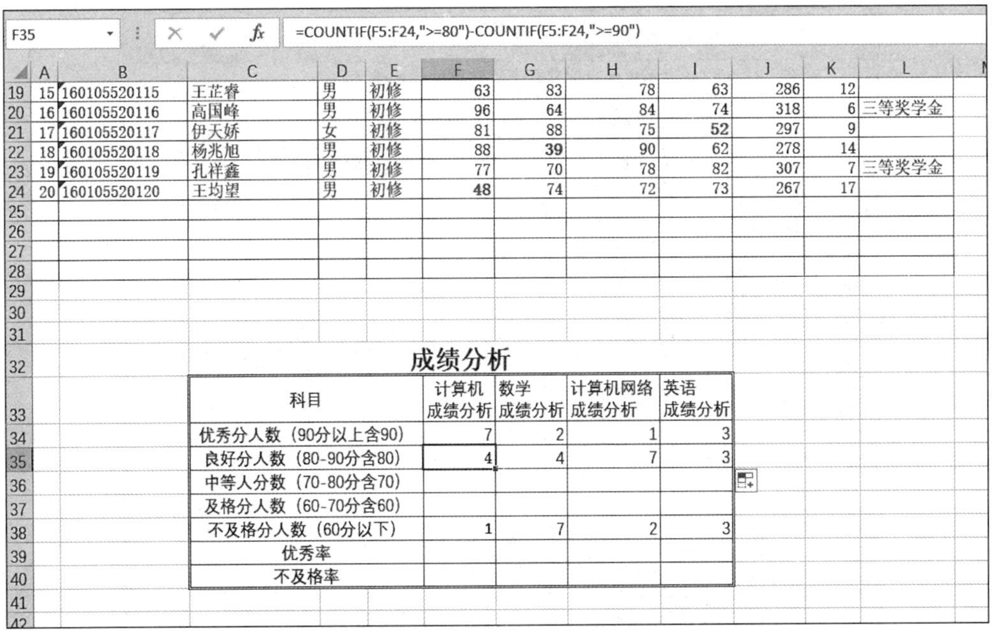

F35　=COUNTIF(F5:F24,">=80")-COUNTIF(F5:F24,">=90")

	A	B	C	D	E	F	G	H	I	J	K	L
19	15	160105520115	王芷睿	男	初修	63	83	78	63	286	12	
20	16	160105520116	高国峰	男	初修	96	64	84	74	318	6	三等奖学金
21	17	160105520117	伊天娇	女	初修	81	88	75	52	297	9	
22	18	160105520118	杨兆旭	男	初修	88	39	90	62	278	14	
23	19	160105520119	孔祥鑫	男	初修	77	70	78	82	307	7	三等奖学金
24	20	160105520120	王均望	男	初修	48	74	72	73	267	17	

成绩分析

科目	计算机成绩分析	数学成绩分析	计算机网络成绩分析	英语成绩分析
优秀分人数（90分以上含90）	7	2	1	3
良好分人数（80-90分含80）	4	4	7	3
中等人分数（70-80分含70）				
及格分人数（60-70分含60）				
不及格分人数（60分以下）	1	7	2	3
优秀率				
不及格率				

图 4-72　良好人数的统计结果

(6) 计算中等人数和及格人数。在 F36 单元格中输入公式"=COUNTIFS(F5：F24,"<80",F5：F24,">=70")"，按 Enter 键，然后复制公式到 I36。

在 F37 单元格中输入公式“=COUNTIFS(F5：F24,"<70",F5：F24,">=60")”，按 Enter 键，然后复制公式到 I37，结果如图 4-73 所示。

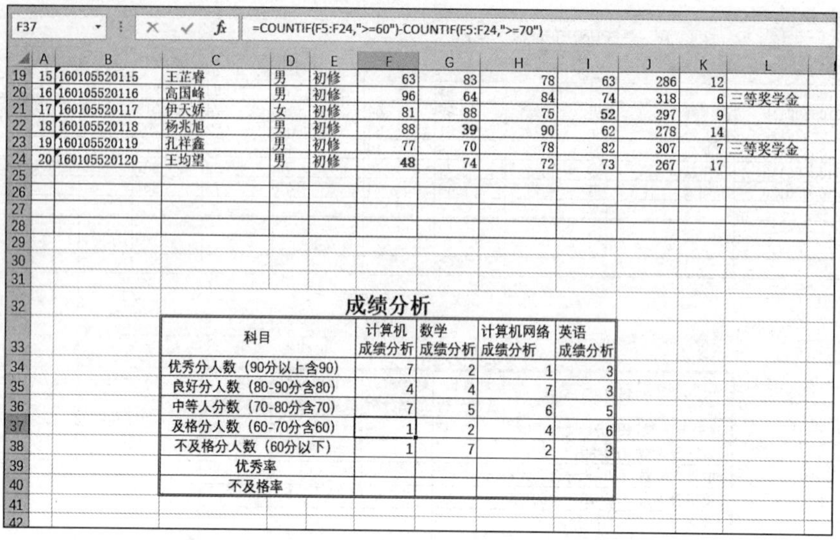

F37 =COUNTIF(F5:F24,">=60")-COUNTIF(F5:F24,">=70")

	A	B	C	D	E	F	G	H	I	J	K	L
19	15	160105520115	王芷睿	男	初修	63	83	78	63	286	12	
20	16	160105520116	高国峰	男	初修	96	64	84	74	318	6	三等奖学金
21	17	160105520117	伊天娇	女	初修	81	88	75	52	297	9	
22	18	160105520118	杨兆旭	男	初修	88	39	90	62	278	14	
23	19	160105520119	孔祥鑫	男	初修	77	70	78	82	307	7	三等奖学金
24	20	160105520120	王均望	男	初修	48	74	72	73	267	17	

成绩分析

科目	计算机成绩分析	数学成绩分析	计算机网络成绩分析	英语成绩分析
优秀分人数（90分以上含90）	7	2	1	3
良好分人数（80-90分含80）	4	4	7	3
中等人分数（70-80分含70）	7	5	6	5
及格分人数（60-70分含60）	1	2	4	6
不及格分人数（60分以下）	1	7	2	3
优秀率				
不及格率				

图 4-73　中等人数和及格人数的统计结果

(7) 计算优秀率和不及格率。在 F39 单元格中输入公式“=F34/COUNT(F5：F24)”，按 Enter 键。设置单元格中的数字类型为百分比，并复制公式到 I39。

在 F40 单元格中输入公式“=F38/COUNT(F5：F24)”，按 Enter 键。设置单元格中的数字类型为百分比，并复制公式到 I40，结果如图 4-74 所示。

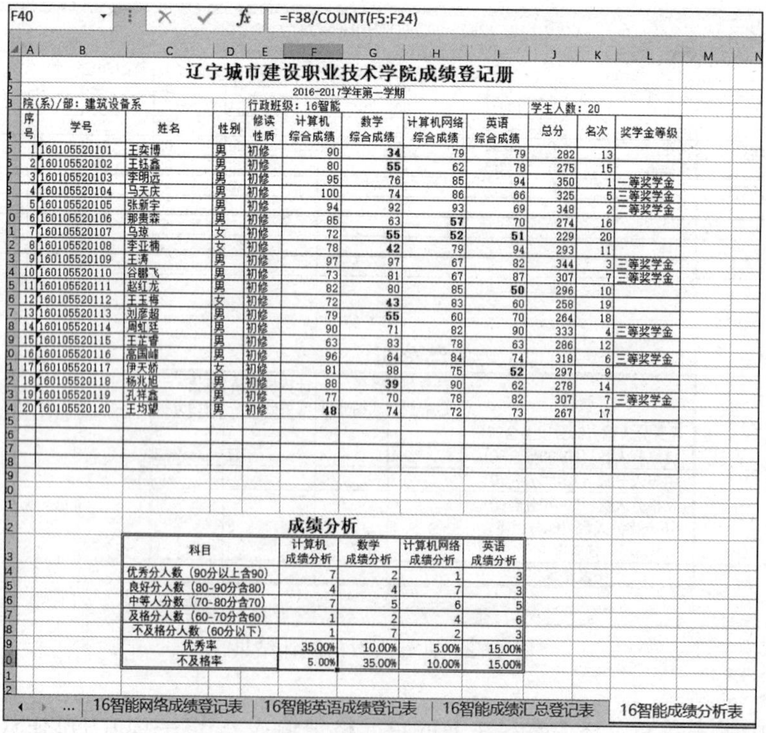

F40 =F38/COUNT(F5:F24)

辽宁城市建设职业技术学院成绩登记册

2016-2017学年第一学期

院(系)/部：建筑设备系　行政班级：16智能　学生人数：20

序号	学号	姓名	性别	修读性质	计算机综合成绩	数学综合成绩	计算机网络综合成绩	英语综合成绩	总分	名次	奖学金等级
1	160105520101	王奕博	男	初修	90	34	79	79	282	13	
2	160105520102	王钰鑫	男	初修	80	55	62	78	275	15	
3	160105520103	李明远	男	初修	95	76	85	94	350	1	一等奖学金
4	160105520104	马天庆	男	初修	100	74	86	66	325	5	三等奖学金
5	160105520105	张新宇	男	初修	94	92	93	69	348	2	二等奖学金
6	160105520106	那贵森	男	初修	85	63	57	70	274	16	
7	160105520107	乌琼	女	初修	72	55	52	51	229	20	
8	160105520108	李亚楠	女	初修	78	42	79	94	293	11	
9	160105520109	王涛	男	初修	97	97	67	82	344	3	三等奖学金
10	160105520110	谷鹏飞	男	初修	73	81	67	87	307	7	三等奖学金
11	160105520111	赵红龙	男	初修	82	80	85	50	296	10	
12	160105520112	王玉梅	女	初修	72	43	83	60	258	19	
13	160105520113	刘彦超	男	初修	79	55	60	70	264	18	
14	160105520114	周虹廷	男	初修	90	71	82	90	333	4	三等奖学金
15	160105520115	王芷睿	男	初修	63	83	78	63	286	12	
16	160105520116	高国峰	男	初修	96	64	84	74	318	6	三等奖学金
17	160105520117	伊天娇	女	初修	81	88	75	52	297	9	
18	160105520118	杨兆旭	男	初修	88	39	90	62	278	14	
19	160105520119	孔祥鑫	男	初修	77	70	78	82	307	7	三等奖学金
20	160105520120	王均望	男	初修	48	74	72	73	267	17	

成绩分析

科目	计算机成绩分析	数学成绩分析	计算机网络成绩分析	英语成绩分析
优秀分人数（90分以上含90）	7	2	1	3
良好分人数（80-90分含80）	4	4	7	3
中等人分数（70-80分含70）	7	5	6	5
及格分人数（60-70分含60）	1	2	4	6
不及格分人数（60分以下）	1	7	2	3
优秀率	35.00%	10.00%	5.00%	15.00%
不及格率	5.00%	35.00%	10.00%	15.00%

… 16智能网络成绩登记表 | 16智能英语成绩登记表 | 16智能成绩汇总登记表 | 16智能成绩分析表

图 4-74　优秀率和不及格率的计算结果

4.4.4 知识链接

1. Excel 函数应用基础

1）函数的类型与结构

按函数的应用方面，可将函数分为统计函数、财务函数、逻辑函数等 11 种类型。函数与公式一样，是以“＝”开始的，格式为“＝函数名称(参数)”。

函数的结构分为函数名和参数两部分，形式如下。

函数名(参数 1，参数 2，参数 3，…)

其中，参数可以是数字、文本、数组、单元格区域的引用等。函数的参数还可以是其他函数，这就是函数的嵌套使用。

2）插入函数

要想使用函数来计算数据，首先需要在结果单元格中插入函数，并设置该函数的参数。

打开原始文件“Excel 实例\任务 4.4\国通公司销售清单.xlsx”。

方法 1：通过“插入函数”对话框插入函数。

(1) 选定 F4 单元格，切换到“公式”选项卡，在“函数库”组中单击“插入函数”按钮，弹出如图 4-75 所示的“插入函数”对话框。

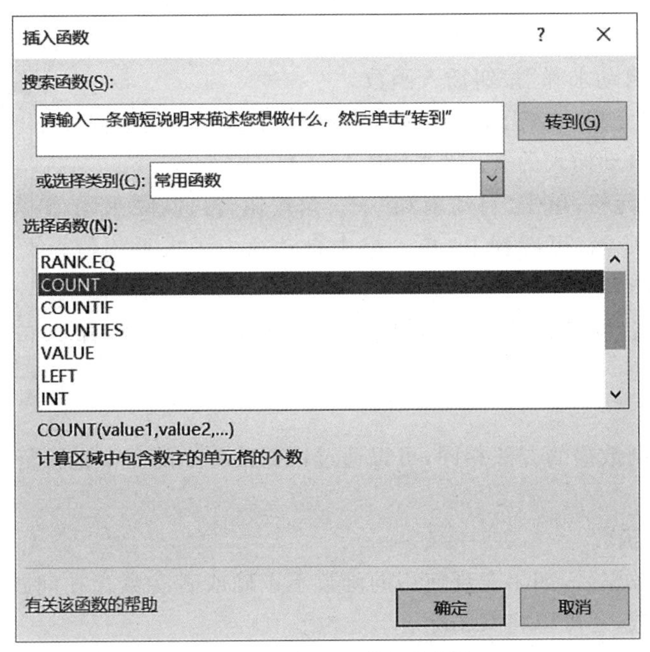

图 4-75 “插入函数”对话框

(2) 在“或选择类别”下拉列表框中选择所需的类别，如单击“数学与三角函数”选项。

(3) 在“选择函数”列表框中选择需要插入的函数，如 SUM 函数，再单击“确定”按钮，弹出“函数参数”对话框。在 Number1 文本框中输入参数，如 B4：E4，即表示对 B4：E4 单元格区域进行求和。

(4) 单击“确定”按钮返回工作表，可看到目标单元格中显示了计算的结果，编辑栏中显示了计算的公式。

方法 2：直接输入函数。

如果对需要使用的函数比较熟悉，可以直接在单元格中输入参数，也可在编辑栏中输入。

选定 F5 单元格，在编辑栏中输入“=SUM()”，然后将光标定位于括号中，输入参数，在此选择 B5：E5 单元格区域，按 Enter 键。可以看到引用位置作为参数显示在括号中，目标单元格中显示了计算的结果，如图 4-76 所示。

RANK.EQ　=SUM(B4:E4)

	A	B	C	D	E	F	G
1	国通公司销售清单						
2						单位:元	
3		铁西营业部	和平营业部	沈河营业部	大东营业部	合计	
4	固话	4,600	4,100	4,800	4	=SUM(B4:E4)	
5	宽带	6,500	7,300	7,600	7,800	SUM(number1, [number2	
6	移动TD	4,000	4,500	4,200	3,600		
7	掌上行	8,000	7,800	8,800	8,100		
8	无线4G	3,500	4,300	3,600	4,300		
9	平均值						
10							
11							
12							
13							

引用统计

图 4-76　在编辑栏中直接输入函数

方法 3：通过“自动求和”按钮插入函数。

（1）选定 F6 单元格，在“公式”选项卡中单击“自动求和”按钮，此时在目标单元格自动插入的公式为“=SUM(F4：F5)”。

（2）选定 B9 单元格，单击“自动求和”下三角按钮，再选择“平均值”命令，如图 4-77 所示，可看到 B9 单元格中自动插入了求平均值公式“=AVERAGE(B4：B8)”。

（3）按 Enter 键，可看到 B9 单元格中显示了计算的平均值，即 B4：B8 单元格区域的平均值。

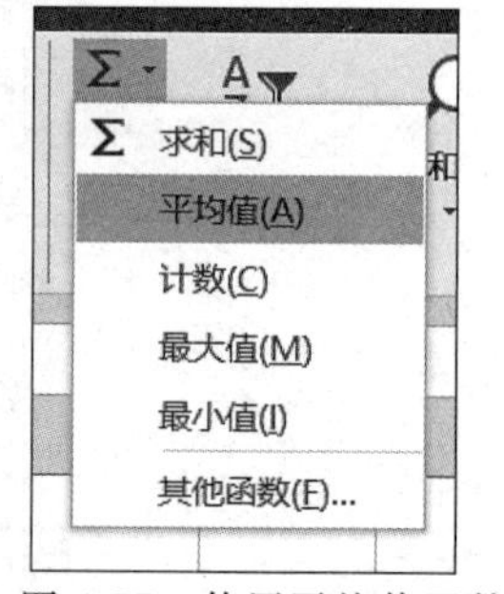

图 4-77　使用平均值函数

3）复制函数

复制函数和复制数据的方法相同，可以通过快捷菜单中的命令进行复制操作，也可以使用填充柄来复制。

4）修改与删除函数

插入函数计算数据后，如果发现使用的函数不正确或者参数存在问题，可对其进行修改。如果不再需要某函数，还可以将其删除。

（1）在单元格内修改。单击需要修改函数的单元格，如将 AVERAGE 函数改为 MAX 函数，直接输入=MAX(nmu1,num2,...)。

（2）在编辑栏中对函数进行修改。单击需要修改函数的单元格，如将 AVERAGE 函数修改为 SUM 函数，在编辑栏中可看到当前应用的函数，将其中的 AVERAGE 直接替换为 SUM 即可。

（3）删除函数。如果输入的函数不正确，或者不再需要某个函数，可以直接将函数删除。

方法 1：通过快捷菜单删除函数。

① 选定需要删除函数的单元格并右击。

② 在弹出的快捷菜单中选择“清除内容”命令。

方法2：使用功能区的“清除”功能。

① 选定需要删除函数的单元格。

② 在“开始”选项卡中单击“清除”按钮，然后在展开的下拉菜单中选择“清除内容”命令。

方法3：通过键盘删除函数。选定需要删除函数的单元格，按 Delete 键或 Backspace 键。

2. 函数的参数和嵌套

下面以 IF 函数为例介绍函数的参数。

IF 函数的功能是根据指定的条件计算结果为 True 或 False 来返回不同的结果，可用于对数值和公式执行条件检测。

语法：

IF(Logical_test，Value_if_true，Value_if_false)

参数：Logical_test 表示计算结果为 True 或 False 的任意值或条件表达式；Value_if_true 是 Logical_test 为 True 时返回的值；Value_if_false 是 Logical_test 为 False 时返回的值。

条件表达式是指把两个表达式用关系运算符(=、<>、>、<、>=、<=)连接起来构成的表达式。

例如，判断 A1 单元格中成绩，如果大于 60 分，则在 B2 单元格内显示“及格”；否则显示“不及格”。在 B2 中输入以下公式：“=IF(A1>=60,"及格","不及格")”。

下面同样以 IF 函数为例介绍函数嵌套。

例如，如果 A1=B1=C1，则在 D1 显示 1，若不相等则返回 0。

因为条件为 A1=B1=C1，不可能用一个表达式表达出来，因此引入 AND 函数，将条件写为 AND(A1=B1,A1=C1)。在 D1 中输入公式：“=IF(AND(A1=B1,A1=C1),1,0)”。

也就是说，AND(A1=B1,A1=C1)函数作为 IF 函数的条件参数嵌套进了 IF 函数。

同时，此公式也可以改为：“=IF(A1<>B1,0,IF(A1<>C1,0,1))”。在这个公式中 IF(A1<>C1,0,1)作为错误的返回值参数嵌套进了 IF 函数。

3. 公式的错误提示

有时候，当输入一个公式时，Excel 会显示一个以＃号开头的数值，这表示公式返回了错误的数值。在这种情况下，就必须对公式进行更正(或者更正公式所引用的单元格)，以消除错误显示。

表 4-3 列出了含有公式的单元格中可能出现的错误类型。如果公式引用的单元格含有错误的数值，则公式就可能会返回错误的值，这称为连锁反应——一个错误会导致其他许多含有相关公式的单元格发生错误。

表 4-3 Excel 公式的错误提示

错误值	说　明
＃DIV/0!	该公式试图执行除以零的计算。当公式试图执行除以空单元格的计算时，也会发生此情况
＃NAME?	该公式使用了 Excel 不能识别的名称。如果删除了公式中使用的名称，或者在使用文本时输入了不匹配的引号，则会发生此情况
＃N/A	该公式引用了(直接或间接)使用 NA 函数的单元格，而此函数用于指明数据不可用。某些函数(如 VLOOKUP)也可以返回＃N/A

续表

错误值	说　明
#NULL!	该公式使用了两个不相交区域的交叉部分
#NUM!	数值存在问题。例如，在应该使用正数的位置指定了一个负数
#REF!	该公式引用的单元格无效。如果单元格已经从工作表中删除，则会发生这种情况
#VALUE!	该公式包含错误类型的参数或运算符（运算符是公式用于计算结果的值或单元格引用）

4.4.5 知识拓展

例 1：设计一个自动生成双色球彩票随机选号码的表格。

分析：双色球号码由 33 选 6 的红色球和 16 选 1 的蓝色球组成，其中红色球号码不能重复，蓝色球号码则与红色球无关。

16 选 1 的蓝色球可以用一个随机数函数来生成，随机数与数学函数有关，所以在“公式”选项卡的“数学和三角函数”中查找。将鼠标指针停留在函数名上片刻就会有此函数的说明弹出，如图 4-78 所示。用此方法可以找到随机数函数为 RAND。

根据提示，RAND 函数生成的随机数是一个小于 1 大于或等于 0 的数，将这个数乘以 16 后取整就可以得到 0～15 的整数，取整函数同样也是数学函数，经过查询为 INT 函数。在此基础上加 1 就可以得到 1～16 的随机整数。在 A7 单元格输入“=INT(RAND()*16)+1”，如图 4-79 所示。

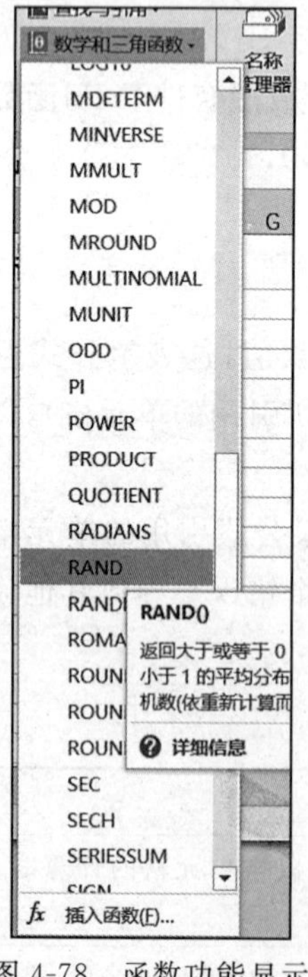

图 4-78　函数功能显示

A7　=INT(RAND()*16)+1

	A	B	C	D	E	F
1	双色球选号器					
2						
3	红球1	红球2	红球3	红球4	红球5	红球6
4						
5						
6	蓝球					
7	12					
8						
9						
10						

图 4-79　蓝球选号器

红球就比较麻烦一些了，6 个球不能有重复的数字怎么办？

把 33 个数字排序则每个数的序号不会重复，因此需要一个附表，附表中有 33 个随机数，如图 4-80 所示。排序函数是统计函数，所以在“公式”选项卡的“其他函数”中的“统计”下，是 RANK.EQ 函数。于是在 A4 单元格内输入“＝RANK.EQ(附表！A1，附表！A1：A33)”来表示 A1 在附表 A1：A33 中的由大到小的排序号。在 B4 单元格中输入“＝RANK.EQ(附表！A2，附表！A1：A33)”来表示 A2 在附表 A1：A33 中的由大到小的排序号。依次输入到 F4 中，如图 4-81 所示，这样就完成了双色球选号器。

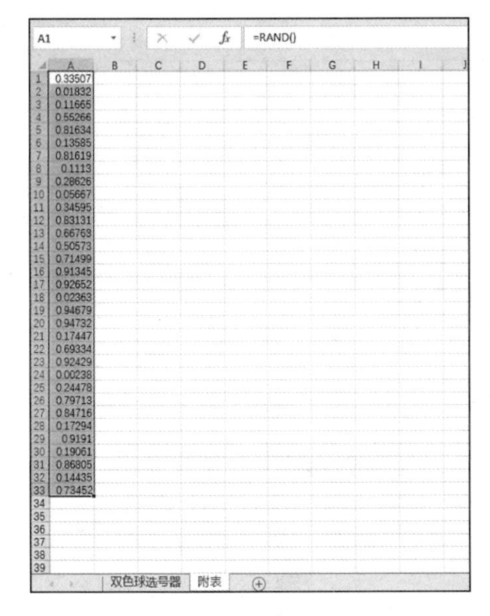

图 4-80　双色球选号器附表

A4　=RANK.EQ(附表!A1,附表!A1:A33)

	A	B	C	D	E	F	G
1	双色球选号器						
2							
3	红球1	红球2	红球3	红球4	红球5	红球6	
4	12	24	14	28	2	9	
5							
6	蓝球						
7	4						
8							
9							

图 4-81　双色球选号器完成

例 2：猜拳游戏。

分析：首先是玩家出拳，可以利用数据验证中的序列来源输入“石头，剪刀，布”，如图 4-82 所示。

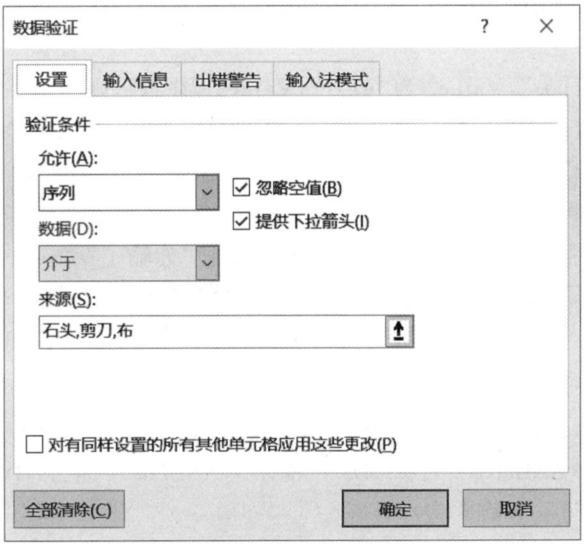

数据验证
设置　输入信息　出错警告　输入法模式
验证条件
允许(A)：序列
☑ 忽略空值(B)
☑ 提供下拉箭头(I)
数据(D)：介于
来源(S)：石头,剪刀,布
☐ 对有同样设置的所有其他单元格应用这些更改(P)
全部清除(C)　确定　取消

图 4-82　玩家出拳的制作

然后是计算机出拳。由于计算机出拳是随机的，因此还需要采用随机数。要得到3种均等概率的随机数，可参考上一例题，即随机数乘以3取整。现在可以利用IF函数将3个数转换为“石头”“剪刀”“布”，公式为“=IF(INT(RAND() * 3)=0,"石头",IF(INT(RAND() * 3)=1,"剪刀","布"))”。这里介绍另一个函数CHOOSE来完成这个任务。首先选定D3，单击“公式”选项卡中的“查找与引用”，选择CHOOSE函数，弹出如图4-83所示的对话框。

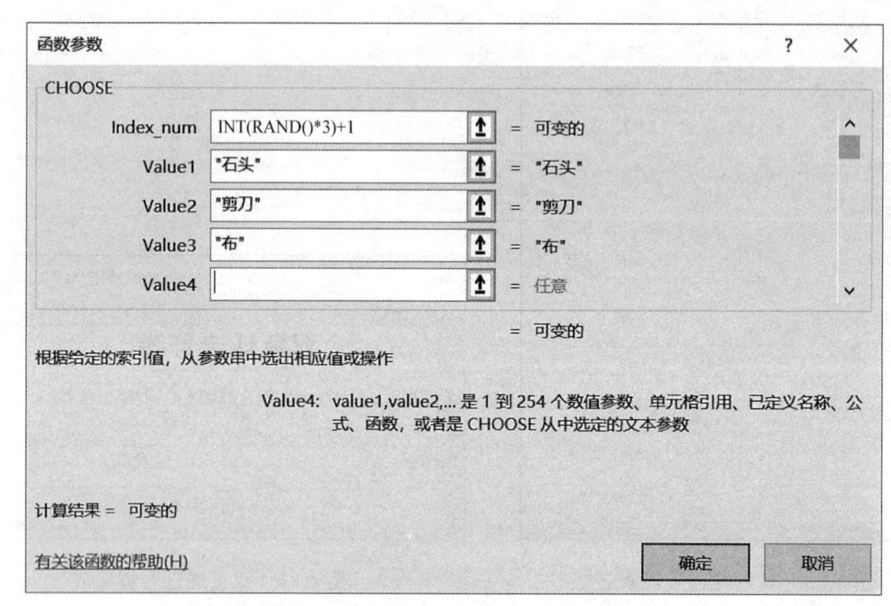

图4-83 CHOOSE“函数参数”对话框

Index_num的作用是指出所选参数值在参数表中的位置，是1～254的数值，或返回值为1～254的引用或公式。输入的公式INT(RAND() * 3)+1的返回值为1、2、3。Value1，Value2…是1～254个数值参数、单元格引用、已定义名称、公式、函数，或者是CHOOSE从中选定的文本参数。

输入Value1为“石头”，Value2为“剪刀”，Value2为“布”，则当Index_num返回值为1时CHOOSE函数的返回值为“石头”，当Index_num返回值为2时CHOOSE函数的返回值为“剪刀”，当Index_num返回值为3时函数CHOOSE函数的返回值为“布”。在输入时可以不加引号，Excel会自动将引号加上。

比赛结果有三种情况，分别是“你赢了！”“打平了！”“你输了”。

赢了的条件为：石头对剪刀，或剪刀对布，或布对石头。

打平了的条件为：石头对石头，或剪刀对剪刀，或布对布。

在B5单元格输入以下公式：

=IF(OR(AND(B3="石头",D3="剪刀"),AND(B3="剪刀",D3="布"),AND(B3="布",D3="石头")),"你赢了!",IF(OR(AND(B3="石头",D3="石头"),AND(B3="剪刀",D3="剪刀"),AND(B3="布",D3="布")),"打平了!","你输了!"))

如图4-84所示为完成后的猜拳游戏。

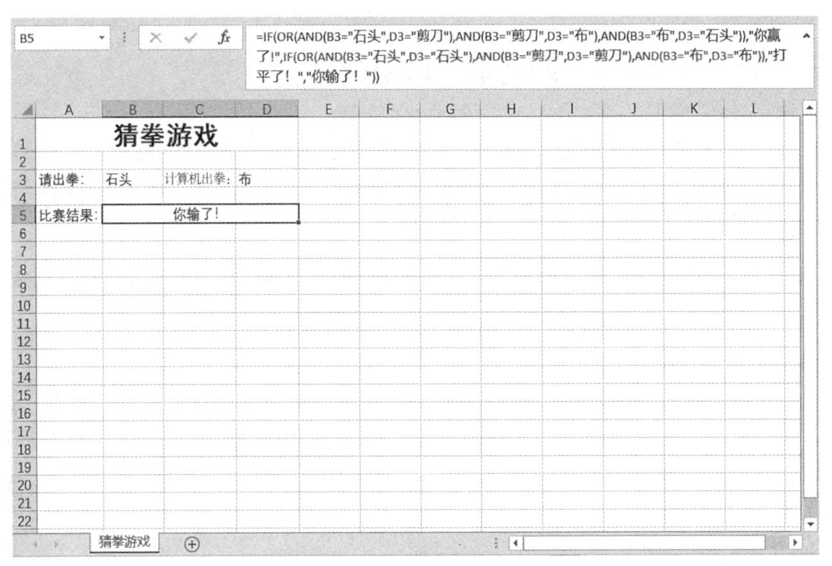

图 4-84　猜拳游戏

4.4.6　技能训练

制作 BMI 指数计算器，具体要求如下。

(1) 打开原始文件“Excel 实例\任务 4.4\BMI 指数计算.xlsx”。

(2) 制作 BMI 指数计算器。

$$\text{BMI 指数} = \text{体重(kg)} \div \text{身高}^2\text{(m)}$$

正常的 BMI 指数：18～25；

偏瘦的 BMI 指数：＜18；

超重的 BMI 指数：＞25。

① 计算 BMI 指数 B5，BMI 指数＝体重(B2)÷身高^2(B3)。

② 体重情况：18≤B5≤25 时返回 Sheet1 工作表中 A3 单元格的内容；B5＜18 时返回 Sheet1 工作表中 A2 单元格的内容；B5＞25 时返回 Sheet1 工作表中 A4 单元格的内容。

③ “我们的建议”：18≤B5≤25 时返回 Sheet1 工作表中 B3 单元格的内容；B5＜18 时返回 Sheet1 工作表中 B2 单元格的内容；B5＞25 时返回 Sheet1 工作表中 B4 单元格的内容。

最终结果如图 4-85 所示。

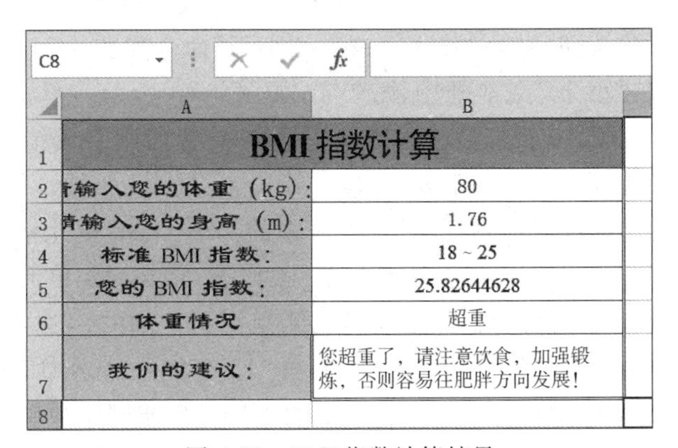

图 4-85　BMI 指数计算结果

任务 4.5 “学生成绩登记册”数据分析

数据分析是 Excel 的一项重要功能，在本项目中学生成绩登记已经结束，接下来的任务就是生成补考人员名单和对学生成绩进行分析。这些操作利用了 Excel 中的排序、筛选、分类汇总、图表等功能。

使用函数完成“学生成绩登记簿”中“16 智能补考名单表”的计算，筛选出“16 智能学生评优对照”表，并补充完成“16 智能成绩分析表”中的图表部分。

4.5.1 任务要点

（1）筛选数据。

（2）数据排序。

（3）数据分类汇总。

（4）生成图表。

（5）数据透视表。

4.5.2 任务要求

（1）打开原始文件“Excel 实例\任务 4.5\学生成绩登记册.xlsx”。

（2）对“计算机成绩”“数学成绩”“网络成绩”和“英语成绩”4 个工作表中的“综合成绩”低于 60 分的名单进行筛选。

（3）将筛选出来的名单复制到“16 智能补考名单”工作表中。

（4）利用高级筛选功能将“16 智能学生评优对照”工作表中各科成绩都大于或等于 70 分的学生作为学生评优时的参考。

（5）数据排序。将“16 智能成绩分析”工作表中数据按性别排序，女生在前，男生在后；性别相同时，按总分由高到低进行排序。

（6）制作“16 智能成绩分析”工作表中男、女生平均成绩对照表。

（7）利用图表分析各科试题难易度。

4.5.3 实施过程

（1）打开原始文件“Excel 实例\任务 4.5\学生成绩登记册.xlsx”。

（2）打开“16 智能计算机成绩登记册”工作表，选定 A6：L30 单元格，单击“开始”选项卡中的“排序和筛选”按钮，在下拉菜单中选择“筛选”命令，结果如图 4-86 所示。单击“综合成绩”J6 单元格内的下三角按钮，选择“数字筛选”→“小于”命令如图 4-87 所示。弹出“自定义自动筛选方式”对话框，在“小于”文本框中输入 60，如图 4-88 所示。单击“确定”按钮，结果如图 4-89 所示。按此方式将“16 智能数学成绩登记册”“16 智能网络成绩登记册”“16 智能英语成绩登记册”工作表按“综合成绩”小于 60 分进行筛选。

（3）选定“16 智能计算机成绩登记册”工作表中的 B26：C26 单元格，右击，在弹出的快捷菜单中选择“复制”命令。打开“16 智能补考名单”工作表，选定 A4 单元格，右击，在弹出的快捷菜单中选择“粘贴”命令。打开“16 智能数学成绩登记册”工作表，选定 B8：C19 单元格，右击，在弹出的选择快捷菜单中选择“复制”命令，打开“16 智能补考名单”工作表，选定 C4 单元格，右击，在弹出的快捷菜单中选择“粘贴”命令。打开“16 智能网络成绩登记册”工作表，选定 B12：C13 单元格，右击，在弹出的选择快捷菜单中选择“复制”命令，打开“16 智能补考名单”

工作表，选定 E4 单元格，右击，在弹出的快捷菜单中选择“粘贴”命令。打开“16 智能英语成绩登记册”工作表，选定 B13：C23 单元格，右击，在弹出的快捷菜单中选择“复制”命令，打开“16 智能补考名单”工作表，选定 G4 单元格，右击，在弹出的快捷菜单中选择“粘贴”命令。补全表格线后完成“16 智能补考名单”工作表，如图 4-90 所示。

	A	B	C	D	E	F	G	H	I	J	K	L
4	课　　程：[060301]计算机基础				学　　分：2.0		课程类别：公共课/必修			考核方式：考试		
5	综合成绩(百分制)=平时成绩(百分制)(50%)+中考成绩()(0%)+末考成绩(百分制)(50%)+技能成绩()(0%)											
6	序	学号	姓名	性别	修读性质	平时成绩	中考成绩	末考成绩	技能成绩	综合成绩	辅助标识	备注
7	1	160105520101	王奕博	男	初修	95		85		90		
8	2	160105520102	王钰鑫	男	初修	80		79		80		
9	3	160105520103	李明远	男	初修	98		92		95		
10	4	160105520104	马天庆	男	初修	100		99		100		
11	5	160105520105	张新宇	男	初修	95		93		94		
12	6	160105520106	那贯森	男	初修	90		80		85		
13	7	160105520107	乌琼	女	初修	80		63		72		
14	8	160105520108	李亚楠	女	初修	85		70		78		
15	9	160105520109	王涛	男	初修	95		99		97		
16	10	160105520110	谷鹏飞	男	初修	90		**55**		73		
17	11	160105520111	赵红龙	男	初修	85		78		82		
18	12	160105520112	王玉梅	女	初修	75		68		72		
19	13	160105520113	刘彦超	男	初修	85		72		79		
20	14	160105520114	周虹廷	男	初修	90		90		90		
21	15	160105520115	王芷睿	男	初修	90		**35**		63		
22	16	160105520116	高国峰	男	初修	100		92		96		
23	17	160105520117	伊天娇	女	初修	85		77		81		
24	18	160105520118	杨兆旭	男	初修	90		86		88		
25	19	160105520119	孔祥鑫	男	初修	80		73		77		
26	20	160105520120	王均望	男	初修	70		**26**		**48**		
27												
28												
29												
30												
31												
32	登分人(签字)：______		登分日期：______			审核人(签字)：______			审核日期：______			
33												

图 4-86　排序和筛选

图 4-87　“数字筛选”子菜单

图 4-88 “自定义自动筛选方式”对话框

	A	B	C	D	E	F	G	H	I	J	K	L
1	辽宁城市建设职业技术学院成绩登记册											
2	2016-2017学年第一学期											
3	院(系)/部：建筑设备系				行政班级：16智能					学生人数：20		
4	课　　程：[060301]计算机基础				学　　分：2.0		课程类别：公共课/必修			考核方式：考试		
5	综合成绩(百分制)=平时成绩(百分制)(50%)+中考成绩()(0%)+末考成绩(百分制)(50%)+技能成绩()(0%)											
6	序	学号	姓名	性别	修读性质	平时成绩	中考成绩	末考成绩	技能成绩	综合成绩	辅助标记	备注
26	20	160105520120	王均望	男	初修	70		26		48		
31												
32	登分人(签字)：______		登分日期：______			审核人(签字)：______			审核日期：______			
33												
34												
35												

图 4-89 筛选结果

	A	B	C	D	E	F	G	H
1	16智能2016-2017学年第一学期补考名单							
2	科目	计算机基础	科目	应用数学	科目	计算机网络	科目	英语
3	160105520120	王均望	160105520101	王奕博	160105520106	那贵森	160105520107	乌琼
4			160105520102	王钰鑫	160105520107	乌琼	160105520111	赵红龙
5			160105520107	乌琼			160105520117	伊天娇
6			160105520108	李亚楠				
7			160105520112	王玉梅				
8			160105520113	刘彦超				
9			160105520118	杨兆旭				
10								
11								
12								
13								
14								
15								
16								
17								
18								
19								
20								
21								

图 4-90 16 智能补考名单结果

(4) 打开“16 智能学生评优对照”工作表，选定 A4：K28 单元格，单击“数据”选项卡“排序和筛选”组中的“高级”按钮，弹出“高级筛选”对话框，如图 4-91 所示。单击“条件区域”后的按钮，进入单元格选择状态。打开“评优条件”工作表，选定 A2：D3 单元格并按 Enter 键。

返回“高级筛选”对话框，单击“确定”按钮完成对“16 智能学生评优对照”工作表的高级筛选，结果如图 4-92 所示。

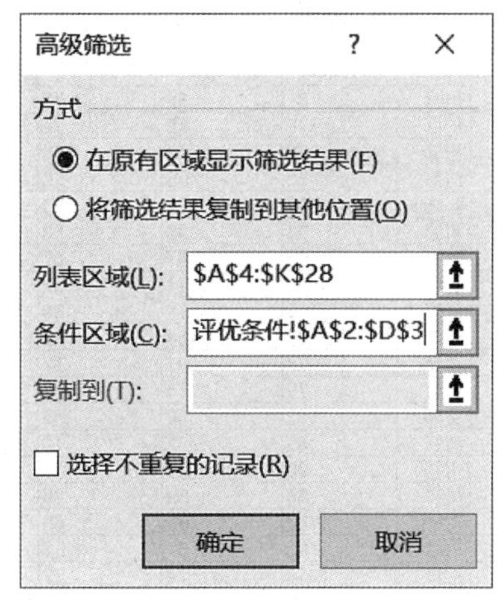

图 4-91　“高级筛选”对话框

	A	B	C	D	E	F	G	H	I	J	K
1	辽宁城市建设职业技术学院成绩登记册										
2	2016-2017学年第一学期										
3	院(系)/部：建筑设备系				行政班级：16智能					学生人数：20	
4	序号	学号	姓名	性别	修读性质	计算机综合成绩	数学综合成绩	计算机网络综合成绩	英语综合成绩	总分	名次
7	3	160105520103	李明远	男	初修	95	76	85	94	350	1
18	14	160105520114	周虹廷	男	初修	90	71	82	90	333	4
23	19	160105520119	孔祥鑫	男	初修	77	70	78	82	307	7
29											
30											
31											

图 4-92　“16 智能学生评优对照”工作表高级筛选结果

(5) 打开“16 智能成绩分析”工作表，选定 A4：M28 单元格。单击“开始”选项卡“排序和筛选”组中的“自定义排序”按钮，弹出“排序”对话框，如图 4-93 所示。设置主要关键字为“性别”，次序为“降序”，单击“添加条件”按钮，设置“次要关键字”为“总分”，次序为“降序”，单击“确定”按钮完成排序，结果如图 4-94 所示。

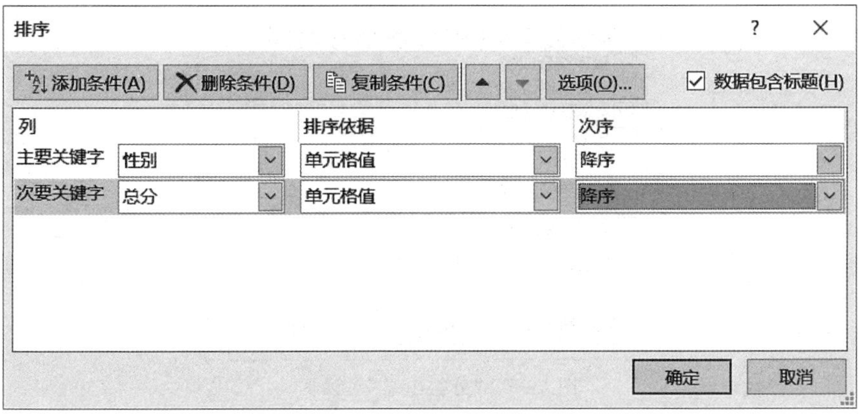

排序
添加条件(A)　删除条件(D)　复制条件(C)　选项(O)...　数据包含标题(H)

列		排序依据	次序
主要关键字	性别	单元格值	降序
次要关键字	总分	单元格值	降序

确定　取消

图 4-93　自定义排序

辽宁城市建设职业技术学院成绩登记册

2016-2017学年第一学期

院(系)/部：建筑设备系　　行政班级：16智能　　学生人数：20

序号	学号	姓名	性别	修读性质	计算机综合成绩	数学综合成绩	计算机网络综合成绩	英语综合成绩	总分	名次	奖学金等级
1	160105520117	伊天娇	女	初修	81	88	75	**52**	297	9	
2	160105520108	李亚楠	女	初修	78	**42**	79	94	293	11	
3	160105520112	王玉梅	女	初修	72	**43**	83	60	258	19	
4	160105520107	乌琼	女	初修	72	**55**	**52**	**51**	229	20	
5	160105520103	李明远	男	初修	95	76	85	94	350	1	一等奖学金
6	160105520105	张新宇	男	初修	94	92	93	69	348	2	二等奖学金
7	160105520109	王涛	男	初修	97	97	67	82	344	3	三等奖学金
8	160105520114	周虹廷	男	初修	90	71	82	90	333	4	三等奖学金
9	160105520104	马天庆	男	初修	100	74	86	66	325	5	三等奖学金
10	160105520116	高国峰	男	初修	96	64	84	74	318	6	三等奖学金
11	160105520110	谷鹏飞	男	初修	73	81	67	87	307	7	三等奖学金
12	160105520119	孔祥鑫	男	初修	77	70	78	82	307	7	三等奖学金
13	160105520111	赵红龙	男	初修	82	80	85	**50**	296	10	
14	160105520115	王芷睿	男	初修	63	83	78	63	286	12	
15	160105520101	王奕博	男	初修	90	**34**	79	79	282	13	
16	160105520118	杨兆旭	男	初修	88	**39**	90	62	278	14	
17	160105520102	王钰鑫	男	初修	80	**55**	62	78	275	15	
18	160105520106	那贵森	男	初修	85	63	**57**	70	274	16	
19	160105520120	王均望	男	初修	**48**	74	72	73	267	17	
20	160105520113	刘彦超	男	初修	79	**55**	60	70	264	18	

图 4-94　完成自定义排序

（6）打开“16 智能成绩分析”工作表，选定 A4：M28 单元格，单击“数据”选项卡中“分类汇总”按钮，弹出“分类汇总”对话框，如图 4-95 所示。设置分类字段为“性别”，汇总方式为“平均值”，选定汇总项为“计算机综合成绩”“数学综合成绩”“计算机网络综合成绩”“英语综合成绩”，然后单击“确定”按钮完成分类汇总，结果如图 4-96 所示。

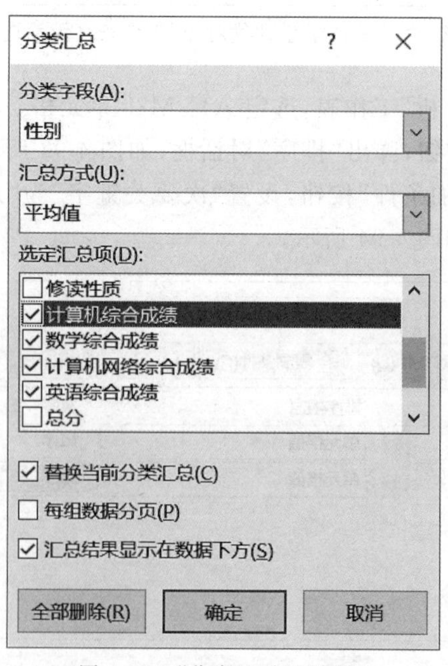

图 4-95　“分类汇总”对话框

辽宁城市建设职业技术学院成绩登记册

2016-2017学年第一学期

院(系)/部：建筑设备系　　行政班级：16智能　　学生人数：20

序号	学号	姓名	性别	修读性质	计算机综合成绩	数学综合成绩	计算机网络综合成绩	英语综合成绩	总分	名次	奖学金等级
1	160105520117	伊天娇	女	初修	81	88	75	52	297	9	
2	160105520108	李亚楠	女	初修	78	42	79	94	293	11	
3	160105520112	王玉梅	女	初修	72	43	83	60	258	19	
4	160105520107	乌琼	女	初修	72	55	52	51	229	20	
			女 平均值		75	57	72	64			
5	160105520103	李明远	男	初修	95	76	85	94	350	1	一等奖学金
6	160105520105	张新宇	男	初修	94	92	93	69	348	2	二等奖学金
7	160105520109	王涛	男	初修	97	97	67	82	344	3	三等奖学金
8	160105520114	周虹廷	男	初修	90	71	82	90	333	4	三等奖学金
9	160105520104	马天庆	男	初修	100	74	86	66	325	5	三等奖学金
10	160105520116	高国峰	男	初修	96	64	84	74	318	6	三等奖学金
11	160105520110	谷鹏飞	男	初修	73	81	67	87	307	7	三等奖学金
12	160105520119	孔祥鑫	男	初修	77	70	78	82	307	7	三等奖学金
13	160105520111	赵红龙	男	初修	82	80	85	50	296	10	
14	160105520115	王芷睿	男	初修	63	83	78	63	286	12	
15	160105520101	王奕博	男	初修	90	34	79	79	282	13	
16	160105520118	杨兆旭	男	初修	88	39	90	62	278	14	
17	160105520102	王钰鑫	男	初修	80	55	62	78	275	15	
18	160105520106	那贵森	男	初修	85	63	57	70	274	16	
19	160105520120	王均望	男	初修	48	74	72	73	267	17	
20	160105520113	刘彦超	男	初修	79	55	60	70	264	18	
			男 平均值		83	69	76	74			
			总计平均值		81.75	66.74	75.645	72.32			

图 4-96　分类汇总结果

(7) 打开“16 智能成绩分析”工作表，选定 C36：I41 单元格，单击“插入”选项卡中的“插入柱形图” 按钮，选择“簇状柱形图”，生成的图表如图 4-97 所示。单击“设计”选项卡中的“选择数据”按钮，弹出“选择数据源”对话框，如图 4-98 所示。取消勾选“水平(分类)轴标签”下的两个复选框，单击“确定”按钮完成数据源修改。将图表中的“图表标题”修改为“成绩分析”，设为黑体、18 磅、加粗。适当调整图表大小，在图表下方插入文本框，输入“成绩分析：根据图表分析计算机成绩普遍偏高，数学成绩普遍偏低，计算机网络成绩和英语成绩基本成正态分布，出题难度适当。”将字号设为 14 磅，结果如图 4-99 所示。

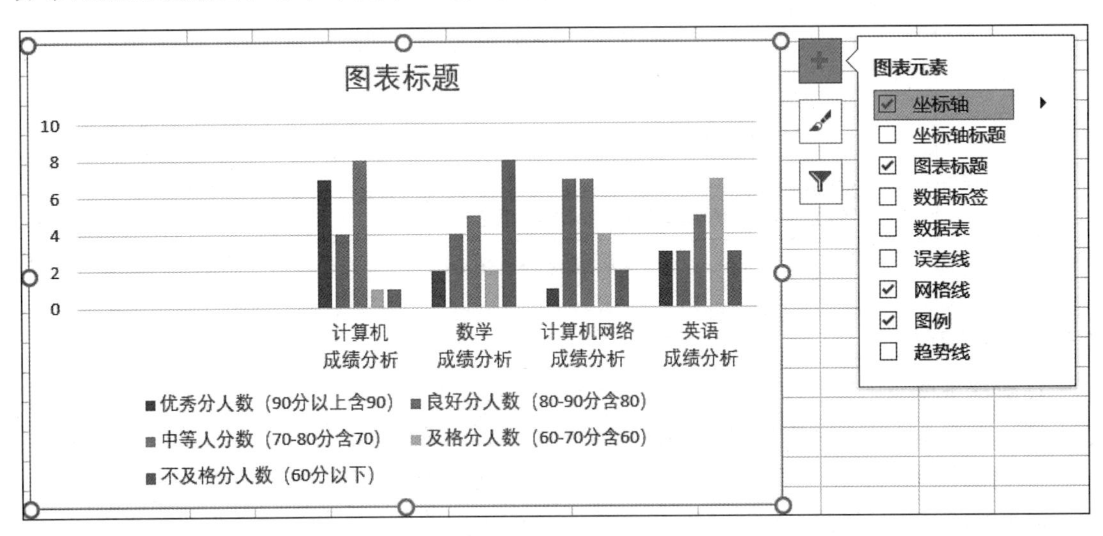

图 4-97　簇状柱形图

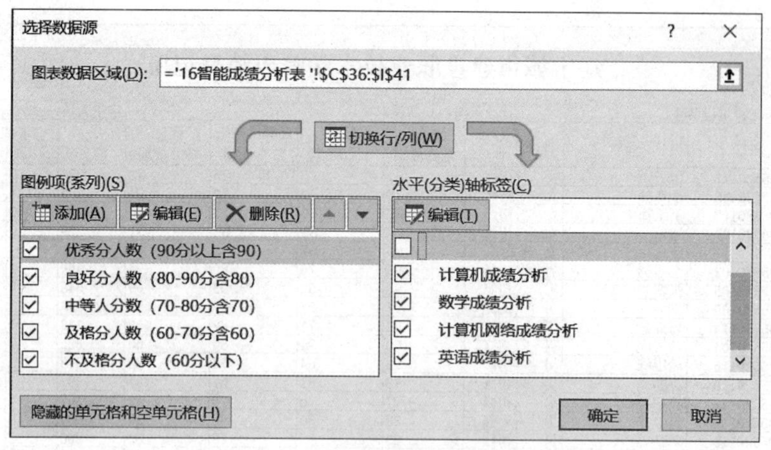

图 4-98 “选择数据源”对话框

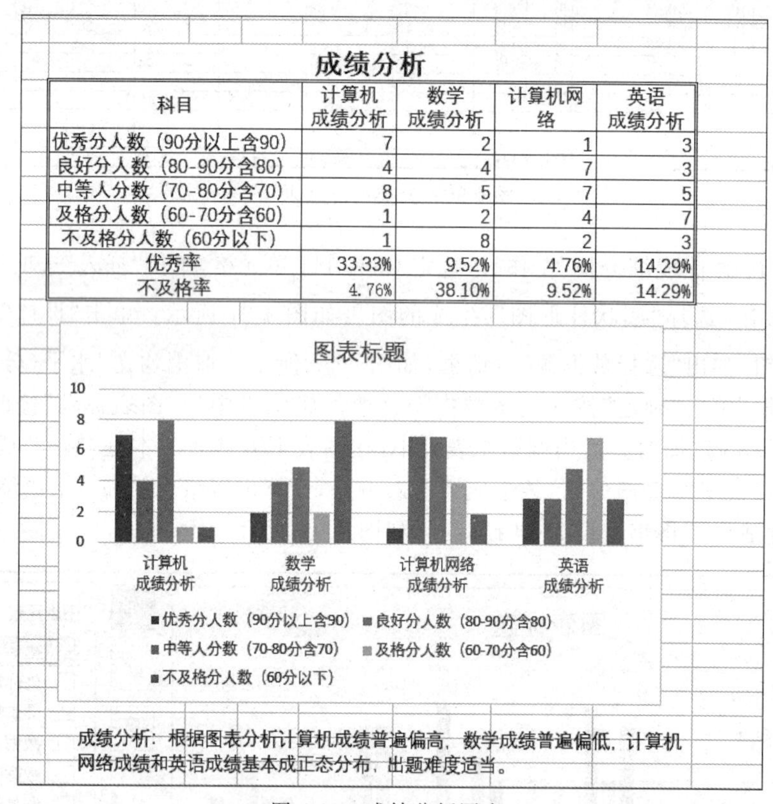

成绩分析

科目	计算机成绩分析	数学成绩分析	计算机网络	英语成绩分析
优秀分人数（90分以上含90）	7	2	1	3
良好分人数（80-90分含80）	4	4	7	3
中等人分数（70-80分含70）	8	5	7	5
及格分人数（60-70分含60）	1	2	4	7
不及格分人数（60分以下）	1	8	2	3
优秀率	33.33%	9.52%	4.76%	14.29%
不及格率	4.76%	38.10%	9.52%	14.29%

图 4-99 成绩分析图表

4.5.4 知识链接

1. 数据排序

打开原始文件“Excel 实例\任务 4.5\销售统计表.xlsx”。

1）简单排序

简单排序是指设置单一的排序条件，然后将工作表中的数据按指定的条件进行排序。

（1）选定工作表数据区中的任意单元格，切换到“数据”选项卡，在“排序和筛选”组中单击“排序”按钮，弹出如图 4-100 所示“排序”对话框。设置主要关键字为“金额”。

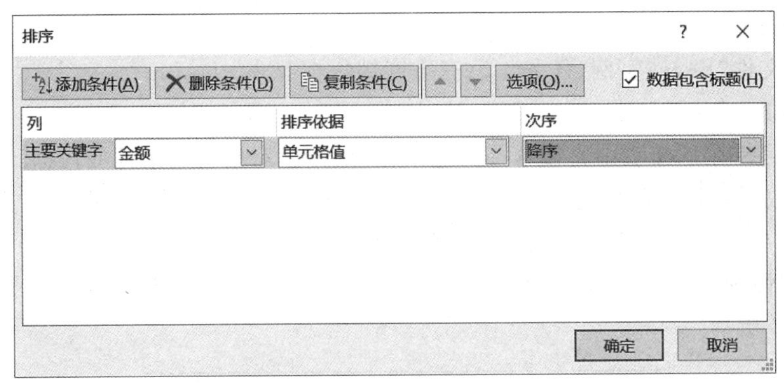

图 4-100　“排序”对话框

(2) 设置次序为“降序”，单击“确定”按钮，返回工作表，销售金额已经按指定的降序进行了排序，最大值显示在最前端。

2) 复杂排序

复杂排序是指同时按多个关键字对数据进行排序。复杂排序需要在“排序”对话框中进行设置，可以添加多个排序的条件来实现对数据的复杂排序。

(1) 选定工作表数据区域中的任意单元格，切换到“数据”选项卡，单击“排序和筛选”组中的“排序”按钮。

(2) 弹出“排序”对话框，设置主要关键字为“日期”，次序为“降序”。

(3) 单击“添加条件”按钮，设置次要关键字为“金额”，次序为“降序”。

(4) 单击“确定”按钮，返回工作表，可以看到表格执行了两个排序条件，依次对商品和金额进行了降序排序，排序结果如图 4-101 所示。

	A	B	C	D	E	F
1	销售统计表					
2	流水号	日期	销售员	商品名称	金额	
3	73	12月13日	李民浩	齿轮油	6767	
4	78	12月13日	任可	火花塞	6616	
5	76	12月13日	杨怡	微波炉	5649	
6	74	12月13日	张晓林	齿轮油	4646	
7	77	12月13日	周朝阳	机油格	4646	
8	75	12月13日	林淼	机油格	4546	
9	19	12月4日	李民浩	机油格	6456	
10	20	12月4日	张晓林	齿轮油	5767	
11	24	12月4日	任可	火花塞	5767	
12	21	12月4日	林淼	轮毂	5646	
13	23	12月4日	周朝阳	防冻液	4656	
14	22	12月4日	杨怡	火花塞	4563	
15	15	12月3日	林淼	轮毂	7856	
16	16	12月3日	杨怡	火花塞	7575	
17	13	12月3日	李民浩	轮毂	6767	
18	17	12月3日	周朝阳	机油格	6564	
19	14	12月3日	张晓林	齿轮油	5657	
20	18	12月3日	任可	防冻液	565	
21	7	12月2日	李民浩	机油格	7575	
22	10	12月2日	杨怡	火花塞	6767	
23	11	12月2日	周朝阳	防冻液	5640	
24	9	12月2日	林淼	火花塞	4656	
25	12	12月2日	任可	机油格	4566	
26	8	12月2日	张晓林	机油格	4546	
27	1	12月1日	李民浩	火花塞	9800	
28	6	12月1日	任可	机油格	6565	

图 4-101　复杂排序后结果

2. 筛选数据

打开原始文件“Excel 实例\任务 4.5\三季度销售情况表.xlsx”。

1）自动筛选

自动筛选是指在工作表中直接选择筛选条件，快速显示出满足条件的数据。

（1）选定数据区域中的任意单元格，切换至“数据”选项卡，单击“排序和筛选”组中的“筛选”按钮。此时各列字段后面均出现了下三角按钮。

（2）单击“性别”后的下三角按钮，在下拉列表中清除“男”复选框，单击“确定”按钮，筛选结果如图 4-102 所示。

	A	B	C	D	E	F
1	三季度销售情况表					
2	员工编	员工姓	性别	年龄	所属部	本月销售额
3	001	赵磊	男	30	家电部	75,000
5	003	林夕	男	26	童装部	56,000
6	004	田晓磊	男	25	童装部	63,000
8	006	任可	男	28	餐饮部	75,000
9	007	贾波	男	29	餐饮部	45,000
10	008	王强	男	30	童装部	57,000
12	010	林森	男	27	家电部	54,000
15						
16						

图 4-102　自动筛选结果

（3）单击“性别”后的下三角按钮，在下拉列表中选择“从‘性别’中清除筛选”选项。

（4）单击“本月销售额”后的下三角按钮，在下拉列表中选择“数字筛选”→“10 个最大值”选项。

（5）弹出“自动筛选前 10 个”对话框，将 10 改为 7 后单击“确定”按钮，可见工作表中只显示了本月销售额最大的 7 项。

如果需要清除工作表中的所有筛选，可单击“排序和筛选”组中“清除”按钮；再次单击“筛选”按钮，可清除工作表中所有筛选，并退出筛选状态。

2）自定义筛选

（1）选定数据区域中的任意单元格，然后切换到“数据”选项卡，单击“筛选”按钮。

（2）单击“本月销售额”后的下三角按钮，在下拉列表中选择“数字筛选”→“自定义筛选”选项。

（3）弹出“自定义自动筛选方式”对话框，设置条件为本月销售额大于 60000。再次打开“自定义自动筛选方式”对话框，选中“或”单选按钮，在下方设置第二个条件，即本月销售额小于 50000，如图 4-103 所示。单击“确定”按钮，筛选结果如图 4-104 所示。

图 4-103　“自定义自动筛选方式”定义

员工编	员工姓	性别	年龄	所属部	本月销售额
001	赵磊	男	30	家电部	75,000
002	王丹	女	35	家电部	48,000
004	田晓磊	男	25	童装部	63,000
006	任可	男	28	餐饮部	75,000
007	贾波	男	29	餐饮部	45,000
009	赵玉	女	31	餐饮部	62,000

图 4-104　“或”条件筛选结果

3）高级筛选

高级筛选是指复杂的条件筛选，可能会设置多个筛选条件。高级筛选要求在工作表中指定一个单元格区域用于存放筛选条件，这个区域为条件区域。

（1）将列标题复制到 H2：M2 单元格区域，然后在表格的下方空白区域输入筛选条件：性别为女且年龄大于 30，如图 4-105 所示。

三季度销售情况表

员工编	员工姓	性别	年龄	所属部	本月销售额		员工编号	员工姓名	性别	年龄	所属部门	本月销售额
001	赵磊	男	30	家电部	75,000				女	>30		
002	王丹	女	35	家电部	48,000							
003	林夕	男	26	童装部	56,000							
004	田晓磊	男	25	童装部	63,000							
005	韩笑	女	28	家电部	57,000							
006	任可	男	28	餐饮部	75,000							
007	贾波	男	29	餐饮部	45,000							
008	王强	男	30	童装部	57,000							
009	赵玉	女	31	餐饮部	62,000							
010	林森	男	27	家电部	54,000							
011	邢磊	女	26	餐饮部	51,000							
012	付艳	女	31	童装部	53,000							

图 4-105　在条件区域输入筛选条件

（2）选定数据区域中的任意单元格，切换至“数据”选项卡，单击“筛选”按钮进入筛选状态，再单击“高级”按钮弹出如图 4-106 所示“高级筛选”对话框。在“列表区域”默认显示了数据源区域，在此单击“条件区域”文本框右侧折叠按钮。

三季度销售情况表

员工编	员工姓	性别	年龄	所属部	本月销售额		员工编号	员工姓名	性别	年龄	所属部门	本月销售额
001	赵磊	男	30	家电部	75,000				女	>30		
002	王丹	女	35	家电部	48,000							
003	林夕	男	26	童装部	56,000							
004	田晓磊	男	25	童装部	63,000							
005	韩笑	女	28	家电部	57,000							
006	任可	男	28	餐饮部	75,000							
007	贾波	男	29	餐饮部	45,000							
008	王强	男	30	童装部	57,000							
009	赵玉	女	31	餐饮部	62,000							
010	林森	男	27	家电部	54,000							
011	邢磊	女	26	餐饮部	51,000							
012	付艳	女	31	童装部	53,000							

高级筛选
方式
在原有区域显示筛选结果(F)
将筛选结果复制到其他位置(O)
列表区域(L): $A$2:$F$14
条件区域(C): $J$2:$K$3
复制到(T):
选择不重复的记录(R)
确定　取消

图 4-106　“高级筛选”对话框

（3）在工作表中选择条件区域，如 H2：M4 单元格区域，再单击对话框中的折叠按钮返回“高级筛选”对话框。

（4）单击“确定”按钮，得到如图 4-107 所示的筛选结果。

	A	B	C	D	E	F
1	三季度销售情况表					
2	员工编号	员工姓名	性别	年龄	所属部门	本月销售额
4	002	王丹	女	35	家电部	48,000
11	009	赵玉	女	31	餐饮部	62,000
14	012	付艳	女	31	童装部	53,000
15						
16						

图 4-107　高级筛选结果

3. 数据分类汇总

在创建分类汇总前，需要确定分类的字段，并要按分类字段进行排序，以便对各类数据进行汇总计算。汇总的方式有计算、求和、平均值、最大值、最小值等。

打开原始文件“Excel 实例\任务 4.5\销售清单.xlsx”。下面对各销售员的销售情况进行汇总。

（1）选定 F 列中的任意数据单元格，切到“数据”选项卡，在“排序和筛选”组中单击“升序”按钮，可以看到 F 列中的销售员数据按姓氏的首字母升序排序。

（2）单击“数据”选项卡“分级显示”组中的“分类汇总”按钮，弹出“分类汇总”对话框。

（3）在“分类字段”下拉列表框中选择“销售员”字段。

（4）“汇总方式”下拉列表框中选择汇总方式为“求和”。

（5）在“选定汇总项”列表框中选择需要进行汇总的项目，选中“销售金额”复选框，单击“确定”按钮，可以看到工作表中数据按销售员对销售金额进行了求和，如图 4-108 所示。

	A	B	C	D	E	F
1	销售记录清单					
2	日期	商品名称	销售数量	销售单价	销售金额	销售员
3	20141003	火花塞	5	¥420.00	¥2,100.00	陈思思
4	20141007	火花塞	5	¥420.00	¥2,100.00	陈思思
5	20141011	防冻液	4	¥120.00	¥480.00	陈思思
6	20141015	防冻液	4	¥120.00	¥480.00	陈思思
7					¥5,160.00	陈思思 汇总
8	20141002	空调格	4	¥120.00	¥480.00	李楠
9	20141006	火花塞	7	¥420.00	¥2,940.00	李楠
10	20141010	机油滤芯	6	¥120.00	¥720.00	李楠
11	20141014	火花塞	3	¥420.00	¥1,260.00	李楠
12	20141018	机油滤芯	7	¥120.00	¥840.00	李楠
13					¥6,240.00	李楠 汇总
14	20141001	火花塞	3	¥420.00	¥1,260.00	田夏磊
15	20141005	空调格	8	¥120.00	¥960.00	田夏磊
16	20141009	机油滤芯	2	¥120.00	¥240.00	田夏磊
17	20141013	机油滤芯	9	¥120.00	¥1,080.00	田夏磊
18	20141017	机油滤芯	6	¥120.00	¥720.00	田夏磊
19					¥4,260.00	田夏磊 汇总
20	20141004	机油滤芯	6	¥120.00	¥720.00	赵颖
21	20141008	空调格	1	¥120.00	¥120.00	赵颖
22	20141012	防冻液	8	¥120.00	¥960.00	赵颖
23	20141016	火花塞	5	¥420.00	¥2,100.00	赵颖

图 4-108　分类汇总结果

(6) 默认情况下，分类汇总后数据分三级显示，单击工作表左上角的相应数字分级按钮，可更改当前显示级别。如图 4-109 所示为以二级显示汇总结果。

	A	B	C	D	E	F
1	销售记录清单					
2	日期	商品名称	销售数量	销售单价	销售金额	销售员
7					¥5,160.00	陈思思 汇总
13					¥6,240.00	李楠 汇总
19					¥4,260.00	田夏磊 汇总
24					¥3,900.00	赵颖 汇总
25					¥19,560.00	总计
26						
27						

图 4-109　二级显示分类汇总结果

(7) 删除分类汇总。当不再需要在工作表中显示汇总结果时，可以将分类汇总删除，在“分类汇总”对话框单击“全部删除”按钮即可。删除分类汇总后，数据以常规的状态显示。

若要汇总或报告多个单独工作表中的结果，可以将每个单独工作表中的数据合并计算到一个主工作表中。

4. 创建图表

1) 通过功能区创建图表

在功能区中用户可以快速插入各种类型的图表，只须先选定创建表格的数据源区域，再单击相应的图表类型按钮，并选择一个图表类型，即可快速创建图表。

打开原始文件“Excel 实例\任务 4.5\百脑汇销售情况统计.xlsx”。

(1) 选定 A2：G7 单元格区域。

(2) 切换至“插入”选项卡，单击“柱形图”按钮，在展开的下拉列表中选择所需的柱形图，如“三维簇状柱形图”，可以看到，在工作表中显示了根据选定的数据源创建的柱形图，如图 4-110 所示。

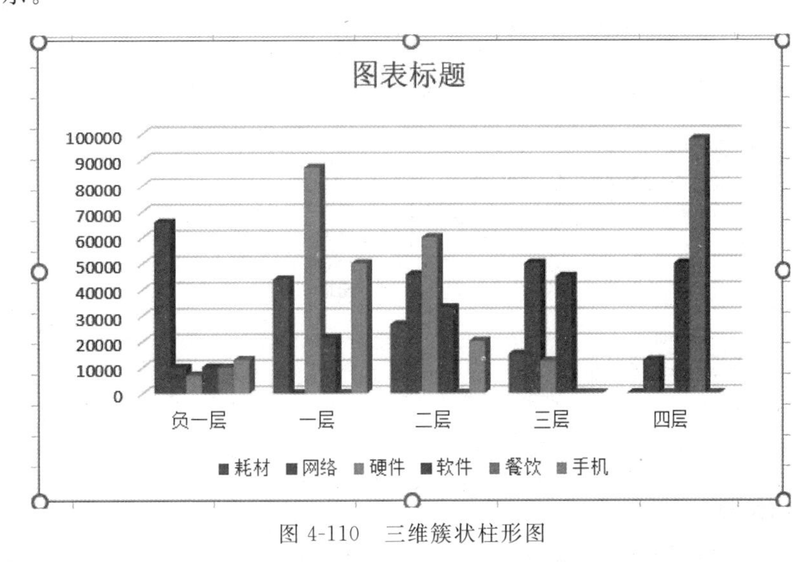

图 4-110　三维簇状柱形图

提示：在功能区单击“其他图表”按钮，在下拉列表中可选择其他图表类型，如股价图、曲面图、圆环图、气泡图、雷达图等。

2）更改图表

在创建图表后，如果对图表不满意，还可以对它进行更改。例如更改图表在工作表中的显示的位置、图表的大小、图表的数据源区域、图表的类型等。

（1）更改图表的位置

如果希望创建的图表在其他位置显示，那么可以更改图表的位置。更改图表的位置时，可以直接在工作表中拖动图表来调整其位置，也可以通过“移动图表”对话框将其移动到其他的工作表中。

在工作表中直接拖动图表时，将鼠标指针移动图表上方，当指针呈十字箭头状时进行拖动。拖至目标位置释放鼠标左键，此时可看到图表的位置已更改。

（2）调整图表的大小

① 调整图表高度。将鼠标指针移至图表上方或下方边框的控制柄上，当指针变成双向箭头形状时，按住鼠标左键进行拖动。

② 调整图表宽度。将鼠标指针移至图表左侧或右侧边框的控制柄上，当指针变成双向箭头形状时，按住鼠标左键进行拖动。

③ 同时调整图表的高度和宽度。将鼠标指针移至图表的对角控制柄上，当指针变成双向箭头形状时，按住鼠标左键进行拖动。

（3）更改数据源

如果希望在图表中表现另一组数据，例如通过图表分析了生产的产量，若要在该图表中显示分析生产成本的数据，则可以更改图表的数据源。

打开原始文件“Excel 实例\任务 4.5\一季度销售统计表.xlsx”。在图表区域右击，然后在弹出的快捷菜单中选择“选择数据”命令，弹出如图 4-111 所示的“选择数据源”对话框，在“图表数据区域”文本框中设置图表数据区域，也可单击其右侧的折叠按钮在工作表中选择。

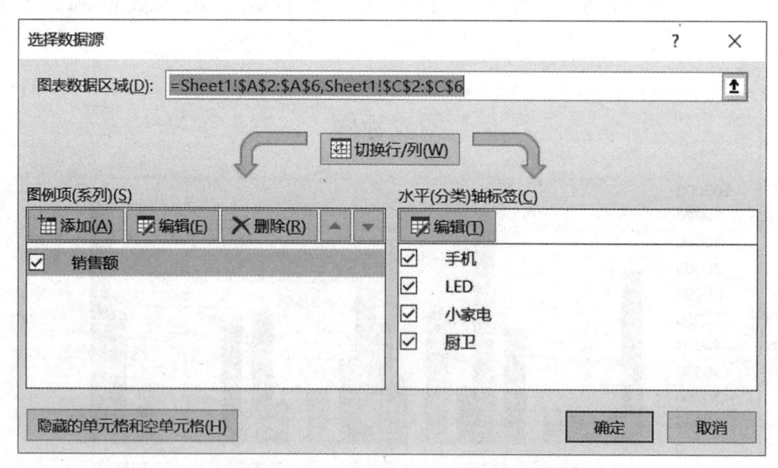

图 4-111 “选择数据源”对话框

4.5.5 知识拓展

下面创建一个“费用统计”数据透视表，具体要求如下。

数据透视表是一种可以快速汇总大量数据的交互式表格。可以重新排列数据信息，当原数据发生更改时，只须单击“刷新数据”按钮，即可更新报表中的数据。

（1）创建“通信费用统计”数据透视表。

(2) 应用数据透视表样式。

(3) 筛选报表中的数据。

(4) 应用数字格式。

(5) 更改报表布局。

具体操作步骤如下。

(1) 打开原始文件“Excel 实例\任务 4.5\2019 年度税收统计.xlsx”。

(2) 在“插入”选项卡的“表”组中单击“数据透视表”按钮，弹出如图 4-112 所示的“创建数据透视表”对话框。

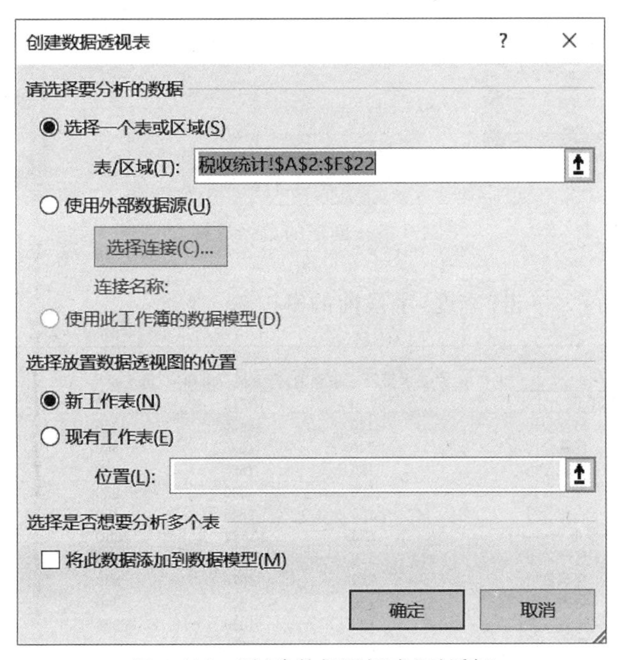

图 4-112　“创建数据透视表”对话框

(3) 在“表/区域”文本框中输入“税收统计！＄A＄2：＄F＄22”单元格区域，再选中“新工作表”单选按钮，单击“确定”按钮，此时弹出图 4-113 所示的新工作表，显示了创建的空数据透视表以及“数据透视表字段列表”任务窗格。

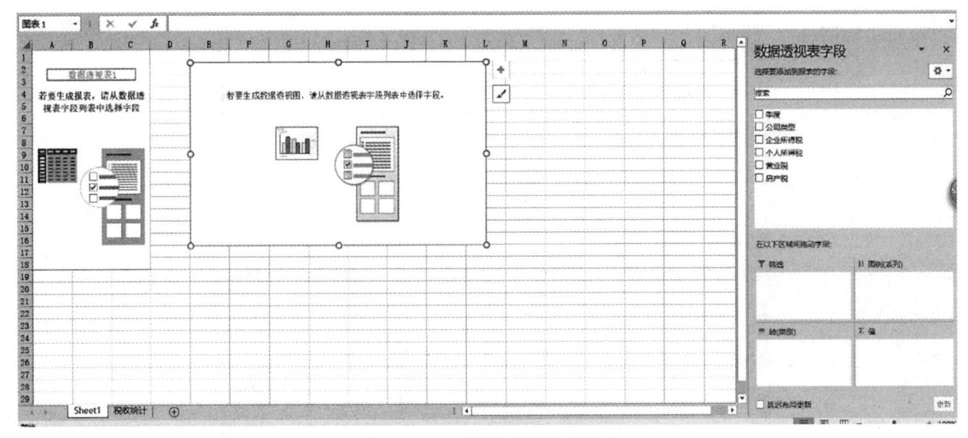

图 4-113　创建数据透视表

（4）在“数据透视表字段列表”任务窗格中选中所有的字段，可以看到创建的数据透视表包含了原表格中的所有数据，如图 4-114 所示。

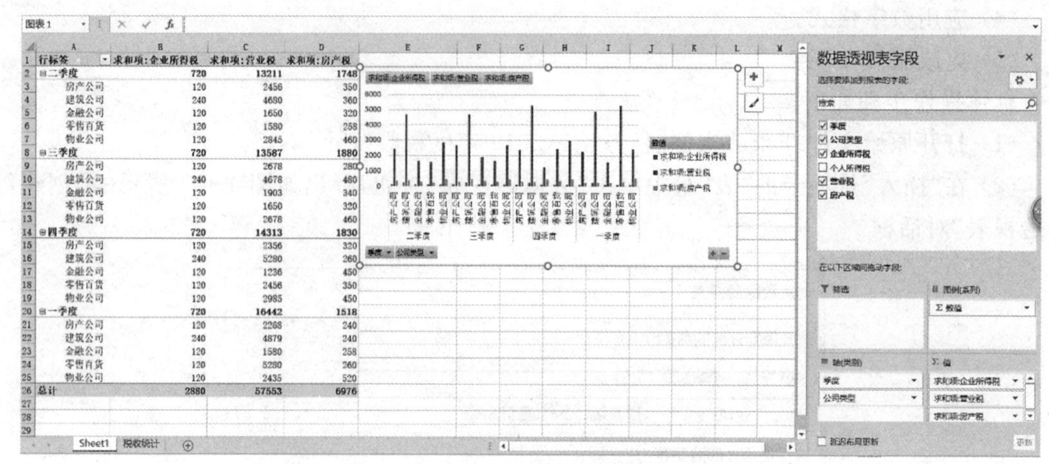

图 4-114　创建的数据透视表

（5）如图 4-115 所示，单击“季度”字段前的⊟按钮。

	A	B	C	D	E
1	行标签	求和项:企业所得税	求和项:营业税	求和项:房产税	
2	⊟二季度	720	13211	1748	
3	房产公司	120	2456	350	
4	建筑公司	240	4680	360	
5	金融公司	120	1650	320	
6	零售百货	120	1580	258	
7	物业公司	120	2845	460	
8	⊟三季度	720	13587	1880	
9	房产公司	120	2678	280	
10	建筑公司	240	4678	480	
11	金融公司	120	1903	340	
12	零售百货	120	1650	320	
13	物业公司	120	2678	460	
14	⊟四季度	720	14313	1830	
15	房产公司	120	2356	320	
16	建筑公司	240	5280	260	
17	金融公司	120	1236	450	
18	零售百货	120	2456	350	
19	物业公司	120	2985	450	
20	⊟一季度	720	16442	1518	
21	房产公司	120	2268	240	
22	建筑公司	240	4879	240	
23	金融公司	120	1580	258	
24	零售百货	120	5280	260	
25	物业公司	120	2435	520	
26	总计	2880	57553	6976	

图 4-115　更改字段布局

（6）如图 4-116 所示，数据透视表的布局已经更改，季度在页字段位置处显示。

	A	B	C	D
1	行标签	求和项:企业所得税	求和项:营业税	求和项:房产税
2	⊞二季度	720	13211	1748
3	⊞三季度	720	13587	1880
4	⊞四季度	720	14313	1830
5	⊞一季度	720	16442	1518
6	总计	2880	57553	6976
7				
8				

图 4-116　更改字段布局的效果

(7) 应用数据透视表样式。

① 单击“数据透视表”数据区中的任一单元格，标题栏中将显示“数据透视表工具”图标。切换至“数据透视表工具|设计”选项卡，单击“数据透视表样式”组中的“快翻”按钮，在展开的库中选择所需的样式。

② 在“数据透视表样式选项”组中设置数据透视表样式选项，选中“镶边列”复选框，可见报表的列样式发生了变化。

(8) 筛选报表中的数据。

① 单击“季度”后(B2 单元格内)下三角按钮，选中“选择多项”复选框，设置需要筛选的字段，清除“一季度”和“四季度”复选框，再单击“确定”按钮，如图 4-117 所示。单击“确定”按钮，可看到报表中的数据对页字段进行了筛选，仅剩二季度、三季度的数据。

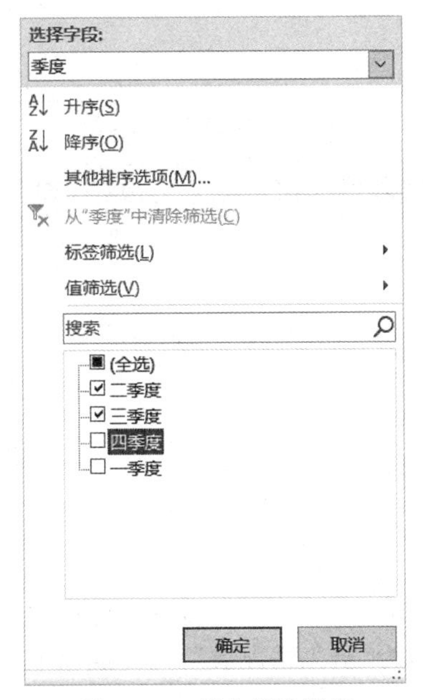

图 4-117　报表筛选设置

② 单击“行标签”后的下三角按钮，在下拉列表中选择“升序”选项。再次单击“行标签”后的下三角按钮，清除“物业公司”复选框，然后单击“确定”按钮，可以看到报表中没有“物业公司”数据了，所有部门按升序排序，如图 4-118 所示。

	A	B	C	D
1	行标签	求和项:企业所得税	求和项:营业税	求和项:房产税
2	⊟二季度	720	13211	1748
3	房产公司	120	2456	350
4	建筑公司	240	4680	360
5	金融公司	120	1650	320
6	零售百货	120	1580	258
7	物业公司	120	2845	460
8	⊟三季度	720	13587	1880
9	房产公司	120	2678	280
10	建筑公司	240	4678	480
11	金融公司	120	1903	340
12	零售百货	120	1650	320
13	物业公司	120	2678	460
14	总计	1440	26798	3628

图 4-118　通过“行标签”筛选后的结果

(9) 更改报表布局。切换到"数据透视表工具"|"设计"选项卡,在"布局"组中单击"报表布局"按钮,然后在展开的下拉列表中选择相应的选项。

4.5.6 技能训练

合并计算期末成绩表,具体要求如下。

(1) 打开原始文件"Excel 实例\任务 4.5\建工 1 班期末成绩单.xlsx"。

(2) 计算总分。在 G 列使用 SUM 函数计算各个同学的总分。

(3) 排序。按照总分进行排序。

(4) 条件格式。将不及格的科目、分数以浅红填充色深红色文本突出显示。

(5) 表格样式。套用表格样式"表样式中等深浅 17"。

(6) 筛选。筛选出计算机分数高于 90 分并且总分在 400 分以上的同学,结果如图 4-119 所示。

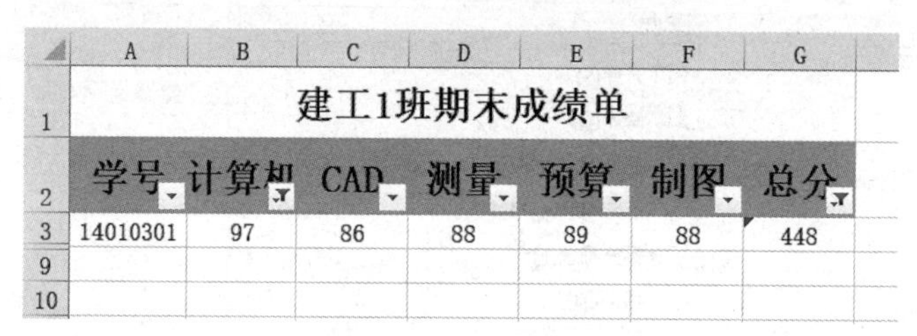

	A	B	C	D	E	F	G
1	建工1班期末成绩单						
2	学号	计算机	CAD	测量	预算	制图	总分
3	14010301	97	86	88	89	88	448
9							
10							

图 4-119 筛选结果

综合练习 4

1. 编辑项目练习工作簿

打开原始文件"Excel 实例\任务 4.5\员工工资表.xlsx"。

打开 Sheet1 工作表,重命名为"员工情况表",并完成以下操作。

(1) 在表中添加图表标题,设置相应格式。

(2) 调整表内字体和大小,绘制表格框线,使整个图表美观。

(3) 设置行高、列宽,为标题及内容设置不同的底纹。

(4) 插入行和列,分别填写员工所属部门及性别。

2. 函数应用

打开 Sheet2 工作表,重命名为"工资统计表",并完成以下操作。

(1) 使用公式,根据计税规则和比例计算员工的应缴税款。

(2) 根据员工应发工资和应缴税款及其他项目,计算员工的实发工资。

(3) 使用分类汇总统计各部门的平均工资;各部门之间横向比较,分别统计男、女员工的平均工资。

(4) 使用函数分别统计未扣税款及缴税在 100 元以上的员工个数,并突出显示。

3. 制作透视图

打开 Sheet3 工作表,重命名为"工资分析表",并完成以下操作。

(1) 使用函数填充姓名、性别和部门三列数据,数据来源为"员工情况表"。实发工资来源于“工资统计表”。

(2) 将各个部门的员工工资制成统计图,饼图和柱形图均可,选择合适的图表布局使之美观。

(3) 根据各部门员工工资,制作数据透视表,并更改字段布局。

4. 员工档案(二级真题)

人事部专员小金负责本公司员工档案的日常管理,以及员工每年各项基本社会保险费用的计算。按照下列要求帮助小金完成相关数据的整理、计算、统计和分析工作。

(1) 将考生文件夹下的工作簿文档“Excel 素材.xlsx”另存为 Excel.xlsx(.xlsx 为文件扩展名),之后所有的操作均基于此文件,否则不得分。操作过程中,不可以随意改变原工作表素材数据的顺序。

(2) 在工作表“身份证校对”中按照下列规则及要求对员工的身份证号进行正误校对。

① 中国公民的身份证号由 18 位组成,最后一位即第 18 位为校验码,通过前 17 位计算得出。第 18 位校验码的计算方法如下。

将身份证的前 17 位数分别与对应系数相乘,将乘积之和除以 11,所得余数与最后一位校验码一一对应。从第 1 位到第 17 位的对应系数以及余数与校验码对应关系参见工作表“校对参数”中所列。

② 在工作表“身份证校对”中将身份证号的 18 位数字自左向右分拆到对应列。

③ 通过前 17 位数字以及工作表“校对参数”中的校对系数计算出校验码,填入 V 列中。

④ 将原证号的第 18 位与计算出的校验码进行对比,比对结果填入 W 列,要求比对相符时输入文本“正确”,不符时输入“错误”。

⑤ 如果校对结果错误,则通过设置条件格式将错误证号所在的数据行以“红色”文字、浅绿类型的颜色填充。

(3) 在工作表“员工档案”中,按照进行下列要求对员工档案数据表进行完善。

① 输入每位员工的身份证号,员工编码与身份证号的对应关系见工作表“身份证校对”。如果已校对出错误,应将正确的身份证号填写入工作表“员工档案”中(假设所有错误号码都是由于最后一位校验码输错导致的)。

② 计算每位员工截至 2016 年 12 月 31 日的年龄,每满一年才计算一岁,一年按 365 天计算。

③ 在“工作状态”列的空白单元格中填入文本“在职”。

④ 计算每位员工在本公司工作的工龄,要求不足半年按半年计、超过半年按一年计,一年按 365 天计算,保留一位小数。其中,“在职”员工的工龄计算截止于 2016 年 12 月 31 日,离职和退休人员计算截止于各自离职或退休的时间。

⑤ 计算每位员工的工龄工资,公式:工龄工资＝本公司工龄×50。

⑥ 计算员工的工资总额,公式:工资总额＝工龄工资＋签约工资＋上年月均奖金。

(4) 在工作表“社保计算”中,按照下列要求计算每个员工本年度每月应缴社保金额。

① 依据工作表“员工档案”中的数据,筛选出所有“在职”员工的“员工编号”“姓名”和“工资总额”三列数据,依次填入 B、C、D 中,并按员工编号由小到大排序。

② 本市上年职工平均月工资为 7 086 元,首先将其定义为常量“人均月工资”,然后依据表 4-4 所示规则计算出每位员工的“社保基数”填入相应列中,计算时需要在公式中调用新定义的常量“人均月工资”:社保基数最低为人均月工资 7 086 元的 60%,最高为人均月工资 7 086 元的 3 倍。

表 4-4 社保基数规则

条　　件	社保基数
工资总额<最低基数	最低基数
工资总额>最高基数	最高基数
最低基数≤工资总额≤最高基数	工资总额

③ 每个人每个险种的应缴社保费=个人的社保基数×相应的险种费率，按照工作表“社保费率”中所列险种费率分别计算每位在职员工应缴的各险种费用，包括公积负担和个人负担部分。其中：医疗个人负担=社保基数×医疗个人负担比例+个人额外费用3元。

④ 为数据表设置恰当的数字格式，套用一个表格格式并取消自动筛选标记。

(5) 以工作表“社保计算”的结果为数据源，参照图4-120所示样例，自新工作表“透视分析”的A3单元格开始生成数据透视表，要求如下。

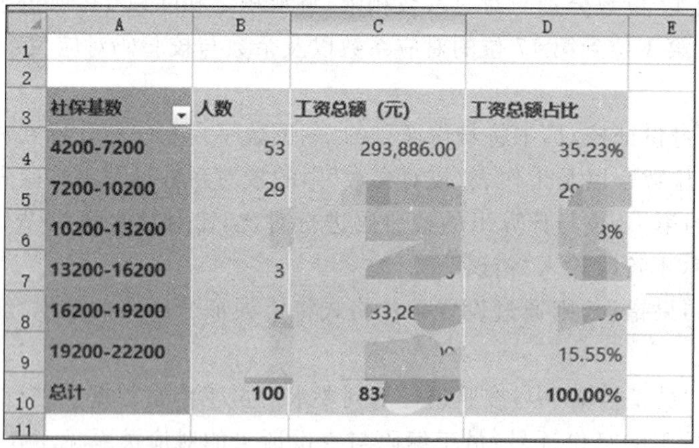

社保基数	人数	工资总额（元）	工资总额占比
4200-7200	53	293,886.00	35.23%
7200-10200	29	[illegible]	29[illegible]
10200-13200	[illegible]	[illegible]	[illegible]3%
13200-16200	3	[illegible]	[illegible]
16200-19200	2	33,28[illegible]	[illegible]
19200-22200	[illegible]	[illegible]	15.55%
总计	100	83[illegible]	100.00%

图 4-120 数据透视表样例

① 列标题应与示例图相同。

② 按图中所示调整工资总额的数字格式。

③ 改变数据透视表样式。

习题 4

一、选择题

1. 以下错误的Excel公式形式是(　　)。(二级真题)

A. =SUM(B3:E3)*$F$3　　B. =SUM(B3:3E)*F3

C. =SUM(B3:$E3)*F3　　D. =SUM(B3:E3)*F$3

2. 小胡利用Excel对销售人员的销售额进行统计，销售工作表中已包含每位销售人员对应的产品销量，且产品销售单价为308元，计算每位销售人员销售额的最优操作方法是(　　)。(二级真题)

A. 直接通过公式“=销量*308”计算销售额

B. 将单价308定义名称为“单价”，然后在计算销售额的公式中引用该名称

C. 将单价 308 输入某个单元格中，然后在计算销售额的公式中绝对引用该单元格

D. 将单价 308 输入某个单元格中，然后在计算销售额的公式中相对引用该单元格

3. 在同一个 Excel 工作簿中，如需区分不同工作表的单元格，则要在引用地址前面增加(　　)。(二级真题)

A. 单元格地址　　B. 公式

C. 工作表名称　　D. 工作簿名称

4. 一个工作簿中包含 20 张工作表，分别以 1997 年、1998 年、…、2016 年命名。快速切换到工作表“2008 年”的最优方法是(　　)。(二级真题)

A. 在工作表标签左侧的导航栏中单击左、右箭头按钮，显示并选择工作表“2008 年”

B. 在编辑栏左侧的“名称框”中输入工作表名“2008 年”后按 Enter 键

C. 在工作表标签左侧的导航栏中右击，从列表中选择工作表 2008 年

D. 通过“开始”选项卡上“查找和选择”按钮～下的“定位”功能，即可转到工作表“2008 年”

5. 小刘在 Excel 工作表 A1:D8 区域存放了一组重要数据，他希望隐藏这组数据但又不能影响同行、列中其他数据的阅读，最优的操作方法是(　　)。(二级真题)

A. 通过隐藏行列功能，将 A:D 列或 1:8 行隐藏起来

B. 在“单元格格式”对话框的“保护”选项卡指定隐藏该区域数据，并设置工作表保护

C. 通过自定义数字格式设置不显示该区域数据，并通过工作表隐藏数据

D. 将 A1:D8 区域中数据的字体颜色设置为与单元格背景颜色相同

6. 在 Excel 工作表单元格中输入公式时，F$2 的单元格引用方式称为(　　)。(二级真题)

A. 交叉地址引用　　B. 混合地址引用

C. 相对地址引用　　D. 绝对地址引用

7. 小李正在 Excel 中编辑一个包含上千人的工资表，他希望在编辑过程中总能看到表明每列数据性质的标题行，最优的操作方法是(　　)。(二级真题)

A. 通过 Excel 的拆分窗口功能，使得上方窗口显示标题行，同时在下方窗口中编辑内容

B. 通过 Excel 的冻结窗格功能将标题行固定

C. 通过 Excel 的新建窗口功能，创建一个新窗口，并将两个窗口水平并排显示，其中上方窗口显示标题行

D. 通过 Excel 的打印标题功能设置标题行重复出现

8. 赵老师在 Excel 中为 400 位学生每人制作了一个成绩条，每个成绩条之间有一个空行分隔。他希望同时选中所有成绩条及分隔空行，最快捷的操作方法是(　　)。(二级真题)

A. 直接在成绩条区域中拖动鼠标进行选择

B. 单击成绩条区域的某一个单元格，然后按 Ctrl+A 组合键两次

C. 单击成绩条区域的第一个单元格，然后按 Ctrl+Shift+End 组合键

D. 单击成绩条区域的第一个单元格，按住 Shift 键不放再单击该区域的最后一个单元格

9. 小曾希望对 Excel 工作表的 E、F 三列设置相同的格式，同时选中这三列的最快捷操作方法是(　　)。(二级真题)

A. 用鼠标直接在 E、F 三列的列标上拖动完成选择

B. 在名称框中输入地址 D:F，按 Enter 键完成选择

C. 在名称框中输入地址 D、E、F，按 Enter 键完成选择

D. 按住 Ctrl 键不放，依次单击 E、F 三列的列标

10. 在 Excel 工作表中输入了大量数据后，若要在该工作表中选择一个连续且较大范围的特定数据区域，最快捷的方法是（　　）。（二级真题）

A. 选中该数据区域的某一个单元格，然后按 Ctrl＋A 组合键

B. 单击该数据区域的第一个单元格，按下 Shift 键不放再单击该区域的最后一个单元格

C. 单击该数据区域的第一个单元格，按 Ctrl＋Shift＋End 组合键

D. 用鼠标直接在数据区域中拖动完成选择

11. 小陈在 Excel 中对产品销售情况进行分析，他需要选择不连续的数据区域作为创建分析图表的数据源，最优的操作方法是（　　）。（二级真题）

A. 直接拖动鼠标选择相关的数据区域

B. 按住 Ctrl 键不放，拖动鼠标依次选择相关的数据区域

C. 按住 Shift 键不放，拖动鼠标依次选择相关的数据区域

D. 在名称框中分别输入单元格区域地址，中间用西文半角逗号分隔

12. 小王要将一份通过 Excel 整理的调查问卷统计结果送交经理审阅，这份调查表包含统计结果和中间数据两个工作表。他希望经理无法看到其存放中间数据的工作表，最优的操作方法是（　　）。（二级真题）

A. 将存放中间数据的工作表删除

B. 将存放中间数据的工作表移动到其他工作簿保存

C. 将存放中间数据的工作表隐藏，然后设置保护工作表隐藏

D. 将存放中间数据的工作表隐藏，然后设置保护工作簿结构

13. 老王正在 Excel 中计算员工本年度的年终奖金，他希望与存放在不同工作簿中的前三年奖金发放情况进行比较，最优的操作方法是（　　）。（二级真题）

A. 分别打开前三年的奖金工作簿，将它们复制到同一个工作表中进行比较

B. 通过全部重排功能，将四个工作簿平铺在屏幕上进行比较

C. 通过并排查看功能，分别将今年与前三年的数据两两进行比较

D. 打开前三年的奖金工作簿，需要比较时在每个工作簿窗口之间进行切换查看

14. 在 Excel 2016 中，选定整个工作表的方法是（　　）。

A. 双击状态栏

B. 单击左上角的行列坐标的交叉点

C. 右击任一单元格，从弹出的快捷菜单中选择“选定工作表”命令

D. 按住 Alt 键不放双击第一个单元格

15. 在 Excel 2016 中图表的数据源发生变化后，图表将（　　）。

A. 不会改变　　　　B. 发生改变，但与数据无关

C. 发生相应的改变　　　　D. 被删除

16. 在 Excel 2016 中文版中，可以自动产生序列的数据是（　　）。

A. 一　　B. 1　　C. 第一季度　　D. A

17. 在 Excel 2016 中，文字数据默认的对齐方式是（　　）。

A. 左对齐　　B. 右对齐　　C. 居中对齐　　D. 两端对齐

18. 在 Excel 2016 中，在单元格中输入＝12＞24 并按 Enter 键后，此单元格显示的内容为（　　）。

A. FALSE　　B. ＝12＞24　　C. TRUE　　D. 12＞24

19. 在 Excel 2016 中，删除工作表中与图表链接的数据时，图表将（　　）。

A. 被删除　　B. 必须用编辑器删除相应的数据点

C. 不会发生变化　　D. 自动删除相应的数据点

20. 在 Excel 2016 中，工作簿名称被放置在（　　）中。

A. 标题栏　　B. 标签行　　C. 工具栏　　D. 信息行

21. 在 Excel 2016 中，在单元格中输入＝6＋16＋MIN(16,6)，将显示（　　）。

A. 38　　B. 28　　C. 22　　D. 44

22. 在 Excel 2016 中建立图表时，一般（　　）。

A. 先输入数据，再建立图表

B. 建完图表后，再输入数据

C. 在输入的同时，建立图表

D. 首先建立一个图表标签

23. 在 Excel 2016 中，将单元格变为活动单元格的操作是（　　）。

A. 用鼠标单击该单元格

B. 将鼠标指针指向该单元格

C. 在当前单元格内键入该目标单元格地址

D. 没必要，因为每一个单元格都是活动的

二、填空题

1. 在 Excel 2016 中，在单元格中输入＝2/5，将显示______。
2. 退出 Excel 2016 可使用______组合键。
3. Excel 2016 默认的工作表名称为______。
4. 默认情况下，Excel 2016 新建工作簿的工作表个数为______。
5. Excel 2016 中，对单元格地址 A4 绝对引用的方法是输入______。
6. Excel 2016 中，一个完整的函数包括______。
7. Excel 2016 的单元格中输入一个公式，首先应输入______。
8. 一般情况下，Excel 2016 默认的显示格式右对齐的是______型数据。
9. Excel 2016 中，在单元格中输入＝20 ＜＞ AVERAGE(7,9)，将显示______。
10. Excel 2016 地址栏中 A3 的含义是______。

项目 5

演示文稿 PowerPoint 2016

任务 5.1 编辑制作“毕业论文答辩”演示文稿

5.1.1 任务要点

（1）启动 PowerPoint 2016。

（2）新建幻灯片。

（3）设计幻灯片版式与主题。

（4）在幻灯片中插入文本框、图片、表格。

（5）修饰幻灯片。

（6）保存和关闭 PowerPoint 2016 演示文稿。

5.1.2 任务要求

毕业论文答辩是校方组织的，由校方、答辩委员会、答辩者三方共同准备和参与的一场活动，通过对答辩者内容、形式的审查，来判断答辩者是否具备毕业条件。

本任务中利用 PowerPoint 制作一份“毕业论文答辩”幻灯片，通过建立一个完整的文稿来学习演示文稿的启动、浏览、新建、编辑、新幻灯片的插入和在幻灯片中插入文本等操作。

（1）启动 PowerPoint 2016，建立一个新演示文稿。

（2）插入新幻灯片，使演示文稿共由 6 张幻灯片组成。

（3）设计幻灯片版式和主题，分别设置为标题版式和标题与内容版式。

（4）在幻灯片中插入文本框、图片、表格，并添加文字内容。

（5）对每一页幻灯片进行美化。

（6）观看完成效果并保存演示文稿。

5.1.3 实施过程

1. 启动 PowerPoint 2016

常规启动是在 Windows 操作系统中最常用的启动方式，即通过“开始”菜单启动。单击“开始”按钮，选择 PowerPoint 2016 命令，即可启动 PowerPoint 2016，如图 5-1 所示。

2. 插入新幻灯片

单击“新建幻灯片”按钮，添加六张新幻灯片，如图 5-2 所示。

3. 设计幻灯片主题和版式

根据答辩内容设计幻灯片的主题和版式，演示文稿的主题由字体、背景、色彩、色块等组成，PowerPoint 2016 自带了一些设计主题模板，可在“主题”列表框中，单击滚动按钮▾浏览选择合适的模板，如图 5-3 所示。

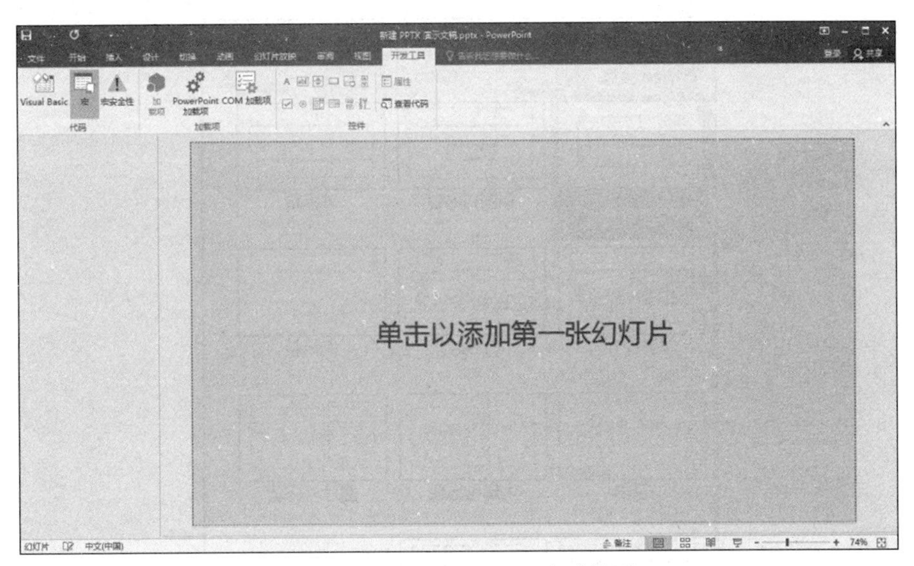

图 5-1　PowerPoint 2016 启动界面

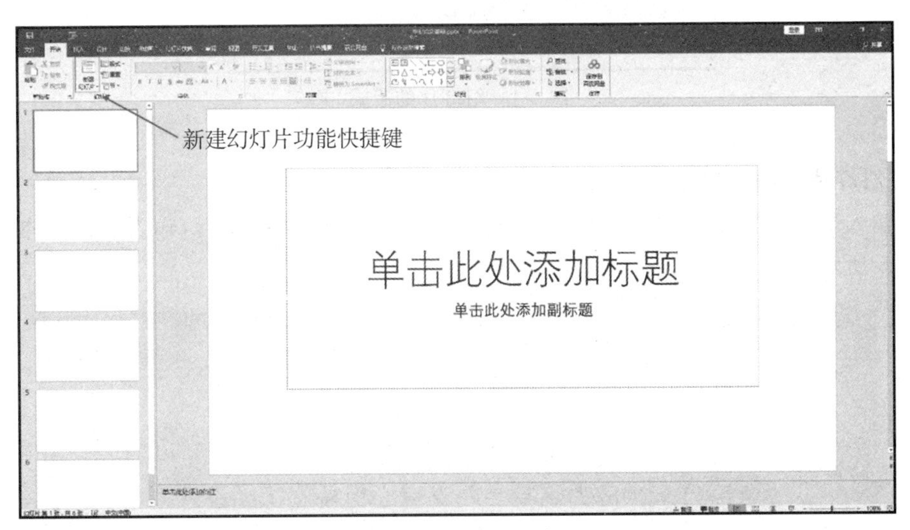

图 5-2　新建幻灯片

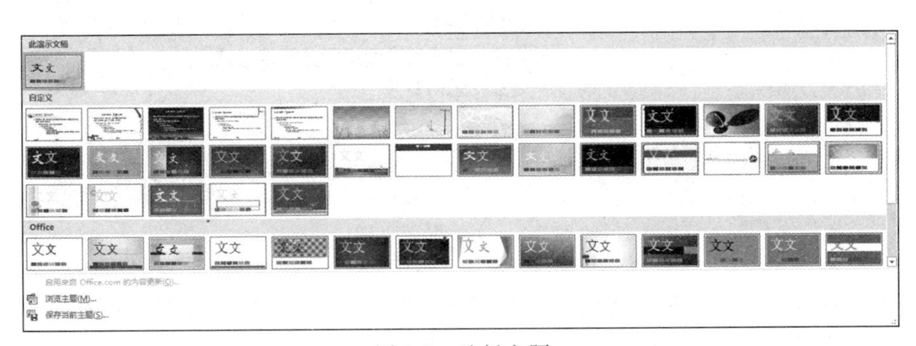

图 5-3　选择主题

标题页选择标题版式，导航页选择标题和内容，第三页选择节标题，第四五页选择标题和内容，第六页选择内容与标题版式，如图 5-4 所示。

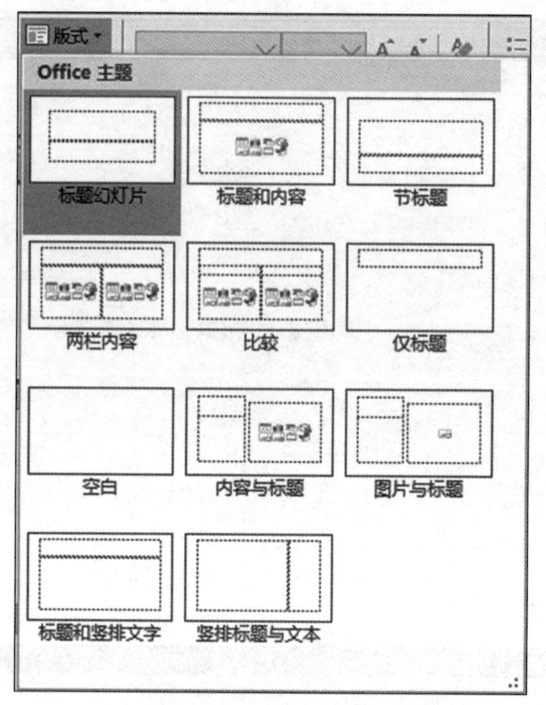

图 5-4 幻灯片的版式

4. 在幻灯片中插入对象

(1) 输入文字。单击标题文本框，输入标题，然后按 Enter 键换行，输入后续文本，完成效果如图 5-5 所示。

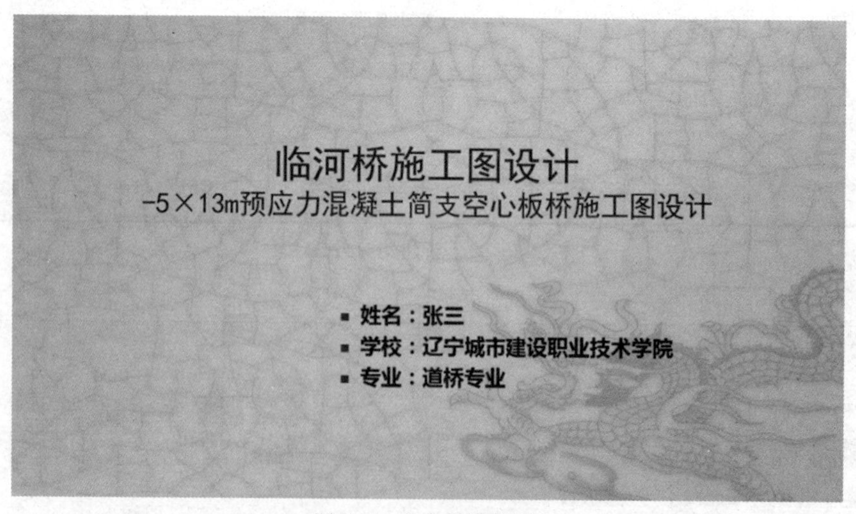

图 5-5 文本框效果图

(2) 插入表格。单击“插入”选项卡中的“表格”按钮，插入一个 6 行 4 列的表格，并在表格中填入对应文字，完成后的效果如图 5-6 所示。

二、方案设计及比选

本设计提出的三个方案均满足桥梁功能以及现行技术标准规范。但三个方案在施工程度、技术难度、景观效果，后期维护方面有较大差异。

	方案一	方案二	方案三
方案描述	简支梁桥	混凝土拱桥	连续梁桥
施工难度	简单	大	较大
技术难度	简单	复杂	复杂
景观效果	良	最佳	佳
后期维护	维护费用较少	维护费用较少	维护费用高

综合比较，推荐方案一（预应力混凝土简支空心板桥）作为设计方案。

图 5-6　表格效果图

(3) 插入图片。单击“插入”选项卡中的“图片”按钮，插入素材库中的桥梁横断图和构造尺寸图，完成后的效果如图 5-7 所示。

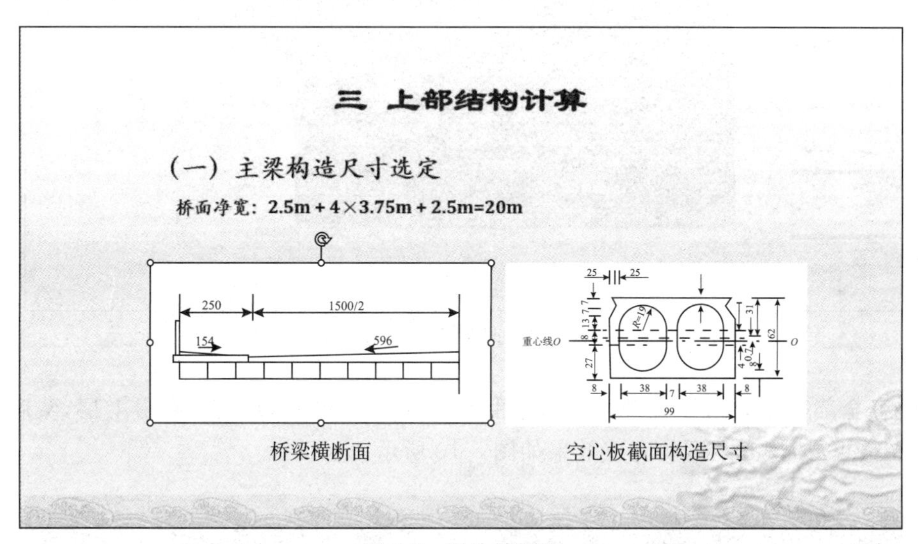

图 5-7　图片效果图

5. 对每一页幻灯片进行修饰

一份优秀的演示文稿既要实用又要美观，通过刚才几个步骤制作的演示文稿，尚不够美观，如图 5-8 所示。

由此可见美化修饰幻灯片，提高设计感，也是制作演示文稿的重要环节。完成美化操作前请先取消主题，避免对个性元素的设计造成不必要的影响。

(1) 修饰标题页。在直接使用风景图作为背景时，秀丽的风景往往容易喧宾夺主，所以通过一层带有颜色的蒙版将其遮蔽，这样既可以突出主题又可以实现界面的美化。插入素材图，通过图片工具将大小调整至幕布大小，插入自选图形，拖动绘制一个等于幕布大小的蓝色方块，然后选择绘图工具，选择形状填充，将透明度调整为 20%，效果如图 5-9 所示。

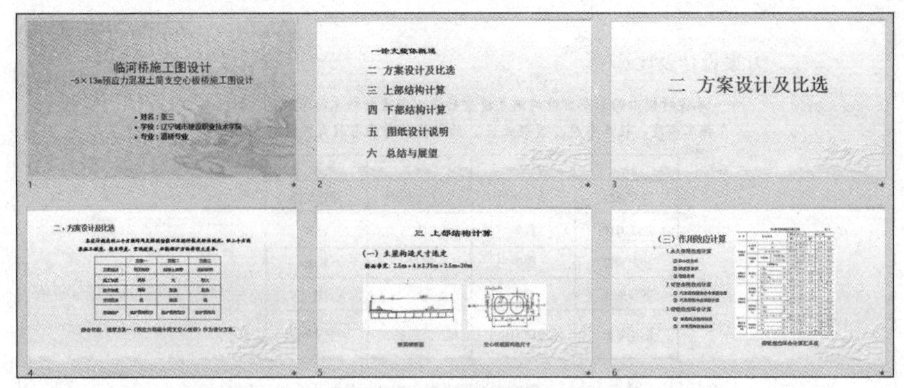

图 5-8 效果展示

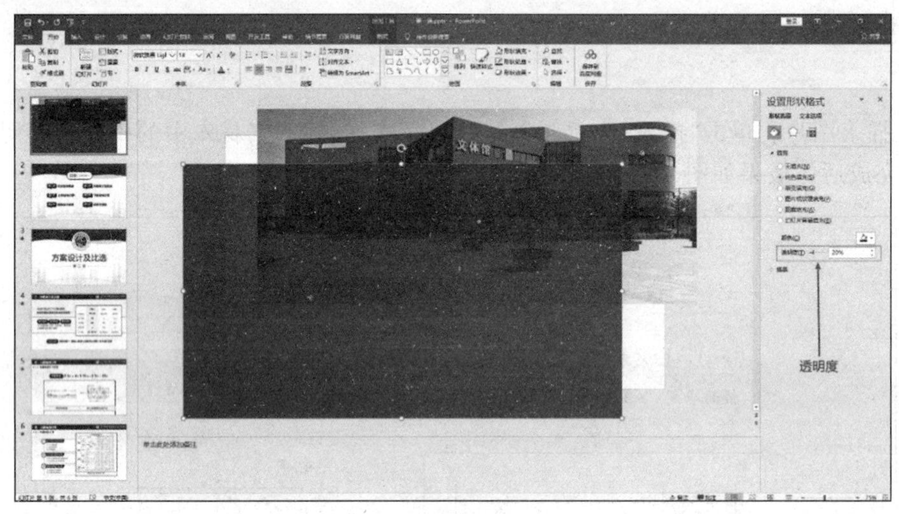

图 5-9 调节透明度效果

将内容全部摆放时请注意观察蒙版、图片、文字的层次关系，文字在最上层，蒙版在中间层，图片在最下层，摆放之后的完成效果如图 5-10 所示。

图 5-10 调整对象位置后的效果

(2) 修饰目录页。当出现目录页这种分层级并且有规律的文字组合时，建议选择两种形状，并将其组合使用来美化界面，本例中插入的形状是圆角矩形标注和矩形图形，添加文字后将其组合，如图 5-11 所示。

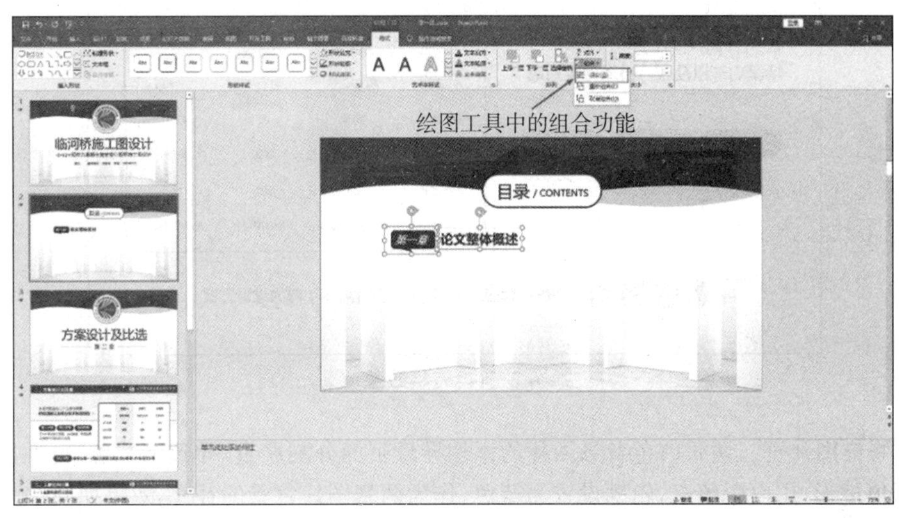

图 5-11　组合图形与文字

将同样的组合形状复制粘贴六个，填入相应内容，摆放时注意左端对齐，保持所有标题摆放整齐美观，完成效果如图 5-12 所示。

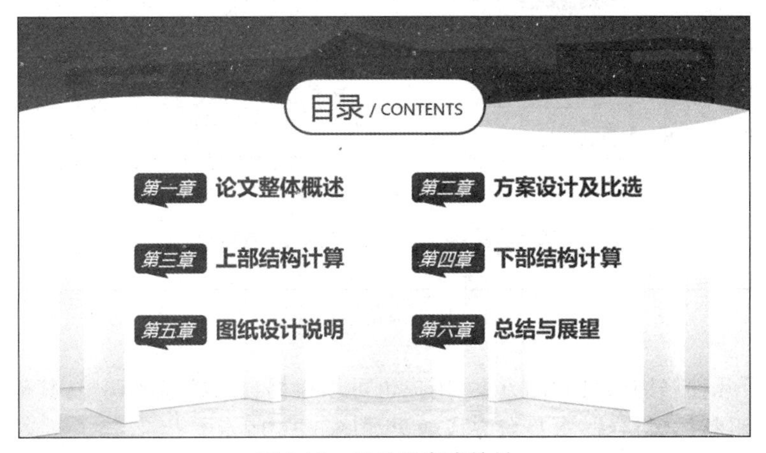

图 5-12　目录页完成效果

(3) 修饰表格页。表格的添加导致页面内容复杂，感觉抓不住重点，可在表格页找到重点内容，包括“施工强度、技术难度、景观效果、表格中的方案一是推荐方案”，单击表格选择表格工具，将表格方案一选中以调整表格的背景和字体，如图 5-13 所示。

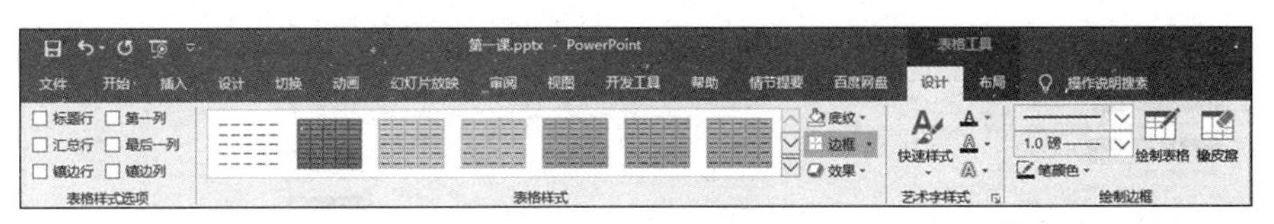

图 5-13　表格工具

通过突出重点使页面更加美观，完成效果如图 5-14 所示。

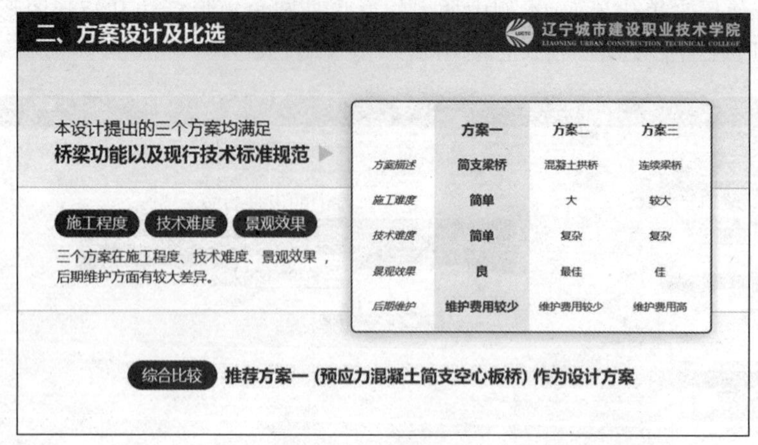

图 5-14　表格效果

（4）修饰图片页。两张白色背景图片的添加导致页面分割严重，导致杂乱感，可在图片页添加一个圆角矩形，用白色填充，轮廓设置为蓝色，作为两张图片背景的补充，效果如图 5-15 所示。

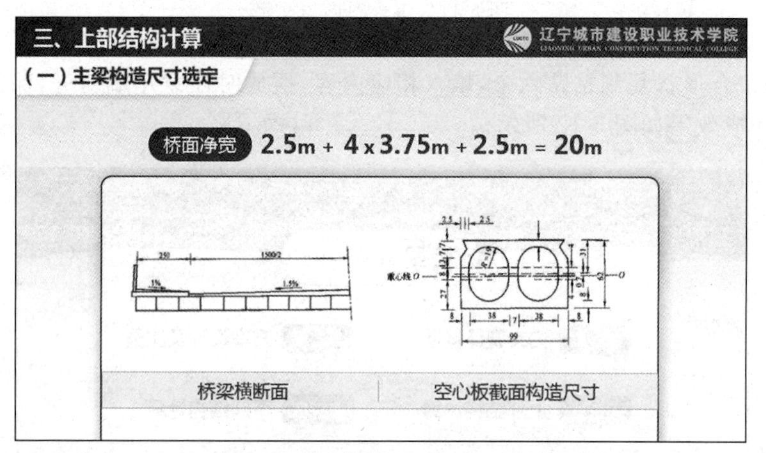

图 5-15　圆角矩形效果

以上提供了几种修饰幻灯片的方案，用户也可以根据自己的需要调整，其他页可以根据相同的办法处理，将整体风格统一，最后完成效果如图 5-16 所示。

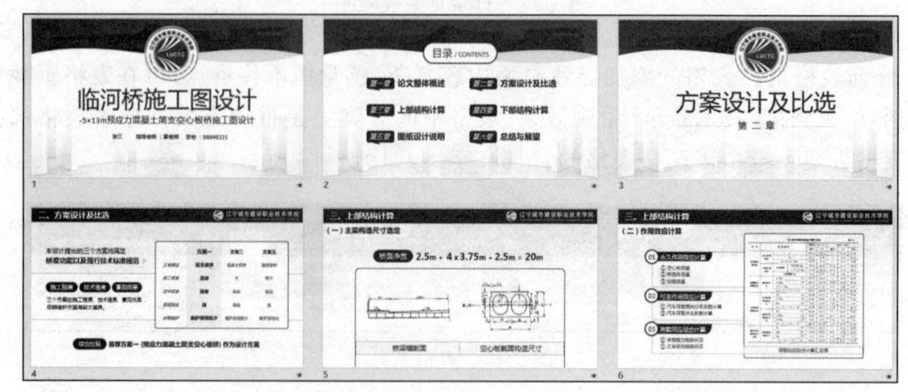

图 5-16　最后完成效果

6. 观看效果并保存演示文稿

制作好幻灯片后，在幻灯片放映选项卡中找到从头开始按钮（快捷键为 F5 键），如图 5-17 所示，浏览毕业论文答辩演示文稿。

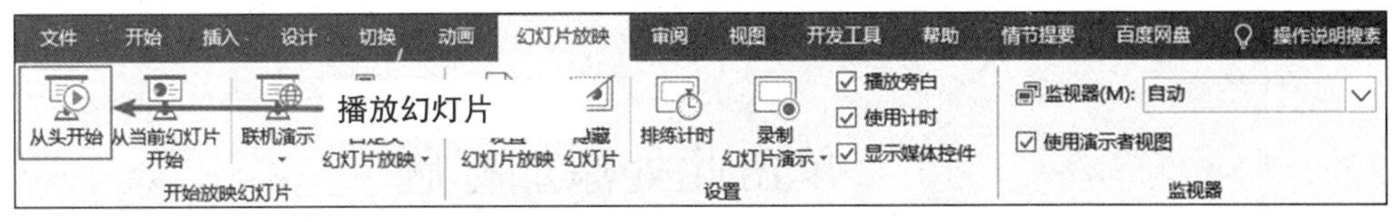

图 5-17　播放幻灯片

确认无误后需要对幻灯片进行保存，选择“文件”→“保存”命令，弹出“另存为”对话框，保存位置默认为“这台电脑”，在“文件名”文本框中输入“毕业论文答辩”，单击“保存”按钮，如图 5-18 所示。最后选择“文件”→“关闭”命令关闭演示文稿。

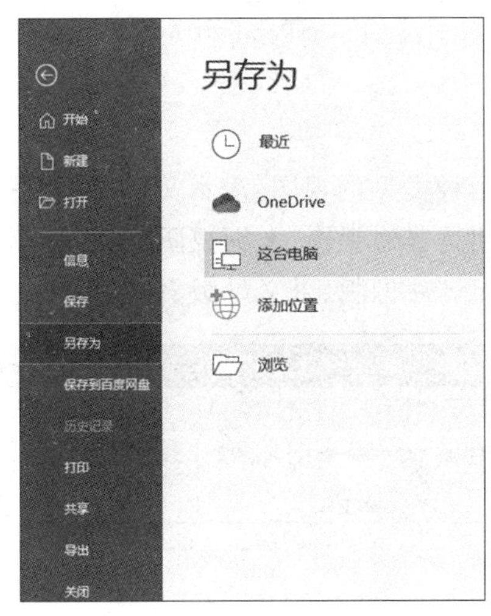

图 5-18　“另存为”对话框

5.1.4　知识链接

1. 启动 PowerPoint 2016

方法 1：单击“开始”按钮，选择 Microsoft Office PowerPoint 2016 命令。

方式 2：双击已有的演示文稿。

2. PowerPoint 2016 工作界面

启动 PowerPoint 2016 应用程序后，将看到工作界面，如图 5-19 所示。PowerPoint 2016 的界面不仅美观实用，而且各个工具按钮的摆放更便于用户的操作。

（1）标题栏：在界面标题栏显示了软件名称、当前文稿名称、按钮（最小化、最大化、还原、关闭）。

（2）功能区：在标题栏下方，包括 8 个下达指令的选项卡，不同的选项卡中提供了不同的工具。

（3）编辑窗口：用于制作、编辑演示文稿。

（4）状态栏：用于显示幻灯片的当前页数等数据。

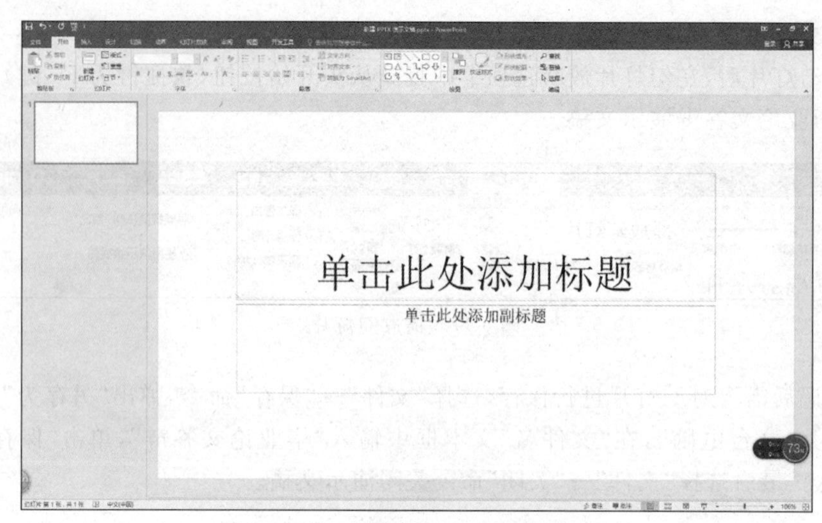

图 5-19 PowerPoint 2016 的工作界面

3. 幻灯片的视图

PowerPoint 2016 提供了两种类型的视图：演示文稿视图和母版视图。

演示文稿视图有 5 种，分别是普通视图、大纲视图、幻灯片浏览视图、备注页视图和阅读视图。母版视图有 3 种，分别是幻灯片母版、讲义母版、备注母版，如图 5-20 所示。

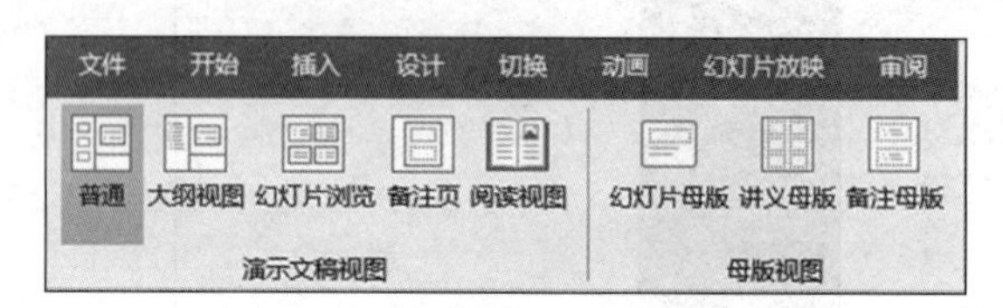

图 5-20 幻灯片的视图

4. 插入幻灯片

1）创建新幻灯片

选中第 1 张幻灯片，在“开始”选项卡的“幻灯片”组中单击“新建幻灯片”按钮，此时弹出多种布局样式。在这里选择自己需要的幻灯片样式，同时“幻灯片/大纲”任务窗格中相应的幻灯片的序号也随之发生变化。

2）复制幻灯片

选中需要复制的幻灯片，右击，在弹出的快捷菜单中选择“复制幻灯片”命令，即可在所选择的幻灯片下方复制一个与其相同的幻灯片。

5. 删除幻灯片

在“幻灯片/大纲”任务窗格中选中要删除的幻灯片，然后按 Delete 按键，即可将选中的幻灯片删除，同时“幻灯片/大纲”任务窗格中相应幻灯片的序号也随之发生了变化。

6. 输入文本

1）在占位符中输入文本

一般情况下，在幻灯片中会出现两个占位符，用户可以在此输入文本内容。占位符通常是一些提示性的内容，用户可以根据实际需要添加和替换占位符中的文本。操作方法是：单击占位符，将插入点放置在占位符内，直接输入文本，输入完成后，单击空白处即可。

2）在文本框中输入文本

用户可以在幻灯片中插入文本框以输入更多的文本内容。操作方法是：在“插入”选项卡的“文本”组中单击“文本框”按钮，从弹出的下拉菜单中选择所需的文本框，通常选择“横排文本框”的情况比较多。

7. 插入图片

1）在幻灯片中插入图片

在“插入”选项卡的“图像”组中单击“图片”按钮，弹出“插入图片”对话框，在素材包中选择图片，单击“插入”按钮，选中的图片就会被插入到幻灯片中。

2）编辑插入的图片

（1）图片工具。单击需要调整的图片，选项卡中会出现图片工具，如图 5-21 所示。通过图片工具可以对图片的效果、样式、排列、大小等进行设置。

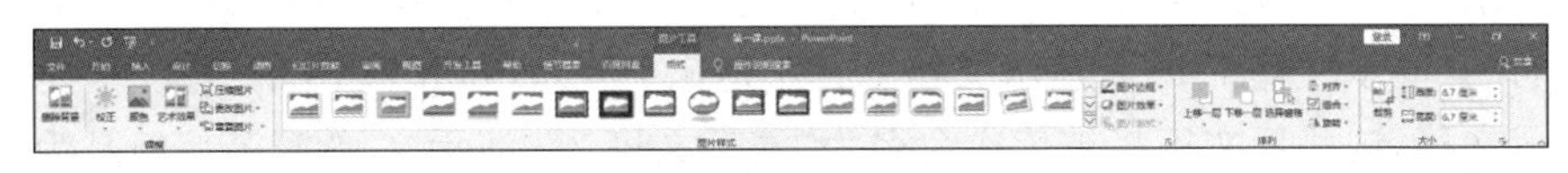

图 5-21　图片工具

（2）移动图片。选定需要移动的图片，将鼠标指针指向控点以外的边框上，鼠标指针会变成十字状，此时拖动鼠标，即可移动图片，可以通过键盘上的↑、↓、←、→键微调。

8. 插入表格

1）在幻灯片中插入表格

在“插入”选项卡的“表格”组中单击“表格”按钮，弹出插入表格下拉菜单，设置表格的行和列，表格就会被插入到幻灯片中。

2）编辑插入的表格

（1）表格工具。单击需要调整的表格，选项卡中会出现表格工具，如图 5-22 所示。通过表格工具可以调整表格的设计和布局。利用设计工具可以设计表格样式、艺术字样式、边框；利用布局工具可以对行列、合并、单元格大小、对齐方式、表格尺寸、排列等进行设置。

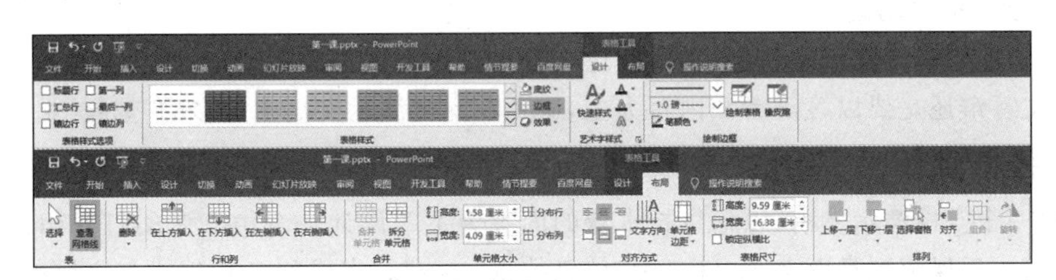

图 5-22　表格工具

（2）移动表格。选定需要移动的表格，将鼠标指针指向控点以外的边框上，鼠标指针会变成十字状，此时拖动鼠标，即可移动表格，可以通过键盘上的↑、↓、←、→键微调。

9. 插入形状

1）在幻灯片中插入形状

在“插入”选项卡的“插图”组中单击“形状”按钮，弹出插入形状下拉框，每个形状都有不同的名称，在下拉框中选择想要插入的形状，按住鼠标左键拖动，选中的形状就会被插入到幻灯片中。

2）编辑插入的形状

（1）绘图工具。单击需要调整的形状，选项卡中会出现绘图工具，如图 5-23 所示。通过绘图工具可以对图形的形状、形状样式、艺术字样式、排列、大小等进行设置。

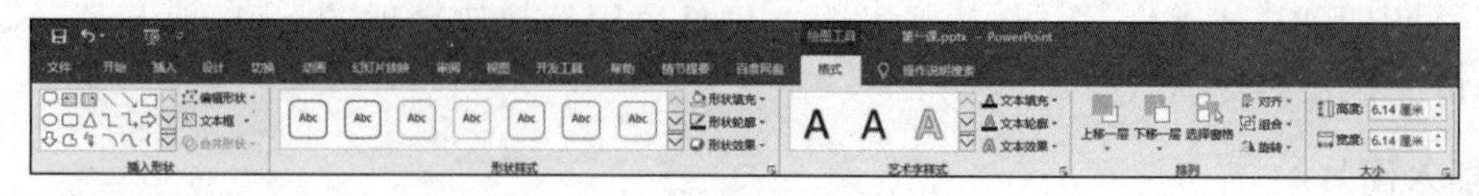

图 5-23　绘图工具

（2）移动形状。选定需要移动的形状，将鼠标指针指向控点以外的边框上，鼠标指针会变成十字状，此时拖动鼠标，即可移动形状，可以通过键盘上的↑、↓、←、→键微调。

5.1.5　知识拓展

1. 保存演示文稿

做好演示文稿后，应该保存到磁盘上，便于使用。启动 PowerPoint 2016 后，系统会自动创建一个名为“演示文稿 1”的新演示文稿。在不退出 PowerPoint 2016 的情况下，也可以继续创建新演示文稿，这些新文稿将被依次命名为“演示文稿 2”“演示文稿 3”等。但是为了便于区分最好另取一个与演示文稿内容相符的文件名。

演示文稿文件的扩展名为.pptx。演示文稿一般是由多张幻灯片构成的，幻灯片是演示文稿的基本工作单元。

演示文稿的保存方法有以下几种。

方法 1：选择“文件”→“保存”命令。

方法 2：按 Ctrl＋S 组合键。

方法 3：直接单击快捷访问工具栏中的“保存”按钮。

使用以上三种方法保存演示文稿时，如果是第一次保存，系统会弹出“另存为”对话框，可对演示文稿进行重命名。

方法 4：选择“文件”→“另存为”命令。使用这种方法可以对当前演示文稿保存副本，或变更成另外一个文件名进行保存。

2. 演示文稿的动画

动画功能是演示文稿的特色，在毕业论文答辩这一类正式的演示文稿中，动画效果一定要慎用，论文答辩还是要以答辩者和内容为主，避免在此类演示文稿中过多的“炫技”。

5.1.6　技能训练

新建一个空白演示文稿，以信息技术课的内容为主题设计一个由 5 张幻灯片组成的幻灯片文件，完成后保存到桌面上，文件名为“信息技术.pptx”。完成幻灯片版式与主题的设计，在幻灯片中插入文本框、图片、表格并修饰幻灯片，最后保存并关闭。

任务 5.2　编辑制作“音乐相册”演示文稿

5.2.1　任务要点

（1）删除图片背景。

（2）添加图片艺术效果。

(3) 添加动画效果。

(4) 添加幻灯片切换效果。

(5) 设置动画窗格。

(6) 添加声音。

5.2.2 任务要求

音乐相册拥有图文声像并茂的表现手法,随意修改编辑的功能,具有快速检索、永不褪色,以及廉价的制作成本等优点,因此被广泛制作和应用。

本任务制作的“音乐相册.pptx”幻灯片,需要在修饰幻灯片的同时,添加切换、动画效果以及背景音乐,并使其能够自动播放。

(1) 打开“音乐相册.pptx”文档。

(2) 对每一页幻灯片进行修饰。

① 删除图片背景。

② 为图片添加艺术效果。

③ 添加装饰素材。

④ 增加文本层次感。

(3) 对每一页幻灯片添加切换效果。

(4) 对每一页幻灯片中的素材添加动画效果。

(5) 插入背景音乐。

(6) 观看完成效果并保存演示文稿。

5.2.3 实施过程

1. 打开“音乐相册.pptx”文档

在素材包中找到“音乐相册.pptx”演示文稿并打开,如图 5-24 所示。

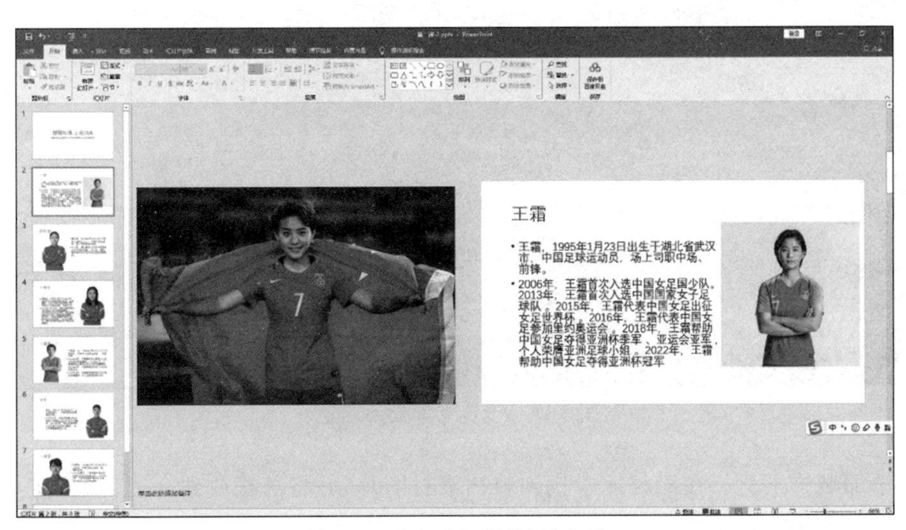

图 5-24 “音乐相册”演示文稿

2. 对每一页幻灯片进行修饰

下面以第 2 页“王霜”所在页为例进行优化。

(1) 删除图片背景。选中王霜的定妆照,在图片工具中找到删除背景工具,如图 5-25 所示。通过控点调整保留区域,如果出现保留错误也可通过“标记要保留的区域”和“标记要删除的区域”来调整保留区域。

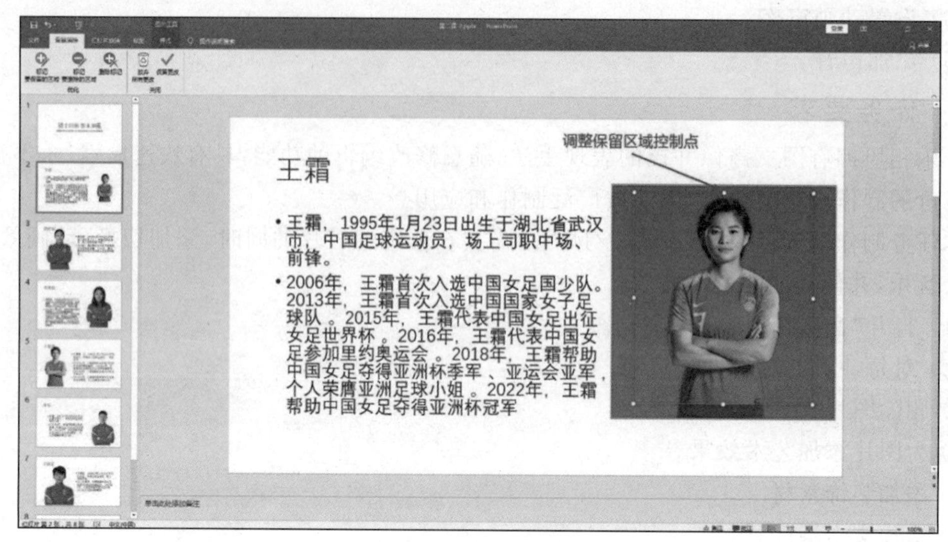

图 5-25 删除图片背景

(2) 为图片添加艺术效果。原背景图片太突兀,可以通过颜色设置将图片饱和度降到最低,在选择艺术效果中的胶片颗粒,增加一些磨砂的质感,最后蒙上一层暗红色、透明度 40% 的色块增加氛围感,效果如图 5-26 所示。

图 5-26 设置艺术效果背景

(3) 添加装饰素材。在素材库中找到装饰素材图片,并将其摆放到合适位置,使页面更加充实立体,效果如图 5-27 所示。

(4) 增加文本层次感。大段文字会使页面显得单调冗长,可以将多段文字进行分层排版以增加层次感。新建三个文本框,将姓名、号码位置和基本情况介绍分别放在三个文本框内。姓名字体设置为 80 磅、金色。号码位置字体设置为从金色到暗金色再到透明的渐变填充,效果如图 5-28 所示。基本情况介绍字体设置为 14 磅即可,完成效果如图 5-29 所示。

图 5-27　添加装饰素材

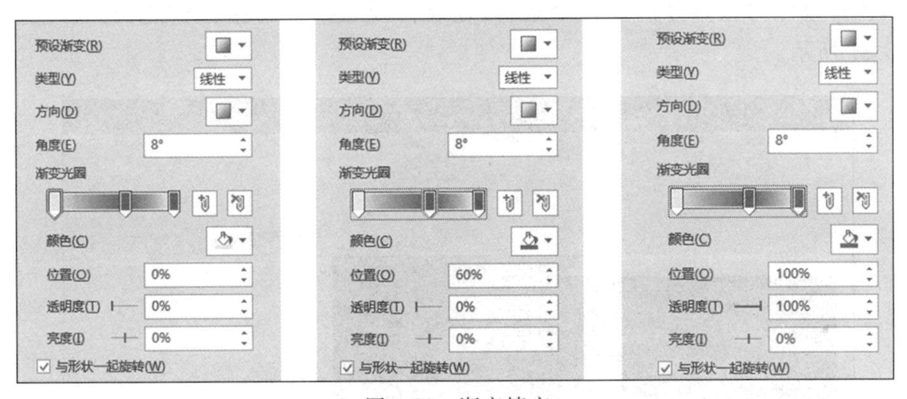

图 5-28　渐变填充

图 5-29　文字分层次

3. 对每一页幻灯片添加切换效果

切换效果可以使进入幻灯片时产生动态效果，类似电影中的转场功能。各种切换效果如图 5-30 所示。

图 5-30 切换效果

4. 对每一页中的素材添加动画效果

(1)“选择”窗格。修饰后的幻灯片中已经拥有了包括背景、蒙版、人物、文字、装饰素材等多个对象，添加动画时很难分清楚每个素材，建议打开“选择”窗格以快速找到添加动画的对象，如图 5-31 所示。

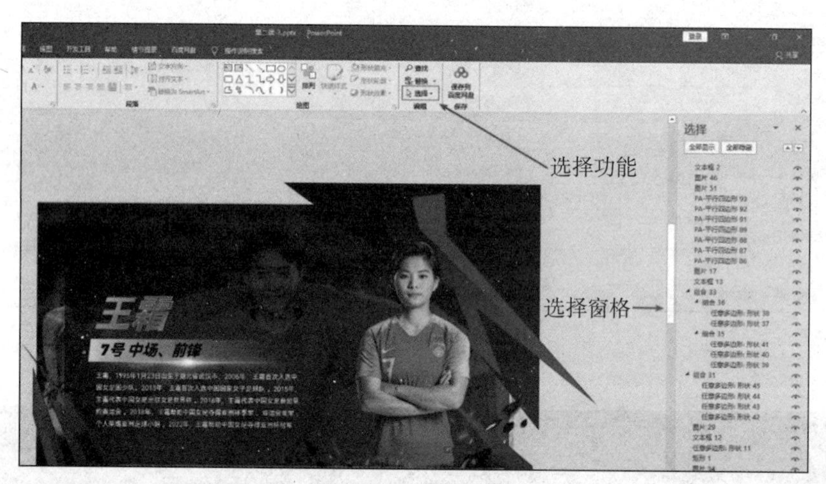

图 5-31 选择窗格

(2) 添加动画。设置动画效果之前首先需要规划好每个对象要做哪些动作，如进入方式、方向等，以达到顺滑的动画效果。本幻灯片为人物添加了淡出效果，为文字添加了浮入效果，为装饰素材添加了擦除效果，这些效果可以在动画窗格中查看，如图 5-32 所示。

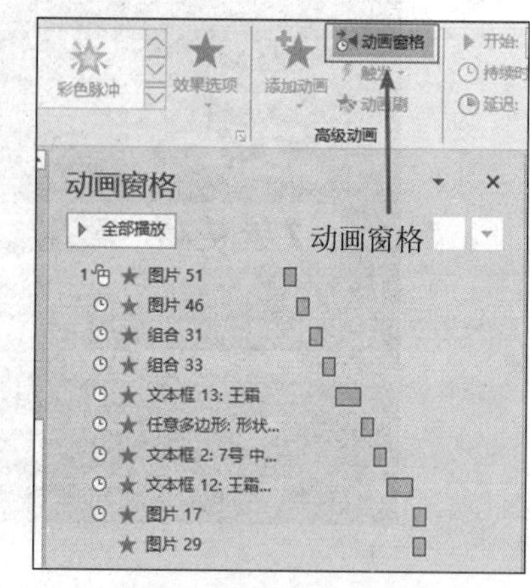

图 5-32 设置动画效果

5. 背景音乐

(1) 在幻灯片第一页中插入背景音乐。在“插入”选项卡中选择“音频”→“PC 上的音频”命令，找到“铿锵玫瑰.mp3”文件，将其插入幻灯片中，如图 5-33 所示。

(2) 单击刚才插入的喇叭图标，在“音频工具”选项卡的“编辑”组中设置淡出时间为 1.5 秒，在“音频选项”中设置“开始”为“自动播放”，将“跨幻灯片播放”“循环播放”前面的复选框选中，如图 5-34 所示。最后在动画窗格中将音频效果移动到最前面。

图 5-33　插入音频

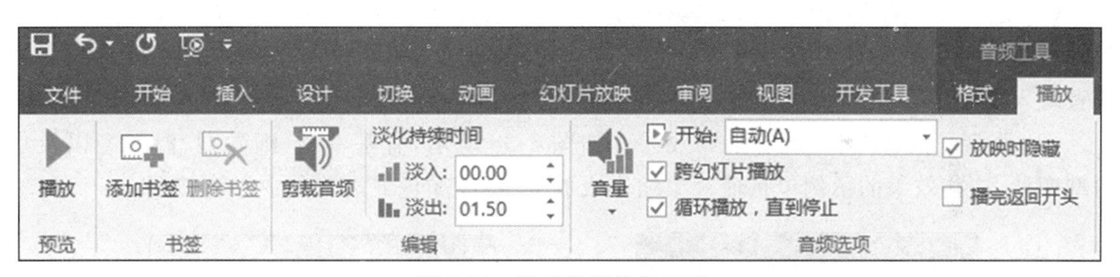

图 5-34　设置音频效果选项

6. 观看完成效果并保存演示文稿

完成所有单人页的幻灯片后，在切换选项卡中找到换片方式功能。清除“单击鼠标时”复选框，选中“设置自动换片时间”复选框并设置时间，这样音乐相册就可以自动播放，如图 5-35 所示。

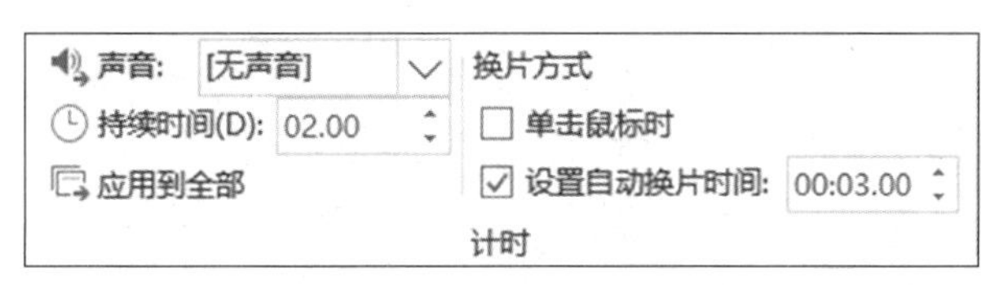

图 5-35　设置换片方式

观看完成效果满意后将“音乐相册”保存下来，也可以通过 PowerPoint 自带的导出功能将音乐相册制作成视频，如图 5-36 所示，便于永久保存或者发布到各种自媒体平台。

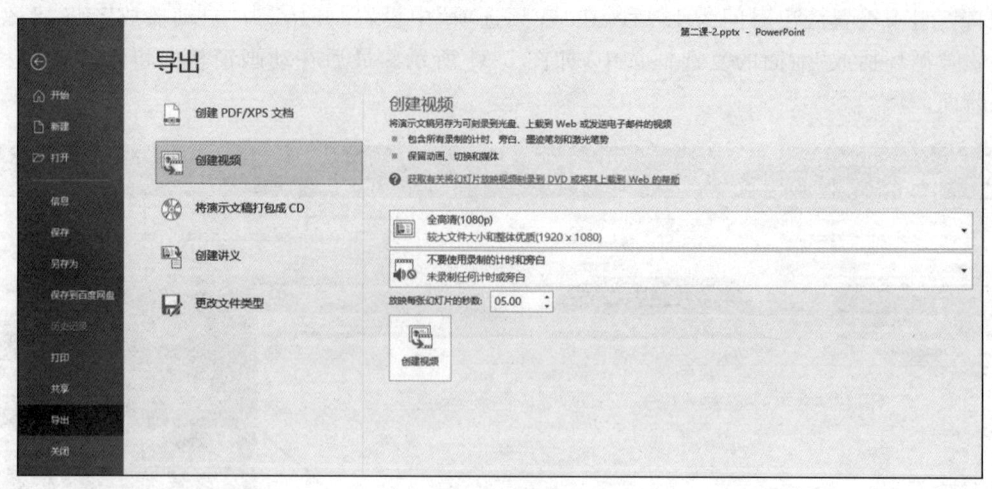

图 5-36　创建视频

5.2.4　知识链接

自定义动画

在 PowerPoint 2016 中，自定义动画是指将演示文稿中的文本、图片、形状、表格、SmartArt 图形和其他对象制作成动画，赋予它们进入、退出、大小或颜色变化甚至移动等视觉效果。具体有以下 4 种动画效果。

(1) 进入。选择“动画”→“添加动画”命令可以设置进入效果，如图 5-37 所示。这些都是“动画”窗格中自定义对象的出现动画形式，比如可以使对象逐渐淡入焦点、从边缘飞入幻灯片或者跳入视图中等。

(2) 强调。同样，可以设置强调效果。如图 5-38 所示，有基本型、细微型、温和型以及华丽型四种，这些效果的示例包括使对象缩小或放大、更改颜色或沿着其中心旋转等。

图 5-37　进入动画效果

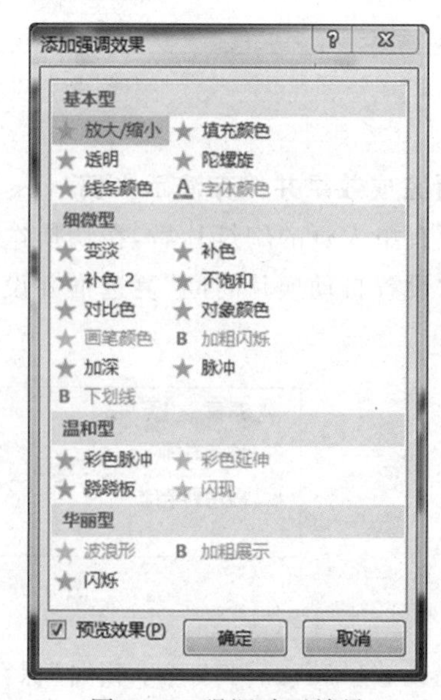

图 5-38　强调动画效果

(3) 退出。退出动画效果与进入效果类似，但是效果相反，如图5-39所示，它是自定义对象退出时所表现的动画形式，如让对象飞出幻灯片、从视图中消失或者从幻灯片旋出等。

(4) 动作路径。这个动画效果是根据形状或者直线、曲线的路径来展示对象游走的路径，使用这些效果可以使对象上下移动、左右移动或者沿着星形或圆形图案移动等，如图5-40所示。

图5-39 退出动画效果

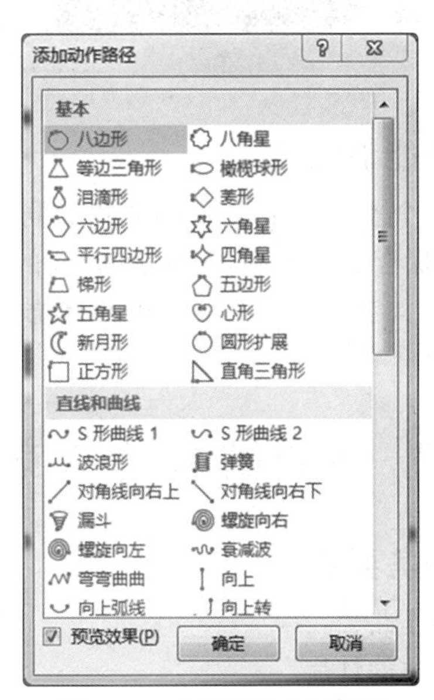

图5-40 动作路径动画效果

对以上四种动画效果，可以单独使用其中一种，也可以将多种效果组合在一起，还可以通过“动画”窗格设置出现的顺序以及开始时间、延时或者动画持续时间等。

5.2.5 知识拓展

1. 动画刷工具

动画刷是一个能复制一个对象的动画效果，并将其应用到其他对象的动画工具，如图5-41所示。使用方法是：单击已经设置动画的对象，双击“动画刷”按钮，当鼠标指针变成刷子状时，单击需要设置相同动画效果的对象即可。

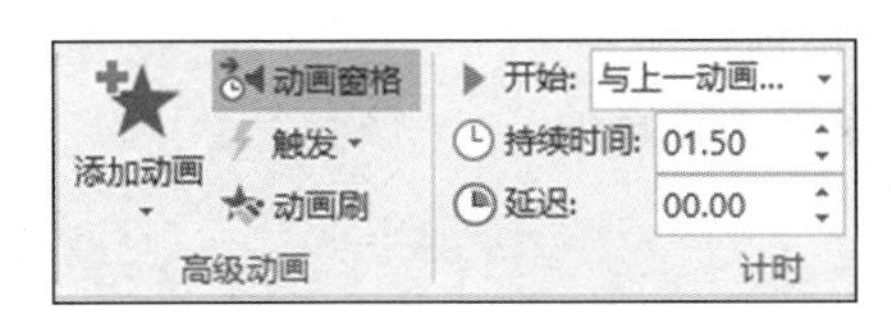

图5-41 动画刷工具

2. 幻灯片切换设置

设置幻灯片中的切换效果是指给幻灯片添加切换动画。在“切换”选项卡的“切换到此幻灯片”组中，可以设置“切换方案”以及“效果选项”。“切换方案”有细微型、华丽型以及动态内容三种，如图5-42所示。另外，还可以通过“计时”组添加切换音效、持续时间和换片方式，也可以通过“应用到全部”功能将这些选项整体应用到所有幻灯片中，保持所有幻灯片切换效果一致。

图 5-42　幻灯片切换效果

5.2.6　技能训练

新建一个空白演示文稿，以“我的同学”为主题设计一个由 5 张幻灯片组成的演示文稿，完成后保存到桌面上，文件名为“我的同学.pptx”。完成幻灯片版式与主题的设计，在幻灯片中插入文字、图片、背景音乐并修饰幻灯片，再对幻灯片添加切换和动画效果，最后保存并关闭。

任务 5.3　编辑制作“个人竞聘”演示文稿

5.3.1　任务要点

(1) 动作路径。

(2) 放映幻灯片。

(3) 设置幻灯片放映。

(4) 设置排练计时。

(5) 在放映过程中添加墨迹注释。

5.3.2　任务要求

演示文稿是个人竞聘过程中的利器，能够更直观的展示自己的价值，但是个人竞聘的目标是非常明确的，所以制作演示文稿时需要很强的策略性和充分的准备，做到对个人的特点扬长避短。本任务中将“个人竞聘.pptx”演示文稿修饰后放映出来，并且能够在放映过程中添加墨迹注释，最后通过反复观看提升自己的竞聘演讲水平。

(1) 打开“个人竞聘.pptx”文档。

(2) 对每一页幻灯片进行修饰。

① 插入风景图片背景并设置动作路径。

② 添加标题渐变效果。

③ 图片与线条的组合。

④ 增加文本层次感。

(3) 配合演讲播放“个人竞聘.pptx” 演示文稿。

(4) 添加墨迹注释。

(5) 观看完成效果并保存演示文稿。

5.3.3　实施过程

1. 打开“个人竞聘.pptx”文档

在素材包中找到“个人竞聘.pptx”演示文稿并打开，如图 5-43 所示。

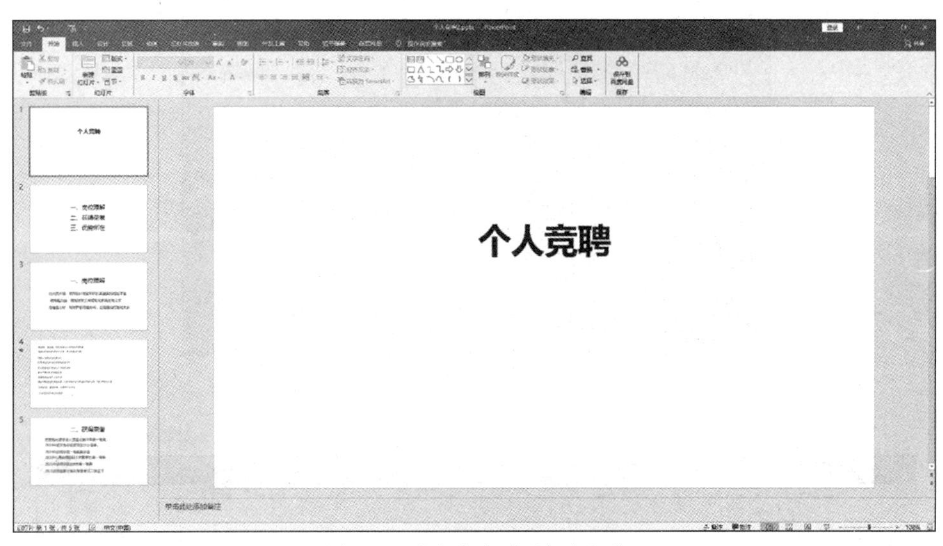

图 5-43　“个人竞聘”演示文稿

2. 对每一页幻灯片进行美化

(1) 插入风景图片背景并设置动作路径。

插入素材包中的背景图片，单击“添加动画”按钮，选择向右的动作路径，并将这张图片的不同位置应用于每张幻灯片的背景，效果如图 5-44 所示。

图 5-44　添加背景图片并设置动作路径

(2) 添加标题渐变效果。将“个人竞聘”文字分别保存在四个文本框中，根据文字形态摆放其位置，并调整每个文字的渐变效果，从白色到透明，这样就能做出一种“腾云驾雾”的感觉，更好地将标题融入背景，效果如图 5-45 所示。

(3) 图片与线条的组合。幻灯片第四页的图片较多，单独摆放比较单调，因此设计一些红色的线条，并对线条添加擦除的效果。分段制作线条的好处是可以按不同方向走出一个长方形。再对图片添加淡出的效果，将图片的出现变得生动形象，效果如图 5-46 所示。

图 5-45 标题渐变

图 5-46 图片与线条

(4) 依势而呈上升图形。幻灯片第七页的上升图形,在制作时可以依照背景图的山峰,添加一个自下至上的形状,并添加擦除动画效果来达到一种依山势走向自下而上的感觉,效果如图 5-47 所示。

图 5-47 依势而呈上升图形

3. 配合演讲播放“个人竞聘.pptx”演示文稿

（1）在“幻灯片放映”选项卡的“开始放映幻灯片”组中，单击“从头开始”按钮。演示文稿将会从第一张幻灯片开始放映。

（2）演示文稿放映时，可以利用鼠标来控制幻灯片的播放时间，单击即可播放下一张幻灯片。

4. 添加墨迹注释

在放映幻灯片时，可以在幻灯片中的重点内容上做标记，或者添加注释等，以便更清晰地演示幻灯片内容。在放映中的幻灯片中右击，在弹出的快捷菜单中选择“指针选项”→“荧光笔”命令，此时鼠标指针就变成了“荧光笔”的形状，如图5-48所示。此时就可以通过鼠标在幻灯片中做出标记。

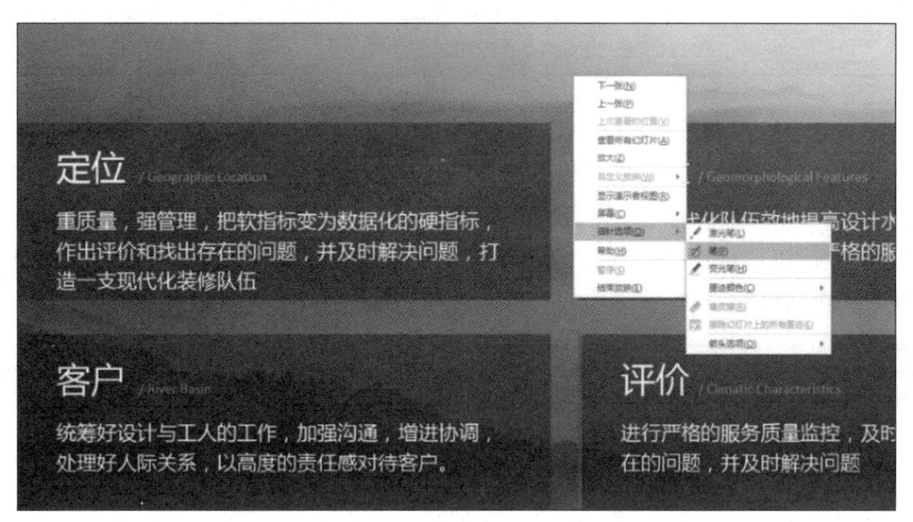

图5-48　幻灯片放映时的“荧光笔”选项

5. 观看完成效果并保存演示文稿

单击“幻灯片视图”中的“幻灯片浏览”按钮，可以看到所有幻灯片的完成效果，如图5-49所示。

图5-49　完成效果

5.3.4 知识链接

1. 放映幻灯片

制作幻灯片的目的是向观众播放最终的作品，在不同场合、不同观众的条件下，必须根据实际情况来选择具体的播放方式。

1）一般放映

（1）从头开始。打开需要放映的文件后，在“幻灯片放映”选项卡的“开始放映幻灯片”组中单击“从头开始”按钮，快捷键为F5，如图5-50所示。此时，系统就开始从头放映演示文稿。单击即可切换到下一张幻灯片。

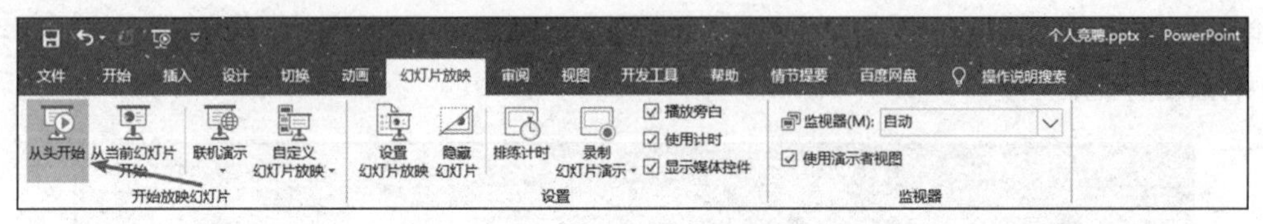

图 5-50 “从头开始”按钮

（2）从当前幻灯片开始。如果不想从头开始放映演示文稿，比如需要从第三张幻灯片开始放映，则选中第三张幻灯片，然后在“幻灯片放映”选项卡的“开始放映幻灯片”组中单击“从当前幻灯片开始”按钮，快捷键为Shift＋F5，如图5-51所示，系统就会从第三张幻灯片开始放映演示文稿。放映结束后，系统会提示用户放映结束，然后单击即可退出放映。

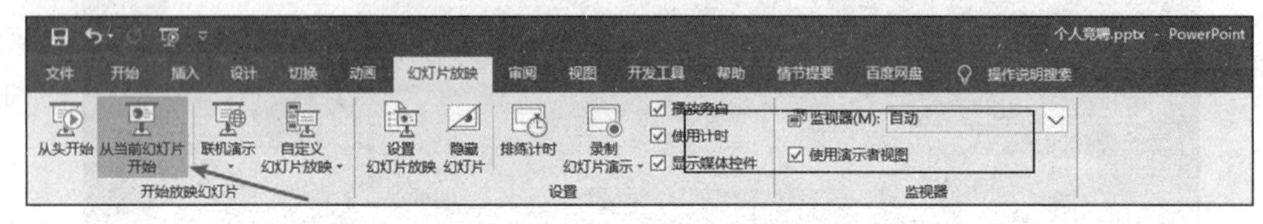

图 5-51 “从当前幻灯片开始”按钮

2）自定义放映

用户还可以根据实际情况进行自定义放映设置。下面通过自定义放映来设置放映演示文稿中的不同幻灯片。

打开需要放映的文件，在“幻灯片放映”选项卡的“开始放映幻灯片”组中单击“自定义幻灯片放映”按钮，如图5-52所示，弹出“自定义放映”对话框。由于用户还没有创建自定义放映，所以此时对话框是空的。单击“新建”按钮，新建幻灯片放映方式。

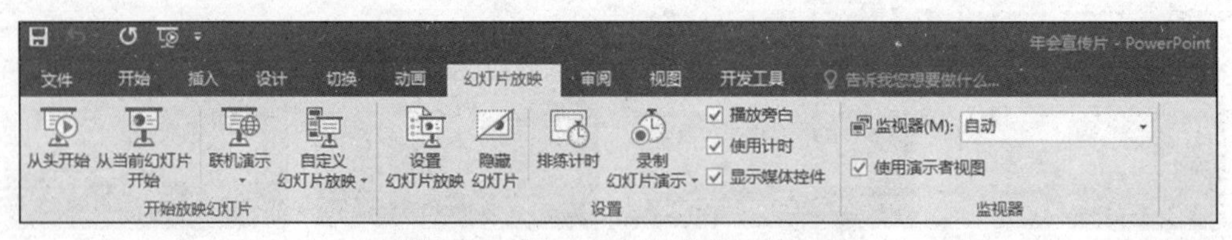

图 5-52 “自定义幻灯片放映”按钮

此时会弹出“定义自定义放映”对话框，在“幻灯片放映名称”文本框中输入放映名称，在“在演示文稿中的幻灯片”列表框中选中幻灯片，然后单击“添加”按钮，此时幻灯片被添加到“在自定义放映中的幻灯片”列表框中，如图5-53所示。可依照这个方法调整添加需要放映的幻灯片。

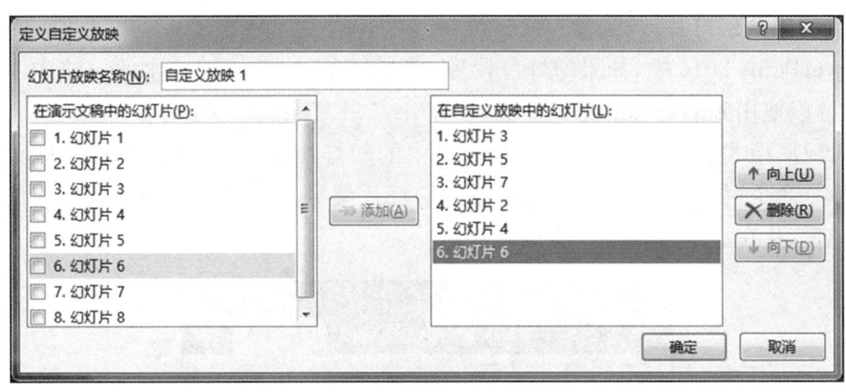

图 5-53　在“定义自定义放映”列表框中添加幻灯片

2. 设置幻灯片放映方式

在 PowerPoint 2016 中，为满足不同放映场合的需要，为用户设置了三种浏览方式，包括演讲者放映、观众自行浏览和在展台浏览。

(1) 演讲者放映。该放映方式是在全屏幕上实现的，在放映过程中允许激活控制菜单，进行勾画、漫游等操作，是一种便于演讲者自行浏览或在展台浏览的放映方式。

(2) 观众自行浏览。该方式是提供观众使用窗口自行观看幻灯片进行放映的，只能自动放映或利用滚动条进行放映。

(3) 在展台浏览。该方式在放映时除了保留鼠标指针用于选择屏幕对象进行放映外，其他功能将全部失效，终止放映时只能按 Esc 键。

设置方法：打开需要放映的文件，在“幻灯片放映”选项卡的“设置”组中单击“设置幻灯片放映”按钮，弹出“设置放映方式”对话框，如图 5-54 所示。在“放映类型”框中列出了三种放映方式，在这里根据自己的需要设置放映方式。单击“确定”按钮返回演示文稿，即可完成放映方式的设置。

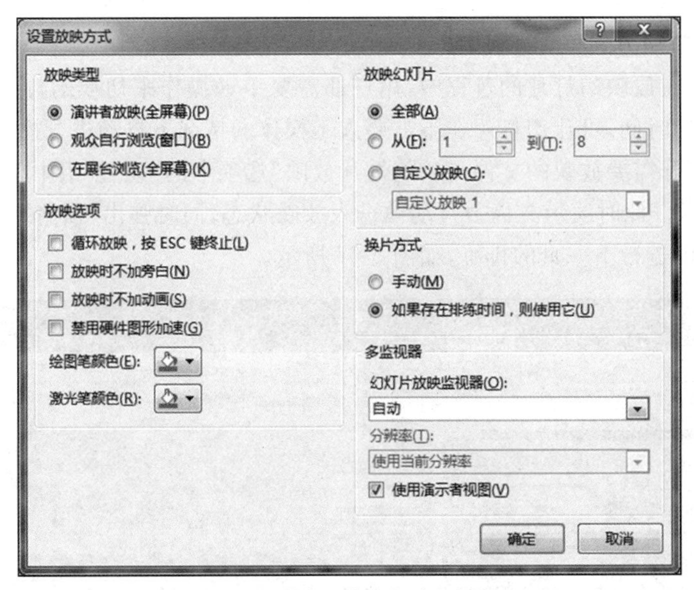

图 5-54　“设置放映方式”对话框

3. 显示和隐藏幻灯片

在 PowerPoint 2016 中，如果幻灯片较多、较为复杂，并希望在正常的放映中不显示这些幻灯片，就可以使用到幻灯片的隐藏功能。

在普通视图模式下，右击幻灯片预览窗口中的幻灯片缩略图，在弹出的快捷菜单中选择"隐藏幻灯片"命令，如图 5-55 所示，被隐藏的幻灯片编号上将显示一个带有斜线的灰色小方框，则该张幻灯片在正常放映时不会被显示。

图 5-55 隐藏幻灯片

4. 排练计时放映方式

一般情况下，在放映幻灯片的过程中，用户都需要手动操作来切换幻灯片，如果为每一张幻灯片定义具体的时间，可让幻灯片在不需要人工操作的情况下自动进行播放。

操作方法：打开需要放映的文件，在"幻灯片放映"选项卡的"设置"组中单击"排练计时"按钮，如图 5-56 所示。此时演示文稿会自动地进入放映状态，同时弹出"预演"工具栏，当第一页幻灯片排练结束即进行下一页的排练，如图 5-57 所示。

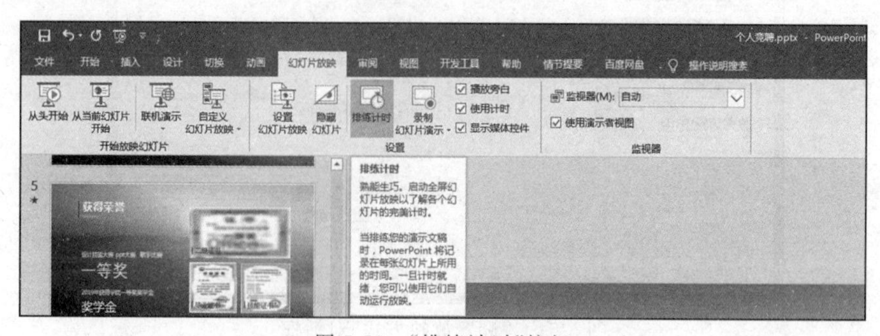

图 5-56 "排练计时"按钮

按照相同的方法设置每一张幻灯片的播放时间。还可以根据实际需要，在“预演”工具栏中的“幻灯片放映时间”文本框中输入一个合适的时间，例如输入 0:00:06，即可设置其放映时间。

待所有的幻灯片设置完毕，会弹出一个提示框，如图 5-58 所示。提示用户是否保留排练时间，单击“是”按钮即可返回演示文稿中，同时幻灯片排练计时被保留。

图 5-57 “预演”工具栏

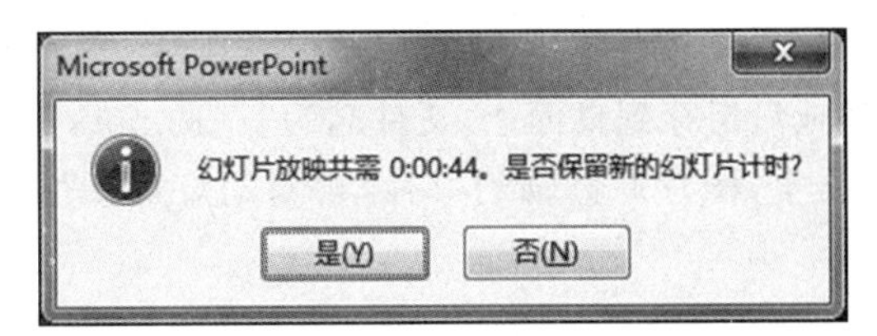

图 5-58 结束放映提示框

5. 录制幻灯片

录制幻灯片与排练计时类似，可以将整个演示过程录制下来，下次播放时包括播放动作和笔迹都会被演示出来，录制幻灯片演示功能如图 5-59 所示。

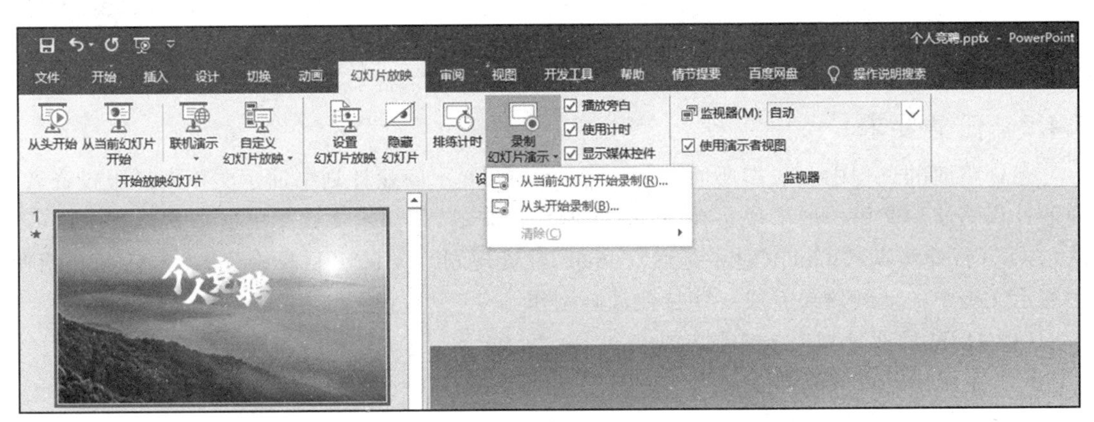

图 5-59 录制幻灯片演示

打开录制幻灯片演示功能，如图 5-60 所示，单击开始录制，根据实际需要对幻灯片进行操作，流程与排练计时类似。

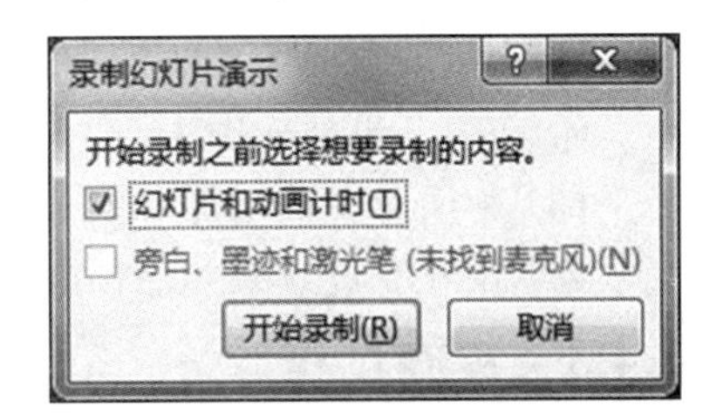

图 5-60 打开录制幻灯片演示功能

5.3.5 知识拓展

为幻灯片添加墨迹注释

在放映幻灯片时，可以在幻灯片中的重点内容上做标记或者添加注释等，以便更清晰地演示幻灯片内容。

(1) 在正在放映的幻灯片中右击，从弹出的快捷菜单中选择“指针选项”→“荧光笔”命令，此时鼠标指针就变成了“荧光笔”的形状。

(2) 再次右击，在弹出的快捷菜单中选择“指针选择”→“墨迹颜色”命令，从弹出的下拉列表中选择一种合适的颜色。

(3) 鼠标指针设置完成后，按住鼠标左键不放，在要做标记的位置拖动鼠标至合适的位置后释放，即可在鼠标拖动的位置做标记。

(4) 按照相同的方法为其他幻灯片做标记，放映结束后会弹出一个提示框，提示是否保留墨迹注释。

(5) 单击“保留”按钮返回演示文稿中，此时用户可以在相应的幻灯片中发现前面做的墨迹注释。

5.3.6 技能训练

新建一个空白演示文稿，以“学会生竞选”为主题设计一个由 5 张幻灯片组成的幻灯片文件，完成后保存到桌面上，文件名为“竞选.pptx”。完成幻灯片版式与主题的设计，在幻灯片中插入文字、图片并修饰幻灯片，再对幻灯片添加切换和动画效果，并附上演讲稿，最后保存并关闭。

任务 5.4 编辑制作“商业计划书”演示文稿

5.4.1 任务要点

(1) 新增节点。

(2) 文字转换图形。

(3) 绘制图形。

(4) 图表制作。

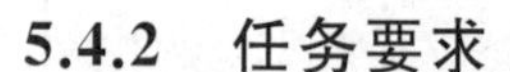

5.4.2 任务要求

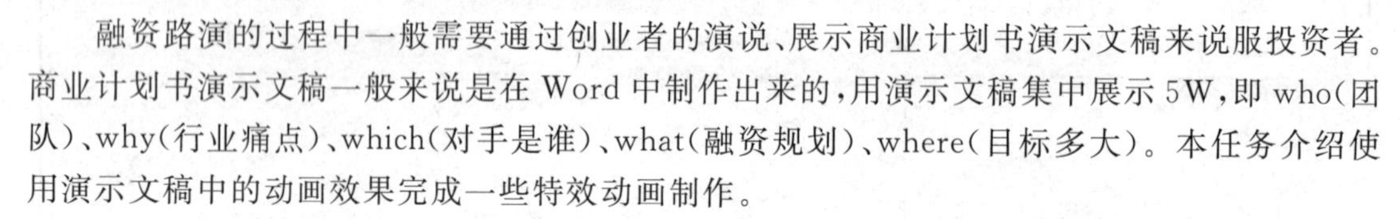

融资路演的过程中一般需要通过创业者的演说、展示商业计划书演示文稿来说服投资者。商业计划书演示文稿一般来说是在 Word 中制作出来的，用演示文稿集中展示 5W，即 who(团队)、why(行业痛点)、which(对手是谁)、what(融资规划)、where(目标多大)。本任务介绍使用演示文稿中的动画效果完成一些特效动画制作。

(1) 打开“商业计划书.pptx”文档。

(2) 完成特定页的修饰。

① 标题的文字合并图形。

② 通过编辑顶点调整图形。

③ 为第 5 页的图片添加特效动画。

④ 在第 9 页插入图表。

(3) 为演示文稿增加节。

(4) 观看完成效果并保存演示文稿。

5.4.3 实施过程

1. 打开“商业计划书.pptx”文档

在素材包中找到“商业计划书.pptx”演示文稿并打开，如图 5-61 所示。

2. 完成特定页的修饰

(1) 标题的文字合并图形。一个美观的设计封面是商业计划书引人注意的重要因素，而文本框中的文字能做的修饰十分有限，因此通过将文本框与图形融合、将文字转化为图形以制作出更加美观的标题。

在标题页插入一个能遮盖标题的白色形状，将“适盒”与形状全部选中，再利用绘图工具中“合并形状”→“相交”命令，如图 5-62 所示。

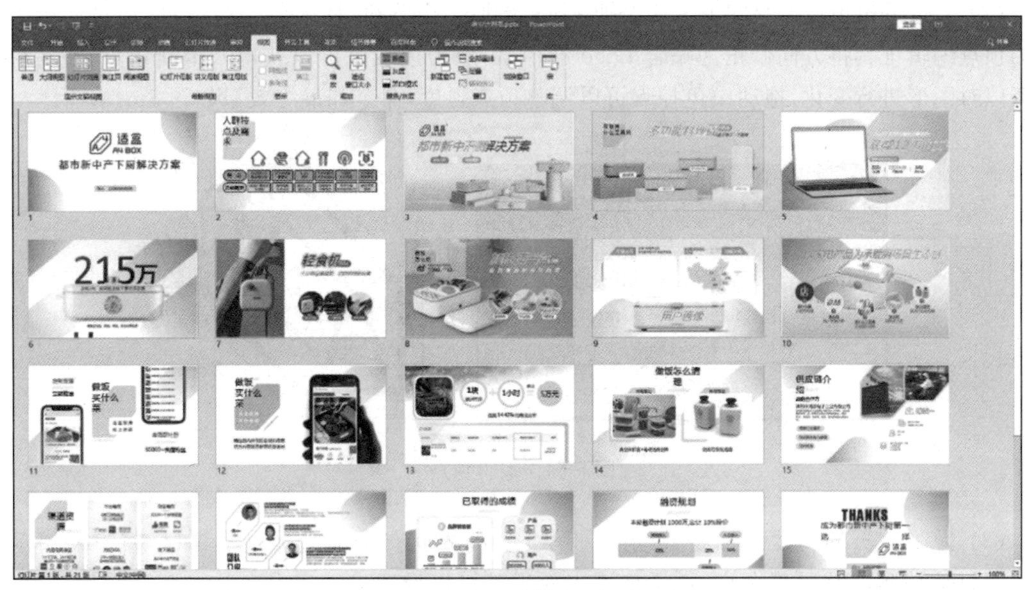

图 5-61　“商业计划书”演示文稿

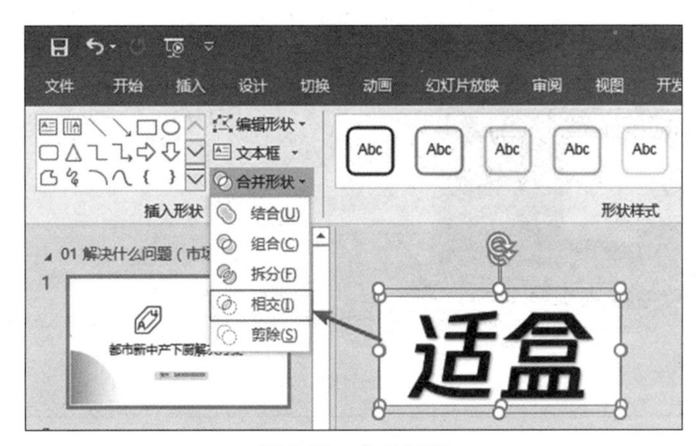

图 5-62　合并图形

合并后的图形就可以使用绘图工具进行渐变染色等方面的优化，再设计好分层次的副标题以及英文配合就可以将原有的简单标题变得非常吸引人，如图 5-63 所示。

图 5-63　美化效果

(2) 通过编辑顶点调整图形。为企业 Logo 添加一个背衬，插入一个长方形，通过绘图工具中的顶点编辑工具将方向修正为贴合 Logo 的形状，双击边线就可以获得一个新顶点，左右拉动就可以对图形进行变化，拖动白色控点可以调整顶点弧度，命令和最终效果如图 5-64 所示。

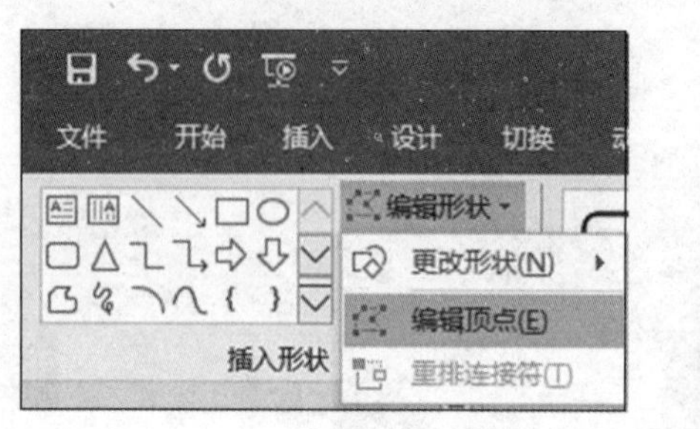

图 5-64 编辑顶点

(3) 为第 5 页的图片添加特效动画。第 5 页的界面有个笔记本电脑素材，将需要展示的图片素材缩放到电脑屏幕大小，再添加淡出效果就可以设置出笔记本电脑屏幕变换的效果，如图 5-65 所示。

图 5-65 特效动画

(4) 在第 9 页插入图表。第 9 页左侧的内容是以 18～40 岁为主的女性都市新中产为服务群体的年龄分布，但是杂乱数字并不能直观的表现分布情况，因此需要根据数据插入图表来展示年龄分布。

单击“插入图表”按钮，选择条形图，在打开的 Excel 表格中填入数据，图表就会生成，之后可以通过图表工具调整图表的布局、样式、标题等内容，效果如图 5-66 所示。

3. 为幻灯片增加节

通过增加节可以更加有效地管理幻灯片。在“开始”选项卡中找到“幻灯片”组，单击“节”按钮，为幻灯片增加节，并更改节名称，如第一节为“市场分析”，如图 5-67 所示。

4. 观看完成效果并保存演示文稿

一份优秀的商业计划书演示文稿是创业过程中的必备之物，一份成功的商业计划书能够在 8 分钟内带来上百万元的投资，所以需要在有限的页数、时间内，尽可能地展示项目的优势。最终所有幻灯片的完成效果如图 5-68 所示。

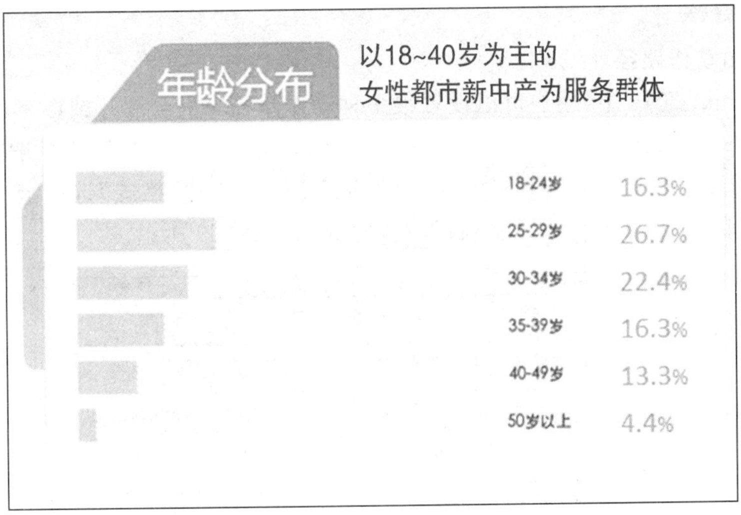

年龄分布
以18~40岁为主的
女性都市新中产为服务群体
18-24岁 16.3%
25-29岁 26.7%
30-34岁 22.4%
35-39岁 16.3%
40-49岁 13.3%
50岁以上 4.4%

图 5-66　插入图表

文件
开始
插入
设计
切换
动画
粘贴
剪切
复制
格式刷
剪贴板
新建
幻灯片
版式
重置
节
新增节(A)
重命名节(R)
删除节(E)
删除所有节(V)
全部折叠(O)
全部展开(X)

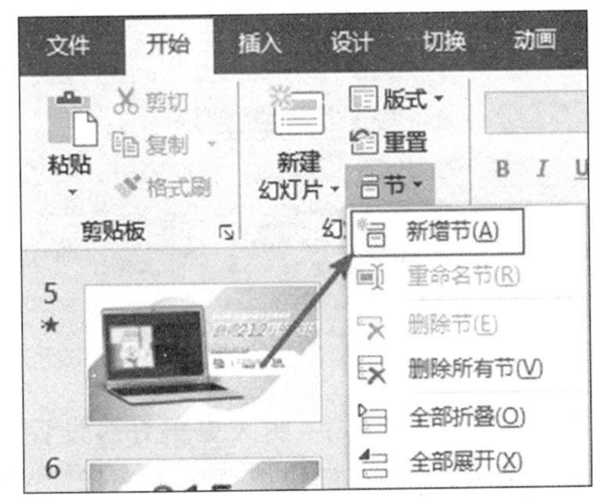

图 5-67　增加节

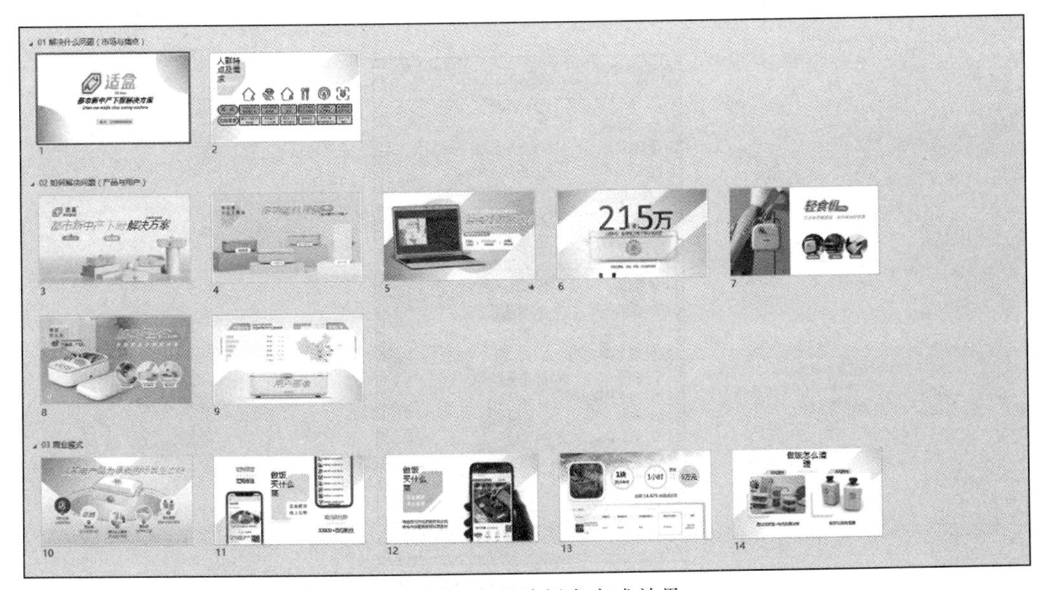

图 5-68　商业计划书完成效果

5.4.4 知识链接

1. 设置自由动作路径

在 PowerPoint 2016 中,用户可以设置很多种动作路径来配合图片或图形的展示,以达成想要的动画效果。比如要制作一个羽毛笔写字的动画,就可以通过曲线路径来完成。

(1) 插入羽毛笔图片。插入素材图片“羽毛笔”,通过“图片\格式”选项卡中的“设置透明色”工具将背景删掉,这样一个羽毛笔就已制作完成,如图 5-69 所示。

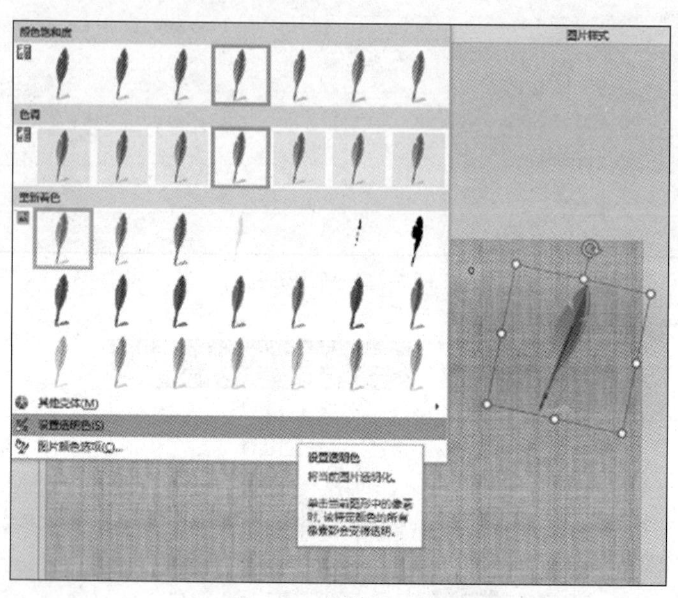

图 5-69 制作羽毛笔

(2) 设置羽毛笔的动作路径。插入艺术字“明天更美好”,设置字体为华文行楷。将笔尖放在文字的起始位置,选择羽毛笔图片,在右键快捷菜单中选择“置于顶层”命令,然后设置动作路径。单击“添加动画”按钮,选择“其他动作路径”→“波浪形”命令,如图 5-70 所示,并将结束点设置在艺术字结束的位置。

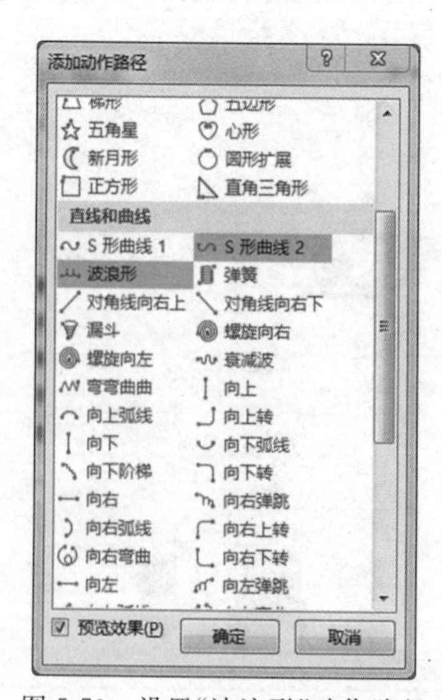

图 5-70 设置“波浪形”动作路径

(3) 设置羽毛笔写字的动画效果。选中艺术字，添加擦除的动画效果，效果为“自左侧”。在“动画”窗格中，将两个动画的开始动作都设置为“与上一动画同时”，时间都为 2 秒，这个羽毛笔写字的动画就已制作完成，如图 5-71 所示。

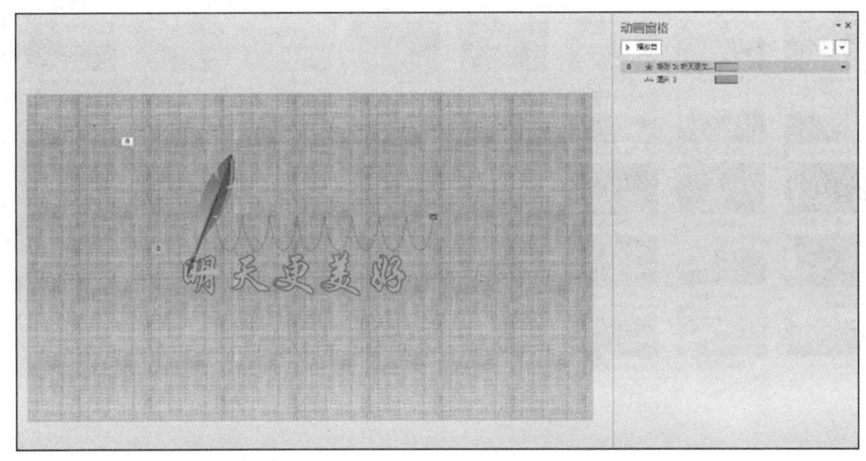

图 5-71 设置羽毛笔写字的动画效果

2. 背景纹理的填充和调整

一个精美的设计模板少不了背景图片的修饰，在设计演示文稿时，除应用模板或改变主题颜色来更改幻灯片的背景外，还可以根据需要任意更改幻灯片的背景颜色和背景设计，如删除幻灯片中的设计元素、添加底纹、图案、纹理或图片等。

(1) 更改背景样式。在“设计”选项卡的“背景”组中单击“背景样式”按钮，从弹出的下拉菜单中选择所需要的背景。

(2) 设置纹理颜色。单击“设置背景格式”对话框“填充”组中的“图片或纹理填充”按钮，然后单击“纹理”按钮，从弹出的下拉菜单中选择一种合适的预设颜色效果，保持其他项目的默认设置不变，单击“全部应用”按钮，演示文稿中所有幻灯片的背景效果就都应用此效果，如图 5-72 所示。

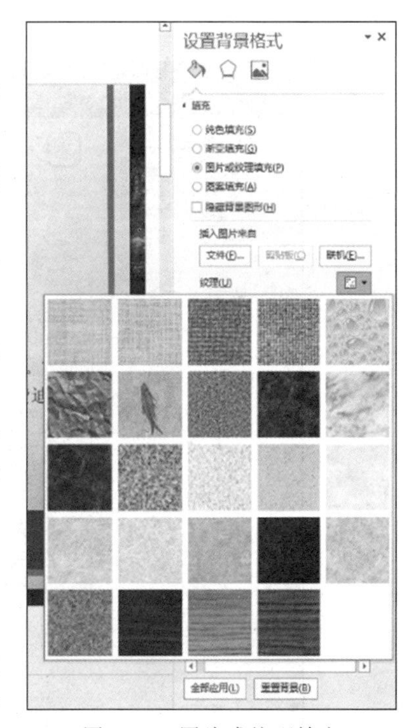

图 5-72 图片或纹理填充

5.4.5 知识拓展

1. 插入背景图片

单击“设置背景格式”对话框“填充”组中的“图片或纹理填充”按钮，然后单击“文件”按钮，弹出“插入图片”对话框。在“查找范围”下拉列表中找到图片的路径，然后选择要使用的图片，单击“插入”按钮。选中的图片就被设置成幻灯片的背景，如图 5-73 所示。因此，平时对素材图片的积累也能够使演示文稿的制作更加充实顺畅。

2. 合并图形

合并图形功能解决了演示文稿制作过程中以往只能通过 Photoshop 才能完成的工作。例如，要想制作一个放大镜的特效，现在只需要将一张放大镜的图片和一个圆形合并，选择剪除即可，如图 5-74 所示。

图 5-73 插入背景图片

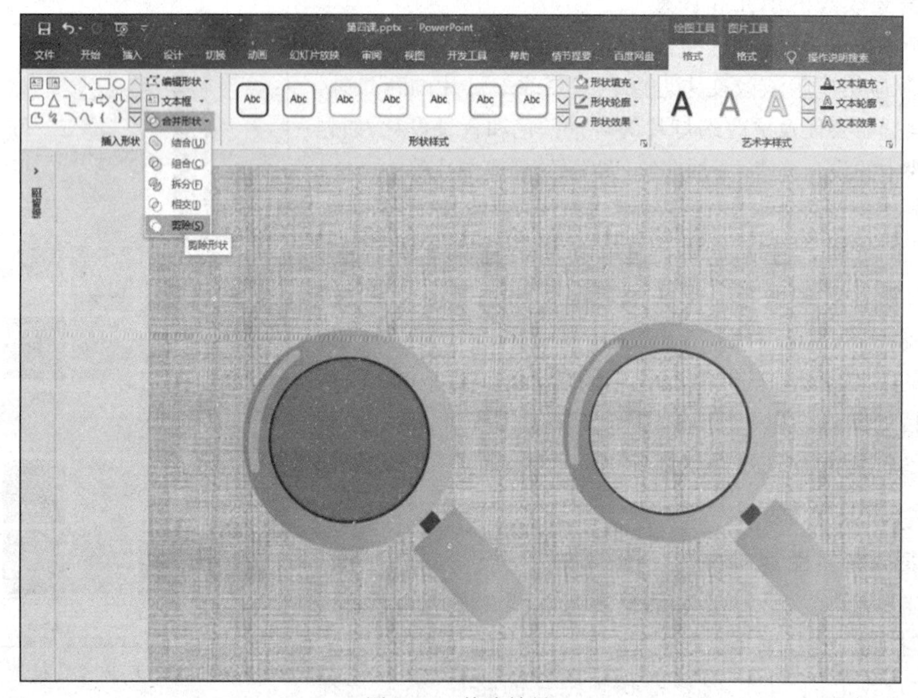

图 5-74 剪除效果

5.4.6 技能训练

新建一个空白演示文稿，以“大学生创新创业大赛”为主题设计幻灯片文件，完成后保存到桌面上，文件名为“大赛.pptx”。完成幻灯片版式与主题的设计，在幻灯片中插入文字、图片、图表并修饰幻灯片，再为幻灯片添加切换和动画效果，并附上演讲稿，限时 8 分钟，最后保存并关闭。

任务 5.5　编辑制作“年终总结”演示文稿

5.5.1　任务要点

（1）设置超链接。

（2）添加动画触发器。

（3）编辑幻灯片母版。

（4）页眉和页脚的设置。

5.5.2　任务要求

年终总结就像一面镜子，可以重新审视自己一年来的付出和收获。如果在公司、单位做年终总结展示，那么做好一份年终总结演示文稿就是对一年来自己的努力和进步做一个很好的交代。本任务介绍如何使用演示文稿中的超链接和动画触发器，并且对幻灯片母版以及页眉页脚进行设置。

（1）打开“年终总结.pptx”文档。

（2）制作导航页。

（3）添加动画触发器。

（4）设计幻灯片母版。

（5）设置页眉页脚。

（6）观看完成效果并保存演示文稿。

5.5.3　实施过程

1. 打开“年终总结.pptx”文档

在素材包中找到“年终总结.pptx”演示文稿并打开，如图 5-75 所示。

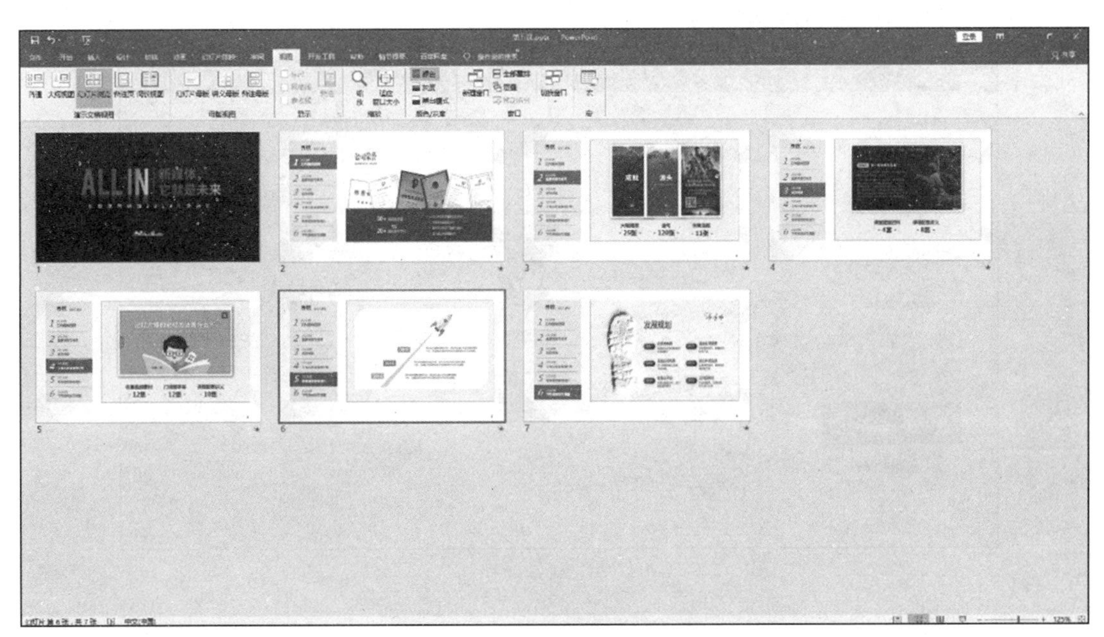

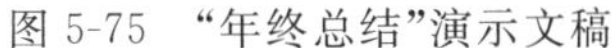

图 5-75　“年终总结”演示文稿

2. 制作导航页

为了快速跳转播放幻灯片，可在导航页添加超链接。选择要添加超链接的文字，选择点击“插入”→“超链接”命令，将导航中的序号链接到本文档中对应的幻灯片上。然后单击超链接，就可以自动跳转到对应的页面，如图 5-76 所示。

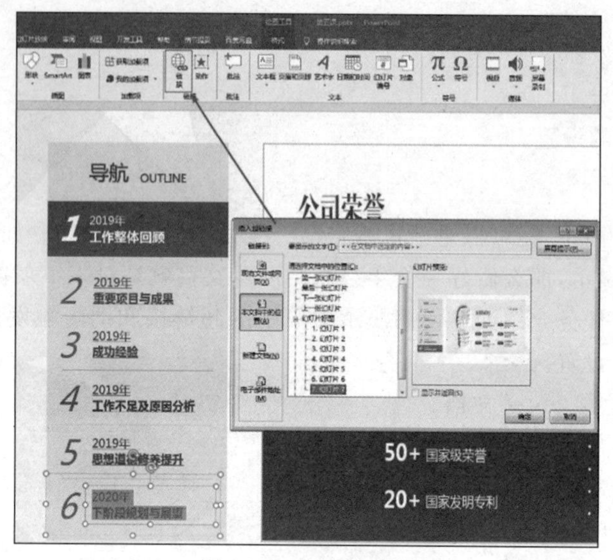

图 5-76 超链接功能

3. 添加动画触发器

年终总结精炼的内容不适合使用复杂的动画效果，但是某些动画效果可以随着操作者的点击来触发，使展示的过程更加丰富有趣。例如在第 6 页幻灯片中对火箭设置一个动作路径，动画效果设置为点击火箭就触发，如图 5-77 所示。

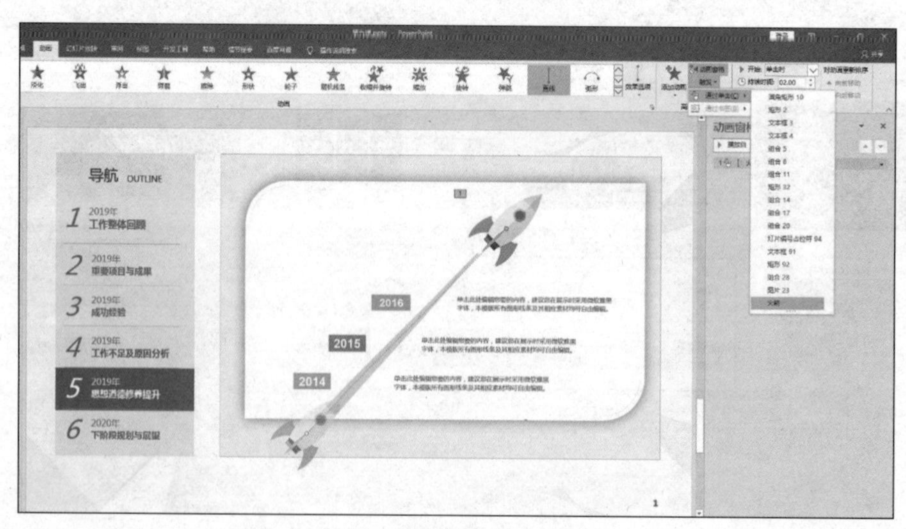

图 5-77 触发器功能

4. 幻灯片母版设计

幻灯片母版用于设定特定幻灯片的版式，包括字形、占位符大小、背景设计和配色方案等。

幻灯片母版设定好之后，修改其中一项内容就可以应用到使用该母版的全部幻灯片上。在“视图”选项卡中单击“幻灯片母版”按钮，插入一页新的幻灯片母版。在母版的底部设置灰蓝色色块，左下角插入公司 Logo 以及部门名称，效果如图 5-78 所示。设置结束后单击“关闭母版视图”按钮就可以返回正常编辑界面。

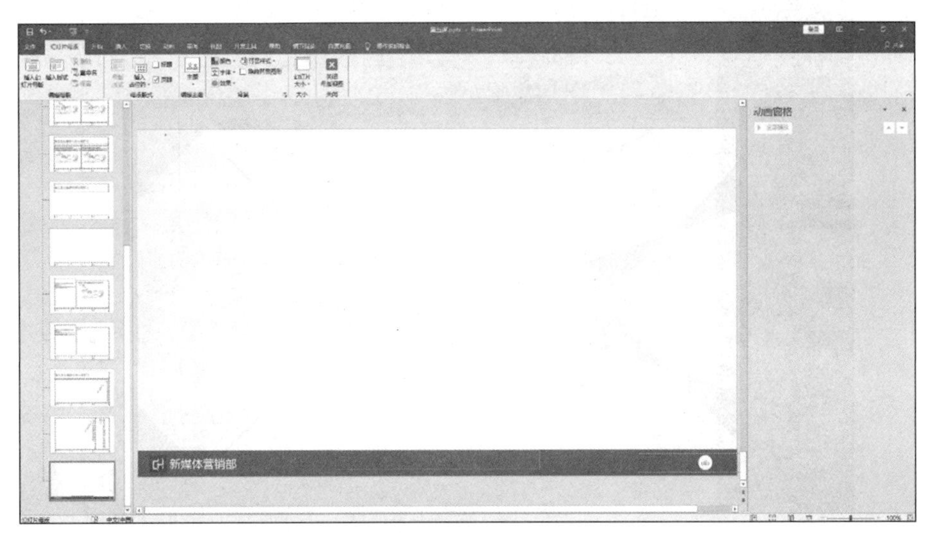

图 5-78　幻灯片母版设计

5. 设置页眉与页脚

选择“插入”→“页眉和页脚”命令，打开“页眉和页脚”对话框。切换到幻灯片标签下设置日期和时间，设置页脚为“年终总结”，如图 5-79 所示。

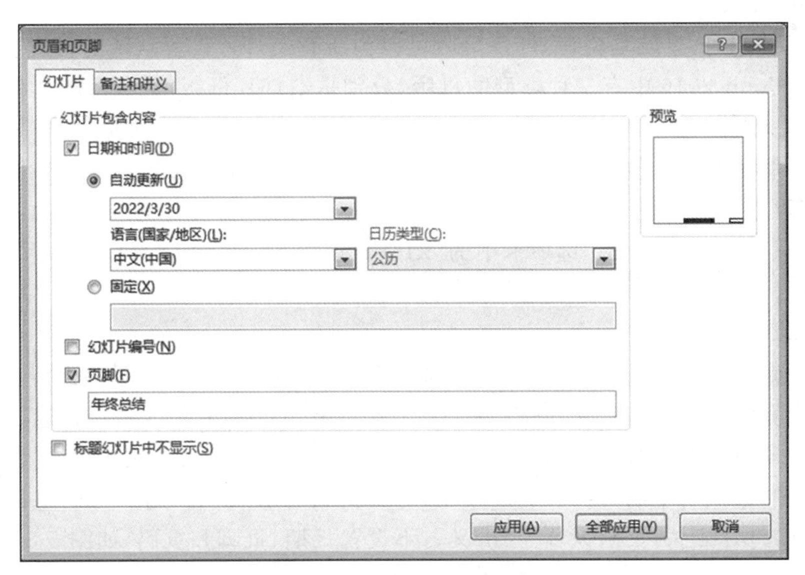

图 5-79　设置页眉和页脚

6. 观看完成效果并保存演示文稿

观看自己的年终总结，是否能感到收获更多？通过年终总结能审视自我、激励自我、提高自我，思想会更加统一、步调会更加一致、斗志会更加昂扬，向着人生的下个阶段不断努力奋斗。

接下来,导出演示文稿。打开“文件”→“导出”界面,PowerPoint 2016 中提供了多种导出方式,如图 5-80 所示。

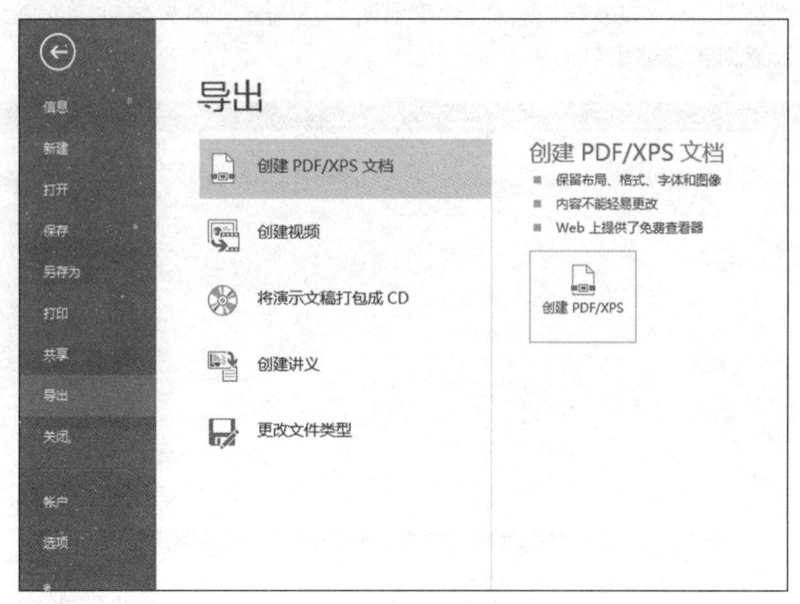

图 5-80 “导出”界面

5.5.4 知识链接

1. 幻灯片母版的制作

母版是用于制作具有统一标志和背景的内容,幻灯片母版决定着幻灯片的外观,用于设置幻灯片的标题、正文文字等样式,包括字体、字号、字体颜色、阴影等效果,也可以设置幻灯片的背景、页眉和页脚等。也就是说,幻灯片母版可以为所有幻灯片设置默认的版式。

在 PowerPoint 2016 中有三种类型的母版,分别是幻灯片母版、讲义母版和备注母版。

1) 幻灯片母版

幻灯片母版中的信息包括字形、占位符大小、位置、背景设计和配色方案。用户通过更改这些信息,就可以更改整个演示文稿中幻灯片的外观。例如,要设置幻灯片每页都在同一个位置出现图片,只需要单击“视图”选项卡中的“幻灯片母版”按钮,在首页插入图片,即可在每页同一位置都插入这张图片。

2) 讲义母版

讲义母版是为制作讲义而准备的,通常需要打印输出,因此讲义母版的设置大多和打印有关。它允许设置一页讲义中包含几张幻灯片,设置页眉、页脚、页码等基本信息。在讲义母版中插入新的对象或者更改版式时,新的页面效果不会反映在其他母版视图中。

单击“视图”选项卡中的“讲义母版”按钮,打开讲义母版视图。用户可以将讲义方向设置为横向,每页幻灯片 4 张,页眉设置为“讲义”,不设置日期、页脚和页码,如图 5-81 所示。

3) 备注母版

备注母版主要用来设置幻灯片的备注格式,一般也是用来打印输出的,所以备注母版的设置大多也和打印有关。

2. 插入视频

在有特殊需求的情况下可以在幻灯片中插入视频,以增加幻灯片的观赏性。

(1) 在“插入”选项卡中单击“视频”按钮，选择“PC 上的视频”，找到视频文件，将其插入到幻灯片中，如图 5-82 所示。

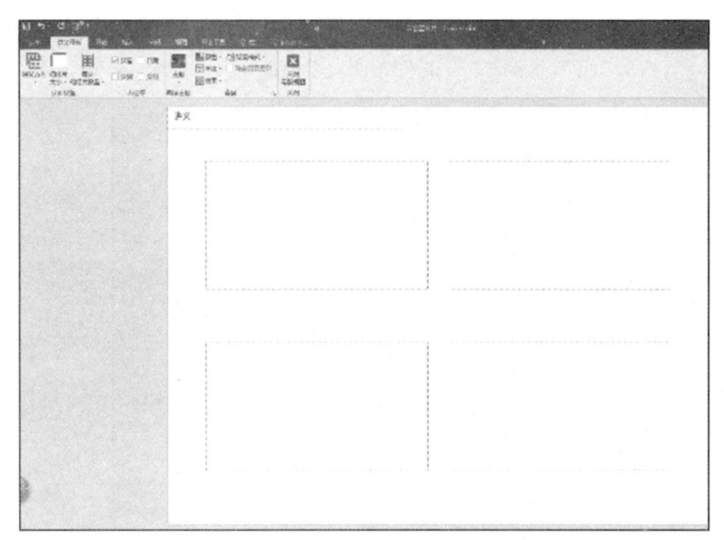

图 5-81　编辑讲义母版

图 5-82　插入视频

(2) 在视频工具中调整视频样式。

(3) 在“动画”窗格中，调整视频播放效果。

5.5.5　知识拓展

1. 刻录光盘

在 PowerPoint 2016 中，可以将演示文稿制作成 CD 光盘，制作方法如下。

选择“文件”→“导出”→“将演示文稿打包成 CD”命令，如图 5-83 所示，然后单击“打包成 CD”按钮，在弹出的对话框中，在“将 CD 命名为”文本框中输入 CD 的名称。刻录完光盘后，在“打包成 CD”对话框中，单击“关闭”按钮。

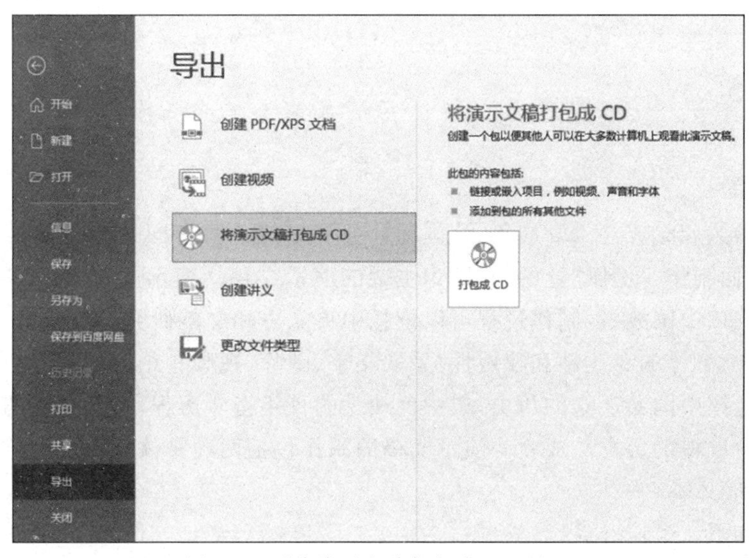

图 5-83　“将演示文稿打包成 CD”界面

2. 云储存

在 PowerPoint 2016 中，可以通过云储存保存演示文稿，使用这个功能须先注册微软官方的 onedrive 账号，之后便可以通过共享功能与他人协同编辑、联机演示演示文稿，或是保存在云端，如图 5-84 所示。

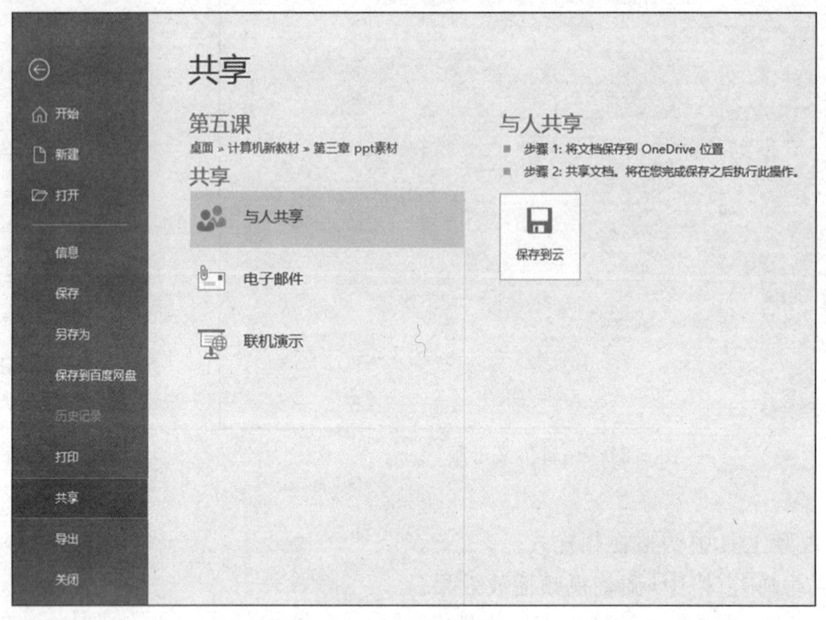

图 5-84　云储存

5.5.6　技能训练

新建一个空白演示文稿，以“期末总结”为主题设计幻灯片文件，完成后保存到桌面上，文件名为“总结.pptx”。完成幻灯片版式与主题的设计，在幻灯片中插入文字、图片、图表等内容并修饰幻灯片，制作幻灯片母版，并在幻灯片中插入超链接，插入适合的简单动画效果，最后保存并关闭。

综合练习 5

1. 党的领导

为庆祝中国共产党成立 100 周年，让国际社会更好地了解中国共产党带领中国人民不懈奋斗的历史，下面制作一份以“党的领导”为主题的演示文稿。演示文稿的内容包括中国共产党故事、领袖故事、中国故事，制作过程可以依托中央党史和文献研究院权威党史资源、研究成果，结合中央文献翻译的专业性和权威性，采取文字、图片、视频相结合的方式，从党史史料、党史研究等角度介绍中国共产党的历史，集中反映党的百年奋斗历程，特别是党的十八大以来党和国家各项事业取得的历史性成就。演示文稿的制作包括两项具体任务。

1）规划演示文稿

具体要求如下。

（1）计划素材应用方法，然将素材分成多个幻灯片。

(2) 设计一张主标题幻灯片。

(3) 设计一张介绍性幻灯片,列出演示文稿中主要内容。

(4) 设计一张包含表格或图表的幻灯片。

(5) 设计一张总结幻灯片,强调演示文稿中的主要内容。

(6) 其余幻灯片的形式和内容自行设计,要求布局合理,主题突出。

2) 幻灯片内容设计

具体要求如下。

(1) 根据内容新建幻灯片,调整幻灯片版式,确定幻灯片布局。

(2) 在幻灯片中添加内容,并且进行格式排版。

① 设置幻灯片文本格式。要求幻灯片中的文字美观、醒目并且具有吸引力,尽量选择一些中远距离也能看清楚的醒目字体字形,一般字号不能小于 30 磅,通过项目符号、编号或者下划线等使文字简洁清楚。

② 设置幻灯片段落格式。要求幻灯片层次分明,重点清晰明确,尽量选择一倍以上的行间距,并且保持所有段落对齐方式一致。

③ 设置图片、表格与图表。图片、表格、图表等元素能够更好、更直观的反映出幻灯片的内容,使幻灯片更加生动,富有说服力,因此要求这些元素样式美观、重点突出。

(3) 动画设计。在幻灯片中加入动画能够使幻灯片更加生动,吸引观赏者的注意力,但是要注意动作不要过于烦琐,播放时间也不要过长。完成效果可以参考图 5-85。

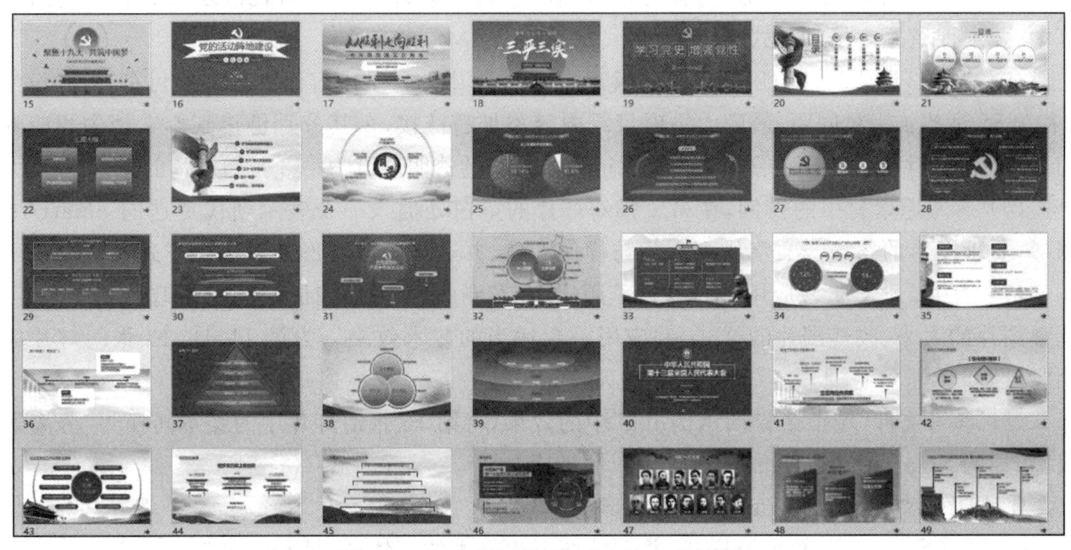

图 5-85　"党的领导"演示文稿参考效果

2. 首都北京(二级真题)

导游小姚正在制作一份介绍首都北京的演示文稿,按照下列要求帮助她组织材料完成演示文稿的整合制作,完成后的演示文稿共包含 19 张幻灯片,其中不能出现空白幻灯片。

(1) 根据考生文件夹下的 Word 文档"PPT 素材.docx"中的内容创建一个初始包含 18 张幻灯片的演示文稿 PPT.pptx,其对应关系如表 5-1 所示(.docx、.pptx 均为文件扩展名)。要求新建幻灯片中不包含原素材中的任何格式,之后所有的操作均基于 PPT.pptx 文件,否则不得分。

表 5-1 Word 素材与演示文稿的对应关系

Word 素材中的文本颜色	对应的演示文稿内容
红色	标题
蓝色	第一级文本
黑色	第二级文本

(2) 为演示文稿应用考生文件夹下的设计主题“龙腾.thmx”(.thmx 为文件扩展名)。将该主题下所有幻灯片中的所有级别文本的格式均修改为“微软雅黑”字体、深蓝色、两端对齐,并设置文本溢出文本框时自动缩排文字。将“标题幻灯片”版式右上方的图片替换为“天坛.jpg”

(3) 为第 1 张幻灯片应用“标题幻灯片”版式,将副标题的文本颜色设为标准黄色,并为其中的对象按下列要求指定动画效果:

① 令其中的天坛图片首先在 2 秒钟内以“翻转式由远及近”方式进入,紧接着以“放大/缩小”方式强调。

② 再为其中的标题和副标题分别指定动画效果,其顺序为:自图片动画结束后,标题自动在 3 秒内自左侧“飞入”进入、同时副标题以相同的速度自右侧“飞入”进入,1 秒钟后标题与副标题同时自动在 3 秒内以“飞出”方式按原进入方向退出;再过 2 秒后标题与副标题同时自动在 4 秒内以“旋转”方式进入。

(4) 为第 2 张幻灯片应用“内容与标题”版式,将原素材中提供的表格复制到右侧的内容框中,要求保留原表格的格式。

(5) 为第 3 张幻灯片应用“节标题”版式,为文本框中的目录内容添加任意项目符号,并设为 3 栏显示、适当加大栏间距,最后为每项目录内容添加超链接,令其分别链接到本文档中相应的幻灯片。将考生文件夹下的图片“火车站.jpg”以 85%的透明度设为第 3 张幻灯片的背景。

(6) 参考原素材中的样例,在第 4 张幻灯片的空白处插入一个表示朝代更迭的 SmartArt 图形,要求图形的布局与文字排列方式与样例一致,并适当更改图形的颜色及样式。

(7) 为第 5 张幻灯片应用“两栏内容”版式,在右侧的内容框中插入图片“行政区划图.jpg”,调整图片的大小、改变图片的样式、并应用一个适当的艺术效果。为第 11、12、13 张幻灯片应用“标题和竖排文字”版式。

(8) 参考文件“城市荣誉图示例.jpg”中的效果,将第 16 张幻灯片中的文本转换为“分离射线”布局的 SmartArt 图形并进行适当设计,要求如下。

① 以图片“水墨山水.jpg”为中间图形的背景。

② 更改 SmartArt 颜色及样式,并调整图形中文本的字体、字号和颜色与之适应。

③ 将四周的图形形状更改为云形。

④ 为 SmartArt 图形添加动画效果,要求其以 3 轮幅图案的“轮子”方式逐个从中心进入,并且中间的图形在其动画播放后自动隐藏。

(9) 为第 18 张幻灯片应用“标题和表格”版式,取消其中文本上的超链接,并将其转换为一个表格,改变该表格样式且取消标题行,令单元格中的人名水平垂直均居中排列。

(10) 插入演示文稿“结束片.pptx”中的幻灯片作为第 19 张幻灯片,要求保留原设计主题与格式不变;为其中的艺术字“北京欢迎你!”添加按段落、自底部逐字“飞入”的动画效果,要求字与字之间延迟时间 100%。

(11) 在第1张幻灯片中插入音乐文件"北京欢迎你.mp3"，当放映演示文稿时自动隐藏该音频图标，单击该幻灯片中的标题即可开始播放音乐，一直到第18张幻灯片后音乐自动停止。为演示文稿整体应用一个切换方式，自动换片时间设为5秒。

习题5

一、选择题

1. 小李在制作PowerPoint演示文稿时，需要将一个被其他图形完全遮盖的图片删除，最优的操作方法是(　　)。(二级真题)

A. 先将上层图形移走，然后选中该图片将其删除

B. 通过按Tab键，选中该图片后将其删除

C. 打开"选择"窗格，在对象列表中选择该图片名称后将其删除

D. 直接在幻灯片中单击选择该图片，然后将其删除

2. 一份演示文稿文件共包含10页幻灯片，现在需要设置每页幻灯片的放映时间为10秒，且播放时不包含最后一张致谢幻灯片，以下最优的操作方法是(　　)。(二级真题)

A. 在"幻灯片放映"选项卡下的"设置"功能组中，单击"排练计时"按钮，设置每页幻灯片的播放时间为10秒，且隐藏最后一张幻灯片

B. 在"切换"选项卡下的"计时"功能组中，勾选"设置自动换片时间"复选框，并设置时间为10秒，然后单击"幻灯片放映"选项卡下的"设置"功能组中的"设置幻灯片放映"按钮，设置幻灯片放映从1至9

C. 在"切换"选项卡下的"计时"功能组中，勾选"设置自动换片时间"复选框，并设置时间为10秒，然后单击"开始放映幻灯片"选项卡下的"开始放映幻灯片"功能组中的"自定义幻灯片放映"按钮，设置包含幻灯片1至9的放映方案，最后播放该方案

D. 在"幻灯片放映"选项卡下的"设置"功能组中，单击"录制幻灯片演示"按钮，设置每页幻灯片的播放时间为10秒，然后单击"开始放映幻灯片"选项卡下的"开始放映幻灯片"功能组中的"自定义幻灯片放映"按钮，设置包含幻灯片1至9的放映方案，最后播放该方案

3. 小江在制作公司产品介绍的PowerPoint演示文稿时，希望每类产品可以通过不同的演示主题进行展示，最优的操作方法是(　　)。(二级真题)

A. 为每类产品分别制作演示文稿，每份演示文稿均应用不同的主题

B. 为每类产品分别制作演示文稿，每份演示文稿均应用不同的主题，然后将这些演示文稿合并为一

C. 在演示文稿中选中每类产品所包含的所有幻灯片，分别为其应用不同的主题

D. 通过PowerPoint中"主题分布"功能，直接应用不同的主题

4. 小吕在利用PowerPoint 2016制作旅游风景简介演示文稿时插入了大量的图片，为了减小文档体积以便通过邮件方式发送给客户浏览，需要压缩文稿中图片的大小，最优的操作方法是(　　)。(二级真题)

A. 先在图形图像处理软件中调整每个图片的大小，再重新替换到演示文稿中

B. 在PowerPoint中通过调整缩放比例、剪裁图片等操作来减小每张图片的大小

C. 直接通过PowerPoint提供的"压缩图片"功能压缩演示文稿中图片的大小

D. 直接利用压缩软件来压缩演示文稿的大小

5. 在一个利用 SmartArt 图形制作的流程图中共包含四个步骤，现在需要在最前面增加一个步骤，最快捷的操作方法是(　　)。(二级真题)

A. 在图形中的第一个形状前插入一个文本框，然后和原图形组合在一起

B. 在文本窗格的第一行文本前按 Enter 键

C. 选择图形中的第一个形状，从“设计”选项卡上选择“添加形状”命令

D. 选择图形中的第一个形状，然后按回车键 Enter

6. 小马在 PowerPoint 演示文稿中插入了一幅人像图片，现需要将该图片中的浓重背景删除，最优的操作方法是(　　)。(二级真题)

A. 先在 Photoshop 等图形图像软件中进行处理后，再将该图片插入到幻灯片中

B. 在 PowerPoint 中，通过“图片工具|格式”选项卡上的“颜色”工具设置图片背景为透明色

C. 在 PowerPoint 中，通过“图片工具|格式”选项卡上的“删除背景”工具删除图片背景方案

D. 在 PowerPoint 中，通过“图片工具|格式”选项卡上的“剪裁”工具删除图片背景

7. 小金在 PowerPoint 演示文稿中绘制了一个包含多个图形的流程图，他希望该流程图中的所有图形可以作为一个整体移动，最优的操作方法是(　　)。(二级真题)

A. 选择流程图中的所有图形，通过“剪切”“粘贴”为“图片”的功能将其转换为图片后再移动

B. 每次移动流程图时，先选中全部图形，然后用鼠标拖动即可

C. 选择流程图中所有图形，通过“绘图工具|格式”选项卡上的“组合”功能将其组合为一个整体之后再移动

D. 插入一幅绘图画布，将流程图中所有图形复制到绘图画布中后再整体移动绘图画布

8. 如需在 PowerPoint 演示文档的一张幻灯片后增加一张新幻灯片，最优的操作方法是(　　)。(二级真题)

A. 执行“文件”后台视图的“新建”命令

B. 执行“插入”选项卡中的“插入幻灯片”命令

C. 执行“视图”选项卡中的“新建窗口”命令

D. 在普通视图左侧的幻灯片缩略图中按 Enter 键

9. 在 PowerPoint 演示文稿普通视图的幻灯片缩略图窗格中，需要将第 3 张幻灯片在其后面再复制一张，最快捷的操作方法是(　　)。(二级真题)

A. 用鼠标拖动第 3 张幻灯片到第 4 张幻灯片之间时按下 Ctrl 键并放开鼠标

B. 按下 Ctrl 键再用鼠标拖动第 3 张幻灯片到第 4 张幻灯片之间

C. 用右键单击第 3 张幻灯片并选择“复制幻灯片”命令

D. 选择第 3 张幻灯片并通过复制、粘贴功能实现复制

10. 在 PowerPoint 中关于表格的叙述，错误的是(　　)。(二级真题)

A. 在幻灯片浏览视图模式下，不可以向幻灯片中插入表格

B. 只要将光标定位到幻灯片中的表格，立即出现“表格工具”选项卡

C. 可以为表格设置图片背景

D. 不能在表格单元格中插入斜线

11. 在 PowerPoint 中可以通过分节来组织演示文稿中的幻灯片，在幻灯片浏览视图中选中一节中所有幻灯片的最优方法是(　　)。(二级真题)

A. 单击节名称即可

B. 按下 Ctrl 键不放，依次单击节中的幻灯片

C. 选择节中的第 1 张幻灯片，按下 Shift 键不放，再单击节中的末张幻灯片

D. 直接拖动鼠标选择节中的所有幻灯片

12. 小李利用 PowerPoint 制作一份学校简介的演示文稿，他希望将学校外景图片铺满每张幻灯片，最优的操作方法是(　　)。(二级真题)

A. 在幻灯片母版中插入该图片，并调整大小及排列方式

B. 将该图片文件作为对象插入全部幻灯片中

C. 将该图片作为背景插入并应用到全部幻灯片中

D. 在一张幻灯片中插入该图片，调整大小及排列方式，然后复制到其他幻灯片

13. 小明利用 PowerPoint 制作一份考试培训的演示文稿，他希望在每张幻灯片中添加包含“样例”文字的水印效果，最优的操作方法是(　　)。(二级真题)

A. 通过“插入”选项卡上的“插入水印”功能输入文字并设定版式

B. 在幻灯片母版中插入包含“样例”二字的文本框，并调整其格式及排列方式

C. 将“样例”二字制作成图片，再将该图片作为背景插入并应用到全部幻灯片中

D. 在一张幻灯片中插入包含“样例”二字的文本框，然后复制到其他幻灯片

14. 在 PowerPoint 中制作演示文稿时，希望将所有幻灯片中标题的中文字体和英文字体分别统一为微软雅黑、Arial，正文的中文字体和英文字体分别统一为仿宋、Arial，最优的操作方法是(　　)。(二级真题)

A. 在幻灯片母版中通过“字体”对话框分别设置占位符中的标题和正文字体

B. 在一张幻灯片中设置标题、正文字体，然后通过格式刷应用到其他幻灯片的相应部分

C. 通过“替换字体”功能快速设置字体

D. 通过自定义主题字体进行设置

15. 在 PowerPoint 文档中能添加下列(　　)对象。

A. Excel 图表　　B. 音频的视频　　C. Flash 动画　　D. 以上都对

16. 如果想把插入的图片按比例改变大小应按住(　　)键。

A. Esc　　B. Shift　　C. Ctrl　　D. Alt

17. 在 PowerPoint 2016 中使字体变粗的快捷键是(　　)。

A. Alt+B　　B. Ctrl+B　　C. Shift+B　　D. Ctrl+Alt+Delete

18. 超链接只有在(　　)视图下会被激活。

A. 普通视图　　B. 大纲视图

C. 幻灯片浏览视图　　D. 幻灯片放映视图

19. PowerPoint 2016 中，如果有几张幻灯片暂时不想让观众观看，最优的方法是(　　)。

A. 删除这些幻灯片　　B. 自定义放映取消这些幻灯片

C. 隐藏幻灯片　　D. 新建一个不含这些幻灯片的演示文稿

20. PowerPoint 2016 中，默认的视图是(　　)。

A. 大纲视图　　B. 阅读视图　　C. 普通视图　　D. 页面视图

21. 下列幻灯片元素中，(　　)无法打印输出。

A. 图片　　B. 动画

C. 母版设置的企业标记　　D. 图表

22. 幻灯片中占位符的作用是(　　)。

A. 表示文本长度　　B. 限制插入对象数量

C. 表示图形大小　　D. 为文本、图形预留位置

23. PowerPoint 2016 中,"自定义动画"效果有(　　)。

A. 进入、退出　　B. 进入、强调、退出

C. 进入、强调、退出、动作路径　　D. 进入、退出、动作路径

24. PowerPoint2016 中,添加页眉和页脚应打开(　　)选项卡。

A. 开始　　B. 插入　　C. 设计　　D. 审阅

二、填空题

1. PowerPoint 2016 演示文稿的扩展名是______。

2. 幻灯片中的母版视图包括幻灯片母版、备注母版和______。

3. 放映幻灯片时,从头开始播放幻灯片的快捷键是______。

4. 在幻灯片背景设置过程中,如果单击______按钮,则目前背景设置对演示文稿的所有幻灯片都起作用。

5. 给演示文稿中所有的幻灯片在同一位置添加同样的图片可以在______中完成。

6. 如果想调整幻灯片内的动画播放顺序应该单击功能区中的______按钮。

7. 设置幻灯片"擦除"切换效果时,想改变擦除方向应单击功能区中的______按钮。

8. 在 PowerPoint 2016 中,要用到拼写检查、语言翻译、中文简繁体转换等功能时,应单击______选项卡。

9. 把制作完成的演示文稿打包成 CD 应单击"文件"选项卡中的______按钮。

10. 保存演示文稿时,选择______文件类型可以使此文稿被老版本的用户打开。

项目 6

计算机网络设置

Internet 起源于美国 ARPAnet(阿帕网)。1969 年,美国国防部高级研究计划局(ARPA)决定建立 ARPANET,把美国重要的军事基础及研究中心的计算机用通信线路连接起来。首批联网的计算机主机只有 4 台。其后,ARPAnet 不断发展和完善,特别是开发了因特网通信协议 TCP/IP,实现了与多种其他网络及主机的互联,即由网络构成的网络——Internetwork,简称 Internet,称为因特网或互联网。1991 年,美国企业组成了"商用 Internet 协会"。商业的介入,进一步发挥了 Internet 在通信、数据检索、客户服务等方面的巨大潜力,也给 Internet 带来了新的飞跃。我国于 1994 年 5 月正式接入了 Internet。

由于越来越多的计算机的加入,Internet 上的资源变得越来越丰富。到今天,Internet 已超出一般计算机网络的概念,Internet 不仅仅是传输信息的载体,更是一个全球规模的信息服务系统。它是人类有史以来第一个真正的世界性的图书馆,又是一个全球范围内的论坛。Internet 永远不会关闭。人们足不出户就可以利用 Internet 获取和发布信息、交四方朋友、寻找商业机会。

任务 6.1　局域网接入

6.1.1　任务要点

(1) 计算机网络的组成。

(2) IP 地址的组成。

(3) 网络通信协议。

(4) 常用网络测试命令。

6.1.2　任务要求

某公司行政部门因工作需要添加了一台办公计算机,要求将这台计算机加入局域网,实现数据资源共享,提高工作效率。

6.1.3　实施过程

(1) 向计算机网络管理员索取接入局域网的相关设置信息。

(2) 在 Windows 桌面的"网络"图标上右击,在弹出的快捷菜单中选择"属性"命令,打开"网络和共享中心"窗口。单击"更改适配器设置"选项,进入"网络连接"窗口,在"本地连接"图标上右击,在弹出的快捷菜单中选择"属性"命令,弹出"本地连接 属性"对话框,如图 6-1 所示。

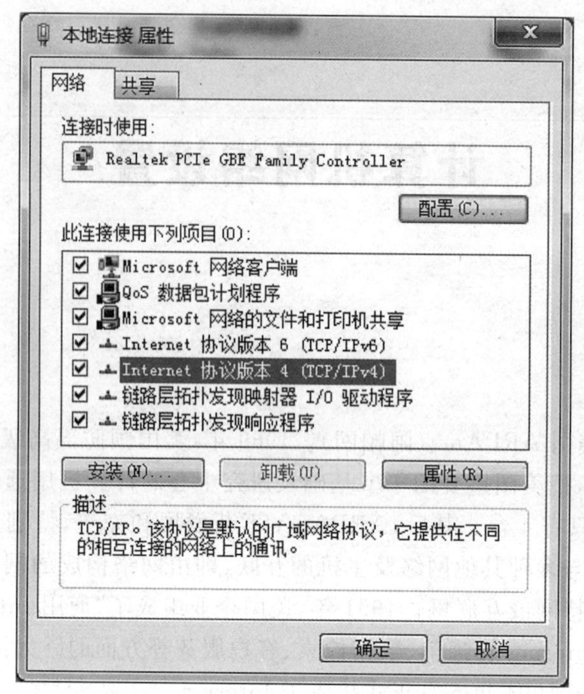

图 6-1 “本地连接 属性”对话框

(3) 选择“Internet 协议版本 4(TCP/IPv4)”选项，单击“属性”按钮，弹出“Internet 协议版本 4(TCP/IPv4)属性”对话框，进行网络参数设置，如图 6-2 所示。

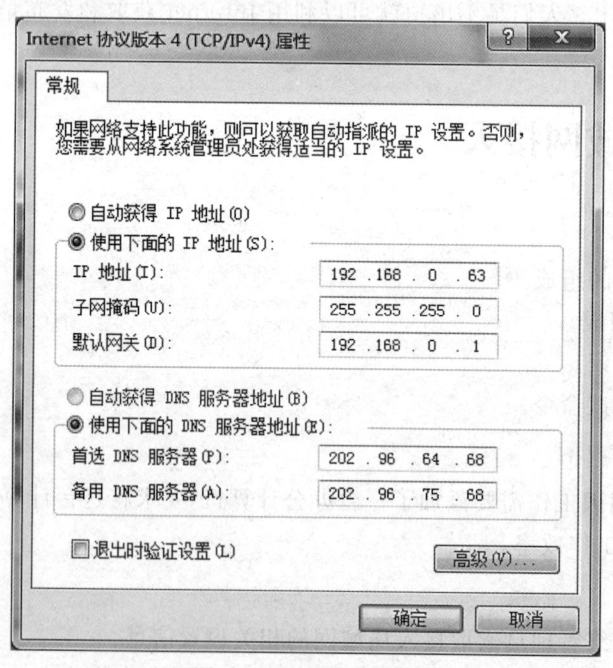

图 6-2 网络参数设置

(4) 选择“开始”→“附件”→“命令提示符”命令，弹出“命令提示符”窗口，输入 Ping 192.168.0.1 命令按 Enter 键，测试是否能连接网关，如图 6-3 所示为成功加入局域网。

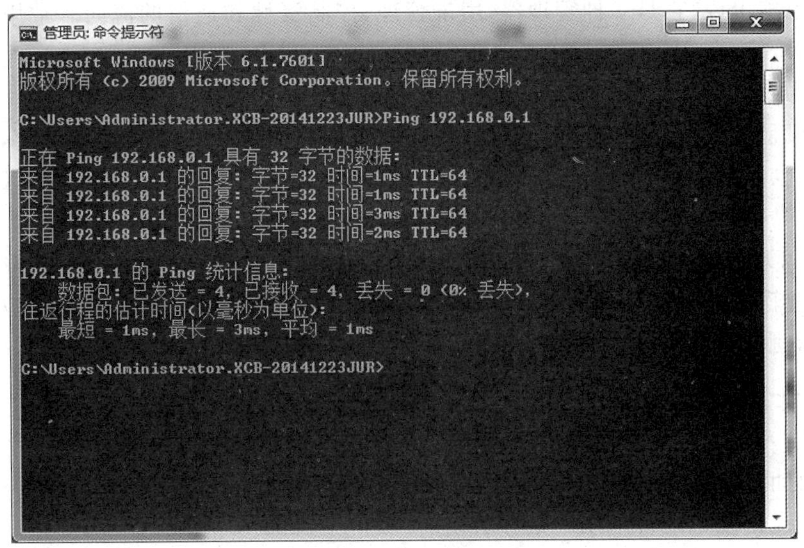

图 6-3　网络连接测试命令

6.1.4　知识链接

计算机网络由硬件、软件两部分组成。硬件包括各种计算机、网络互联设备和传输介质；软件包括操作系统、协议和应用软件。

1. 计算机网络的硬件组成

组成计算机网络的硬件主要有计算机(包括服务器和客户机)、传输介质和网络互联设备三个部分。

1）服务器和客户机

服务器是在网络中运行操作系统、提供服务的计算机，一般由大型机、小型机或高档微机担任，对容量、速度有较高的要求。

客户机是网络的终端，用户通过客户机访问网络资源和享受网络服务。客户机一般是微型机，对性能要求不高。

2）传输介质

传输介质分为有线介质和无线介质。有线介质包括双绞线、同轴电缆、光缆等；无线介质包括红外线、电磁波等。

3）网络互联设备

网络互联设备是指连接计算机与传输介质、网络与网络的设备。常用的设备有网卡、调制解调器、路由器、交换机等。

2. 计算机网络的软件

在网络系统中，各节点要实现相互通信及资源共享，就必须有控制信息传输的协议，以及对网络资源进行协调和管理的网络软件工具。网络软件的作用就是实现网络协议，并在协议的基础上管理网络、控制通信、提供网络功能和网络服务。根据功能与作用，网络软件大致上可分为以下几类。

1）网络操作系统

网络操作系统在服务器上运行，是用来实现系统资源共享、管理用户对不同资源访问的应用程序。从根本上说,它是一种管理器,用来管理、控制资源和通信的流向。常用的网络操作系统有 UNIX、Linux、Windows Server 等。

2) 网络协议

网络协议是网络设备间通信的语言和规范。通常,网络协议由网络系统决定,网络系统不同,网络协议也不同。常用的网络协议有 Internet 包交换/顺序包交换(IPX/SPX)、传输控制协议/网际协议(TCP/IP),其中 TCP/IP 是 Internet 使用的协议。

3) 网络管理及网络应用软件

网络管理软件是用来对网络资源进行管理和对网络进行维护的软件。网络应用软件是为网络用户提供服务并为网络用户解决实际问题的软件,如远程登录、电子邮件等。

3. IP 地址

为了使接入 Internet 的计算机在通信时能够相互识别,Internet 上的每一台主机都必须有一个唯一地址,该地址称为 Internet 地址,也称为 IP 地址。

Internet 上的主机地址采用的是分层结构,每个主机的 IP 地址由两部分组成:一个是物理网络上所有主机通用的网络地址(网络标识);另一个是网络上主机专有的主机地址(主机标识)。在全球范围内由专门的机构进行统一的地址分配,这样就保证了 Internet 上的每一台主机都有一个唯一的 IP 地址。在数据通信过程中,首先查找主机的网络地址,根据网络地址找到主机所在的网络,再在一个具体的网络内部查找主机。

IP 地址有两个标准:IP 版本 4(IPv4)和 IP 版本 6(IPv6)。所有有 IP 地址的计算机都有 IPv4 地址,许多计算机也开始使用新的 IPv6 地址系统。以下是这两种地址类型的含义。

IPv4 使用 32 个二进制位在网络上表示一个唯一地址。IPv4 地址由 4 个数字表示,用点分隔。每个数字都是十进制(以 10 为基数)表示的八位二进制(以 2 为基数)数字,如 216.27.61.137。

IPv6 使用 128 个二进制位在网络上表示一个唯一地址。IPv6 地址由八组十六进制数字表示,这些数字用冒号分隔,如 2001:cdba:0000:0000:0000:0000:0000:3257:9652。为了节省空间,通常省略包含所有零的数字组,留下冒号分隔符来标记空白(如 2001:cdba::3257:9652)。

Internet 是一个网际网,它由大大小小各种各样的网络组成,每个网络中的主机数量是不同的,为了充分利用 IP 地址以适应主机数量不同的各种网络,人们对 IP 地址进行了分类,共分为 A、B、C、D 和 E 五类,其中 A、B、C 类地址经常使用,分别适用于大、中、小型网络。

A 类地址的第一组数字首位为 O。IP 地址规定第一组数字不能为 0 和 127(十进制),A 类地址的网络地址范围为 1～126,所以全世界范围内只有 126 个 A 类网络,每个 A 类网络能容纳的主机数量最多为 16777214 台。

B 类地址用两组数字表示网络地址,其中第一组数字为 128～191,每个 B 类网络能容纳的主机数量最多为 65534 台。

C 类地址用三组数字表示网络地址,其中第一组数字为 192～223,每个 C 类网络能容纳的主机数量最多为 254 台。

IP 地址不能任意使用,在需要使用时,必须向管理本地区的网络中心申请。

IPv6 与 IPv4 相比有以下特点和优点。

(1) 更大的地址空间。IPv4 中规定 IP 地址长度为 32 位,即有 $2^{32}-1$ 个地址;而 IPv6 中 IP 地址的长度为 128,即有 $2^{128}-1$ 个地址。

(2) 更小的路由表。IPv6 的地址分配一开始就遵循聚类的原则,这使得路由器能在路由表中用一条记录表示一片子网,大大缩短了路由器中路由表的长度,提高了路由器转发数据包的速度。

(3) 增强的组播支持以及对流的支持。这使得网络上的多媒体应用有了长足发展的机会，为服务质量控制提供了良好的网络平台。

(4) 加入了对自动配置的支持。这是对 DHCP 协议的改进和扩展，使得网络（尤其是局域网）的管理更加方便和快捷。

(5) 更高的安全性。在使用 IPv6 网络中，用户可以对网络层的数据进行加密并对 IP 报文进行校验，这极大地增强了网络安全。

4. 常用的网络测试命令

1) ping

ping 命令工作在 OSI 参考模型的第三层——网络层。

ping 命令会发送一个数据包到目的主机，然后等待从目的主机接收回复数据包，当目的主机接收到这个数据包时，为源主机发送回复数据包，这个测试命令可以帮助网络管理者测试到达目的主机的网络是否连接。

ping 命令无法检查系统端口是否开放。

2) telnet

Telnet 是位于 OSI 模型的第 7 层——应用层上的一种协议，是一个通过创建虚拟终端提供连接到远程主机终端的仿真的 TCP/IP。这一协议需要通过用户名和密码进行验证，是 Internet 远程登录服务的标准协议。应用 Telnet 协议能够把本地用户所使用的计算机变成远程主机系统的一个终端。它提供了以 3 种基本服务。

(1) Telnet 定义一个网络虚拟终端为远程系统提供一个标准接口。客户程序不必详细了解远程系统，它们只需构造使用标准接口的程序。

(2) Telnet 包括一个允许客户机和服务器协商的机制，还提供一组标准选项。

(3) Telnet 对称处理连接的两端，即 Telnet 不强迫客户机从键盘输入，也不强迫客户机在屏幕上显示输出。

telnet 命令可以检查某个端口是否开放。

6.1.5　知识拓展

计算机网络拓扑结构是指网络中各个站点相互连接的形式，有总线拓扑、星状拓扑、环状拓扑、树状拓扑网状拓扑、混合拓扑以及蜂窝拓扑。

1. 总线拓扑结构

总线拓扑结构采用一个信道作为传输介质，所有站点通过相应的硬件接口连到这一公共传输介质上，或称总线上。任何一个节点发送的信号都沿着传输介质传播，而且能被其他节点接收。因为所有站点共享一条公用的传输信道，所以一次只能由一个设备传输信号，如图 6-4 所示。

优点：

(1) 总线拓扑结构所需要的电缆数量少。

(2) 总线拓扑结构简单，又是无源工作，有较高的可靠性。

(3) 易于扩充，增加或减少用户比较方便。

(4) 布线容易。

缺点：

(1) 总线的传输距离有限，通信范围受到限制。

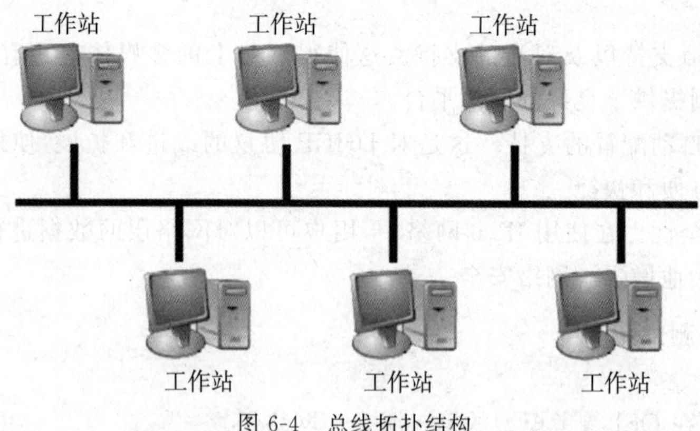

图 6-4 总线拓扑结构

(2) 故障诊断和隔离较困难。

(3) 分布式协议不能保证信息及时传送,不具有实时功能。

(4) 所有的数据都需经过总线传送,总线成为整个网络的瓶颈。

(5) 由于信道共享,连接的节点不宜过多,总线自身的故障可以导致系统崩溃。

(6) 所有的 PC 不得不共享线缆,如果某一个节点出错,将影响整个网络。

2. 环状拓扑结构

环状拓扑结构是由站点和连接站点的链路组成的一个闭合环。每个站点能够接收从一条链路传来的数据,并以同样的速度串行地把该数据沿环送到另一端链路上。这种链路可以是单向的,也可以是双向的,如图 6-5 所示。

优点:

(1) 结构简单。

(2) 增加或减少工作站时,仅需简单的连接操作。

(3) 可使用光纤,传输距离远。

(4) 电缆长度短。

(5) 传输延迟确定。

(6) 信息在网络中沿固定方向流动,两个节点间仅有唯一的通路,大大简化了路径选择的控制。

(7) 某个节点发生故障时,可以自动旁路,可靠性较高。

缺点:

(1) 环状网中的每个节点均成为网络可靠性的瓶颈,任意节点出现故障都会造成网络瘫痪。

(2) 故障检测困难。

(3) 环状拓扑结构的媒体访问控制协议都采用令牌传递的方式,在负载很轻时,信道利用率相对来说就比较低。

(4) 由于信息是串行穿过多个节点的环路接口,当节点过多时,影响传输效率,使网络响应时间变长。

(5) 由于环路封闭,故扩充不方便。

3. 树状拓扑结构

树状拓扑结构是由总线拓扑演变而来的,一般采用同轴电缆作为传输介质。与总线拓扑结构相比，主要区别在于树状结构中有“根”，根下有多个分支，每个分支还可以有子分支，树叶是站点。当站点发送数据时，由根接收信号，然后再重新广播发送到全网，如图 6-6 所示。

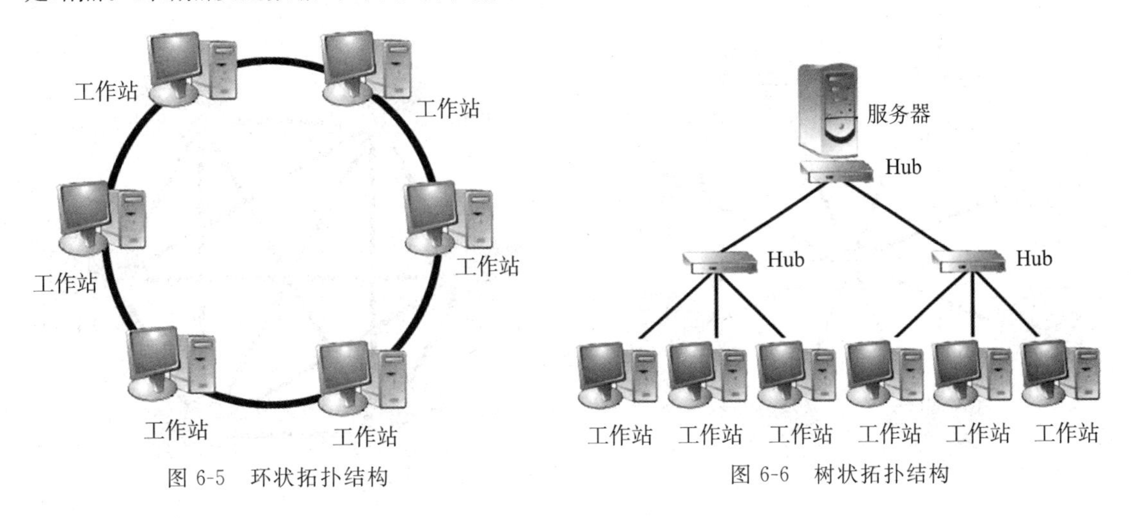

图 6-5　环状拓扑结构　　图 6-6　树状拓扑结构

优点：

(1) 连接简单，维护方便，适用于汇集信息的应用要求。

(2) 易于扩展。

(3) 故障隔离较容易。

缺点：

(1) 资源共享能力较低。

(2) 可靠性不高，任何一个工作站或链路的故障都会影响整个网络的运行。

(3) 各个节点对根的依赖性太大。

4. 星状拓扑结构

星状拓扑结构是以中央节点为中心，把若干外围节点连接起来的辐射式互联结构。中央节点是充当整个网络控制的主控计算机，各工作站之间的数据通信必须通过中央节点，而各个站点的通信处理负担都很小，如图 6-7 所示。

优点：

(1) 集中控制，控制简单。

(2) 故障诊断和隔离容易。

(3) 方便服务。

(4) 网络延迟时间短，误码率低。

缺点：

(1) 电缆长度长，安装工作量大。

(2) 中央节点的负担较重，形成瓶颈。中心节点出现故障会导致网络的瘫痪。

(3) 各站点的分布处理能力较低。

(4) 网络共享能力较差，通信线路利用率不高。

5. 网状拓扑结构

网状拓扑结构又称无规则结构，节点之间的连接是任意的，没有规律，就是将多个子网或多个局域网连接起来构成网状拓扑结构。在一个子网中，集线器、中继器将多个设备连接起来，而桥接器、路由器及网关则将子网连接起来，如图 6-8 所示。目前广域网基本上采用网状拓扑结构。

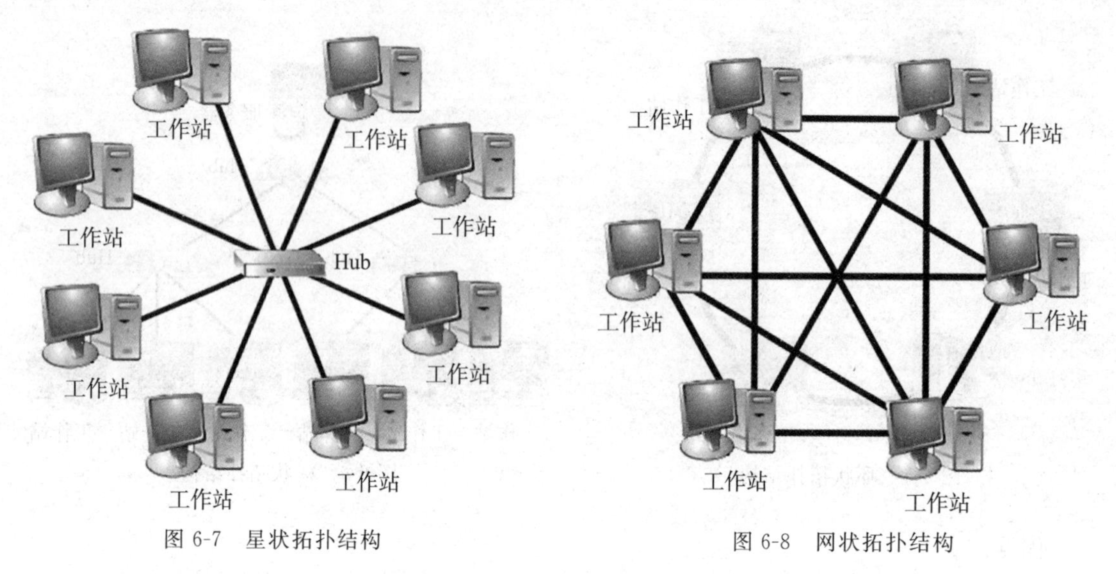

图 6-7　星状拓扑结构　　图 6-8　网状拓扑结构

优点：系统可靠性高，比较容易扩展。

缺点：结构复杂，每一节点都与多点进行连接，因此必须采用路由算法和流量控制方法。

6. 混合拓扑结构

混合拓扑结构是将多种拓扑结构的局域网连在一起形成的，兼有不同拓扑结构的优点。

优点：可以对各种网络的基本拓扑取长补短。

缺点：网络配置难度大。

7. 蜂窝拓扑结构

蜂窝拓扑结构是无线局域网中常用的结构。

优点：无须架设物理连接介质。

缺点：适用范围较小。

6.1.6　技能训练

（1）将个人计算机接入学校局域网。

（2）使用 ping 命令检查是否能连接网关。

任务 6.2　互联网接入

6.2.1　任务要点

（1）接入互联网的方式。

（2）计算机网络的划分。

（3）接入互联网的条件。

6.2.2　任务要求

将某公司新采购的计算机通过电话线宽带连接上网方式接入互联网。

6.2.3　实施过程

(1) 向 Internet 接入服务的网络服务商(ISP)申请登录用户名和密码。

(2) 准备好网卡、ADSL 调制解调器(modem)、一条电话线,并在计算机中安装好网卡,按照图 6-9 所示将各设备连接好。

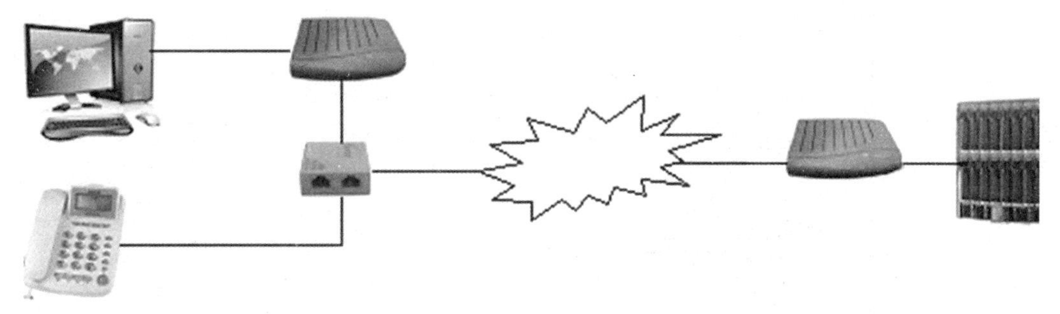

图 6-9　ADSL 虚拟拨号入网连接

(3) 在 Windows 7 桌面的"网络"图标上右击,在弹出的快捷菜单中选择"属性"命令,打开"网络和共享中心"窗口。双击"设置新的连接或网络"图标,进入"设置连接或网络"窗口,如图 6-10 所示。

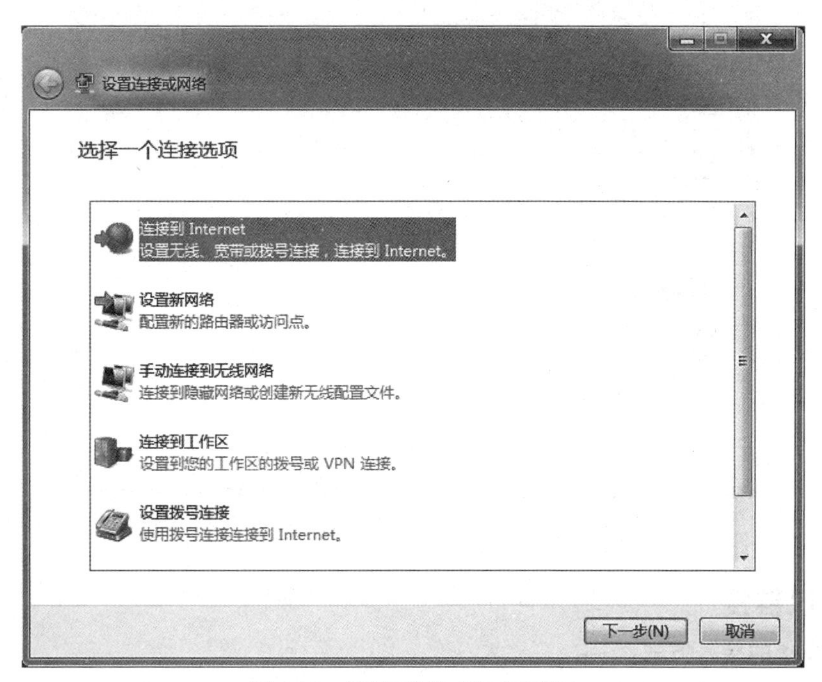

图 6-10　"设置连接或网络"窗口

(4) 选择"连接到 Internet"选项,单击"下一步"按钮选择"宽带(PPPOE)"选项,进入输入用户名和密码界面,如图 6-11 所示。

(5) 输入用户名和密码后,单击"连接"按钮,在"网络连接"窗口中会有"宽带连接"图标,如图 6-12 所示。

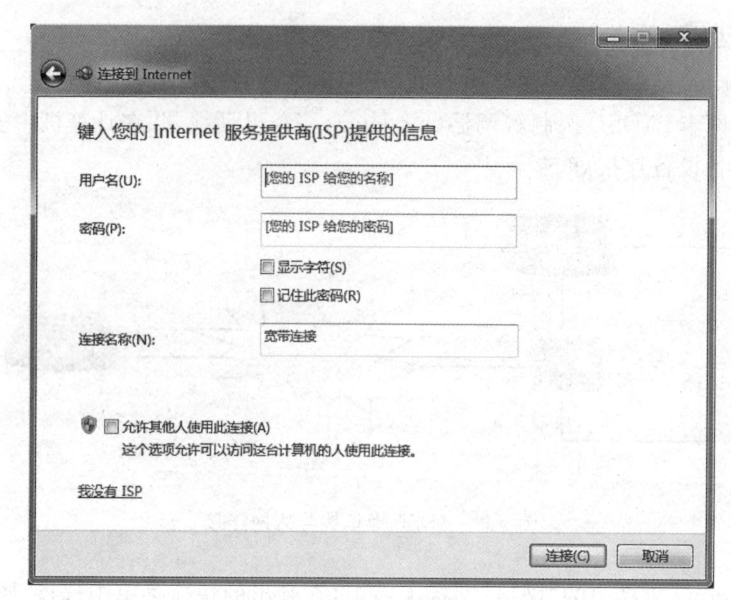

图 6-11　用户名和密码界面

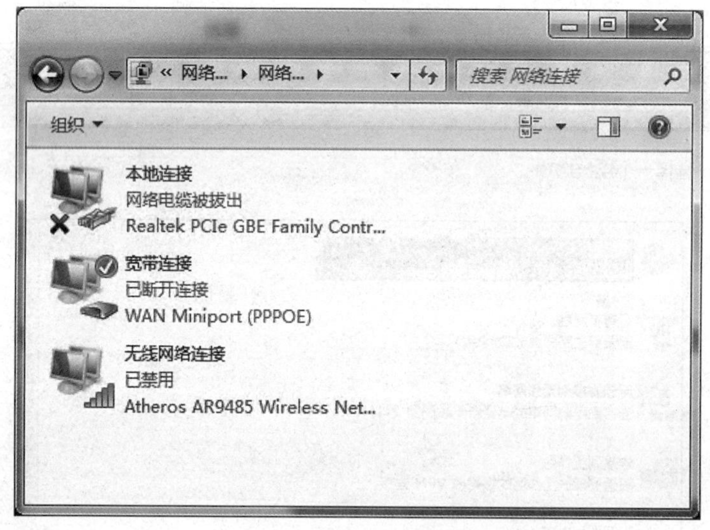

图 6-12　"网络连接"窗口

6.2.4　知识链接

1. Internet 的接入方式

Internet 的世界丰富多彩,要想享受 Internet 提供的服务,必须将计算机接入 Internet。目前接入 Internet 的方式多种多样,一般都是通过提供 Internet 接入服务的网络服务提供商(ISP)接入。主要的接入方式有以下几种。

1) 局域网接入

一般单位的局域网都已接入 Internet,局域网用户即可通过局域网接入 Internet。局域网接入传输容量较大,可提供高速、高效、安全、稳定的网络连接。现在许多住宅小区也可以利用局域网提供宽带接入。

2）电话拨号接入

普通拨号入网（PSDN）就是利用电话线上网，其优点是只要有电话线和一台调制解调器，通过网络服务的账号和密码即可上网。其缺点是数据传输能力有限，传输速率较低（最高56Kb/s），传输质量不稳，上网时不能使用电话。

3）ISDN 接入

ISDN 即综合业务数字网，它将电话、传真、数据、图像等多种业务综合在一个统一的数字网络中进行传输和处理，所以又称“一线通”。ISDN 入网特点是上网速度更快，最低传输速率64Kb/s，最高可到 128Kb/s。上网的同时还可接打电话或收发传真。

4）ADSL 接入

非对称数字用户线路（ADSL）是一种高速通信技术。上行（指从用户计算机端向网络传送信息）速率最高可达 1Mb/s，下行（指浏览网页、下载文件）速率最高可达 8Mb/s。上网的同时可以打电话，互不影响，而且上网时不需要另交电话费。安装 ADSL 也极其方便快捷，只需在现有电话线上安装 ADSL MODEM，而用户现有线路不需要改动（改动只在交换机房内进行）即可使用。

5）无线接入

利用无线设备将上网的计算机连接到 Internet 称为无线接入。无线接入方式特别适用于接入距离较远、布线难度大、布线成本较高的地区。

2. 网络的分类

计算机网络有各种各样的分类方法，可以按网络规模、距离远近分类，可以按网络连接方式进行分类，可以按交换技术分类等。按网络规模和距离远近可以将计算机网络分为局域网 LAN（local area network）、城域网 MAN（metropolitan area network）、广域网 WAN（wide area network）。网络规模是以网上相距最远的两台计算机之间的距离来衡量的。

（1）局域网。局域网是将小区域内的各种通信设备互联在一起的通信网络。在这里，通信设备是广义的，包括计算机和各种外围设备。局域网的地理范围一般在几百米到 10 千米，如在一个房间内、一座大楼内、一个校园内、几栋大楼之间或一个工厂的厂区内等。局域网的典型特点是距离短、通信延时小（几十微秒）、数据速率高（10M～1000Mb/s）和误码率低（10.8～10.11）。

（2）城域网。城域网的地理范围介于局域网和广域网之间，从几十千米到上百千米，通常覆盖一个城市或地区。

（3）广域网。广域网是网络系统中最大型的网络，连接距离一般在几百千米到几千千米或更远。它是跨地域性的网络系统，能够覆盖一个国家甚至一个洲。大多数 WAN 是通过各种网络互联而形成的，如国际性的 Internet 网络。

6.2.5 知识拓展

1. 域名系统

用户难以记忆数字形式的 IP 地址。因此，Internet 引入域名系统 DNS（domain name system）。这是一个分层定义和分布式管理的命名系统，其主要功能有两个：①定义了一套为机器取域名的规则；②把域名高效率地转换成 IP 地址。

域名采用分层次方法命名，每一层都有一个子域名。子域名之间用点号分隔，自右至左分别为最高层域名、机构名、网络名、主机名。例如，indi.shcnc.ac.cn 域名表示中国（cn）科学院

(ac)上海网络中心(shcnc)的一台主机(indi)。

有了域名系统,凡域名空间中有定义的域名都可以有效地转换成 IP 地址,反之,IP 地址也可以转换成域名。因此,用户可以等价地使用域名或 IP 地址。下表是部分域名与 IP 地址对照。

位置	域名	IP 地址	类别
中国教育和科研网	cernet.edu.cn	202.112.0.36	C
清华大学	tsinghua.edu.cn	116.111.250.2	B
北京大学	pku.edu.cn	162.105.129.30	B
北京邮电大学	bupt.edu.cn	202.38.184.81	C
华南理工大学	gznet.edu.cn	202.112.17.38	C
上海交通大学	earth.shnet.edu.cn	202.112.26.33	C
华中理工大学	whnet.edu.cn	202.112.20.4	C

Internet 最高域名被授权由 DDNNIC 登记。最高域名在美国用于区分机构,在美国以外用于区分国家或地区。表 6-1 和表 6-2 中列出了常见的域名及其含义。

表 6-1 常见的机构及对应域名

域名	机构类型	域名	机构类型
com	商业机构	firm	企业和公司
net	网络服务机构	store	商业企业
gov	政府机构	web	从事与 Web 相关业务的实体
mil	军事机构	arts	从事文化娱乐的实体
org	非营利性组织	rec	从事休闲娱乐业的实体
edu	教育部门	info	从事信息服务业的实体
int	国际机构	nom	从事个人活动的个体、发布个人信息

表 6-2 常见的国家或地区及对应域名

域名	国家或地区	域名	国家或地区	域名	国家或地区
au	澳大利亚	gb	英国	nz	新西兰
br	巴西	in	印度	pt	葡萄牙
ca	加拿大	jp	日本	se	瑞典
cn	中国	kr	韩国	sg	新加坡
de	德国	lu	卢森堡	us	美国
es	西班牙	my	马来西亚		
fr	法国	nl	荷兰		

2. E-mail 地址

在 Internet 上,人们经常使用电子邮件功能。用户拥有的电子邮件地址称为 E-mail 地址,它具有如下统一格式:用户名@主机域名。

其中,用户名就是你向网管机构注册时获得的用户码。@符号后面是你使用的计算机主机域名。例如 Fox@online.sh.cn,就是中国(cn)上海(sh)上海热线(online)主机上的用户 Fox

的 E-mail 地址（用户名区分大小写，主机域名不区分大小写）。同样道理，北京大学的网络管理中心接受用户的 E-mail 注册，其 E-mail 地址形如：××××××@pku.edu.cn。

用户标识与主机域名的联合必须是唯一的。因而，尽管 Internet 上也许可能有不止一个的 Fox，但是在名为 online.sh.cn 的主机上却只能有一个。

3. URL 地址和 HTTP

在 WWW 上，每一信息资源都有统一的且在网上唯一的地址，该地址称为 URL（uniform resource locator，统一资源定位符）。URL 由 3 部分组成：资源类型、存放资源的主机域名及资源文件名。例如，http://www.tsinghua.edu.cn/top.html，其中 http 表示该资源类型是超文本信息，www.tsinghua.edu.cn 是清华大学的主机域名，top.html 为资源文件名。

HTTP 是超文本传送协议，与其他协议相比，HTTP 协议简单，通信速度快，时间开销少，而且允许传送任意类型的数据，包括多媒体文件，因而在 WWW 上可方便地实现多媒体浏览。此外，URL 还使用 Gopher、Telnet、FTP 等标识来表示其他类型的资源。Internet 上的所有资源都可以用 URL 来表示。表 6-3 列出了由 URL 地址表示的各种类型的资源。

表 6-3　常见 URL 地址及资源类型

URL	资源名称	功能
HTTP	超文本传送协议	由 Web 访问
FTP	文件传送协议	与文件服务器连接
Telnet	交互式会话访问	与主机建立远程登录连接
WAIS	广域信息服务系统	广域信息服务
News	USENET 新闻	新闻阅读与专题讨论
Gopher	Gopher 协议	通过 Gopher 访问

6.2.6　技能训练

(1) 为个人计算机设置新的连接。

(2) 为个人计算机设置 IP 地址。

任务 6.3　网络资源应用

6.3.1　任务要点

(1) 了解网络服务。

(2) 学会使用网络搜索引擎。

(3) 学会共享网络资源。

6.3.2　任务要求

利用浏览器访问免费电子邮箱服务，收发电子邮件；通过网站提供的搜索引擎功能查询信息，下载网络共享资源。

6.3.3　实施过程

(1) 双击桌面上的 Internet Explorer 图标，然后打开一个网址导航页面，如图 6-13 所示。

图 6-13　某网址导航页面

(2) 单击“网易・邮箱”进入网易邮箱服务，注册免费的用户，即可进入电子邮箱系统，发送电子邮件，如图 6-14 所示。

图 6-14　网易电子邮箱服务

(3) 进入百度搜索引擎主界面，在文本框中输入查询关键字，下面有相关词语关联，单击“百度一下”按钮进行查询，如图 6-15 所示。

(4) 在百度搜索结果中选择相应链接进行浏览、查阅和相关内容下载，如图 6-16 所示。

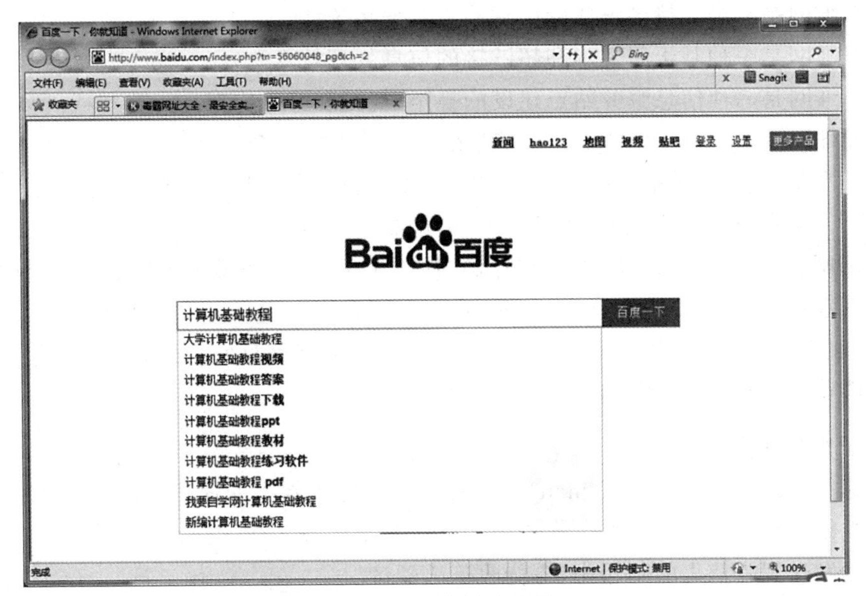

图 6-15 百度搜索引擎

图 6-16 搜索结果

6.3.4 知识链接

1. 信息浏览服务与万维网

信息浏览是目前应用最广的一种基本 Internet 应用。信息浏览是 Internet 资源共享最好的体现。

用户通过单击就可以浏览各种类型的信息，它们来自一个庞大的信息资源系统，这个系统被称为 WWW(world wide web)，简称 Web，中文名字为“万维网”。万维网不是普通意义上的物理网络，而是一张附着在 Internet 上的覆盖全球的“信息网”。可以从以下几个方面正确地理解万维网的意义。

(1) 万维网是一个支持多媒体的信息检索服务系统。

(2) 万维网是一种基于超文本和超链接的信息处理技术。

(3) 万维网是一种信息服务站点建设的规矩、规则和标准构架。

(4) 万维网是 Internet 上提供共享信息资源的站点的集合。

提供共享信息资源的站点称为"Web 网站";承载资源信息内容的服务器称为"Web 服务器"。Web 服务器、超文本传送协议 HTTP、浏览器是构成万维网的 3 个要素。在万维网上资源信息使用网页(Web 页)记录、表示和存储;使用 HTML 语言规范网页的设计制作;使用超链接技术管理和组织众多的信息资源;使用统一资源定位符 URL 标识和寻址分布在整个 Internet 上的信息资源;使用应用层协议 HTTP 实现数据信息的传送;在客户机上使用浏览器(如 IE 浏览器)应用软件实现信息浏览和检索。

2. 电子邮件服务

电子邮件(electronic mail,E-mail)是一种基于计算机网络的通信方式。它可以把信息从一台计算机传送到另一台计算机。像传统的邮政系统服务一样,会给每个用户分配一个邮箱,电子邮件被发送到收信人的邮箱中,等待收信人阅读。

电子邮件通过 Internet 与其他用户进行通信,往往在几秒或几分钟内就可以将电子邮件送达目的地,是一种快速、简洁、高效、廉价的现代化通信手段。

用来收发电子邮件的软件工具很多,在功能和界面等方面各有特点,但它们都有以下几个基本的功能,这些功能和人们生活中邮政服务基本一致。

发送邮件:将编辑好的邮件连同邮件携带的附件一起发送到指定的电子邮件地址。

阅读邮件:可以选择某一封邮件,查看其内容。

存储邮件:可将邮件转存在一般文件中。

转发邮件:用户如果觉得邮件的内容可供其他人参考,可在编辑结束后,根据有关的提示转寄给其他用户。

3. 文件传送服务

文件传送是 Internet 上使用最广泛的应用之一。FTP 服务是以它所使用的文件传送协议(file transfer protocol,FTP)命名的,主要用于通过文件传送的方式实现信息共享。目前,Internet 上几乎所有的计算机系统中都带有 FTP 工具。常用的 FTP 工具有 CuteFTP、Flash FTP、SmartFTP 等。用户通过 FTP 工具可以将文档从一台计算机传送到另外一台计算机上。

4. 搜索服务

Internet 是信息的海洋,在大量的信息中如何找到自己需要的信息是许多使用 Internet 的人最关注的问题之一。搜索引擎是一个很好的解决方案。目前有许多专业的搜索服务运营商为用户提供信息搜索服务,如百度等;另外,几乎所有具有一定规模的门户网站也都提供搜索服务。

提供搜索服务的系统称为"搜索引擎"。搜索引擎一般是通过搜索关键词来完成信息的搜索,需要用户填入一些与搜索内容有关的简单的关键词来查找相关的包含着此关键词的文章或网址。这是使用搜索引擎最简单、最基本的查询方法,但返回结果往往不尽如人意。如果想要得到比较好的搜索效果,就要借助和使用搜索的基本语法来设置搜索条件。下面介绍几个常用的搜索基本语法。

(1) 引号：搜索引擎会将用引号引起来的关键字看作一个不可分割的词组，如搜索带引号内的内容是“计算机网络”，则只有完整地出现“计算机网络”这个词的网页才将被检索出来。

(2) AND关系：可用“&”符号表示，表示两个搜索条件是“与”的关系，只有同时满足了给定的两个条件的信息，才会被检索出来。例如，“计算机 AND 软件”。

(3) OR关系：可以用“I”表示，表示两个搜索条件是“或”的关系，只要满足给定两个条件之一的信息，就会被检索出来。例如，“计算机 OR 软件”。

(4) NOT关系：可以用“!”表示，表示只有排除了给定条件的信息，才会被检索出来。例如，“软件 NOT 游戏”。

(5) “,”分隔符：用于列出多个条件。例如，要查找有关天津、北京、上海的相关内容，可在查询处输入“天津,北京,上海”。

(6) ＋、－：“＋”号表示必须满足的条件，“－”号表示必须排除的条件。如果想要的信息中含有“天津”，但是不含有“北京”，而“上海”则可有可无，可在查询处输入“＋天津,－北京,上海”作为查询条件。

还有其他一些搜索限定词可以帮助搜索信息。以上搜索语法对各种搜索引擎通常都适用，但不同的搜索引擎又有各自的特点。因此，在使用搜索引擎时，要充分利用它们各自的优点，就可以得到更快、更准确的查询结果。

5. 电子公告板

电子公告板系统(bulletin board system,BBS)是Internet上的信息服务之一。它提供的信息服务涉及社会、经济、时事、生活、科研、体育、军事、游戏等各个方面，世界各地的人们都可以加入并开展讨论、发表评论、交流思想或寻求帮助等，所以很受人们的欢迎。几乎所有的网站都开辟有BBS区。

BBS服务为用户开辟了一块展示“公告”信息的公用存储空间，就像实际生活中的公告板一样，用户在这里可以围绕某一主题开展持续不断的讨论，可以把自己参加讨论的文字(称为帖子)“张贴”到公告板上，或者从中读取其他人的帖子。

6. 网上聊天

网上聊天是Internet上十分流行的通信方式，目前QQ和MSN等聊天工具较为流行。QQ是一款基于Internet的即时通信软件。只要连入Internet，安装好QQ软件，不管身在何处，都可以使用QQ和好友进行交流。QQ除了可以进行文字信息的交流外，还可以实时传送图片、音频和视频等多媒体信息。如果通信的双方安装了音频和视频设施，还可以进行视频聊天，功能十分强大。此外，QQ还具有手机聊天、聊天室、点对点传送文件、共享文件、QQ邮箱、备忘录、网络收藏夹、发送贺卡等功能。总之，QQ是一种方便、实用、高效的即时通信工具，操作简单、实时性强。

7. 博客

博客(blog)源于Web日志(Web blog)，是指发布在Web上可供公众访问的个人日志。博客所发布的内容各种各样，可以专注于某个话题，也可以涵盖各种议题。它为人们提供了一个全新的交流空间。常见的博客网页主要包括作者发表的文章、资料和相关的链接。目前，多数大型门户网站都开设了专门的博客专栏，通过博客目录可以非常方便地查到相关的博客，也可以非常方便地申请到博客空间。

8. 微博

微博即微博客，是一种非正式的迷你型博客，是一种可以即时发布消息的类似博客的系统，是一个基于用户关系的信息分享、传播以及获取平台，其最大的特点是集成化和开放化。用户可以通过 Web、WAP 网站在自己微博空间发布信息和更新信息，并实现与其他访问用户即时分享。

9. IP 电话

IP 电话是建立在网际协议上的电话业务，有时也称为网络电话或 Internet 电话。IP 电话是利用现有的 Internet 通信设施作为语音传输的介质，把模拟的语音信号转换成数字信号后，以分组的方式进行传输，从而实现语音通信。由于 Internet 的数据传输速率受到限制，所以通话质量比固定电话和手机要差，而且有明显的通话延时；但因其费用低廉、接入方便而得到了广泛应用。

10. 电子商务

电子商务(electronic commerce，EC)是一种借助计算机网络，通过各种电子通信手段来实现各种网络平台上的商贸活动。在 Internet 广泛普及的今天，电子商务大多基于 Internet 进行。目前比较流行的电子商务活动有网上银行、网上购物、网上股票交易、网上支付等，其应用范围、使用规模和影响力日益扩大，已经成为当今商务活动的一个重要组成部分。

11. 远程登录

远程登录(remote login)是 Internet 提供的基本信息服务之一。它可以使用户计算机登录 Internet 上的另一台计算机中，一旦登录成功，用户计算机就成为目标计算机的一个终端，可以使用目标计算机上的资源(如打印机和磁盘设备等)。远程登录服务基于 Telnet 远程终端仿真协议，提供了大量的命令，使用这些命令可以建立本地用户计算机与远程主机的交互式对话，可使本地用户执行远程主机的命令。

6.3.5 知识拓展

1. 计算机网络的功能

建立计算机网络的基本目的是实现数据通信和资源共享。计算机网络有许多功能，主要体现在 4 个方面。

1) 数据通信

数据通信即实现计算机与终端、计算机与计算机间的数据传输，这些数据包括文字信件、新闻消息、咨询信息、图片资料、报纸版面等，是计算机网络的最基本的功能，也是实现其他功能的基础。

2) 资源共享

实现计算机网络的主要目的是共享资源。一般情况下，网络中可共享的资源有硬件资源、软件资源和数据资源，其中共享数据资源最为重要。计算机的许多资源是十分昂贵的，如大的计算中心、大容量硬盘、数据库、应用软件及某些特殊的外设等。计算机网络建成后，网络上的用户就可以共享分散在各个不同地点的软硬件资源及数据库。例如，在局域网中，服务器通常提供大容量的硬盘，每个用户不仅可以调用硬盘中的文件，而且可以独占部分磁盘空间，从而降低了工作站对硬盘容量的需求，甚至用无盘工作站也可以完成用户作业。

3) 远程传输

计算机已经由科学计算向数据处理方面发展，由单机向网络方面发展，而且发展的速度很快。地理距离很远的用户也可以互相传输数据信息，互相交流，协同工作。

4）分布式处理

分布式处理是指若干台计算机通过网络互相协作共同完成某个任务。例如，一个较大的计算任务分成若干个子任务，由网络中的多台计算机共同处理，每台计算机处理一个子任务，从而使整个系统的计算能力大大增强。将重要数据的多个副本同时存储在网络上的多台计算机中，一台计算机的损坏，不会导致数据丢失，大幅提高了整个系统数据的可靠性和安全性。

2. 设置 IE 的选项

（1）启动 IE，选择“工具”→“Internet 选项”命令，弹出如图 6-17 所示对话框。

（2）在“地址”文本框中将原来的网页删除，然后输入 http://www.sina.com 。

（3）单击“清除历史记录”按钮，弹出确认对话框，如图 6-18 所示。单击“是”按钮，将保存在历史记录中的网页从 IE 中删除。

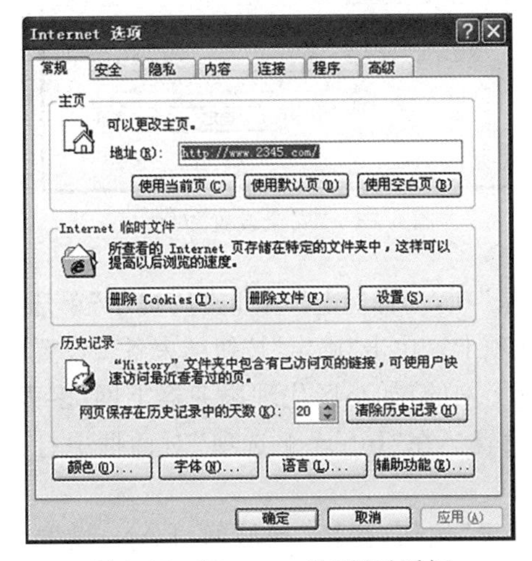

图 6-17 “Internet 选项”对话框

图 6-18 确认对话框

（4）将“网页保存在历史记录中天数”改为 10 天。

（5）单击“设置”按钮，弹出“设置”对话框，如图 6-19 所示。单击“移动文件夹”按钮，弹出“浏览文件夹”对话框，如图 6-20 所示。选择 C:\tmp 文件夹，单击“确定”按钮返回“设置”对话框。在“设置”对话框中单击“确定”按钮返回“Internet 选项”对话框。

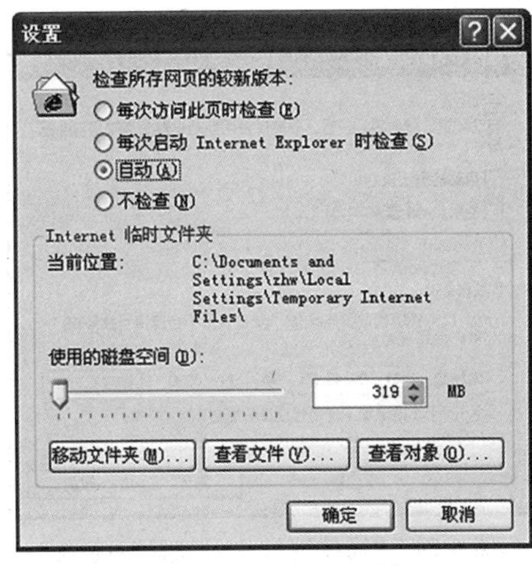

图 6-19 “设置”对话框

图 6-20 “浏览文件夹”对话框

(6) 单击“安全”选项卡,如图 6-21 所示。单击“自定义级别”按钮,弹出“安全设置”对话框,如图 6-22 所示。

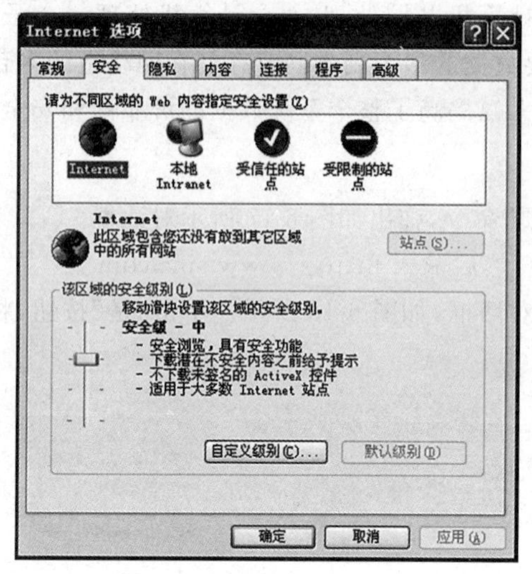

图 6-21 “安全”选项卡

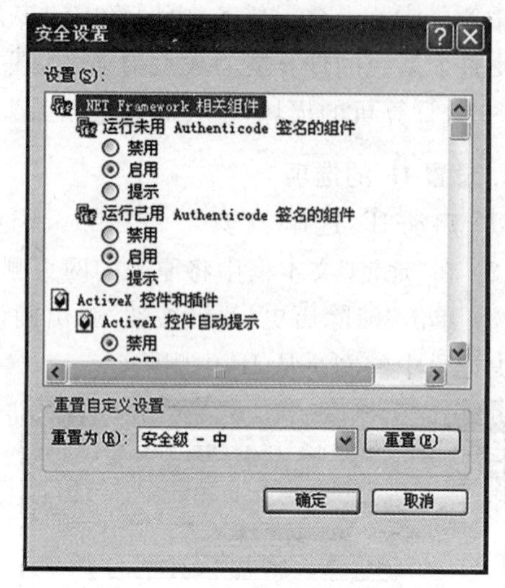

图 6-22 “安全设置”对话框

向下拖动垂直滚动条,找到“用户验证”下的“登录”项,选择“用户名和密码提示”单选项,单击“确定”按钮返回“Internet 选项”对话框的“安全”选项卡。单击“确定”按钮结束各项设置。

(7) 如果所处的局域网环境是通过代理服务器上网的,如小区代理服务器上网、多人共享上网、公司代理上网等,则需要对代理服务器进行设置。在“Internet 选项”对话框中打开“连接”选项卡,如图 6-23 所示。

单击“局域网(LAN)设置”区域中的“局域网设置”按钮,弹出“局域网(LAN)设置”对话框,如图 6-24 所示。在“代理服务器”区域中选中“为 LAN 使用代理服务器”复选框,在“地址”和“端口”文本框中分别输入代理服务器的 IP 地址和端口号,如 61.129.45.23 和 8080,并选中“对于本地地址不使用代理服务器”复选框,单击“确定”按钮。

单击“Internet 选项”对话框中的“确定”按钮完成各项设置。

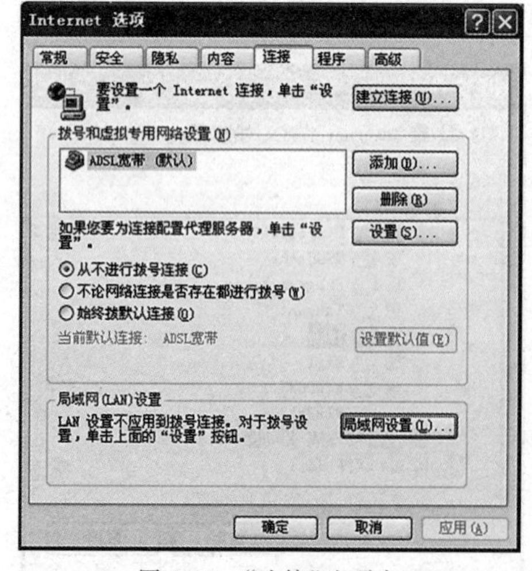

图 6-23 “连接”选项卡

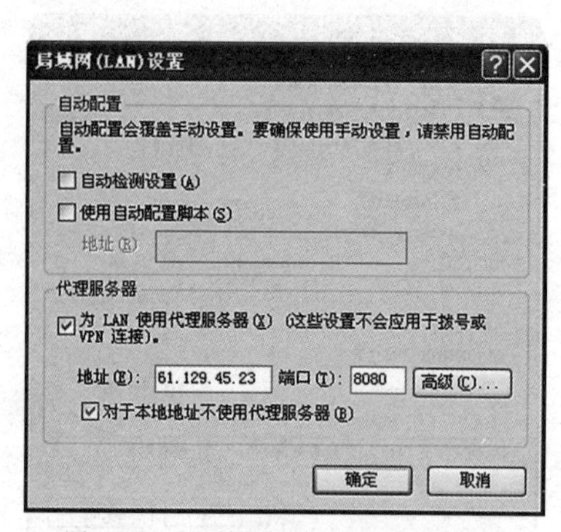

图 6-24 “局域网(LAN)设置”对话框

6.3.6 技能训练

(1) 为自己申请一个网易的免费邮箱,并进行邮件收发练习。

(2) 在“百度”中搜索与自己专业相关的论文资料并下载。

综合练习 6

小张是某公司项目开发部的 A 组组长,现在部门新购置了一批计算机,部门经理安排小张带领 A 组将这批计算机接入公司局域网并设置 IP 地址,然后利用互联网对即将开始的项目进行资料搜集整理,共有两项任务。

1. 接入局域网并设置 IP 地址

任务要求:

(1) 正确设置每台计算机的 IP 地址。

(2) 对计算机进行其他参数设置使其接入公司局域网。

(3) 使用 ping 命令检查是否能连接网关。

2. 利用互联网进行资料搜集整理

任务要求:

(1) 确定跟项目相关的、需要搜集资料的主要关键字。

(2) 利用搜索基本语法在不同搜索引擎中进行资料查找及下载。

(3) 利用 Word、Excel 等软件将下载后的资料进行整理,为即将开始的项目做好准备。

习题 6

一、选择题

1. 以下不属于计算机网络的主要功能的是(　　)。(二级真题)

A. 专家系统　　B. 数据通信

C. 分布式信息处理　　D. 资源共享

2. 计算机网络是一个(　　)。(二级真题)

A. 在协议控制下的多机互联系统　　B. 网上购物系统

C. 编译系统　　D. 管理信息系统

3. 域名代码 MIL 表示(　　)。(二级真题)

A. 商业组织　　B. 军事部门　　C. 政府机关　　D. 国际组织

4. 某企业为了构建网络办公环境,每位员工使用的计算机上应当配备的设备是(　　)。(二级真题)

A. 网卡　　B. 摄像头　　C. 无线鼠标　　D. 双显示器

5. 在 Internet 中实现信息浏览查询服务的是(　　)。(二级真题)

A. DNS　　B. FTP　　C. WWW　　D. ADSL

6. 在地址栏中输入的 http://zjhk.school.com 中,zjhk.school.com 是一个(　　)。

A. 域名　　B. 文件　　C. 邮箱　　D. 国家

7. 通常所说的 ADSL 是指(　　)。

A. 上网方式　　B. 计算机品牌　　C. 网络服务商　　D. 网页制作技术

8. 下列四项中，表示电子邮件地址的是(　　)。

A. ks@183.net　　B. 192.168.0.1　　C. www.gov.cn　　D. www.cctv.com

9. 在浏览网页的过程中，当鼠标指针移动到已设置了超链接的区域时，鼠标指针形状一般变(　　)。

A. 小手形状　　B. 双向箭头　　C. 禁止图案　　D. 下三角箭头

10. 下列四项中，表示域名的是(　　)。

A. www.cctv.com　　B. hk@zj.school.com

C. zjwww@china.com　　D. 202.96.68.123

11. 下列软件中，可以查看 WWW 信息的是(　　)。

A. 游戏软件　　B. 财务软件　　C. 杀毒软件　　D. 浏览器软件

12. 电子邮件地址 stu@zjschool.com 中的 zjschool.com 代表(　　)。

A. 用户名　　B. 学校名　　C. 学生姓名　　D. 邮件服务器名称

13. 设置文件夹共享属性时，可以选择的三种访问类型为完全控制、更改和(　　)。

A. 共享　　B. 只读　　C. 不完全　　D. 不共享

14. 计算机网络最突出的特点是(　　)。

A. 资源共享　　B. 运算精度高　　C. 运算速度快　　D. 内存容量大

15. E-mail 地址的格式是(　　)。

A. www.zjschool.cn　　B. 网址 & 用户名

C. 账号@邮件服务器名称　　D. 用户名 & 邮件服务器名称

16. 为了使自己的文件让其他同学浏览，又不想让他们修改文件，一般可将该文件夹的访问类型设置为(　　)。

A. 隐藏　　B. 完全　　C. 只读　　D. 不共享

17. Internet Explorer 浏览器的“收藏夹”的主要作用是收藏(　　)。

A. 图片　　B. 邮件　　C. 网址　　D. 文档

18. 网址 www.pku.edu.cn 中的 cn 表示(　　)。

A. 英国　　B. 美国　　C. 日本　　D. 中国

19. 在因特网上专门用于传送文件的协议是(　　)。

A. FTP　　B. HTTP　　C. NEWS　　D. Word

20. www.163.com 是指(　　)。

A. 域名　　B. 程序语句　　C. 电子邮件地址　　D. 超文本传送协议

21. 下列主要用于在 Internet 上交流信息的是(　　)。

A. BBS　　B. DOS　　C. Word　　D. Excel

22. 电子邮件地址格式为：username@hostname，其中 hostname 为(　　)。

A. 用户地址名　　B. 某国家名

C. 某公司名　　D. ISP 某台主机的域名

23. 如果申请了一个免费电子信箱 zjxm@sina.com，则该电子信箱的账号是(　　)。

A. zjxm　　B. @sina.com　　C. @sina　　D. sina.com

24. HTTP 是(　　)。

A. 域名　　B. 高级语言　　C. 服务器名称　　D. 超文本传送协议

25. 目前IPv4协议只有大约36亿个地址，很快就会分配完毕。新的IPv6协议把IP地址的长度扩展到(　　)位，几乎可以不受限制地提供IP地址。

A. 32　　B. 64　　C. 128　　D. 256

二、填空题

1. 上因特网浏览信息时，常用的浏览器是______。

2. 发送电子邮件时，如果接收方没有开机，那么邮件将______。

3. 如果允许其他用户通过"网上邻居"来读取某一共享文件夹中的信息，但不能对该文件夹中的文件做任何修改，应将该文件夹的共享属性设置为______。

4. 区分局域网(LAN)和广域网(WAN)的依据是______。

5. 能将模拟信号与数字信号互相转换的设备是______。

6. 要给某人发送一封E-mail，必须知道他的______。

7. Internet的中文规范译名为______。

8. 连接到Internet的计算机中，必须安装的协议是______。

9. 在地址栏中显示http://www.sina.com.cn/，则所采用的协议是______。

10. Internet起源于______。

项目 7

基于 Python 的程序设计基础

任务 7.1　设计智能聊天小程序

7.1.1　任务要点

（1）掌握 Python 的输入与输出。

（2）掌握 Python 的变量与赋值运算。

（3）掌握 Python 的运算。

（4）掌握 Python 的流程控制。

7.1.2　任务要求

本任务介绍运用 Python 的输入/输出命令，通过变量接收数据，通过编程完成数学、逻辑以及赋值运算，并且通过 if 语句完成分支结构程序的设计。

设计一个聊天小程序，做一些简单的问候。

（1）启动 Python 编辑器，新建聊天小程序。

（2）输出本程序的欢迎词。

（3）设计机器人询问用户姓名的功能，并记住用户姓名。

（4）输出来自机器人的基本信息。

（5）解决与机器人交流的问题。

（6）执行小程序，修复 bug。

（7）保存小程序。

7.1.3　实施过程

1. 启动 Python 编程工具新建聊天小程序

Python 的编程工具有很多种，如 pycharm、python-3.6.3、Pyblock 等，可在“D:\编程工具”中找到 Python 的编程工具，本任务中应用的是 Pyblock，其界面如图 7-1 所示。

双击“新的作品”标签，如图 7-2 所示，将标签信息修改为聊天小程序。

2. 输出本程序的欢迎词

在第 1 行输入 print 函数，填入“欢迎来到智能聊天机器人小程序，很高兴与您聊天”，这样就完成了一个小程序的提示语，会在程序执行最开始的时候提示程序开始执行，如图 7-3 所示。

图 7-1　Pyblock 的界面

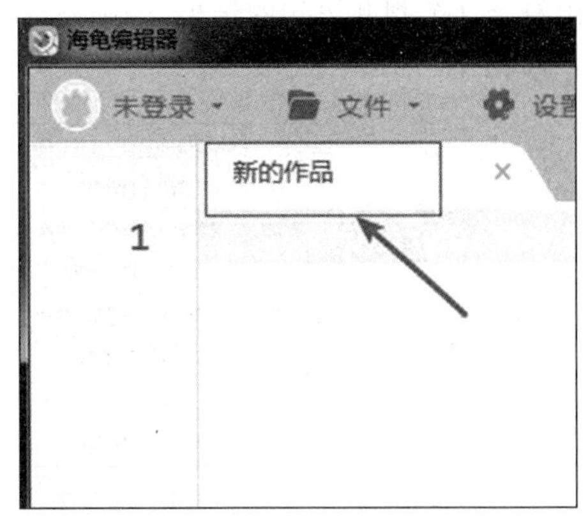

图 7-2　新建聊天小程序

```
智能聊天机器人
1  print('欢迎来到智能聊天机器人小程序，很高兴与您聊天')
```

图 7-3　设计欢迎词

3. 设计机器人询问用户姓名的功能，并记住用户姓名

在第 2 行设置变量用户姓名，输入 input 函数，填入“请问您的名字叫什么?”。通过这条语句，计算机就记录了刚才用户输入的姓名并保存在用户姓名这个变量中，并在下一行向用户问好，如图 7-4 所示。

```
2  用户姓名 = input('你的名字？')
3  print('你好', 用户姓名)
```

图 7-4　机器人询问用户姓名

4. 输出机器人的基本信息

从第 4 行开始为聊天机器人设置基本信息，分别保存在不同的变量中，如名字、年龄、爱好等，如图 7-5 所示。

```
智能聊天机器人
1  print('欢迎来到智能聊天机器人小程序，很高兴与您聊天')
2  用户姓名 = input('你的名字？')
3  print('你好', 用户姓名)
4  name = '菲菲'
5  age = '10岁'
6  hobby = '聊天'
7  hello = '你好，嗨，在吗，在吗?，哈喽，哈喽?'
```

图 7-5　设计机器人基本信息

5. 解决与机器人交流的问题

Python 的分支结构可以实现程序执行的跳转，格式为 if 后跟判断语句，下一行缩进，这里输出符合这个判断语句的结果，否则输出不符的结果。elif 可以加在如果和否则中间，表示多种条件，如图 7-6 所示。

```
if (message in hello)
    print(name, '说:', '嗨!我是', name)
elif (message == '你多大了呀'):
    print(name, '说:', '我', age, '了')
elif (message == '你喜欢做什么'):
    print(name, '说:', '我喜欢', hobby, '~')
else:
    print(name, '说:', '哎呀,你说什么?')
```

图 7-6　Python 中的 if

6. 执行小程序，修复 bug

（1）程序写完后单击“运行”按钮，执行小程序，并完成和机器人的对话，如图 7-7 所示。

（2）如果程序运行中出现红色标记，控制台出现如图 7-8 所示画面，表示程序出现了 bug，那么请仔细检查自己的程序，修复 bug。

7. 保存小程序

小程序完成后，可以直接保存文件。小程序既可以保存在本地，也可以保存在云端，如图 7-9 所示。

图 7-7　“运行”按钮

```
    message = input('对菲菲说:')
    ^
IndentationError: unexpected indent
```

图 7-8　出现 bug 的画面

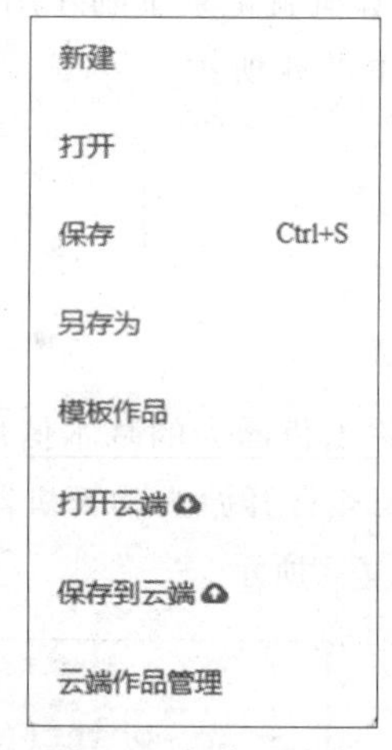

图 7-9　保存小程序

7.1.4　知识链接

1. Python 的基本语法——输入/输出

（1）print()函数的语法格式如下。

```
print(value,…,sep='',end='\n')
```

从输出结果上看，使用 print()函数输出多个变量时，默认以空格隔开多个变量。如果希望改变默认的分隔符，可通过 sep 参数进行设置。语法中的\n 表示换行。如果希望 print()函数输出之后不会换行，可以将\n 改为\t。

(2) input()函数用于向用户生成一条提示信息,然后获取用户输入的内容。由于input()函数将用户输入的内容放入字符串中,因此用户可以输入任何内容,input()函数返回一个字符串。

2. Python的变量与赋值运算

无论使用什么语言编程,总要处理数据,处理数据就需要使用变量来保存数据。例如,a=0中的a就是变量。可以形象地把变量看作一个容器,用于"盛装"程序中的数据,0就是数据,等号就是赋值运算,意思是将0放到a这个变量中。

Python中的变量名可以由字母、数字、下划线组成(字母可以是英文、中文或者其他文字、数字不能作为开头),不能包括空格以及特殊符号,不能是Python关键字,但可以包括关键字。Python的部分关键字如下。False None True and as assert break class continue def del elif else except finally in is for from if import not or pass return

3. Python的运算

编程中除了赋值运算以外还有其他的运算方式,下面基于本任务用到的部分进行简单的介绍。

1) 数学运算

首先是数学运算,编程运行中运算符号与数学中稍有不同,如表7-1所示。

表7-1 Python中的数学运算符

运算	运算符	运算	运算符
加法	+	减法(求负)	-
乘法	*	除法(整除)	/(//)
取余	%	乘方	* *

2) 比较运算

比较运算符用于判断两个值之间的逻辑关系,如表7-2所示。比较运算的结果只有两种,即真(True)或假(False)。

表7-2 Python中的比较运算符

关系	运算符	关系	运算符
大于	>	小于	<
大于或等于	>=	小于或等于	<=
等于	==	不等于	! =

3) 逻辑运算

逻辑运算又称布尔运算。逻辑运算的结果和比较运算相同,是真(True)或假(False)。Python中的逻辑运算符如表7-3所示。其中本任务将用到的in运算,它的作用是包含。

表7-3 Python中的逻辑运算符

逻辑	运算符	逻辑	运算符
与	and	或	or
非	not	包含	in

4. Python 的流程控制

(1) 顺序结构就是程序从上到下逐行执行,中间没有任何判断和跳转。

(2) 分支结构可以实现程序执行的跳转,Python 中的 if 既可作为语句使用,也可作为表达式使用。如果条件为真,就会执行条件后面的多条语句;否则判断 elif 条件,如果 elif 条件为真,就会执行 elif 条件后面的多条语句……如果前面所有条件都为假,程序就会执行 else 后的代码(如果有)。

7.1.5 知识拓展

1. 注意格式

1) 不要忘记缩进

if 语句的判断条件后的语句一定要缩进,只有缩进后的代码才能算是执行体。

2) 不要随意缩进

Python 中的缩进规则允许代码随意缩进多个空格,但同一个代码块内的代码必须保持相同的缩进,不能这里缩进 2 个空格,那里缩进 4 个空格。

3) 不要遗忘冒号

Python 代码中的冒号用于精确表示代码块的开始点,不仅条件语句如此,循环体、方法体、类体全都遵守该规则。

如果程序书写中遗忘了冒号,Python 会在执行中报出 syntaxerror 错误。

2. 注释

为程序添加注释可以解释程序某些部分的作用和功能,提高程序的可读性。除此之外,注释也是调试程序的重要方式。某些时候,如果不希望编译、执行程序中出现某些代码,这时就可以将这些代码注释掉。添加注释还能提高代码的可读性,为续写提供便利了条件。

Python 的源代码注释有以下两种形式。

1) 单行注释

Python 使用#表示单行注释的开始,跟在#后面直到这行结束为止的代码都将被解释器忽略掉。

2) 多行注释

Python 使用三个单引号或者三个双引号将注释内容全部括起来,注释方式如图 7-10 所示。

```
1  #这是一行简单的注释
2
3  '''
4  这里面的内容全部是多行注释
5  注意符号是英文的
6  '''
7  """
8  用三个双引号也是多行注释
9  python同样也是允许的
10 """
```

图 7-10 Python 的注释

7.1.6 技能训练

垃圾分类,请自行完善垃圾分类的判断。

(1) 有害:锂电池。

(2) 可回收:作业纸、塑料、电池。

(3) 厨余:鱼骨、炒米饭、鸡蛋壳。

(4) 其他:大棒骨、渣土、污染纸。

根据以上提示的垃圾分类方式,制作垃圾分类提示小帮手,输入要扔的垃圾,给出垃圾类型。

任务 7.2 设计猜数字小程序

7.2.1 任务要点

(1) Python 的库——随机库。

(2) Python 的流程控制——循环结构。

(3) Python 的嵌套结构。

(4) Python 的数据类型。

7.2.2 任务要求

本任务介绍如何运用 Python 的随机函数,通过 while 语句设计循环结构的程序,以及设计复杂的嵌套结构程序,并且熟练运用不同类型的数据。

下面制作一个猜数字小程序,玩家三次机会猜中计算机指定的随机数字。本程序首先会提示欢迎词,然后先后三次询问用户输入猜测的数字,并提示用户输入的数字比数字大还是小。如果猜中则提示正确,如果猜错则提示正确数字。

(1) 新建猜数字小程序。

(2) 引用随机库。

(3) 输出小程序欢迎词。

(4) 设计三次猜数字机会的代码。

(5) 设计程序流程。

(6) 执行小程序,修复 bug,确认无误后保存。

7.2.3 实施过程

1. 新建猜数字小程序

打开编程工具,双击创建新的作品标签,将标签信息修改为“猜数字小程序”。

2. 引用随机库

import 语句用来引用库中的函数。

import 的应用方法有以下两种。

```
import 模块名 [as 别名]
from 模块名 import 成员名[as 别名]
```

随机库的名称是 random,引用随机库的方法如图 7-11 所示。使用 number = random.randint(0, 100)语句定义一个变量 number 来存放一个 0～100 的随机整数。

```
猜数字小程序
1  import random
2  number = random.randint(0, 100)
```

图 7-11 引用随机库

3. 输出本程序的欢迎词

输入 print 函数,填入“欢迎来到猜数字小程序,大家有三次机会猜出正确的数字,让我们开始吧!”,也可以根据自己的需要设置提示语,如图 7-12 所示。

```
3  print('欢迎来到猜数字小程序，大家有三次机会猜出正确的数字，让我们开始吧！')
```

图 7-12　输出欢迎词

4. 设计三次猜数字机会的升级

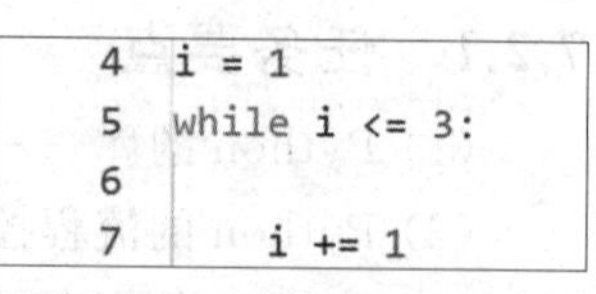

图 7-13　设计循环结构

设置变量 i=1，用 i 来记录用户尝试的次数，然后开启 while 循环，循环条件为 i<=3，并在循环体中添加 i=i+1，这样循环一次后 i 能够完成自增运算，从 1 增加到 3 正好循环 3 次，如图 7-13 所示。

5. 设计程序流程

设置变量 message 接受用户输入的数字，并应用 if 语句将 message 同 number 作比较，设置"猜对了""猜大了""猜小了""没机会了，正确数字是…"4 种不同情况的提示语，如图 7-14 所示。

```
4   i = 1
5   while i <= 3:
6       send = '第' + str(i) + '次：'
7       message = int(input(send))
8       if message == number:
9           print('恭喜！猜对了！')
10          break
11      elif message > number:
12          print('不对，猜大了哦')
13      elif message < number:
14          print('不对，猜小了哦')
15      i += 1
16  else:
17      print('正确数字是' + str(number) + '，没有机会了...')
18
```

图 7-14　设计程序流程

6. 执行小程序，修复 bug，确认无误后保存

程序的执行目前没有 bug，可直接保存。如图 7-15 所示。

```
控制台
欢迎来到猜数字小程序，大家有三次机会猜出正确的数字，让我们开始吧！
第1次：32
不对，猜小了哦
第2次：64
不对，猜大了哦
第3次：50
不对，猜小了哦
正确数字是51，没有机会了...
程序运行结束
```

图 7-15　程序的执行

7.2.4　知识链接

1. Python 的库

Python 的库是由成千上万的 Python 开发者制作的功能集合，Python 的强大很大程度上得益于它的库。各行各业的从业者贡献了大量的扩展库，这些库极大地丰富了 Python 的功能。

2. Python 的流程控制——循环结构

循环结构也叫重复执行。循环结构是指在可以满足循环条件的情况下，反复执行某一代码，这段被重复执行的代码称为循环体。当反复执行这个循环体时，需要在合适的时候把循环条件改为不成立，从而结束循环；否则循环将一直执行下去，形成死循环。循环结构的执行过程如图 7-16 所示。

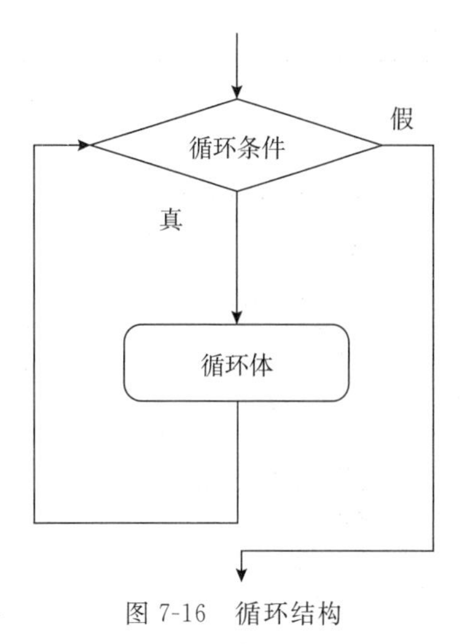

图 7-16　循环结构

本任务介绍 Python 中的 while 循环结构，它由 while 和循环条件组成，并在下一行缩进两格写出循环体。如果循环的条件永远成立，则将进入无限循环。可以在循环中加入 break 命令强制跳出循环。

3. Python 的循环嵌套结构

循环嵌套结构是指把一个循环（或分支）放在另一个循环（或分支）内部。例如本任务中制作的小程序就是在 while 循环中加入分支结构。首先需要用到 while 循环判断剩余猜测次数，每次猜测时用 if 判断是否猜对。

4. Python 的数据类型

数据类型是指一组性质相同的值的集合。Python 的数据类型常用的有以下三种：数值型数据、字符型数据、逻辑型数据。

1）数值型数据

数值型数据是计算机程序最常用的一种类型，既可用于记录各种游戏的分数、游戏角色的属性数值，也可以用来记录物品的价格、数量等。Python 的数值型数据分为整型 int、浮点型 float。整型指的就是整数，浮点型指的是带有小数的数（包括科学计数法）。

2）字符型数据

字符型数据是字符串或串，是由数字、字母、下划线组成的一串字符，可以用来记录名称、聊天记录等。

3）逻辑型数据

逻辑型数据又称布尔型数据，用来表示真和假。

5. Python 中数据类型的转换

type()函数可返回参数的数据类型。如果内容是数字，它既可以是字符型数据，也可以是数值型数据，因此常用 int()函数和 str()函数来转换数据类型。

7.2.5　知识拓展

1. Python 数据类型转换函数

Python 内置的类型转换函数可以进行数据类型之间的转换，这些函数返回一个新的对象，表示转换的值。Python 中的常见的数据类型转换函数如表 7-4 所示。

表 7-4　Python 中的数据类型转换函数

函　数	描　述
int(x [,base])	将 x 转换为整数
long(x [,base])	将 x 转换为长整数
float(x)	将 x 转换到浮点数
complex(real [,imag])	创建一个复数
str(x)	将对象 x 转换为字符串
repr(x)	将对象 x 转换为表达式字符串
eval(str)	用来计算在字符串中的有效 Python 表达式,并返回一个对象
tuple(s)	将序列 s 转换为一个元组
list(s)	将序列 s 转换为一个列表
set(s)	将序列 s 转换为可变集合
dict(d)	创建一个字典。d 必须是一个序列(key,value)元组
frozenset(s)	将序列 s 转换为不可变集合
chr(x)	将整数转换为一个字符
unichr(x)	将整数转换为 Unicode 字符
ord(x)	将一个字符转换为它的整数值
hex(x)	将整数转换为十六进制字符串
oct(x)	将整数转换为八进制字符串

2. 扩展的赋值运算

在本任务的赋值运算中出现了赋值运算 i=i+1,这是一个自增运算。在 Python 中有很多强大的扩展赋值运算功能,如表 7-5 所示。

表 7-5　Python 中的扩展赋值运算

运 算 符	描　述	示　例
+=	加法赋值运算符	c += a 等效于 c = c + a
-=	减法赋值运算符	c -= a 等效于 c = c - a
*=	乘法赋值运算符	c *= a 等效于 c = c * a
/=	除法赋值运算符	c /= a 等效于 c = c / a
%=	取模赋值运算符	c %= a 等效于 c = c % a
**=	幂赋值运算符	c **= a 等效于 c = c ** a
//=	取整除赋值运算符	c //= a 等效于 c = c // a

3. 运算符的优先级

优先级最高的运算符会在计算过程中最先完成运算,表 7-6 中列出了从最高优先级到最低优先级的所有运算符。

表 7-6　Python 中运算符的优先级

运　算　符	描　　述	优先级
**	指数(最高优先级)	高
~　+　-	按位反转、一元加号和减号(最后两个的方法名为 +@ 和 -@)	↑
*　/　%　//	乘、除、取模和取整除	
+　-	加法、减法	
>>　<<	右移、左移运算符	
&	位'AND'	
^　|	位运算符	
<=　<　>　>=	比较运算符	
<　>　==　!=	等于运算符	
=　%=　/=　//=　-=　+=　*=　**=	赋值运算符	
is　is not	身份运算符	
in　not in	成员运算符	
not　and　or	逻辑运算符	低

4. 循环中的 return

Python 程序中的大部分循环都被放在函数或方法中执行，一旦在循环体内执行到 return 语句，就会结束该函数或方法，循环自然也随之结束。

7.2.6　技能训练

小明家的小区附近开了一家快餐店，由于物美价廉，每天来吃饭的人都很多，老板发现收银成了个难题。于是，小明决定帮老板制作一个自助点单小程序，可以帮助客人快速点单，同时自动计算出应该支付的金额。请你来协助小明，一起完成这个任务吧。

快餐店里售卖的东西价格如下。

10 元：汉堡、鸡肉卷、牛肉面、三明治。

6 元：薯条、沙拉、花生米、可乐、柠檬茶、紫菜汤。

客户每次可以任选三种，也可直接选择套餐。

套餐如下，价格为 15 元。

套餐 1：汉堡、薯条、可乐。

套餐 2：鸡肉卷、沙拉、柠檬茶。

任务 7.3　设计智能绘图小程序

7.3.1　任务要点

(1) Python 海龟库的使用。

(2) Python 的 for 循环。

(3) Python 海龟库的设置与控制。

7.3.2 任务要求

本任务介绍如何运用 Python 的海龟库绘制图形，设计图形的颜色、速度、方向等功能，并且通过 for 语句完成循环结构程序的设计。

Python 中的海龟库提供了高效的绘图功能，用户可以通过编程的方式绘制出有规律的复杂图形，如图 7-17 所示。

(1) 新建智能绘图小程序。

(2) 引用海龟库。

(3) 设计一个简单的图形。

(4) 设置画笔。

(5) 设计程序流程——for 循环结构。

(6) 绘制螺旋五边形。

(7) 执行小程序，修复 bug，确认无误后保存。

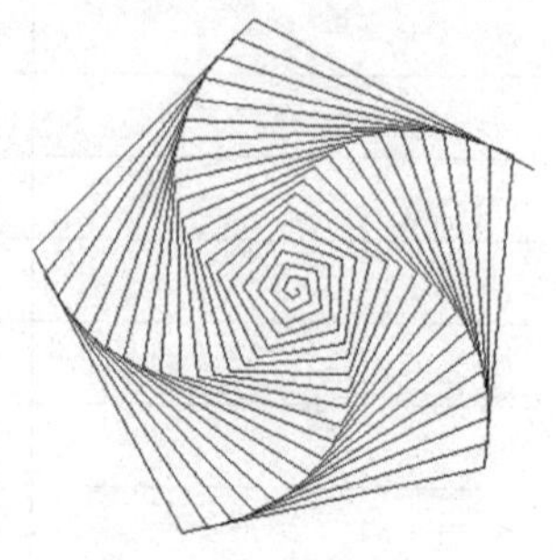

图 7-17 螺旋五边形

7.3.3 实施过程

1. 新建智能绘图小程序

打开编程工具，双击“创建新的作品”标签，将标签信息修改为“智能绘图小程序”。

2. 引用海龟库

海龟库的名称是 turtle，海龟库的调用方法与随机库的调用方法类似，语句为 import turtle。库的名称太长时，可以给它起一个比较简短的名称，例如 import turtle as t，如图 7-18 所示。

3. 设计一个简单的图形

首先通过一个比较简单的案例来介绍 Python 海龟库的使用方法。图 7-19 所示为一个简单的图形，小海龟先前进 100 的距离然后右转 90°，再前进 100 的距离然后右转 90°，再前进 100 的距离然后右转 90°，最后再前进 100 的距离然后右转 90°。

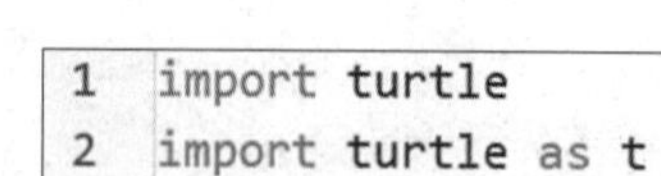

图 7-18 引用海龟库

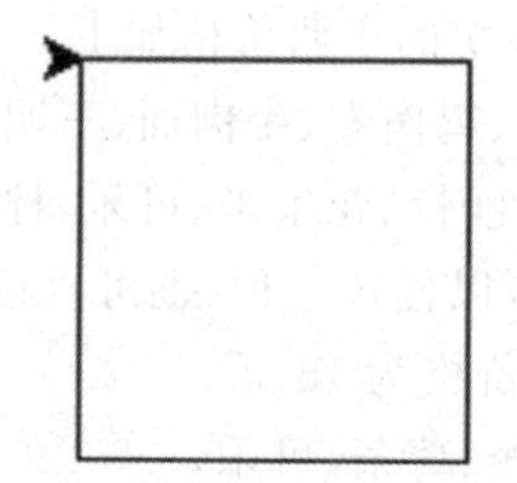

图 7-19 绘制简单图形

调用海龟库以后，就可以使用库中的工具。前进的函数是 t.forward(距离)，转弯的函数是 t.left(角度) 和 t.right(角度)。因此绘制这个图形只需要完成 4 次 t.forward(100) 和 t.right(90) 即可，代码如图 7-20 所示。

4. 设置画笔

海龟库中除画笔外还有设置画笔的工具。例如，t.pensize(1)设置画笔尺寸为 1；t.speed(10)设置画笔绘制速度为 10；t.pencolor('blue')设置画笔颜色为蓝色等。

5. 设计程序流程——for 循环结构

从前面的代码可以看出相同的代码 t.forward(100)和 t.right(90)各重复了四次，可以用循环来节省代码。利用 for 循环，循环范围为 range(0,4)，将 t.forward(100)和 t.right(90)放入循环体中，如图 7-21 所示。

```
4   t.forward(100)
5   t.right(90)
6   t.forward(100)
7   t.right(90)
8   t.forward(100)
9   t.right(90)
10  t.forward(100)
11  t.right(90)
```

图 7-20　简单图形代码

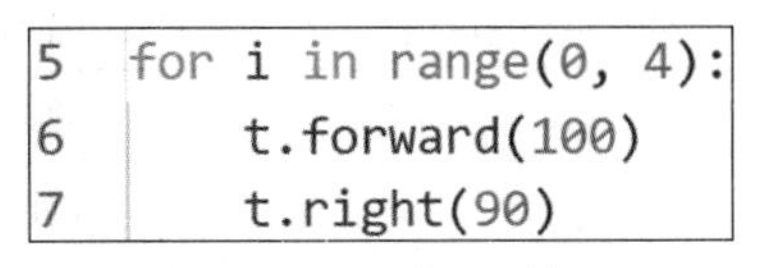

```
5  for i in range(0, 4):
6      t.forward(100)
7      t.right(90)
```

图 7-21　设计 for 循环

6. 绘制螺旋五边形

螺旋五边形与四边形的绘制程序的区别有以下三点。

(1) 五边形的边长是逐渐递增的。

(2) 五边形的内角是 72°。

(3) 扭曲的五边形的内角要比正常五边形的内角多 1°。

完成这些操作只需要在原来四边形 for 循环的基础上分别修改前进的距离为 i，旋转角度为 73°即可，代码如图 7-22 所示。

```
14  for i in range(1, 200,2)
15      t.forward(i)
16      t.right(73)
```

图 7-22　绘制螺旋五边形

7. 执行小程序，修复 bug，确认无误后保存

执行程序 Python 就会画出一个螺旋五边形，在绘制结束之后添加一个新的命令：turtle.done()，这样绘制的图形就会保留在屏幕中央，最后检查一下图形和代码，确认无误后保存。

7.3.4　知识链接

1. Python 海龟库

海龟库(turtle 库)是 Python 中一个很流行的绘制图像的函数库。想象一只小乌龟，在一个横轴为 x、纵轴为 y 的坐标系原点，从(0,0)位置开始，根据一组函数的控制，在这个平面坐标系中移动，从而在它爬行的路径上绘制了图形。

2. Python 的 for 循环结构

for 循环专门用于遍历一个对象所包含的全部元素，所以 for 循环也叫遍历循环。它的语法如下。

for 变量 in(字符串/范围/集合)

range()循环体的语法可以表示为 range(起点，终点，步长)。起点________计数从起点开始，默认是从 0 开始；终点________计数到终点结束，但不包括终点。例如 range(x,y)表示包括 x，但不包括 y。步长________从起点到终点递增的节奏，默认为 1。

7.3.5 知识拓展

Python 海龟库的设置与控制

操纵海龟绘图的函数可划分为 3 类:运动函数、画笔控制函数和全局控制函数。

(1) 画笔运动函数,如表 7-7 所示。

表 7-7 画笔运动函数

函　　数	说　　明
turtle.forward(distance)	向当前画笔方向移动 distance 像素长度
turtle.backward(distance)	向当前画笔相反方向移动 distance 像素长度
turtle.right(degree)	顺时针移动(角度)
turtle.left(degree)	逆时针移动(角度)
turtle.pendown()	移动时绘制图形,缺省时也为绘制
turtle.goto(x,y)	将画笔移动到坐标为 x,y 的位置
turtle.penup()	提起笔移动,不绘制图形,用于另起一个地方绘制
turtle.circle()	画圆,半径为正(负),表示圆心在画笔的左边(右边)画圆
setx()	将当前 x 轴移动到指定位置
sety()	将当前 y 轴移动到指定位置
setheading(angle)	设置当前朝向为 angle 角度
home()	设置当前画笔位置为原点,朝向东
dot(r)	绘制一个指定直径和颜色的圆点

(2) 画笔控制函数如表 7-8 所示。

表 7-8 画笔控制函数

函　　数	说　　明
turtle.fillcolor(colorstring)	绘制图形的填充颜色
turtle.color(color1, color2)	同时设置 pencolor=color1, fillcolor=color2
turtle.filling()	返回当前是否在填充状态
turtle.begin_fill()	准备开始填充图形
turtle.end_fill()	填充完成
turtle.hideturtle()	隐藏画笔的 turtle 形状
turtle.showturtle()	显示画笔的 turtle 形状

(3) 全局控制函数如表 7-9 所示。

表 7-9 全局控制函数

函　　数	说　　明
turtle.clear()	清空 turtle 窗口,但是 turtle 的位置和状态不会改变
turtle.reset()	清空窗口,重置 turtle 状态为起始状态

续表

函　　数	说　　明
turtle.undo()	撤销上一个 turtle 动作
turtle.isvisible()	返回当前 turtle 是否可见
stamp()	复制当前图形
turtle.write(s [,font=("font-name",font_size,"font_type")])	写文本,s 为文本内容,font 是字体的参数,分别为字体名称、大小和类型;font 为可选项,font 参数也是可选项

(4) 其他函数如表 7-10 所示。

表 7-10　其他函数

函　　数	说　　明
turtle.mainloop()或 turtle.done()	启动事件循环——调用 Tkinter 的 mainloop 函数 必须是海龟图形程序中的最后一个语句
turtle.mode(mode=None)	设置海龟模式("standard","logo"或"world")并执行重置。如果没有给出模式,则返回当前模式 standard 向右(东)逆时针;logo 向上(北)顺时针
turtle.delay(delay=None)	设置或返回以毫秒为单位的绘图延迟
turtle.begin_poly()	开始记录多边形的顶点 当前的海龟位置是多边形的第一个顶点
turtle.end_poly()	停止记录多边形的顶点 当前的海龟位置是多边形的最后一个顶点 将与第一个顶点相连
turtle.get_poly()	返回最后记录的多边形

7.3.6　技能训练

使用海龟库绘制斑马圆形,如图 7-23 所示,在代码中有效使用 for 循环。

图 7-23　斑马圆形

任务 7.4　设计数据分析小程序

7.4.1　任务要点

(1) Python 的列表。

(2) Python 的 Excel 工具库。

7.4.2 任务要求

本任务介绍 Excel 工具库和列表工具的使用方法。

下面制作一个数据分析小程序，统计某员工在第几个月完成 30 000 元的销售额度，并比较出谁的完成月份最早。

(1) 新建数据分析小程序，并输出欢迎词。

(2) 导入 Excel 工作表中的数据。

(3) 建立一个列表，接收 Excel 工作表中的第 1 行 1—12 月的数据。

(4) 定义一个变量 s 记录总和，定义一个变量 month 记录月份。

(5) 设置一个由 1 月累加至 12 月销售额的循环，当 s 超过 30 000 时，输出月份，跳出循环。

(6) 分析所有员工的达标情况。

(7) 执行小程序，修复 bug，确认无误后保存。

7.4.3 实施过程

1. 新建数据分析小程序，并输出欢迎词

打开编程工具，双击“创建新的作品”标签，将标签信息修改为“数据分析小程序”。输入 print 函数，填入“欢迎使用数据分析小程序”，或者根据自己的需要设置其他提示语。

2. 导入 Excel 数据

Excel 工具库的名称是 xlrd，其调用方法与其他库的调用方法相同。输入语句 import xlrd，通过 Excel 工具库中的函数读取 Excel 工作表中的数据，并将数据保存在变量 data 中，如图 7-24 所示。

```
1  import xlrd
2  data = xlrd.open_workbook('源数据.xls')
3  mylist = data.sheet_by_index(0)
```

图 7-24 引用 Excel 库

3. 用列表，接收工作表中的第 1 行 1—12 月的数据

建立一个列表 mylist，通过赋值运算将读取的数据存放到该列表中，如图 7-25 所示。因为 Excel 中的数据包括多行多列数据，变量不够存放这些数据，所以选择用列表保存。

```
3  mylist = data.sheet_by_index(0)
```

图 7-25 建立列表

4. 定义变量

输入语句 s＝0，month＝0，定义变量的同时将其初始化。

5. 数据统计

设置一个由 1 月累加至 12 月销售额的循环，当 s 超过 30 000 时，输出月份，跳出循环。

观察图 7-26，当数据进入列表后，这么多的数据都会自动生成对应的编号，那么 1 月所在的格对应的编号是 0，0 ，2 月对应的编号就是 1，0，以此类推。因此想要计算某员工在第几月完成 30 000 元的销售额只需要将每个月的数据进行累加，每加一次就和 30 000 比较一下，比如 1 号员工，他累加到 5 月的销售额是 30 967 元，超过 30 000 元，此刻他的销售额达标。

y \ X		0	1	2	3	4	5	6	7	8	9	10	11
		A	B	C	D	E	F	G	H	I	J	K	L
0	1	1月	2月	3月	4月	5月	6月	7月	8月	9月	10月	11月	12月
1	2	4696	4800	6051	6487	8933	1527	2650	2154	6377	5684	9198	9376
2	3	2336	7702	84	6993	27	4642	6225	8869	3576	5107	2517	7079
3	4	7946	1543	2385	1366	5130	5239	6381	7561	1243	3377	6933	124
4	5	6760	6878	56	6910	1664	7382	9715	7065	9658	9988	2581	6969
5	6	9438	2861	5095	6166	1668	1670	5424	1679	3796	4205	5873	4889
6	7	3204	3813	3722	8447	8823	5760	963	1498	2226	7980	8951	82
7	8	26	4395	5325	8523	1224	1254	2524	4345	2456	9723	416	615
8	9	5814	3791	2283	1014	9516	9737	9825	3965	591	3232	9243	7845
9	10	3760	3739	4033	4192	5106	5332	4577	8298	4451	7100	598	7004
10	11	4883	2723	8178	365	1415	9518	3972	488	8329	6253	8429	5148
11	12	1595	9107	7495	2455	9867	4845	9819	7181	1472	5334	9028	3307
12	13	863	3032	2577	5890	9141	7676	609	6077	7308	4107	5451	6741

图 7-26　Excel 源数据

定义一个新的列表 row_data，从第一行数据开始将数据保存在 row_data 中，通过 for 循环将从 1 月开始的数据累加，存放到变量 s 中，每次循环比较一次，如果符合条件则用 break 语句跳出循环，代码如图 7-27 所示。

```
for i in row_data:
    s=s+i
    month=month+1
    if s>=30000:
        print('达标数额为',s,'达标月份为',month,'月')
        break
```

图 7-27　for 循环代码结构

6. 分析所有员工的达标情况

通过上面的代码可以计算一个员工的达标情况，由于数据一共 29 行，所以设置一个新的循环来计算所有员工的达标情况。用变量 j 来记录行号，在 for 循环之前添加一个新的 while 循环，条件为 j<=29，并在 for 结束后添加换行代码 j=j+1，代码如图 7-28 所示。

```
5   print('欢迎使用数据统计系统')
6   j=1
7   while j<=29:
8       row_data = mylist.row_values(j)
9       s = 0
10      month=0
11      for i in row_data:
12          s=s+i
13          month=month+1
14          if s>=30000:
15              print('达标数额为',s,'达标月份为',month,'月')
16              break
17      j=j+1
```

图 7-28　while 循环的代码

7. 执行并保存

执行小程序，将分析出每个员工的达标月份，执行结果如图 7-29 所示，确认无误后保存。

```
控制台
欢迎使用数据统计系统
达标数额为 30967.0 达标月份为 5 月
达标数额为 36878.0 达标月份为 8 月
达标数额为 37551.0 达标月份为 8 月
达标数额为 39365.0 达标月份为 7 月
达标数额为 32322.0 达标月份为 7 月
达标数额为 33769.0 达标月份为 6 月
达标数额为 30072.0 达标月份为 9 月
达标数额为 32155.0 达标月份为 6 月
```

图 7-29 执行结果

7.4.4 知识链接

1. Excel 工具库

导入 Excel 工具库的语句是 import xlrd，然后就可以应用 xlrd.open_workbook('表格名称.xls')函数将 Excel 工作表中的数据提取出来，之后再应用 data.sheet_by_index(0)函数将工作表中的数据存放到新的变量当中。

2. Python 的列表

列表是 Python 的一种数据类型，通常用于按照一定顺序存储多个或者一组数据（也称数组）。

1）创建列表

创建列表的方式与变量类似，只需要将数据项用方括号括起来，每个数据用逗号隔开即可。例如 mylist=[老师，baby，123，3.14]，这几个数据用逗号隔开放在方括号内，将它赋值给 mylist，mylist 就成为列表。因此，列表中的数据可以是不同的数据类型，当然在定义时，列表也可以为空。

2）遍历访问列表

列表是一种序列，可以使用 for 循环进行遍历。

for 循环也可以应用在列表中，例如，以下代码可以将列表中所有的数据依次输出。

```
for x in mylist
print(x)
```

3）索引——访问单个元素

列表的索引是指序列中元素的位置编号，也叫下标。在一个普通列表中，可以由正序的 0、1、2 或者倒序的 −1、−2 、−3 来一一对应不同的列表元素。如果想输出列表 x 中的第一个数据，就可以用 print(x[0])语句。

3. 循环嵌套

循环嵌套是指将一个循环放在另一个循环体内，在这种双循环或者多重循环模式中，一般把循环的外层称作外层循环，循环的内层称作内层循环。循环嵌套执行流程如图 7-30 所示。

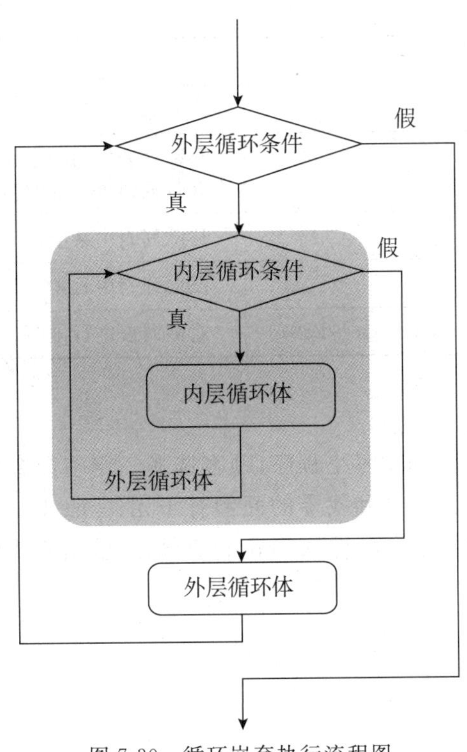

图 7-30 循环嵌套执行流程图

7.4.5 知识拓展

（1）对 Python 列表的常用函数如表 7-11 所示。

表 7-11 对列表的常用函数

函　　数	说　　明
cmp(list1，list2)	比较两个列表的元素
len(list)	列表元素个数
max(list)	返回列表元素的最大值
min(list)	返回列表元素的最小值
list(seq)	将元组转换为列表

（2）Python 列表对象的方法如表 7-12 所示。

表 7-12 列表对象的方法

方　　法	说　　明
list.append(obj)	在列表末尾添加新的对象
list.count(obj)	统计某个元素在列表中出现的次数
list.extend(seq)	在列表末尾一次性追加另一个序列中的多个值（用新列表扩展原来的列表）
list.index(obj)	从列表中找出某个值第一个匹配项的索引位置

续表

方　法	说　明
list.insert(index, obj)	将对象插入列表
list.pop([index=-1])	移除列表中的一个元素(默认最后一个元素)并且返回该元素的值
list.remove(obj)	移除列表中某个值的第一个匹配项
list.reverse()	反向列表中元素
list.sort(cmp=None, key=None, reverse=False)	对原列表进行排序

7.4.6　技能训练

为自动售卖机设计一个自动找零小程序,顾客选择一定整数金额商品后,付款给售卖机,售卖机进行自动收钱和找零。收钱和找零的面额有1元、5元、10元、20元、50元。要求先输入应付金额,然后多次输入付款面额,输入end,付款结束,输出要找零的面额和其张数。

例如,输入如下。

```
应付多少:26
 收钱:20  收钱:20  收钱:end
实际收款:40
```

输出如下。

```
10元×1    1元×4
```

任务7.5　设计图书管理小程序

7.5.1　任务要点

(1) Python的Excel工具库。

(2) 列表元素的添加与删除。

(3) Continue语句的用法。

7.5.2　任务要求

本任务介绍如何使用Excel工具库对列表元素进行添加和删除,并且运用continue命令中止循环。

下面制作一个图书管理小程序,要求实现展示书单、借书和还书的功能,以达到管理图书的目的。

(1) 新建图书管理小程序,并输出欢迎词。

(2) 导入工作表中的数据。

(3) 建立一个列表,接收工作表中的数据并展示书单。

(4) 设计菜单和以下四个功能。

① 退出管理系统。

② 查看图书。

③ 借书。

④ 还书。

(5) 执行小程序,修复bug,确认无误后保存。

7.5.3　实施过程

1. 新建图书管理小程序,并输出欢迎词

打开编程工具,双击“创建新的作品”标签,将标签信息修改为“图书管理小程序”。输入print函数,填入“欢迎使用图书管理小程序”,或者根据自己的需要设置提示语。

2. 将工作表里的数据导入

首先将数据保存在变量data中,建立一个列表mylist,通过赋值运算将读取的数据存放到该列表中。

3. 用列表,接收工作表中的数据并展示书单

通过for循环将mylist列表中数据按行存放到新列表row_data中,并通过print函数输出数据,如图7-31所示。

```
1  import xlrd
2  data = xlrd.open_workbook('图书管理.xls')
3  mylist = data.sheet_by_index(0)
4  for i in range(0, 7):
5      row_data = mylist.row_values(i)
6      print(row_data)
```

图7-31　导入数据并展示书单

4. 设计菜单和相关功能

创建一个新的列表col_data＝mylist.col_values(0),按列存放所有图书。建立一个while循环,通过print函数展示四个功能。通过input函数询问用户的操作需求,代码如图7-32所示。

```
9  col_data = mylist.col_values(0)
10 while True:
11     print('end:结束管理图书', '0: 展示书单', '1: 借书', '2: 还书')
12     message = input('你好！要图书助手帮你做什么:')
13     # 结束管理图书
14     if (message == 'end'):
15 
16     # 展示书单
17     if (message == '0'):
18 
19     # 借书
20     if (message == '1'):
21 
22     # 还书
23     if (message == '2'):
```

图7-32　功能设计代码

1) 退出管理系统

退出管理系统即当前退出循环,通过break语句就可以达到这个目的,代码如图7-33所示。

2) 查看图书

查看图书功能能够展示当前所有图书,但在这个功能执行之前还要考虑有的图书被借走的情况,所以通过not in来判断剩余图书,代码如图7-34所示。

```
if (message == 'end'):
    break
```

图 7-33 退出管理系统

```
if (message == '0'):
    print('目前有图书:')
    for x in col_data:
        if ('#' not in x):
            print(x)
        else:
            continue
```

图 7-34 查看图书

3）借书

借书功能通过 col_data.append(bo)、col_data.remove(book)方法将所借的图书移出列表，并记录借书人的姓名，代码如图 7-35 所示。

4）还书

还书功能通过 col_data.append(book)、col_data.remove(bo)方法将借书人的记录移出列表，并添加所还图书，代码如图 7-36 所示。

```
if (message == '1'):
    book = input('要借哪本书:')
    if (book in col_data):
        print('好的，马上帮您办理借书！')
        user = input('请登记借书人姓名:')
        bo = ((book + '#') + user)
        col_data.append(bo)
        col_data.remove(book)
        print('借书成功！')
    else:
        print('没有此书或此书已被借走！')
```

图 7-35 借书功能

```
if (message == '2'):
    book = input('要还哪本书:')
    user = input('请核对借书人:')
    bo = ((book + '#') + user)
    if (bo in col_data):
        col_data.append(book)
        col_data.remove(bo)
        print('还书成功！')
    else:
        print('请检查书名或借书人信息是否正确！')
```

图 7-36 还书功能

5. 执行并保存

执行小程序，可以通过输入 end、0、1、2 来完成对图书管理的操作，执行结果如图 7-37 所示，确认无误后保存。

```
控制台
['室内设计资料集', '一本室内设计的书', 1.0]
['全屋定制', '一本室内设计的书', 1.0]
['室内设计从入门到精通', '一本室内设计的书', 2.0]
['照明设计', '一本室内设计的书', 2.0]
['室内设计实战指南', '一本室内设计的书', 1.0]
['家的风格', '一本室内设计的书', 1.0]
['布局与尺寸设计', '一本室内设计的书', 2.0]
end:结束管理图书 0: 展示书单 1: 借书 2: 还书
你好！要图书助手帮你做什么:0
目前有图书:
室内设计资料集
全屋定制
室内设计从入门到精通
照明设计
室内设计实战指南
家的风格
布局与尺寸设计
end:结束管理图书 0: 展示书单 1: 借书 2: 还书
你好！要图书助手帮你做什么:1
要借哪本书:照明设计
好的，马上帮您办理借书！
请登记借书人姓名:张三
借书成功！
end:结束管理图书 0: 展示书单 1: 借书 2: 还书
你好！要图书助手帮你做什么:2
要还哪本书:照明设计
请核对借书人:张三
还书成功！
end:结束管理图书 0: 展示书单 1: 借书 2: 还书
你好！要图书助手帮你做什么:end
程序运行结束
```

图 7-37 执行结果

7.5.4　知识链接

1. Excel 工具库

data.sheet_names 方法能够读取工作表的名称，以确保选择的表格是正确的表格。mylist.row_values(0)方法用于读取行数据，mylist.col_values(0)方法用于读取列数据。

2. 列表元素的添加与删除

由于实现借书和还书的功能需要在列表中添加和删除元素，所以使用了列表元素添加方法 list.append 和列表元素删除方法 list.remove。

3. continue 的用法

continue 和 break 的功能类似，都是终止循环的命令。但是 break 的作用是退出整个循环，而 continue 只退出本次循环。

7.5.5　知识拓展

思维导图

思维导图，又叫心智导图，是表达发散性思维的有效工具。它简单却又很有效，是一种实用性的思维工具。

编程是一个需要完整逻辑思维的学科，其中代码很多，因此，设计初期如果能够运用思维导图理清思路，将会获得更好的编程体验。

建立思维导图时，可以通过 Word 和 PowerPoint 来建立，或者通过专业的思维导图软件来建立，如 mindmaster。本任务前期设计的思维导图如图 7-38 所示。

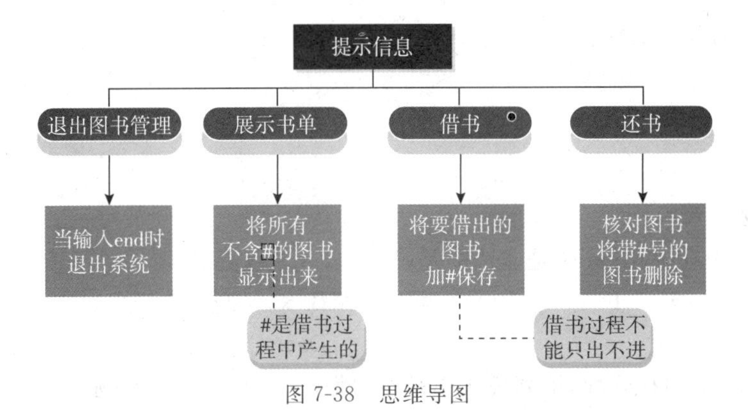

图 7-38　思维导图

7.5.6　技能训练

运用编程知识建构杨辉三角形，如图 7-39 所示。

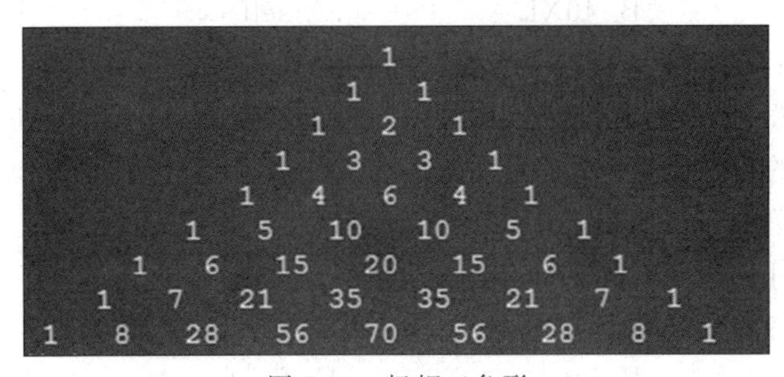

图 7-39　杨辉三角形

杨辉三角形又称贾宪三角形、帕斯卡三角形，是二项式系数在三角形中的一种几何排列。

综合练习 7

在某公司即将召开的年会盛典中，为调动所有员工的积极性，决定设立抽奖环节。其中包括：特等奖 1 名，奖品是 iPhone 手机一部；一等奖 3 名，奖品是笔记本电脑一台；二等奖 10 名，奖品是平板电脑一台；三等奖 30 名，奖品是智能手表一只；纪念奖 100 名，奖品是靠枕一只。小张作为本单位的程序员，负责设计该抽奖系统，要求在全体参加年会的员工姓名中，从纪念奖到特等奖，分五轮依次抽取，并且得奖者不能重复。

1. 收集抽奖人员名单

任务要求：

(1) 通过云文档收集参会人员名单。

(2) 将云文档转存为 Excel 源文件。

(3) 将 Excel 文件导入列表中参与抽奖运算。

2. 设计抽奖小程序

任务要求：

(1) 通过随机函数抽取员工姓名。

(2) 在员工姓名列表中，不断将得奖者的姓名移除。

(3) 分五轮抽取员工姓名。

习题 7

一、选择题

1. 下列选项中在 Python 中是非法的是(　　)。(二级真题)

   A. x = y = z = 1　　B. x = (y = z + 1)

   C. x, y = y, x　　D. x += y

2. 关于 Python 内存管理，下列说法中错误的是(　　)。(二级真题)

   A. 变量不必事先声明　　B. 变量无须先创建和赋值而直接使用

   C. 变量无须指定类型　　D. 可以使用 del 释放资源

3. 下面不是 Python 合法的标识符的是(　　)。(二级真题)

   A. int32　　B. 40XL　　C. self　　D. __name__

4. 下列选项中错误的是(　　)。(二级真题)

   A. 除字典类型外，所有标准对象均可以用于布尔测试

   B. 空字符串的布尔值是 False

   C. 空列表对象的布尔值是 False

   D. 值为 0 的任何数字对象的布尔值是 False

5. Python 不支持的数据类型有(　　)。(二级真题)

   A. char　　B. int　　C. float　　D. list

6. 关于 Python 中的复数，下列说法中错误的是(　　)。(二级真题)

A. 表示复数的语法是 real + image j　　B. 实部和虚部都是浮点数

C. 虚部必须加后缀 j，且必须是小写　　D. 方法 conjugate 返回复数的共轭复数

7. 关于字符串，下列说法中错误的是(　　)。(二级真题)

A. 字符应该视为长度为 1 的字符串

B. 字符串以\0 标志字符串的结束

C. 既可以用单引号，也可以用双引号创建字符串

D. 在三引号字符串中可以包含换行回车等特殊字符

8. 以下不能创建一个字典的语句是(　　)。(二级真题)

A. dict1 = {}　　B. dict2 = { 3 : 5 }

C. dict3 = {[1,2,3]:"uestc"}　　D. dict4 = {(1,2,3): "uestc"}

9. 下列 Python 语句中正确的是(　　)。(二级真题)

A. min = x if x < y else y　　B. max = x > y ? x : y

C. if (x > y) print x　　D. while True : pass

10. 计算机中信息处理和信息储存用(　　)。(二级真题)

A. 二进制代码　　B. 十进制代码　　C. 十六进制代码　　D. ASCII 代码

11. Python 源程序执行的方式是(　　)。(二级真题)

A. 编译执行　　B. 解析执行　　C. 直接执行　　D. 边编译边执行

12. Python 语言语句块的标记是(　　)。(二级真题)

A. 分号　　B. 逗号　　C. 缩进　　D. /

13. 下列选项中是字符转换成字节的方法的是(　　)。(二级真题)

A. decode()　　B. encode()　　C. upper()　　D. rstrip()

14. "ab"+"c"*2 的结果是(　　)。(二级真题)

A. abc2　　B. abcabc　　C. abcc　　D. ababcc

15. 以下会出现错误的是(　　)。(二级真题)

A. '北京'.encode()　　B. '北京'.decode()

C. '北京'.encode().decode()　　D. 以上都不会错误

16. 以下代码打印的结果是(　　)。(二级真题)

```
str1 ="Runoob example....wow!!!"
str2 ="exam";
Print(str1.find(str2, 5))
```

A. 6　　B. 7　　C. 8　　D. −1

17. 下列选项中不是 Python 中的关键字的是(　　)。(二级真题)

A. raise　　B. with　　C. import　　D. final

18. 下列选项中的 Python 能正常启动的是(　　)。(二级真题)

A. 拼写错误　　B. 错误表达式　　C. 缩进错误　　D. 手动抛出异常

19. 以下导入模块的方式中，错误的是(　　)。(二级真题)

A. import mo　　B. from mo import *

C. import mo as m　　D. import m from mo

20. 以下关于模块的说法中，错误的是（　　）。（二级真题）

A. 一个××.py 就是一个模块

B. 任何一个普通的××.py 文件可以作为模块导入

C. 模块文件的扩展名不一定是.py

D. 运行时会从制定的目录搜索导入的模块，如果没有，会报错异常

21. 以下选项中不符合 Python 语言变量命名规则的是（　　）。（二级真题）

A. I　　B. 3_1　　C. _AI　　D. TempStr

22. 以下关于 Python 字符串的描述中错误的是（　　）。（二级真题）

A. 字符串是字符的序列，可以按照单个字符或者字符片段进行索引

B. 字符串包括两种序号体系：正向递增和反向递减

C. Python 字符串提供区间访问方式，采用[N:M]格式，表示字符串中从 N 到 M 的索引子字符串，包含 N 和 M

D. 字符串是用一对双引号""或者单引号''引起来的零个或者多个字符

23. 以下关于 Python 语言的注释中，错误的是（　　）。（二级真题）

A. Python 语言的单行注释以＃开头

B. Python 语言的单行注释以单引号'开头

C. Python 语言的多行注释以'''三个单引号开头和结尾

D. Python 语言有两种注释方式：单行注释和多行注释

24. 关于 import 引用，以下说法中错误的是（　　）。（二级真题）

A. 使用 import turtle 引入 turtle 库

B. 可以使用 from turtle import setup 引入 turtle 库

C. 使用 import turtle as t 引入 turtle 库，取别名为 t

D. import 保留字用于导入模块或者模块中的对象

25. 关于 Python 的分支结构，以下说法项中错误的是（　　）。（二级真题）

A. 分支结构使用 if 保留字

B. Python 中 if-else 语句用来形成二分支结构

C. Python 中 if-elif-else 语句描述多分支结构

D. 分支结构可以向已经执行过的语句部分跳转

二、填空题

1. 以下是用 for 循环判断是否为质数的代码。

```
number = int(input('请输入数字:'))
check = 0
#循环
for i in range(___①___, ___②___):
    if number % i == 0:
        check = 1
if ___③___:
    print(number,'是质数')
else:
    print(number,'不是质数')
```

2. 以下是回文数的判断方法。

```
number = int(input('输入数字:'))
numberStr = ____④____
newStr =''
i = len(numberStr) - 1
#使用循环,将 numberStr 倒序放入 newStr 中
while i >= 0:
    newStr += numberStr[i]
    ____⑤____
if newStr == numberStr:
    print(number,'是回文数')
else:
    print(number,'不是回文数')
```

3. 以下是判断一个数是不是水仙花数的代码。

```
number = input('输入数字:')
i = 0 # 循环计数器
daffodil = 0 # 用和原数 number 来对比的水仙花数
#主循环
while i <____⑥____:
    daffodil += int(number[i]) ** 3
    ____⑦____
if int(number) == daffodil:
    print(number,'是水仙花数')
else:
    print(number,'不是水仙花数')
```

4. 以下是输出斐波那契数列的代码。

```
a=1
b=1
for x in range(20):
    if____⑧____:
        print(1)
    else:
        c=a+b
        print(c)
        ____⑨____
        ____⑩____
```

参考文献

[1] 张尧学,等. 计算机操作系统教程[M]. 北京:清华大学出版社,2002.
[2] 冯博琴,等. 大学计算机基础[M]. 北京:高等教育出版社,2004.
[3] 崔振远,邵丽娟. 计算机应用基础教程[M]. 北京:科学出版社,2004.
[4] 张海文,丛国凤,等. 计算机基础实例教程[M]. 北京:中国水利水电出版社,2012.
[5] 吕润桃,等. 计算机应用基础教程[M]. 北京:中国水利水电出版社,2013.
[6] 柳青,等. 计算机应用基础[M]. 北京:中国水利水电出版社,2013.
[7] 石利平,蒋桂梅. 计算机应用基础实例教程[M]. 北京:中国水利水电出版社,2013.
[8] 张华,李凌. 计算机应用基础教程[M]. 北京:中国水利水电出版社,2013.
[9] 冯明,吕波. 计算机公共基础[M]. 北京:中国水利水电出版社,2013.
[10] 黄国兴,周南岳. 计算机应用基础[M]. 北京:高等教育出版社,2009.